Reihenherausgeber:
Prof. Dr. Holger Dette · Prof. Dr. Wolfgang Karl Härdle

Statistik und ihre Anwendungen

Weitere Bände dieser Reihe finden Sie unter http://www.springer.com/series/5100

Claudia Czado · Thorsten Schmidt

Mathematische Statistik

Springer

Prof. Claudia Czado, Ph.D.
Technische Universität München
Lehrstuhl für Mathematische
Statistik
Boltzmannstraße 3
85748 Garching
Deutschland
cczado@ma.tum.de

Prof. Dr. Thorsten Schmidt
Technische Universität Chemnitz
Fakultät für Mathematik
Reichenhainer Straße 41
09126 Chemnitz
Deutschland
thorsten.schmidt@mathematik.tu-chemnitz.de

ISBN 978-3-642-17260-1 e-ISBN 978-3-642-17261-8
DOI 10.1007/978-3-642-17261-8
Springer Heidelberg Dordrecht London New York

Die Deutsche Nationalbibliothek verzeichnet diese Publikation in der Deutschen Nationalbibliografie; detaillierte bibliografische Daten sind im Internet über http://dnb.d-nb.de abrufbar.

Einbandentwurf: WMXDesign GmbH, Heidelberg

Gedruckt auf säurefreiem Papier

Springer ist Teil der Fachverlagsgruppe Springer Science+Business Media (www.springer.com)

Vorwort

Mit den wachsenden Möglichkeiten Daten zu erheben steht deren adäquate Auswertung und Bewertung im Mittelpunkt der Statistik. Dabei treten viele unterschiedliche Datenstrukturen auf, die eine komplexe Modellierung erforderlich machen. In weiteren Schritten sind statistische Verfahren zum Anpassen der Modelle oder zum Untersuchen von interessanten Fragestellungen notwendig. Dieses Buch stellt die dafür notwendigen mathematischen Grundlagen und Konzepte der Statistik zur Verfügung. Dabei wird Wert auf die Herleitung von statistischen Fragestellungen und deren probabilistische Behandlung gelegt. Um die Verständlichkeit zu erhöhen, werden viele Beispiele ausgearbeitet und elementare Beweise ohne maßtheoretische Hilfsmittel gezeigt. Genaue Literaturhinweise ermöglichen die weitergehende Vertiefung. Durch die kurze und präzise Darstellung wird darüber hinaus ein schneller Einstieg in das Fachgebiet ermöglicht. Dabei folgen wir dem Ansatz von Bickel und Doksum (1977, 2001) und Casella und Berger (2002). Bei der Auswahl der Themen orientieren wir uns an der Praxisrelevanz der Verfahren. Anhand einer umfangreichen Aufgabensammlung am Ende jedes Kapitels kann das Verständnis überprüft und vertieft werden.

Dieses Buch richtet sich an Studierende der Mathematik und Statistik im zweiten oder dritten Jahr des Bachelor-Studiums oder ersten Jahr des Master-Studiums. Für andere Fachrichtungen ist ein starker mathematischer Schwerpunkt notwendig. Das Buch setzt Grundlagen der Wahrscheinlichkeitstheorie voraus wie sie zum Beispiel in Dehling und Haupt (2004) oder Georgii (2004) zu finden sind. Das mathematische Niveau des Buches liegt zwischen Fahrmeir et. al (2004) und den englischen Standardwerken von Lehmann und Casella (1998), Lehmann und Romano (2006) und Shao (2008).

Das Buch ist aus einer vierstündigen Vorlesung „Mathematische Statistik", die wir an der Technischen Universität München für Studierende in Mathematik mit Schwerpunkt Finanz- und Wirtschaftsmathematik gehalten haben, entstanden.

Der Inhalt des Buches gliedert sich wie folgt: Im ersten Kapitel werden die später benötigten Konzepte der Wahrscheinlichkeitstheorie kurz vorgestellt.

Der zentrale Begriff eines statistischen Modells und insbesondere die Klasse der exponentiellen Familien werden im zweiten Kapitel eingeführt. Neben dem klassischen statistischen Modellansatz wird auch der Bayesianische Modellansatz diskutiert, welcher mit der Entwicklung von Markov Chain Monte Carlo Verfahren in jüngster Zeit sehr an Bedeutung gewonnen hat.

Im dritten Kapitel wenden wir uns den Schätzverfahren zu, wobei wir die Momentenmethode, Kleinste-Quadrate-Verfahren und Maximum-Likelihood-Schätzer (MLS) in ein- und mehrdimensionalen Modellen beschreiben. Es schließen sich das numerische Fisher-Scoring-Verfahren und Bayesianische a-posterori-Modusschätzer an.

Im vierten Kapitel werden Vergleichskriterien von Schätzverfahren entwickelt. Dabei folgen wir im ersten Teil der klassischen Theorie nach Lehmann-Scheffé und studieren den zentralen Begriff eines gleichförmig besten Schätzers (Uniformly Minimal Variance Unbiased Estimator - kurz UMVUE). Die Bestimmung solcher Schätzer wird anhand zahlreicher Beispiele gezeigt. Im zweiten Teil widmen wir uns der asymptotischen Theorie der Schätzfolgen und analysieren Konsistenz, asymptotische Normalität und asymptotische Effizienz. Im Weiteren wird die Fisher Information eingeführt und ihr Zusammenhang mit der Informationsungleichung aufgezeigt.

Zur Bestimmung der Präzision eines Schätzverfahrens wird im fünften Kapitel der Begriff eines Intervallschätzers eingeführt. Dieser entspricht im klassischen Ansatz dem Konfidenzintervall, und im Bayesianischen Ansatz dem „Credible Interval". Anschließend entwickeln wir das Konzept des statistischen Hypothesentestes und schließen mit der Dualität zwischen Hypothesentests und Konfidenzintervallen.

In Kapitel 6 wird die Optimalitätstheorie nach Neyman und Pearson behandelt. Es zeigt sich, dass die Anwendbarkeit dieser Konstruktion von optimalen Tests auf eine kleine Klasse von Testproblemen beschränkt ist, weswegen im zweiten Teil der verallgemeinerte Likelihood-Quotienten-Test eingeführt und an mehreren Beispielen illustriert wird. Konfidenzintervalle können nun mit Hilfe der oben angesprochenen Dualität bestimmt werden.

Das abschließende Kapitel stellt lineare Modelle vor und wir zeigen, dass die klassisch auftretenden Kleinste-Quadrate Schätzer als UMVUE-Schätzer identifiziert werden können. Die Optimalität dieser Schätzer wird mit Hilfe des Theorems von Gauß und Markov bewiesen. Hiernach leiten wir verallgemeinerte Likelihood-Quotienten-Tests her und illustrieren in der Anwendung wichtige Modellklassen wie multiple lineare Regression und Varianzanalyse (ANOVA) an Datenbeispielen.

Zu guter Letzt möchten wir uns bei den Studierenden für die zahlreichen Rückmeldungen bezüglich der ersten Skriptversionen bedanken. Insbesondere danken wir Stephan Haug, Aleksey Min, Jan Mai, Eike Christian Brechmann und Jakob Stöber für ihre Korrekturhilfen und Damir Filipović für seinen wichtigen Hinweis. Ein ganz besonderer Dank gilt Susanne Vetter für ihre fabelhafte und unermüdliche Hilfe mit welcher sie das Skriptum um viele Quantensprünge verbessert hat. Die Zusammenarbeit mit Clemens Heine vom Springer Verlag war sehr professionell und stets hilfreich.

München & Leipzig, Claudia Czado und Thorsten Schmidt
22. Januar 2011

Inhaltsverzeichnis

1. Grundlagen der Wahrscheinlichkeitstheorie und Statistik **1**
- 1.1 Grundbegriffe der Wahrscheinlichkeitstheorie 1
- 1.2 Klassische Verteilungen der Statistik 9
  - 1.2.1 Die Multivariate Normalverteilung 18
- 1.3 Bedingte Verteilungen 20
- 1.4 Grenzwertsätze 24
  - 1.4.1 Referenzen 28
- 1.5 Aufgaben 29

2. Statistische Modelle **37**
- 2.1 Formulierung von statistischen Modellen 39
- 2.2 Suffizienz 43
- 2.3 Exponentielle Familien 49
- 2.4 Bayesianische Modelle 57
  - 2.4.1 Referenzen 63
- 2.5 Aufgaben 63

3. Schätzmethoden **71**
- 3.1 Substitutionsprinzip 72
  - 3.1.1 Häufigkeitssubstitution 73
  - 3.1.2 Momentenmethode 75
- 3.2 Methode der kleinsten Quadrate 77
  - 3.2.1 Allgemeine und lineare Regressionsmodelle 78
  - 3.2.2 Methode der kleinsten Quadrate 80
  - 3.2.3 Gewichtete Kleinste-Quadrate-Schätzer 83
- 3.3 Maximum-Likelihood-Schätzung 83
  - 3.3.1 Maximum-Likelihood in eindimensionalen Modellen . 86
  - 3.3.2 Maximum-Likelihood in mehrdimensionalen Modellen 92
  - 3.3.3 Numerische Bestimmung des Maximum-Likelihood-Schätzers 93

3.4 Vergleich der Maximum-Likelihood-Methode mit anderen Schätzverfahren . . . 95
3.5 Anpassungstests . . . 96
3.6 Aufgaben . . . 96

4. Vergleich von Schätzern: Optimalitätstheorie 103
4.1 Schätzkriterien . . . 103
4.2 UMVUE-Schätzer . . . 108
4.3 Die Informationsungleichung . . . 115
4.3.1 Anwendung der Informationsungleichung . . . 118
4.4 Asymptotische Theorie . . . 119
4.4.1 Konsistenz . . . 120
4.4.2 Asymptotische Normalität und verwandte Eigenschaften . . . 122
4.4.3 Asymptotische Effizienz und Optimalität . . . 126
4.4.4 Asymptotische Verteilung von Maximum-Likelihood-Schätzern . . . 128
4.5 Aufgaben . . . 130

5. Konfidenzintervalle und Hypothesentests 139
5.1 Konfidenzintervalle . . . 139
5.1.1 Der eindimensionale Fall . . . 140
5.1.2 Der mehrdimensionale Fall . . . 145
5.1.3 Bayesianischer Intervallschätzer . . . 146
5.2 Das Testen von Hypothesen . . . 147
5.2.1 Fehlerwahrscheinlichkeiten und Güte . . . 149
5.2.2 Der p-Wert: Die Teststatistik als Evidenz . . . 154
5.2.3 Güte und Stichprobengröße: Indifferenzzonen . . . 155
5.3 Dualität zwischen Konfidenzintervallen und Tests . . . 157
5.3.1 Aus Konfidenzintervallen konstruierte Tests . . . 158
5.3.2 Aus Tests konstruierte Konfidenzintervalle . . . 158
5.4 Aufgaben . . . 159

6. Optimale Tests und Konfidenzintervalle, Likelihood-Quotienten-Tests und verwandte Methoden 163
6.1 Das Neyman-Pearson-Lemma . . . 163
6.2 Uniformly Most Powerful Tests . . . 171
6.2.1 Exponentielle Familien . . . 172
6.3 Likelihood-Quotienten-Tests . . . 177
6.3.1 Konfidenzintervalle . . . 179
6.4 Aufgaben . . . 185

7. Lineare Modelle - Regression und Varianzanalyse (ANOVA) 191
7.1 Einführung . . . 191
7.1.1 Das allgemeine lineare Modell . . . 193
7.1.2 Die Matrixformulierung des linearen Modells . . . 195

7.2 Schätzung in linearen Modellen 197
7.2.1 Die kanonische Form 198
7.2.2 UMVUE-Schätzer 200
7.2.3 Projektionen im linearen Modell 201
7.2.4 Der Satz von Gauß-Markov 209
7.2.5 Schätzung der Fehlervarianz 210
7.2.6 Verteilungstheorie und Konfidenzintervalle 211
7.3 Hypothesentests 213
7.3.1 Likelihood-Quotienten-Test 214
7.3.2 Beispiele: Anwendungen 220
7.4 Varianzanalyse 223
7.4.1 ANOVA im Einfaktorenmodell 224
7.4.2 ANOVA im Mehrfaktormodell 227
7.4.3 Referenzen 231
7.5 Aufgaben 232

A Resultate über benutzte Verteilungsfamilien 235
A1 Liste der verwendeten Verteilungen 235

B Tabellen 237
Exponentielle Familien 237

C Verzeichnisse 239
Tabellenverzeichnis 239
Abbildungsverzeichnis 240
Liste der Beispiele 241
Liste der Aufgaben 244

Literaturverzeichnis 249

Sachverzeichnis 251

Kapitel 1. Grundlagen der Wahrscheinlichkeitstheorie und Statistik

Statistik ist die Wissenschaft, die Regeln und Verfahren für die Erhebung, Beschreibung, Analyse und Interpretation von numerischen Daten entwickelt.

Der Schwerpunkt dieses Buches liegt auf der Entwicklung und Darstellung von statistischen Analyseverfahren. Dazu werden *stochastische Modelle* vorgestellt, die von unbekannten Parametern abhängen. Um diese Parameter mit Hilfe von erhobenen Daten bestimmen zu können, werden Verfahren zur *Schätzung* von Parametern konstruiert und verglichen. Unter gewissen Annahmen über die zugrundeliegenden stochastischen Modelle werden hieran anschließend Verfahren zum *Testen von Hypothesen* entwickelt.

Die in den späteren Kapiteln behandelten Schätz- und Testverfahren benötigen einen wahrscheinlichkeitstheoretischen Rahmen. Dieses Kapitel gibt eine kurze Einführung in die dafür notwendigen Hilfsmittel aus der Wahrscheinlichkeitstheorie. Hierbei werden viele verschiedene Verteilungen vorgestellt und in den Beispielen vertieft, was für die erfolgreiche Anpassung an verschiedene Datensätze wichtig ist. Für eine ausgiebige Darstellung sei auf Georgii (2004), Resnick (2003) und Chung (2001) verwiesen.

1.1 Grundbegriffe der Wahrscheinlichkeitstheorie

Dieser Abschnitt beschreibt kurz den Kolmogorovschen Zugang zur Wahrscheinlichkeitstheorie. Jedem zufälligen Ereignis wird hierbei eine Wahrscheinlichkeit zugeordnet. Ein Ereignis ist beschrieben durch eine Menge. Das gleichzeitige Eintreten zweier Ereignisse ist der Schnitt zweier Mengen, welches wieder ein Ereignis sein sollte. Dies erfordert eine Axiomatik, welche im Folgenden vorgestellt wird. Grundlage bildet ein *Wahrscheinlichkeitsraum* $(\Omega, \mathcal{A}, \mathbb{P})$, wobei Ω den *Grundraum*, $\mathcal{A}$ die zugehörige σ-Algebra und $\mathbb{P}$ ein *Wahrscheinlichkeitsmaß* bezeichnet. Die Elemente von $\mathcal{A}$ beschreiben die Ereignisse, welche in einem Zufallsexperiment auftreten können. Mit zwei

C. Czado, T. Schmidt, *Mathematische Statistik*, Statistik und ihre Anwendungen, DOI 10.1007/978-3-642-17261-8_1,

Ereignissen A und B aus $\mathcal{A}$ möchte man auch das Ereignis "A und B" betrachten können, weswegen man von $\mathcal{A}$ gewisse Eigenschaften fordert. Eine Menge $\mathcal{A}$, dessen Elemente Teilmengen von Ω sind, heißt *σ-Algebra*, falls:

(i) $\Omega \in \mathcal{A}$.
(ii) Für jedes $A \in \mathcal{A}$ gilt $\bar{A} := \Omega \backslash A \in \mathcal{A}$.
(iii) Für Elemente $A_1, A_2, \ldots$ von $\mathcal{A}$ gilt $\bigcup_{n=1}^{\infty} A_n \in \mathcal{A}$.

Weiterhin wird verlangt, dass das Wahrscheinlichkeitsmaß $\mathbb{P}$ die klassischen Kolmogorovschen Axiome erfüllt. Demnach ist die Abbildung $\mathbb{P} : \mathcal{A} \to [0,1]$ ein *Wahrscheinlichkeitsmaß*, falls die folgenden drei Eigenschaften erfüllt sind:

(i) $\mathbb{P}(\Omega) = 1$.
(ii) $0 \leq \mathbb{P}(A) \leq 1$ für alle $A \in \mathcal{A}$.
(iii) Für Elemente $A_1, A_2, \ldots$ von $\mathcal{A}$ mit $A_i \cap A_j = \emptyset$ für jedes $i \neq j$ gilt:

$$\mathbb{P}\Big(\sum_{i=1}^{\infty} A_i\Big) = \sum_{i=1}^{\infty} \mathbb{P}(A_i).$$

Hat der Grundraum Ω die Form $\Omega = \{\omega_1, \omega_2, \ldots\}$, so nennen wir den zugehörigen Wahrscheinlichkeitsraum *diskret*. In diesem Fall zerfällt der Grundraum in höchstens abzählbar viele disjunkte Ereignisse, und jedes Ereignis $\{\omega_i\}$ heißt *Elementarereignis*.

Bedingte Wahrscheinlichkeiten und Unabhängigkeit. Beobachtet man ein Ereignis, so hat dies möglicherweise einen Einfluß auf die Einschätzung von anderen Ereignissen. Dies wird durch die Verwendung von bedingten Wahrscheinlichkeiten formalisiert.

Seien $A, B \in \mathcal{A}$ zwei Ereignisse mit $\mathbb{P}(B) > 0$. Die *bedingte Wahrscheinlichkeit* von A gegeben B ist definiert durch

$$\mathbb{P}(A|B) := \frac{\mathbb{P}(A \cap B)}{\mathbb{P}(B)}.$$

Darüber hinaus definiert $\mathbb{P}(\cdot|B)\colon \mathcal{A} \to [0,1]$ das bedingte Wahrscheinlichkeitsmaß gegeben B. Dieses Maß ist in der Tat ein Wahrscheinlichkeitsmaß, was in Aufgabe 1.18 bewiesen werden soll.

Ist $\Omega = \bigcup_{i=1}^{n} B_i$ und sind die B_i paarweise disjunkt, so schreiben wir $\Omega = \sum_{i=1}^{n} B_i$. In manchen Situationen sind die bedingten Wahrscheinlichkeiten $\mathbb{P}(A|B_i)$ bekannt und man möchte $\mathbb{P}(B_i|A)$ bestimmen. Als Beispiel betrachten wir einen medizinischen Diagnosetest. Die Wahrscheinlichkeiten, dass ein getesteter Patient ein positives (bzw. negatives) Testergebnis erhält, wenn er tatsächlich die Krankheit hat, seien bekannt. Als Patient mit positivem Testergebnis ist man an der Wahrscheinlichkeit, ob die Krankheit wirklich vorliegt, interessiert. Diese kann man mit dem Satz von Bayes bestimmen.

Satz 1.1 (Satz von Bayes). *Sei* $\Omega = \sum_{i=1}^{n} B_i$ *mit* $\mathbb{P}(B_i) > 0$ *für* $i = 1, \ldots, n$. *Dann gilt für* $A \in \mathcal{A}$ *mit* $\mathbb{P}(A) > 0$, *dass*

$$\mathbb{P}(B_i|A) = \frac{\mathbb{P}(A|B_i)\mathbb{P}(B_i)}{\sum_{j=1}^{n} \mathbb{P}(A|B_j)\mathbb{P}(B_j)}.$$

Diese Formel wird oft als *Bayes-Formel* bezeichnet. Die Erweiterung auf Zufallsvariablen mit einer Dichte ist Gegenstand von Aufgabe 1.27. Zwei Ereignisse A und B heißen *unabhängig*, falls

$$\mathbb{P}(A \cap B) = \mathbb{P}(A)\,\mathbb{P}(B).$$

Dann gilt auch $\mathbb{P}(A|B) = \mathbb{P}(A)$. Für n Ereignisse muss man die (schwächere) paarweise Unabhängigkeit von der folgenden Eigenschaft unterscheiden: Die Ereignisse $A_1, \ldots, A_n$ heißen *unabhängig*, falls

$$\mathbb{P}(A_{i_1} \cap \ldots \cap A_{i_k}) = \prod_{j=1}^{k} \mathbb{P}(A_{i_j}) \quad \forall \{i_1, \ldots, i_k\} \subset \{1, \ldots, n\}.$$

Zufallsvariablen. Ein Zufallsexperiment wird durch eine Zufallsvariable modelliert. Eine (k-dimensionale) Zufallsvariable $\boldsymbol{X}$ ist intuitiv gesprochen eine Abbildung, welche die Grundereignisse $\omega \in \Omega$ auf Vektoren im $\mathbb{R}^k$ abbildet. Um die Wahrscheinlichkeit etwa für das Ereignis $A := \{\boldsymbol{X} \le \boldsymbol{0}\}$ berechnen zu können, ist $A \in \mathcal{A}$ zu fordern. Das führt zu folgendem Begriff der *Meßbarkeit*: Sei $\mathcal{B}^k$ die Borel-σ-Algebra[1]. Eine k-dimensionale *Zufallsvariable* ist eine $\mathcal{A} - \mathcal{B}^k$ meßbare Abbildung $\boldsymbol{X}\colon \Omega \to \mathbb{R}^k$, d.h. für jedes $B \in \mathcal{B}^k$ ist

$$\boldsymbol{X}^{-1}(B) := \{\omega \in \Omega : \boldsymbol{X}(\omega) \in B\} \in \mathcal{A}.$$

Wir setzen in diesem Buch die Meßbarkeit der verwendeten Funktionen stets voraus und geben nur an wenigen Stellen Hinweise auf die zugrundeliegenden maßtheoretischen Fragen.

Eine Zufallsvariable $\boldsymbol{X}$ heißt *diskret*, falls sie höchstens abzählbar viele Werte $\boldsymbol{x}_1, \boldsymbol{x}_2, \ldots$ annimmt. Dann heißt die Funktion $p_{\boldsymbol{X}}\colon \{\boldsymbol{x}_1, \boldsymbol{x}_2, \ldots\} \to$

[1] Die Borel-σ-Algebra ist die kleinste σ-Algebra, die alle offenen Rechtecke, in diesem Fall $(a_1, b_1) \times \cdots \times (a_k, b_k)$, enthält.

$[0, 1]$ gegeben durch

$$p_{\boldsymbol{X}}(\boldsymbol{x}_i) = \mathbb{P}(\boldsymbol{X} = \boldsymbol{x}_i), \qquad i = 1, 2, \ldots$$

die *Wahrscheinlichkeitsfunktion* von $\boldsymbol{X}$. Durch sie ist $\boldsymbol{X}$ vollständig beschrieben, denn für jede Wertemenge $B \subset \{\boldsymbol{x}_1, \boldsymbol{x}_2, \ldots\}$ ist $\mathbb{P}(\boldsymbol{X} \in B) = \sum_{\boldsymbol{x}_i \in B} p_{\boldsymbol{X}}(\boldsymbol{x}_i)$. Um im Folgenden eine einheitliche Schreibweise mit stetigen Zufallsvariablen nutzen zu können, setzen wir stets $p_{\boldsymbol{X}}(\boldsymbol{x}) := 0$ für $\boldsymbol{x} \notin \{\boldsymbol{x}_1, \boldsymbol{x}_2, \ldots\}$.

Ist eine Zufallsvariable nicht diskret, so kann man sie oft durch ihre Dichte beschreiben. Eine *Dichte* ist eine nichtnegative Funktion p auf $\mathbb{R}^k$, die Lebesgue-integrierbar ist mit

$$\int_{\mathbb{R}^k} p(\boldsymbol{x})\, d\boldsymbol{x} = 1.$$

Gilt für eine Zufallsvariable $\boldsymbol{X}$, dass für alle $B \in \mathcal{B}^k$

$$\mathbb{P}(\boldsymbol{X} \in B) = \int_B p(\boldsymbol{x}) d\boldsymbol{x}$$

und ist p eine Dichte, so heißt p die *Dichte von* $\boldsymbol{X}$. In diesem Fall heißt $\boldsymbol{X}$ *stetige Zufallsvariable.*

Unabhängig davon, ob eine Zufallsvariable diskret ist oder etwa eine Dichte besitzt, lässt sie sich stets durch ihre Verteilungsfunktion beschreiben. Die *Verteilungsfunktion* einer Zufallsvariable $\boldsymbol{X}$ ist definiert durch

$$F_{\boldsymbol{X}}(\boldsymbol{x}) = F_{\boldsymbol{X}}(x_1, \ldots, x_k) := \mathbb{P}(X_1 \le x_1, \ldots, X_k \le x_k).$$

Die Verteilungsfunktion hat, wie man leicht sieht, folgende Eigenschaften. Zur Einfachheit betrachten wir nur den eindimensionalen Fall. Dann gilt: $0 \le F \le 1$, F ist monoton wachsend, rechtsseitig stetig, $\lim_{x \to \infty} F(x) = 1$ und $\lim_{x \to -\infty} F(x) = 0$. Neben der Verteilungsfunktion spricht man allgemeiner von der Verteilung einer Zufallsvariable. Die *Verteilung* einer Zufallsvariable $\boldsymbol{X}$ ist ein Wahrscheinlichkeitsmaß $\mathbb{P}_{\boldsymbol{X}}$, gegeben durch

$$\mathbb{P}_{\boldsymbol{X}}(B) := \mathbb{P}\left(\{\omega \in \Omega : \boldsymbol{X}(\omega) \in B\}\right) = \mathbb{P}(\boldsymbol{X} \in B), \quad B \in \mathcal{B}^k.$$

Die Verteilung einer Zufallsvariable ist je nach Typ der Zufallsvariable unterschiedlich darstellbar. Ist $\boldsymbol{X}$ eine diskrete Zufallsvariable mit Werten $\boldsymbol{x}_1, \boldsymbol{x}_2, \ldots$ und mit Wahrscheinlichkeitsfunktion p, so ist

$$\mathbb{P}(\boldsymbol{X} \in B) = \sum_{\boldsymbol{x}_i \in B} p(\boldsymbol{x}_i), \quad B \in \mathcal{B}^k.$$

Hat $\boldsymbol{X}$ hingegen die Dichte p, so ist

$$\mathbb{P}(\boldsymbol{X} \in B) = \int_B p(\boldsymbol{x}) d\boldsymbol{x}, \quad B \in \mathcal{B}^k.$$

Transformationssatz. Eine Transformation einer k-dimensionalen Zufallsvariable $\boldsymbol{X}$ ist eine meßbare Abbildung $\boldsymbol{h}\colon \mathbb{R}^k \to \mathbb{R}^m$, d.h. $\boldsymbol{h}^{-1}(B) \in \mathcal{B}^k$ für alle Mengen B aus der Borel-σ-Algebra $\mathcal{B}^m$. Die Verteilung der transformierten Zufallsvariable $\boldsymbol{h}(\boldsymbol{X})$ ist bestimmt durch

$$\mathbb{P}(\boldsymbol{h}(\boldsymbol{X}) \in B) = \mathbb{P}(\boldsymbol{X} \in \boldsymbol{h}^{-1}(B))$$

für alle $B \in \mathcal{B}^m$. Als Anwendung betrachten wir folgendes Beispiel.

B 1.1 *Mittelwert und Stichprobenvarianz*: Betrachtet man eine Stichprobe gegeben durch k reellwertige Zufallsvariablen $\boldsymbol{X} = (X_1, \ldots, X_k)^\top$ mit $k \geq 2$, so ist der Vektor gegeben durch den arithmetischen Mittelwert und die Stichprobenvarianz eine Transformation von $\boldsymbol{X}$: In diesem Fall ist $\boldsymbol{h}(\boldsymbol{X}) = (h_1(\boldsymbol{X}), h_2(\boldsymbol{X}))$; der *arithmetische Mittelwert* ist $h_1(\boldsymbol{X})$ und die *Stichprobenvarianz* ist $h_2(\boldsymbol{X})$ mit

$$h_1(\boldsymbol{X}) := \frac{1}{k} \sum_{i=1}^{k} X_i =: \bar{X},$$

$$h_2(\boldsymbol{X}) := \frac{1}{k-1} \sum_{i=1}^{k} \left(X_i - \bar{X}\right)^2 =: s^2(\boldsymbol{X}).$$

Die besondere Normierung mit $(k-1)$ sorgt dafür, dass die Stichprobenvarianz erwartungstreu ist, eine Eigenschaft welche man verliert, wenn man stattdessen mit k normiert. Dies werden wir in Aufgabe 1.3 diskutieren.

Für stetige, reellwertige Zufallsvariablen hat man folgenden wichtigen Satz:

Satz 1.2 (Transformationssatz). *Sei X eine reellwertige, stetige Zufallsvariable mit Dichte p_X. Die Transformation $h\colon \mathbb{R} \to \mathbb{R}$ sei bijektiv auf einer offenen Menge B mit $\mathbb{P}(X \in B) = 1$. Ferner sei h differenzierbar und $h'(x) \neq 0 \; \forall \, x \in B$. Dann ist $Y := h(X)$ eine stetige Zufallsvariable und die Dichte von Y ist gegeben durch*

$$p_{h(X)}(y) = \frac{p_X(h^{-1}(y))}{|h'(h^{-1}(y))|} \mathbb{1}_{\{h^{-1}(y) \in B\}}, \quad y \in \mathbb{R}.$$

Diese Behauptung lässt sich leicht durch Differenzieren der Verteilungsfunktion von Y und Anwenden der Kettenregel zeigen.

Im mehrdimensionalen Fall gilt ein analoges Resultat: Sei $\boldsymbol{h}\colon \mathbb{R}^k \to \mathbb{R}^k$, $\boldsymbol{h} = (h_1, \ldots, h_k)$, $h_i\colon \mathbb{R}^k \to \mathbb{R}$ und die Jacobi-Determinante gegeben durch

$$J_{\boldsymbol{h}}(\boldsymbol{x}) := \begin{vmatrix} \frac{\partial}{\partial x_1} h_1(\boldsymbol{x}) & \ldots & \frac{\partial}{\partial x_1} h_k(\boldsymbol{x}) \\ \vdots & & \vdots \\ \frac{\partial}{\partial x_k} h_1(\boldsymbol{x}) & \ldots & \frac{\partial}{\partial x_k} h_k(\boldsymbol{x}) \end{vmatrix}.$$

Satz 1.3 (Transformationssatz für Zufallsvektoren). *Sei $\boldsymbol{h}\colon \mathbb{R}^k \to \mathbb{R}^k$ und $B \subset \mathbb{R}^k$ eine offene Menge, so dass gilt:*

(i) *$\boldsymbol{h}$ hat stetige erste partielle Ableitungen auf B,*
(ii) *$\boldsymbol{h}$ ist bijektiv auf B,*
(iii) $J_{\boldsymbol{h}}(\boldsymbol{x}) \neq 0, \ \forall\, \boldsymbol{x} \in B$

und sei $\boldsymbol{X}$ eine stetige Zufallsvariable mit $\mathbb{P}(\boldsymbol{X} \in B) = 1$. Dann ist die Dichte von $\boldsymbol{Y} := \boldsymbol{h}(\boldsymbol{X})$ gegeben durch

$$p_{\boldsymbol{Y}}(\boldsymbol{y}) = p_{\boldsymbol{X}}(\boldsymbol{h}^{-1}(\boldsymbol{y})) \cdot |J_{\boldsymbol{h}^{-1}}(\boldsymbol{y})| \, \mathbb{1}_{\{\boldsymbol{h}^{-1}(\boldsymbol{y}) \in B\}}, \quad \boldsymbol{y} \in \mathbb{R}^k.$$

Unabhängigkeit. Die Unabhängigkeit von Zufallsvariablen geht maßgeblich auf die Unabhängigkeit von Ereignissen zurück. Zwei Zufallsvariablen $\boldsymbol{X}_1 \in \mathbb{R}^k$ und $\boldsymbol{X}_2 \in \mathbb{R}^m$ heißen *unabhängig*, falls die Ereignisse $\{\boldsymbol{X}_1 \in A\}$ und $\{\boldsymbol{X}_2 \in B\}$ unabhängig für *alle* $A \in \mathcal{B}^k$ und $B \in \mathcal{B}^m$ sind.

Unabhängigkeit kann man dadurch charakterisieren, dass die Dichte, die Wahrscheinlichkeitsfunktion oder die Verteilungsfunktion in Produktgestalt zerfällt:

Satz 1.4. *Ist die Zufallsvariable $\boldsymbol{X} = (X_1, \ldots, X_k)^\top$ stetig mit Dichte $p_{\boldsymbol{X}}$ oder diskret mit Wahrscheinlichkeitsfunktion $p_{\boldsymbol{X}}$, so sind die folgenden drei Aussagen äquivalent:*

(i) *$X_1, \ldots, X_k$ sind unabhängig.*
(ii) *$F_{\boldsymbol{X}}(x_1, \ldots, x_k) = F_{X_1}(x_1) \cdots F_{X_k}(x_k)$ für alle $x_1, \ldots, x_k \in \mathbb{R}$.*
(iii) *$p_{\boldsymbol{X}}(x_1, \ldots, x_k) = p_{X_1}(x_1) \cdots p_{X_k}(x_k)$ für alle $x_1, \ldots, x_k \in \mathbb{R}$.*

Wir bezeichnen Zufallsvariablen $X_1, \ldots, X_k$ oder auch etwa eine ganze Folge $X_1, X_2, \ldots$ als unabhängig, falls für jede beliebige Kombination $(i_1, \ldots, i_{k_1})$ und $(j_1, \ldots, j_{k_2})$, welche sich nicht überschneiden, die Vektoren $(X_{i_1}, \ldots, X_{i_{k_1}})^\top$ und $(X_{j_1}, \ldots, X_{j_{k_2}})^\top$ unabhängig sind. Im Allgemeinen ist dies stärker als die Annahme der paarweisen Unabhängigkeit, unter welcher jedes X_i und X_j mit $i \neq j$ unabhängig sind.

Zufallsvariablen, welche unabhängig und identisch verteilt sind, bezeichnen wir kurz als *i.i.d.* (independent and identically distributed). Dies ist eine in der Statistik häufig gemachte Annahme.

Momente. Wichtige Charakteristika von Zufallsvariablen können oftmals durch einfachere Funktionale als die Verteilungsfunktion beschrieben werden. Die Normalverteilung beispielsweise ist vollständig durch ihr erstes und zweites Moment beschrieben. Dieser Abschnitt führt zentrale Größen wie Erwartungswert und Varianz und darüber hinausgehend die Momente einer Zufallsvariable ein. Für $\boldsymbol{x} \in \mathbb{R}^k$ erhält man durch $|\boldsymbol{x}| := |x_1| + \cdots + |x_d|$ eine Norm auf dem Vektorraum $\mathbb{R}^k$.

Der *Erwartungswert* einer Zufallsvariable $\boldsymbol{X}$ ist wie folgt definiert: Ist $\boldsymbol{X}$ diskret mit Werten $\{\boldsymbol{x}_1, \boldsymbol{x}_2, \ldots\}$, so ist der Erwartungswert definiert durch

$$\mathbb{E}(\boldsymbol{X}) := \sum_{i=1}^{\infty} \boldsymbol{x}_i \mathbb{P}(\boldsymbol{X} = \boldsymbol{x}_i),$$

falls die Summe absolut konvergiert, wofür wir $\mathbb{E}(|\boldsymbol{X}|) < \infty$ schreiben. Ist $\boldsymbol{X}$ eine stetige Zufallsvariable mit Dichte $p_{\boldsymbol{X}}$, so ist

$$\mathbb{E}(\boldsymbol{X}) := \int_{\mathbb{R}^k} \boldsymbol{x} p_{\boldsymbol{X}}(\boldsymbol{x}) d\boldsymbol{x},$$

falls $\int_{\mathbb{R}^k} |\boldsymbol{x}| p_{\boldsymbol{X}}(\boldsymbol{x}) d\boldsymbol{x} < \infty$. Gilt $\mathbb{E}(|\boldsymbol{X}|) < \infty$, so nennen wir $\boldsymbol{X}$ *integrierbar*. Der Erwartungswert einer Zufallsvariable gibt den Wert an, welchen die Zufallsvariable im Mittel annimmt. Man verifiziert leicht, dass der Erwartungswert ein linearer Operator ist, d.h. für $a_1, \ldots, a_n \in \mathbb{R}$ ist

$$\mathbb{E}\Big(\sum_{i=1}^{n} a_i \boldsymbol{X}_i\Big) = \sum_{i=1}^{n} a_i \mathbb{E}(\boldsymbol{X}_i).$$

Darüber hinaus ist der Ewartungswert monoton, d.h. aus $\mathbb{P}(\boldsymbol{X} \geq \boldsymbol{Y}) = 1$ folgt Hierbei ist für zwei Vektoren der komponentenweise Vergleich gemeint: $\boldsymbol{a} \geq \boldsymbol{b} \Leftrightarrow a_i \geq b_i$ für alle $1 \leq i \leq d$.

$$\mathbb{E}(\boldsymbol{X}) \geq \mathbb{E}(\boldsymbol{Y}). \tag{1.1}$$

Folgende Ungleichung wird sich als nützlicher Begleiter erweisen. Eine Funktion $g\colon \mathbb{R} \to \mathbb{R}$ heißt konvex, falls $g(\lambda x + (1-\lambda)y) \leq \lambda g(x) + (1-\lambda) g(y)$ für alle $\lambda \in (0,1)$ und alle $x, y \in \mathbb{R}$.

Satz 1.5 (Jensensche Ungleichung). *Sei $g\colon \mathbb{R} \to \mathbb{R}$ konvex und X eine reellwertige Zufallsvariable mit $\mathbb{E}(|X|) < \infty$. Dann gilt*

$$\mathbb{E}(g(X)) \geq g(\mathbb{E}(X)). \tag{1.2}$$

Gleichheit in (1.2) gilt genau dann, wenn für jede Gerade $a + bx$ tangential zu g an $x = \mathbb{E}(X)$ gilt, dass $\mathbb{P}(g(X) = a + bX) = 1$.

Ein typisches Beispiel ist $g(x) = x^2$: Für eine Zufallsvariable X mit verschwindenden Erwartungswert folgt bereits aus $x^2 \geq 0$, dass $\mathbb{E}(X^2) \geq (\mathbb{E}(X))^2 = 0$.

Das *k-te Moment* von X ist $\mathbb{E}(X^k)$ und das k-te *zentrierte (zentrale) Moment* von X ist definiert durch

$$\mu_k := \mathbb{E}\left(\left(X - \mathbb{E}(X)\right)^k\right).$$

Das zweite zentrierte Moment spielt eine besondere Rolle: Die *Varianz* von X ist definiert durch

$$\sigma^2 := \mathrm{Var}(X) = \mathbb{E}\left(\left(X - \mathbb{E}(X)\right)^2\right) = \mathbb{E}(X^2) - \left(\mathbb{E}(X)\right)^2.$$

Die letzte Gleichheit lässt sich durch Ausmultiplizieren und Verwendung der Linearität des Erwartungswertes leicht zeigen. Gilt $\mathbb{E}(X^2) < \infty$, so nennen wir X *quadrat-integrierbar*. Die Varianz ist ein Maß für die Streuung einer Zufallsvariable. Um die Abweichung einer Zufallsvariable von einer Normalverteilung zu messen, nutzt man typischerweise noch ein geeignetes drittes und viertes Moment, die *Schiefe* (skewness): $\gamma_1 = \frac{\mu_3}{\sigma^3}$ und die *Kurtosis*: $\gamma_2 := \frac{\mu_4}{\sigma^4} - 3$. Betrachtet man zwei reellwertige Zufallsvariablen X_1 und X_2, so kann man deren *lineare* Abhängigkeit durch die Kovarianz erfassen. Dieses Maß zeigt allerdings außerhalb der Normalverteilungsfamilien prekäre Eigenheiten und sollte dort nur mit Vorsicht angewendet werden, siehe Aufgabe 1.2 und Schmidt (2007). Für zwei quadrat-integrierbare Zufallsvariablen X_1 und X_2 definiert man die *Kovarianz* von X_1 und X_2 durch

$$\mathrm{Cov}(X_1, X_2) := \mathbb{E}\left(\left(X_1 - \mathbb{E}(X_1)\right) \cdot \left(X_2 - \mathbb{E}(X_2)\right)\right) = \mathbb{E}(X_1 X_2) - \mathbb{E}(X_1)\mathbb{E}(X_2).$$

Die Kovarianz ist dabei abhängig von den Varianzen der einzelnen Zufallsvariablen. Ein skalenunabhängiges Maß für die lineare Abhängigkeit ist die *Korrelation* zwischen X_1 und X_2. Sie ist definiert durch

$$\mathrm{Corr}(X_1, X_2) := \frac{\mathrm{Cov}(X_1, X_2)}{\left(\mathrm{Var}(X_1)\,\mathrm{Var}(X_2)\right)^{1/2}};$$

es gilt $\mathrm{Corr}(X_1, X_2) \in [-1, 1]$. Zwei Zufallsvariablen X_1, X_2 mit $\mathrm{Cov}(X_1, X_2) = 0$ nennt man *unkorreliert*. Sind die quadrat-integrierbaren Zufallsvariablen X_1 und X_2 unabhängig, so folgt aus $\mathbb{E}(X_1 X_2) = \mathbb{E}(X_1)\mathbb{E}(X_2)$, dass

$$\mathrm{Cov}(X_1, X_2) = \mathrm{Corr}(X_1, X_2) = 0.$$

Die Umkehrung trifft typischerweise nicht zu, siehe Aufgabe 1.2. Weiterhin gilt die so genannte *Cauchy-Schwarz Ungleichung*

$$\left(\mathrm{Cov}(X, Y)\right)^2 \leq \mathrm{Var}(X) \cdot \mathrm{Var}(Y). \tag{1.3}$$

Für quadrat-integrierbare Zufallsvariablen $X_1, \ldots, X_n$ gilt

$$\operatorname{Var}(X_1 + \cdots + X_n) = \sum_{i=1}^{n} \operatorname{Var}(X_i) + 2 \sum_{i,j=1,i<j}^{n} \operatorname{Cov}(X_i, X_j).$$

Sind $X_1, \ldots, X_n$ darüber hinaus paarweise unkorreliert (dies folgt aus deren Unabhängigkeit), so gilt die wichtige Regel von *Bienaymé*

$$\operatorname{Var}(X_1 + \cdots + X_n) = \sum_{i=1}^{n} \operatorname{Var}(X_i). \tag{1.4}$$

Momentenerzeugende Funktion. Mitunter ist es günstig, zur Beschreibung der Verteilung einer Zufallsvariable ein weiteres Hilfsmittel zur Verfügung zu haben. Ein solches ist die so genannte *momentenerzeugende Funktion* Ψ_X. Ist X eine reellwertige Zufallsvariable, so ist $\Psi_X : \mathbb{R} \to [0, \infty]$ definiert durch

$$\Psi_X(s) := \mathbb{E}(e^{sX}).$$

Offensichtlich ist $\Psi_X(0) = 1$. Ist Ψ_X endlich in einer Umgebung der Null, so bestimmt $\Psi_X(s)$ eindeutig die Verteilung von X. Darüber hinaus gilt dann auch, dass

$$\left.\frac{d^k}{ds^k}\Psi_X(s)\right|_{s=0} = \mathbb{E}(X^k).$$

Ψ_X wird sich für die Beschreibung der Verteilung von Summen unabhängiger Zufallsvariablen als extrem nützlich erweisen. Denn, sind $X_1, \ldots, X_n$ unabhängig, so folgt

$$\Psi_{X_1+\cdots+X_n}(s) = \prod_{i=1}^{n} \Psi_{X_i}(s).$$

In Satz 2.12 wird die momentenerzeugende Funktion für exponentielle Familien bestimmt. Weitergehende Informationen über die momentenerzeugende Funktion finden sich etwa in: Gut (2005), Kapitel 4.8 auf Seite 189 – 191.

Anders als die momentenerzeugende Funktion existiert die *charakteristische Funktion* $\varphi_X(s) := \mathbb{E}(\exp(isX))$ stets für alle $s \in \mathbb{R}$. Auch sie charakterisiert die Verteilung eindeutig (siehe Shao (2008), Seite 35) und die Inversion ist ein klassisches Resultat (siehe dazu Gut (2005), Kapitel 4.1, Seite 157 – 165 oder Billingsley (1986), Seite 395).

1.2 Klassische Verteilungen der Statistik

In diesem Abschnitt werden die klassischen Verteilungen kurz vorgestellt. Sie bilden eine wesentliche Grundlage für die späteren Aussagen. Oft ist es in der Statistik notwendig, sich auf eine bestimmte Verteilung oder eine Verteilungsklasse festzulegen, weswegen den angeführten Beispielen eine wichtige Funktion zukommt. Diese bieten jedoch nur einen kleinen Ausschnitt der bekannten Verteilungen, wie ein Blick in die Standardwerke: Johnson, Kotz und Balakrishnan (1994a), Johnson, Kotz und Balakrishnan (1994b), Johnson, Kotz und Kemp (1992) zeigt.

Diskrete Verteilungen. Wir betrachten eine diskrete Zufallsvariable X mit Wahrscheinlichkeitsfunktion p.

- *Binomialverteilung:* Wir schreiben $X \sim \mathrm{Bin}(n,p)$, falls $p \in (0,1)$ und für jedes $k \in \{0,\dots,n\}$

$$\mathbb{P}(X = k) = \binom{n}{k} p^k (1-p)^{n-k}.$$

  Als Spezialfall erhält man die *Bernoulli-Verteilung* $\mathrm{Bin}(1,p)$. Dies ist eine Zufallsvariable, welche nur die Werte 0 oder 1 annimmt. Jede binomialverteilte Zufallsvariable lässt sich als Summe von Bernoulli-Zufallsvariablen schreiben (siehe Beispiel 1.3 und Aufgabe 1.4).
- *Poisson-Verteilung:* Wir schreiben $X \sim \mathrm{Poiss}(\lambda)$, falls $\lambda > 0$ und für $k \in \{0,1,2,\dots\}$

$$\mathbb{P}(X = k) = \frac{e^{-\lambda}\lambda^k}{k!}. \tag{1.5}$$

- *Multinomialverteilung:* Wir schreiben $\boldsymbol{X} \sim M(n, p_1, \dots, p_k)$, falls $n \in \mathbb{N}$, $p_1, \dots, p_k \in (0,1)$ mit $\sum_{i=1}^k p_i = 1$, $\boldsymbol{X} \in \mathbb{N}^k$ und für beliebige Zahlen $i_1, \dots, i_k \in \{0,\dots,n\}$ mit $\sum_{j=1}^k i_j = n$ gilt, dass

$$\mathbb{P}\Big(\boldsymbol{X} = (i_1,\dots,i_k)^\top\Big) = \frac{n!}{i_1! \cdots i_k!} p_1^{i_1} \cdots p_k^{i_k}.$$

  Diese Verteilung entsteht durch die Klassifizierung von n Objekten in k Klassen und i_j repräsentiert die Anzahl der Objekte in Klasse j.

Laplacesche Modelle. Betrachtet man einen endlichen Grundraum $\Omega = \{\omega_1, \dots, \omega_n\}$, so erhält man die wichtige Klasse der *Laplaceschen Modelle*, falls $\mathbb{P}(\{\omega_i\}) = n^{-1}$ für alle $1 \le i \le n$. Alle Elementarereignisse haben demzufolge die gleiche Wahrscheinlichkeit. Notiert man die Anzahl der Elemente in A durch $|A|$, so ergibt sich für $A \subset \Omega$

$$\mathbb{P}(A) = \sum_{w_i \in A} \mathbb{P}(\{w_i\}) = \sum_{w_i \in A} \frac{1}{|\Omega|} = \frac{|A|}{|\Omega|},$$

wonach die Wahrscheinlichkeit eines Ereignisses durch die Formel „Günstige durch Mögliche" berechnet werden kann. Dies gilt allerdings nur unter der Annahme, dass alle Elementarereignisse die gleiche Wahrscheinlichkeit haben. Das folgende Beispiel werden wir in Kapitel 2 auf der Seite 37 wieder aufgreifen.

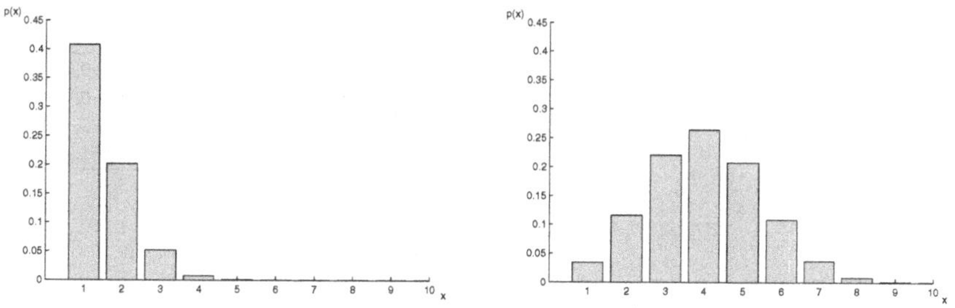

Abb. 1.1 Wahrscheinlichkeitsfunktion der hypergeometrischen Verteilung aus Beispiel 1.2 mit $N = 100$, $n = 10$ und $\theta = 0.1$ (links) bzw. $\theta = 0.4$ (rechts).

B 1.2 *Hypergeometrische Verteilung*: Man betrachtet eine Menge mit N Elementen, wobei jedes Element den Wert 0 oder 1 annehmen kann. Der Anteil der Elemente mit Wert 0 sei $\theta \in (0, 1)$, so dass $N\theta$ Elemente den Wert 0 haben. Es werde eine Teilmenge mit n Elementen ausgewählt und die Zufallsvariable X bezeichne die Anzahl der Elemente in der Teilmenge, welche den Wert 0 haben. Jede Kombination habe die gleiche Wahrscheinlichkeit, es handelt sich folglich um ein Laplacesches Modell. Dann erhält man die *hypergeometrische Verteilung*

$$\mathbb{P}(X = k) = \frac{\binom{N\theta}{k}\binom{N-N\theta}{n-k}}{\binom{N}{n}}, \qquad 0 \leq k \leq n$$

oder kurz $X \sim \text{Hypergeo}(N, n, \theta)$ durch Abzählen der möglichen Kombinationen: Insgesamt gibt es $\binom{N}{n}$ Möglichkeiten aus N Teilen eine Stichprobe des Umfangs n zu ziehen. Sollen davon $k \in \{0, \ldots, n\}$ Teile den Wert 0 haben, so gibt es zum einen $\binom{N\theta}{k}$ Möglichkeiten, k Teile mit dem Wert 0 aus den $N\theta$ Teilen mit dem Wert 0 zu ziehen. Zum anderen gibt es $\binom{N-N\theta}{n-k}$ Möglichkeiten $n - k$ Teile mit dem Wert 1 aus insgesamt $N - N\theta$ Teilen mit dem Wert 1 auszuwählen. Die zugehörige Wahrscheinlichkeitsfunktion ist in Abbildung 1.1 dargestellt.

Stetige Verteilungen. Wenn die beobachteten Daten keiner diskreten Wertemenge unterliegen, arbeitet man mit stetigen Verteilungen. Zu Beginn seien einige wichtige Beispiele von reellwertigen Zufallsvariablen mit Dichte p vorgestellt.

- *Exponentialverteilung:* Wir schreiben $X \sim \text{Exp}(\lambda)$, falls $\lambda > 0$ und

$$p(x) = \mathbb{1}_{\{x>0\}} \lambda e^{-\lambda x}.$$

- *Gleichverteilung:* Wir schreiben $X \sim U(a, b)$, falls $a < b$ und

$$p(x) = \mathbb{1}_{\{x \in [a,b]\}} \frac{1}{b - a}.$$

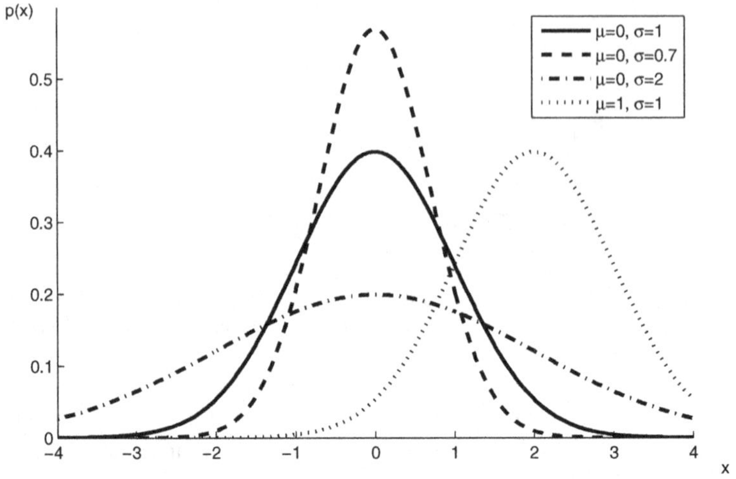

Abb. 1.2 Dichte der Normalverteilung für verschiedene Parameterkonstellationen.

- *Normalverteilung:* Wir schreiben $X \sim \mathcal{N}(\mu, \sigma^2)$, falls $\mu \in \mathbb{R}$, $\sigma > 0$ und
$$p(x) = \frac{1}{\sqrt{2\pi\sigma^2}} e^{-\frac{(x-\mu)^2}{2\sigma^2}}. \tag{1.6}$$
Dann gilt, dass $\mathbb{E}(X) = \mu$ und $\mathrm{Var}(X) = \sigma^2$. Die Dichte ist in Abbildung 1.2 dargestellt. Ist $\mu = 0$ und $\sigma = 1$, so spricht man von einer *Standardnormalverteilung.*

Oft verwendet man die Bezeichnung

$$\phi(x) := \frac{1}{\sqrt{2\pi}} e^{-\frac{x^2}{2}}$$

für die Dichte der Standardnormalverteilung und

$$\Phi(x) := \int_{-\infty}^{x} \phi(y) dy$$

für die Verteilungsfunktion der Standardnormalverteilung. Die Normalverteilung ist mit Abstand die wichtigste Verteilung in der Statistik, da sie durch den zentralen Grenzwertsatz (Satz 1.31) zur Approximation der Verteilung von einer hinreichend großen Zahl unabhängiger und identisch verteilter Zufallsvariablen mit existierendem zweiten Moment benutzt werden kann. Die Normalverteilung ist stabil unter Summenbildung und Skalierung (siehe Aufgabe 1.31).

Die Exponentialverteilung ist ein Spezialfall der Gamma-Verteilung währenddessen die Gleichverteilung ein Spezialfall der Beta-Verteilung ist, welche ab Seite 16 eingeführt werden.

Rund um die Normalverteilung und die Schätzung von μ und σ^2 gibt es eine Familie von unerlässlichen Verteilungen, welche nun kurz vorgestellt werden.

Die χ^2, F und t-Verteilung. Die χ^2-Verteilung entsteht als Summe von quadrierten, normalverteilten Zufallsvariablen.

Lemma 1.6. *(und Definition) Sind $X_1, \dots, X_n$ unabhängig und standardnormalverteilt, heißt*

$$V := \sum_{i=1}^{n} X_i^2$$

χ^2-verteilt *mit n Freiheitsgraden, kurz χ_n^2-verteilt. Die Dichte von V ist gegeben durch*

$$p_{\chi_n^2}(x) = \mathbb{1}_{\{x>0\}} \frac{1}{2^{n/2}\Gamma(\frac{n}{2})} x^{\frac{n}{2}-1} e^{-\frac{x}{2}}. \tag{1.7}$$

Hierbei verwenden wir die *Gamma-Funktion*, definiert durch

$$\Gamma(a) := \int_0^\infty t^{a-1} e^{-t} dt, \qquad a > 0.$$

Dann ist $\Gamma(n) = (n-1)!$, $n \in \mathbb{N}$ und $\Gamma(\frac{1}{2}) = \sqrt{\pi}$. Weiterhin gilt $\mathbb{E}(V) = n$ und $\mathrm{Var}(V) = 2n$. Die Herleitung der Dichte ist Gegenstand von Aufgabe 1.32.

Bemerkung 1.7. Die Darstellung der Dichte in (1.7) zeigt, dass die χ_n^2-verteilte Zufallsvariable V für $n = 2$ exponentialverteilt ist mit Parameter $\frac{1}{2}$. Aus dem zentralen Grenzwertsatz (Satz 1.31) folgt, dass

$$\frac{\chi_n^2 - n}{\sqrt{2n}} \xrightarrow{\mathscr{L}} \mathcal{N}(0,1).$$

Möchte man ein Konfidenzintervall für den Mittelwert einer Normalverteilung mit unbekannter Varianz bilden, so muss man diese schätzen. Dabei taucht die Wurzel einer Summe von Normalverteilungsquadraten (mit Faktor $\frac{1}{n}$) im Nenner auf. Hierüber gelangt man zur t-Verteilung, welche oft auch als Student-Verteilung oder Studentsche t-Verteilung bezeichnet wird.

Definition 1.8. Ist X standardnormalverteilt und V χ^2_n-verteilt und unabhängig von X, so heißt die Verteilung von

$$T := \frac{X}{\sqrt{\frac{1}{n}V}} \tag{1.8}$$

die *t-Verteilung* mit n Freiheitsgraden, kurz t_n-Verteilung.

Lemma 1.9. *Die Dichte der t_n-Verteilung ist gegeben durch*

$$p_{t_n}(x) = \frac{\Gamma(\frac{n+1}{2})}{\Gamma(n/2)\Gamma(1/2)\sqrt{n}}\left(1+\frac{x^2}{n}\right)^{-\frac{n+1}{2}}$$

für alle $x \in \mathbb{R}$.

Für Vergleiche von Varianzen werden wir Quotienten der Schätzer betrachten und gelangen so zur F-Verteilung.

Definition 1.10. Sind V und W unabhängig und χ^2_n bzw. χ^2_m-verteilt, so heißt die Verteilung von

$$F := \frac{V/n}{W/m}$$

die *F-Verteilung* mit (n, m) Freiheitsgraden, kurz $F_{n,m}$-Verteilung.

Für die Dichte sei an die Formel für die *Beta-Funktion* $B(a, b)$ erinnert: Für $a, b > 0$ ist

$$B(a,b) = \int_0^1 t^{a-1}(1-t)^{b-1}\,dt. \tag{1.9}$$

Dann ist $B(a,b) = \frac{\Gamma(a)\Gamma(b)}{\Gamma(a+b)}$. Damit erhalten wir folgende Darstellung.

Lemma 1.11. *Die Dichte der $F_{n,m}$-Verteilung ist*

$$p_{F_{n,m}}(x) = \mathbb{1}_{\{x>0\}}\frac{n^{n/2}\,m^{m/2}}{B(n/2, m/2)}\frac{x^{\frac{n}{2}-1}}{(m+nx)^{(n+m)/2}}.$$

Beweis. Für die Verteilungsfunktion an der Stelle $t > 0$ erhalten wir aufgrund der Unabhängigkeit von V und W

$$\mathbb{P}\left(\frac{V/n}{W/m} \le t\right) = \int_{\mathbb{R}^+}\int_{\mathbb{R}^+} \mathbb{1}_{\{\frac{x}{y}\frac{m}{n}\le t\}}\, p_{\chi^2_n}(x)\, p_{\chi^2_m}(y)\, dx dy$$
$$= \int_0^\infty p_{\chi^2_m}(y)\left[\int_0^{tyn/m} p_{\chi^2_n}(x)\, dx\right] dy.$$

Da wir die Dichte bestimmen wollen, transformieren wir das zweite Integral mittels $w = mx/(ny)$ und erhalten, dass

$$\mathbb{P}\left(\frac{V/n}{W/m} \le t\right) = \int_0^\infty p_{\chi^2_m}(y) \int_0^t p_{\chi^2_n}(w \cdot {}^{ny}/_{m}) \frac{ny}{m}\, dw\, dy$$
$$= \int_0^t \left[\int_0^\infty p_{\chi^2_m}(y) p_{\chi^2_n}(w \cdot {}^{ny}/_{m}) \frac{ny}{m}\, dy\right] dw.$$

Der Ausdruck in der Klammer gibt die Dichte an. Unter Verwendung von (1.7) ergibt sich die Behauptung. □

Bemerkung 1.12. Eine *Rayleigh*-verteilte Zufallsvariable X ist nicht negativ und hat zu dem Parameter $\sigma > 0$ die Dichte

$$p(x) = \mathbb{1}_{\{x>0\}} \frac{x}{\sigma^2} \exp\left(-\frac{x^2}{2\sigma^2}\right).$$

Die Rayleigh-Verteilung entsteht als Norm einer zweidimensionalen, zentrierten Normalverteilung: Die Zufallsvariablen Y und Z seien unabhängig und jeweils $\mathcal{N}(0, \sigma^2)$-verteilt. Dann ist $\sqrt{Y^2 + Z^2}$ Rayleigh-verteilt (siehe Aufgabe 1.36). Aufgrund dessen ist X^2 gerade χ^2_2-verteilt falls $\sigma = 1$.

Nichtzentrale t-, F- und χ^2-Verteilung. In diesem Abschnitt stellen wir nichtzentrale Verteilungen vor, die im Zusammenhang mit Hypothesentests in linearen Modellen im Abschnitt 7.3 benötigt werden. Im Unterschied zu den zentrierten Verteilungen können hier die zugrundeliegenden normalverteilten Zufallsvariablen einen nicht verschwindenden Erwartungswert haben.

Definition 1.13. Seien $X \sim \mathcal{N}(\theta, 1)$, $V \sim \chi^2_n$ und X und V unabhängig. Dann heißt

$$T := \frac{X}{\sqrt{\frac{1}{n}V}}$$

nichtzentral t-verteilt mit n Freiheitsgraden und Nichtzentralitätsparameter θ, kurz $t_n(\theta)$-verteilt.

Analog definiert man die nichtzentrale χ^2-Verteilung:

Definition 1.14. Seien $X_i \sim \mathcal{N}(\mu_i, 1)$, $i = 1, \ldots, n$ und unabhängig. Dann heißt

$$V := \sum_{i=1}^{k} X_i^2$$

nichtzentral χ^2*-verteilt* mit Nichtzentralitätsparameter $\theta := \sum_{i=1}^{k} \mu_i^2$, oder kurz $\chi_k^2(\theta)$-verteilt.

In Aufgabe 1.33 wird gezeigt, dass die nichtzentrale χ^2-Verteilung wohldefiniert ist und die Verteilung in der Tat nicht von den einzelnen $\mu_1, \ldots, \mu_n$, sondern nur von θ abhängt. Weitere Informationen findet man in Johnson, Kotz und Balakrishnan (1994b).

Definition 1.15. Sei $V \sim \chi_k^2(\theta)$ und $W \sim \chi_m^2$ sowie V und W unabhängig. Dann heißt die Zufallsvariable

$$Z := \frac{V/k}{W/m}$$

nichtzentral F*-verteilt* mit Nichtzentralitätsparameter θ, kurz $F_{k,m}(\theta)$-verteilt.

Es gibt noch zahlreiche andere Erweiterungen von Verteilungen auf ihre nichtzentralen Analoga (siehe dazu die nichtzentrale Exponentialverteilung im Beispiel 3.12).

Die Beta- und die Gamma-Verteilung. In diesem Abschnitt führen wir die Beta- und Gamma-Verteilungen ein. Diese beiden Verteilungsklassen beschreiben relativ allgemeine Verteilungen, welche einige bereits bekannte Verteilungen als Spezialfälle enthalten. Die Gamma-Verteilung tritt als eine Verallgemeinerung der Exponentialverteilung auf und beschreibt deswegen stets postive Zufallsvariablen. Die Beta-Verteilung ist eine Verallgemeinerung der Gleichverteilung auf dem Einheitsintervall und beschreibt demzufolge nur Zufallsvariablen mit Werten in $[0, 1]$.

Definition 1.16. Eine Zufallsvariable X heißt *Gamma-verteilt* zu den Parametern $a, \lambda > 0$, falls sie folgende Dichte besitzt:

$$p_{a,\lambda}(x) = \mathbb{1}_{\{x>0\}} \frac{\lambda^a}{\Gamma(a)} x^{a-1} e^{-\lambda x}. \tag{1.10}$$

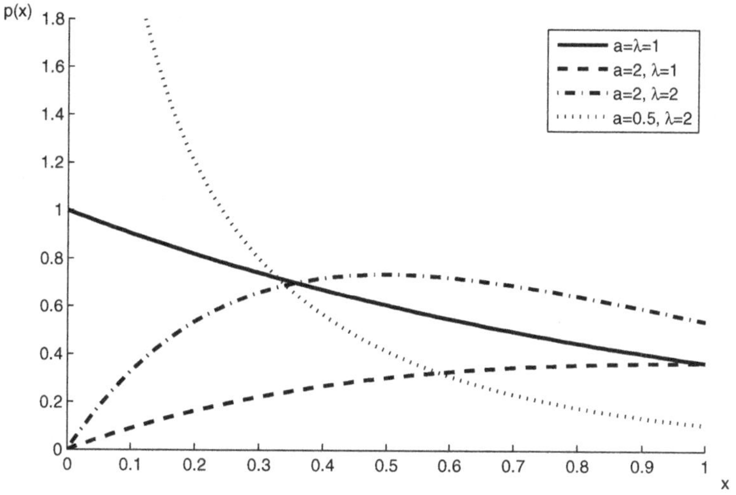

Abb. 1.3 Dichte der Gamma(a, λ)-Verteilung für verschiedene Parameterkonstellationen. Für $a = 1$ erhält man eine Exponentialverteilung.

Ist X Gamma-verteilt, so schreiben wir kurz $X \sim \text{Gamma}(a, \lambda)$. Weiterhin gilt: $cX \sim \text{Gamma}(a, \lambda/c)$ (siehe Aufgabe 1.9 (iii)). Aus diesem Grund nennt man λ^{-1} einen Skalenparameter, während a ein Parameter ist, welcher die Form der Verteilung bestimmt (vgl. Abbildung 1.3). Ist a eine natürliche Zahl, so ist $\Gamma(a) = (a-1)!$. In diesem Fall wird die Verteilung auch eine *Erlang-Verteilung* genannt.

Die momentenerzeugende Funktion einer Gamma-Verteilung wird in Aufgabe 1.12 bestimmt. Daraus erhält man die Momente: Ist $X \sim \text{Gamma}(a, \lambda)$, so gilt

$$\mathbb{E}(X) = \frac{a}{\lambda}, \quad \text{Var}(X) = \frac{a}{\lambda^2}.$$

Die Summe von unabhängigen Gamma$(\cdot, \lambda)$-verteilten Variablen ist wieder Gamma-verteilt: Seien $X_1, \ldots, X_n$ unabhängig mit $X_i \sim \text{Gamma}(a_i, \lambda)$, so ist

$$\sum_{i=1}^{n} X_i \sim \text{Gamma}\left(\sum_{i=1}^{n} a_i, \lambda\right). \tag{1.11}$$

Der Beweis kann über die momentenerzeugende Funktion erfolgen (siehe Aufgabe 1.9). Weiterhin ist eine χ_n^2-verteilte Zufallsvariable Gamma$\left(\frac{n}{2}, \frac{1}{2}\right)$-verteilt. Als weiteren Spezialfall erhält man die Exponentialverteilung zum Parameter λ für $a = 1$.

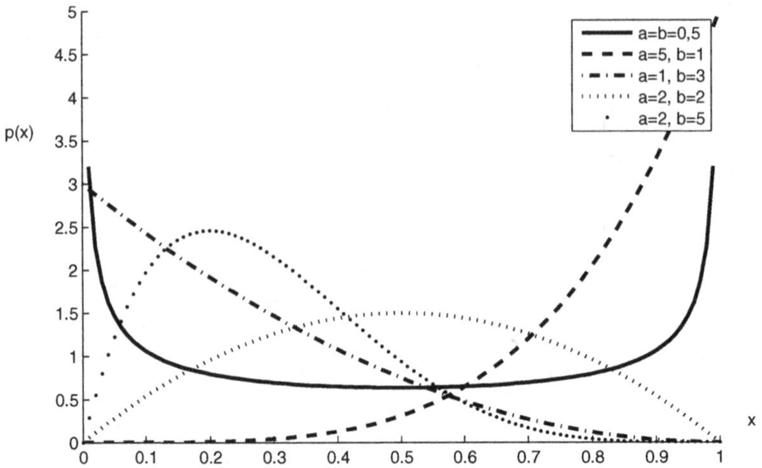

Abb. 1.4 Dichte der Beta-Verteilung für verschiedene Parameterkonstellationen.

Definition 1.17. Eine Zufallsvariable heißt *Beta*-verteilt zu den Parametern $a, b > 0$, falls sie die Dichte

$$p_{a,b}(x) = \frac{1}{B(a,b)} x^{a-1}(1-x)^{b-1}\mathbb{1}_{\{x\in[0,1]\}}$$

hat.

Hierbei ist $B(a,b)$ die Beta-Funktion (siehe Gleichung 1.9). Für $a = b = 1$ erhält man die Gleichverteilung auf $[0,1]$ als Spezialfall. Der Erwartungswert einer Beta(a,b)-Verteilung ist $a/(a+b)$ und die Varianz beträgt

$$\frac{ab}{(1+a+b)(a+b)^2}.$$

Bemerkung 1.18. Sind X, Y unabhängig und Gamma(a,b) bzw. Gamma (a,c)-verteilt, so ist $X/(X+Y)$ gerade Beta(b,c)-verteilt (siehe Aufgabe 1.9).

1.2.1 Die Multivariate Normalverteilung

Dieser Abschnitt widmet sich der mehrdimensionalen Normalverteilung. Für weitergehende Ausführungen sei auf Georgii (2004), Abschnitt 9.1 verwiesen.

Definition 1.19. Ein k-dimensionaler Zufallsvektor $\boldsymbol{X}$ heißt *k-variat normalverteilt*, falls ein $\boldsymbol{\mu} \in \mathbb{R}^k$ und ein $L \in \mathbb{R}^{k \times m}$ existiert mit $\text{Rang}(L) = m$, so dass

$$\boldsymbol{X} = L\boldsymbol{Z} + \boldsymbol{\mu},$$

wobei $\boldsymbol{Z} = (Z_1, \dots, Z_m)^\top$ und Z_i i.i.d. sind mit $Z_1 \sim \mathcal{N}(0,1)$.

In diesem Fall schreiben wir $\boldsymbol{X} \sim \mathcal{N}_k(\boldsymbol{\mu}, \Sigma)$ mit $\Sigma = LL^\top$. Ist $k = m$, so sagt man, dass $\boldsymbol{Y}$ eine *nicht singuläre* Normalverteilung besitzt, andernfalls $(k > m)$ hat $\boldsymbol{X}$ eine *singuläre* Normalverteilung.

Für eine quadratintegrierbare, k-dimensionalen Zufallsvariable $\boldsymbol{X}$ wird die Variabilität durch die *Varianz-Kovarianz Matrix* $\text{Var}(\boldsymbol{X})$ gemessen. Sie ist gegeben durch die Matrix $D := \text{Var}(\boldsymbol{X}) \in \mathbb{R}^{k \times k}$ mit den Einträgen

$$d_{ij} = \text{Cov}(X_i, X_j), \qquad 1 \leq i, j \leq k.$$

Es gilt, dass für $A \in \mathbb{R}^{k \times m}$

$$\text{Var}(A\boldsymbol{X}) = A\,\text{Var}(\boldsymbol{X})A^\top. \tag{1.12}$$

Weiterhin ist $\text{Var}(\boldsymbol{X} - \boldsymbol{c}) = \text{Var}(\boldsymbol{X})$ für jedes $\boldsymbol{c} \in \mathbb{R}^k$.

Lemma 1.20. *Ist $\boldsymbol{X} \sim \mathcal{N}_k(\boldsymbol{\mu}, \Sigma)$, so gilt*

$$\mathbb{E}(\boldsymbol{X}) = \boldsymbol{\mu}$$
$$\text{Var}(\boldsymbol{X}) = \Sigma.$$

Beweis. Nach Definition ist

$$\mathbb{E}(\boldsymbol{X}) = \mathbb{E}(L\boldsymbol{Z} + \boldsymbol{\mu}) = L\mathbb{E}(\boldsymbol{Z}) + \boldsymbol{\mu} = \boldsymbol{\mu}.$$

Für die Varianz-Kovarianz Matrix nutzen wir Gleichung (1.12). Damit folgt, dass

$$\Sigma = \text{Var}(\boldsymbol{X}) = \text{Var}(\mu + L\boldsymbol{Z}) = \text{Var}(L\boldsymbol{Z}) = LL^\top,$$

da die Varianz-Kovarianz Matrix von $\boldsymbol{Z}$ gerade die Einheitsmatrix ist. □

Mit $|\Sigma|$ sei die Determinante von Σ bezeichnet. Ist $\text{Rang}(\Sigma) = k$ und $\boldsymbol{X} \sim \mathcal{N}_k(\boldsymbol{\mu}, \Sigma)$, so hat $\boldsymbol{X}$ die Dichte

$$p(\boldsymbol{x}) = \frac{1}{\sqrt{(2\pi)^k |\Sigma|}} \exp\left(-\frac{1}{2}(\boldsymbol{x} - \boldsymbol{\mu})^\top \Sigma^{-1} (\boldsymbol{x} - \boldsymbol{\mu})\right).$$

Der Beweis wird in Aufgabe 1.37 geführt. Wie man sieht, ist die Abhängigkeit von multivariat normalverteilten Zufallsvariablen durch ihre Varianz-Kovarianz Matrix festgelegt. Insbesondere folgt in einer multivariaten Normalverteilung aus einer verschwindenden Kovarianz bereits die Unabhängigkeit, genauer: ist $\boldsymbol{X} \sim \mathcal{N}_k(\boldsymbol{\mu}, \Sigma)$ und gilt $\mathrm{Cov}(X_i, X_j) = 0$, so sind X_i und X_j unabhängig. Dieser Sachverhalt soll in Aufgabe 1.39 bewiesen werden.

Bemerkung 1.21. Weiterhin gelten folgende Resultate (vgl. Georgii (2004), Abschnitt 9.1).

(i) $\Sigma = LL^\top$ ist symmetrisch und *nicht negativ definit*, denn

$$\boldsymbol{u}^T \Sigma \boldsymbol{u} = \boldsymbol{u}^\top LL^\top \boldsymbol{u} = \left|\left|L^\top \boldsymbol{u}\right|\right|^2 \geq 0 \quad \forall\, \boldsymbol{u} \in \mathbb{R}^k.$$

(ii) $\mathrm{Rang}(\Sigma) = \mathrm{Rang}(LL^\top) = \mathrm{Rang}(L)$. Damit ist für $k = m$ die Matrix Σ nicht singulär, andernfalls singulär.

(iii) Die Normalverteilung ist stabil unter linearen Transformationen: Falls $\boldsymbol{X} \sim \mathcal{N}_k(\boldsymbol{\mu}, \Sigma)$ und $C \in \mathbb{R}^{n \times k}$, so gilt

$$C\boldsymbol{X} \sim \mathcal{N}_n(C\boldsymbol{\mu}, C\Sigma C^\top).$$

(iv) Die einzelnen Komponenten einer multivariaten Normalverteilung sind normalverteilt: Falls $\boldsymbol{X} \sim \mathcal{N}_k(\boldsymbol{\mu}, \Sigma)$, so ist $X_i \sim \mathcal{N}(\mu_i, \Sigma_{ii})$ für $i = 1, \ldots, k$. Weiterhin folgt aus $\Sigma = I_k$, dass $X_1, \ldots, X_k$ unabhängige Zufallsvariablen sind (vgl. Aufgabe 1.39).

1.3 Bedingte Verteilungen

Die Einführung in die notwendigen Hilfsmittel wird in diesem Kapitel mit bedingten Verteilungen und dem bedeutsamen bedingten Erwartungswert fortgesetzt.

Bedingte Verteilungen. Bedingte Verteilungen verallgemeinern den Begriff der bedingten Wahrscheinlichkeit wesentlich und bilden ein wichtiges Hilfsmittel, zum Beispiel in der Schätztheorie.

Im diskreten Fall geht man eigentlich analog zu dem schon eingeführten Begriff der bedingten Wahrscheinlichkeit vor. Seien X, Y diskrete Zufallsvariablen mit gemeinsamer Wahrscheinlichkeitsfunktion $p(x, y)$. Y habe die Wahrscheinlichkeitsfunktion $p_Y(\cdot)$. Die *bedingte Verteilung* von X gegeben $Y = y$ mit $\mathbb{P}(Y = y) > 0$ ist definiert durch die Wahrscheinlichkeitsfunktion

$$p(x|y) := \mathbb{P}(X = x|Y = y) = \frac{\mathbb{P}(X = x, Y = y)}{\mathbb{P}(Y = y)} = \frac{p(x, y)}{p_Y(y)}. \tag{1.13}$$

Für stetige Zufallsvariablen X, Y hat man analog folgende Situation: Ist die gemeinsame Dichte $p(x, y)$ und die Dichte von Y gerade $p_Y(\cdot)$, so definiert man für diejenigen y mit $p_Y(y) > 0$

$$p(x|y) := \frac{p(x,y)}{p_Y(y)}. \tag{1.14}$$

B 1.3 *Bernoulli-Verteilung*: Die Summe von unabhängigen Bernoulli-Zufallsvariablen ist binomialverteilt: Eine Zufallsvariable X heißt Bernoulli-verteilt, falls $X \in \{0,1\}$ und $\mathbb{P}(X=0) \neq 0$. Seien $X_1,\dots,X_n$ i.i.d. und Bernoulli-verteilt mit $\mathbb{P}(X_1 = 1) = p$, dann ist $Y := \sum_{i=1}^n X_i$ gerade Bin(n,p)-verteilt (siehe Aufgabe 1.4).

B 1.4 *Fortsetzung*: Setze $\boldsymbol{X} = (X_1,\dots,X_n)^\top$. Dann ist die Verteilung von $\boldsymbol{X}$ gegeben Y gerade eine Gleichverteilung: Für $\boldsymbol{x} \in \{0,1\}^n$ mit $\sum_{i=1}^n x_i = y$ gilt

$$\mathbb{P}(\boldsymbol{X} = \boldsymbol{x}|Y=y) = \frac{\mathbb{P}(\boldsymbol{X}=\boldsymbol{x}, Y=y)}{\mathbb{P}(Y=y)} = \frac{p^y(1-p)^{n-y}}{\binom{n}{y}p^y(1-p)^{n-y}} = \binom{n}{y}^{-1}.$$

So hat $\boldsymbol{X}|Y=y$ eine Gleichverteilung auf $\{\boldsymbol{x} \in \{0,1\}^n : \sum_{i=1}^n x_i = y\}$.

Definition 1.22. Seien X und Y diskrete Zufallsvariablen, X nehme die Werte $x_1, x_2, \dots$ an und es gelte $\mathbb{E}(|X|) < \infty$. Der *bedingte Erwartungswert* von X gegeben $Y=y$ ist für jedes y mit $\mathbb{P}(Y=y) > 0$ definiert durch

$$\mathbb{E}(X|Y=y) := \sum_{i\geq 1} x_i\, p(x_i|y).$$

Sind X, Y stetige Zufallsvariablen mit $\mathbb{E}(|X|) < \infty$, so ist der *bedingte Erwartungswert* von X gegeben $Y=y$ mit $p_Y(y) > 0$ definiert durch

$$\mathbb{E}(X|Y=y) := \int_{\mathbb{R}} x\, p(x|y)\, dx.$$

Sei $g(y) := \mathbb{E}(X|Y=y)$, dann heißt die Zufallsvariable

$$\mathbb{E}(X|Y) := g(Y)$$

bedingter Erwartungswert von X gegeben Y.

Der bedingte Erwartungswert von X gegeben Y bildet im quadratischen Mittel die beste Vorhersage von X, falls man Y beobachtet (siehe Aufgabe 1.20).

B 1.5 *Suffiziente Statistik in der Bernoulli-Verteilung*: Wir setzen Beispiel 1.3 fort und betrachten $X_1,\dots,X_n$ i.i.d. Bin$(1,p)$ sowie $Y := \sum_{i=1}^n X_i$. Dann gilt für $y \in \{0,\dots,n\}$

$$
\begin{aligned}
\mathbb{E}(X_1|Y=y) &= \mathbb{P}(X_1=1|Y=y) \\
&= \frac{p\binom{n-1}{p-1}p^{y-1}(1-p)^{(n-1)-(y-1)}}{\binom{n}{y}p^y(1-p)^{n-y}} \\
&= \binom{n-1}{y-1}\cdot\binom{n}{y}^{-1} \\
&= \frac{y}{n}.
\end{aligned}
$$

Damit ergibt sich $\mathbb{E}(X_1|Y) = Yn^{-1}$. Man beachte, dass dies eine Zufallsvariable ist. Der Erwartungwert von X_1 gegeben der Statistik Y hängt nicht mehr vom Parameter p ab. Dies steht im Zusammenhang mit dem in Definition 2.5 eingeführten Begriff von Suffizienz.

Bemerkung 1.23. Sind X und Y unabhängig, so gibt Y keine neue Information über X und der bedingte Erwartungswert ist gleich dem unbedingten Erwartungswert: Unter $p_Y(y) > 0$ gilt, dass

$$
p(x|y) = \frac{p(x,y)}{p_Y(y)} = \frac{p_X(x)p_Y(y)}{p_Y(y)} = p_X(x)
$$

und somit $\mathbb{E}(X|Y=y) = \mathbb{E}(X)$ und auch $\mathbb{E}(X|Y) = \mathbb{E}(X)$.

Bedingte Erwartungswerte lassen sich analog auf mehrdimensionale Zufallsvariablen verallgemeinern. Betrachtet man die zwei Zufallsvariablen $\boldsymbol{X} = (X_1, \dots, X_n)^\top$ und $\boldsymbol{Y} = (Y_1, \dots, Y_m)^\top$ und beide sind entweder diskret mit gemeinsamer Wahrscheinlichkeitsfunktion $\mathbb{P}(\boldsymbol{X} = \boldsymbol{x}, \boldsymbol{Y} = \boldsymbol{y}) = p(\boldsymbol{x}, \boldsymbol{y})$ oder stetig mit gemeinsamer Dichte $p(\boldsymbol{x}, \boldsymbol{y})$, so definiert man analog zu (1.13) und (1.14) die bedingte Wahrscheinlichkeitsfunktion bzw. Dichte von $\boldsymbol{X}$ gegeben $\boldsymbol{Y} = \boldsymbol{y}$ für alle $\boldsymbol{y}$ mit $p_{\boldsymbol{Y}}(\boldsymbol{y}) > 0$ durch

$$
p(\boldsymbol{x}|\boldsymbol{y}) := \frac{p(\boldsymbol{x}, \boldsymbol{y})}{p_{\boldsymbol{Y}}(\boldsymbol{y})}.
$$

Ist $\mathbb{E}(|\boldsymbol{X}|) < \infty$, so ist der *bedingte Erwartungswert* von $\boldsymbol{X}$ gegeben $\boldsymbol{Y} = \boldsymbol{y}$ definiert durch

$$
\mathbb{E}(\boldsymbol{X} \mid \boldsymbol{Y} = \boldsymbol{y}) = \left(\mathbb{E}(X_1|\boldsymbol{Y} = \boldsymbol{y}), \dots, \mathbb{E}(X_n|\boldsymbol{Y} = \boldsymbol{y})\right)^\top.
$$

Mit $g(\boldsymbol{y}) := \mathbb{E}(\boldsymbol{X}|\boldsymbol{Y} = \boldsymbol{y})$ definieren wir den bedingten Erwartungswert von $\boldsymbol{X}$ gegeben $\boldsymbol{Y}$ durch

$$
\mathbb{E}(\boldsymbol{X} \mid \boldsymbol{Y}) := g(\boldsymbol{Y}).
$$

Satz 1.24 (Substitutionssatz). *Sei* $g : \mathbb{R}^n \times \mathbb{R}^m \to \mathbb{R}$ *eine messbare Abbildung. Gilt für* $\boldsymbol{y} \in \mathbb{R}^m$*, dass* $p_{\boldsymbol{Y}}(\boldsymbol{y}) > 0$ *und* $\mathbb{E}(|g(\boldsymbol{X}, \boldsymbol{y})|) < \infty$*, so ist*

$$\mathbb{E}\big(g(\boldsymbol{X}, \boldsymbol{Y}) \mid \boldsymbol{Y} = \boldsymbol{y}\big) = \mathbb{E}\big(g(\boldsymbol{X}, \boldsymbol{y}) \mid \boldsymbol{Y} = \boldsymbol{y}\big).$$

Ein typischer Spezialfall ist $g(\boldsymbol{X}, \boldsymbol{y}) = r(\boldsymbol{X})h(\boldsymbol{y})$ mit einer beschränkten Funktion h. Hat $r(\boldsymbol{X})$ eine endliche Erwartung, so ist

$$\mathbb{E}(r(\boldsymbol{X})h(\boldsymbol{Y}) \mid \boldsymbol{Y} = \boldsymbol{y}) = \mathbb{E}(r(\boldsymbol{X})h(\boldsymbol{y}) \mid \boldsymbol{Y} = \boldsymbol{y}) = h(\boldsymbol{y})\,\mathbb{E}(r(\boldsymbol{X}) \mid \boldsymbol{Y} = \boldsymbol{y}).$$

Daraus folgt $\mathbb{E}(r(\boldsymbol{X})h(\boldsymbol{Y})|\boldsymbol{Y}) = h(\boldsymbol{Y})\mathbb{E}(r(\boldsymbol{X})|\boldsymbol{Y})$. Oft hat man die zusätzliche Annahme, dass $\boldsymbol{X}$ und $\boldsymbol{Y}$ unabhängig sind. Dann folgt unter den obigen Annahmen sogar, dass

$$\mathbb{E}\big(g(\boldsymbol{X}, \boldsymbol{Y}) \mid \boldsymbol{Y} = \boldsymbol{y}\big) = \mathbb{E}\big(g(\boldsymbol{X}, \boldsymbol{y})\big). \tag{1.15}$$

Der Erwartungswert der bedingten Erwartung ist gleich dem Erwartungswert selbst. Dies ist Inhalt des Satzes vom *iterierten Erwartungswert.*

Satz 1.25. *Gilt* $\mathbb{E}(|\boldsymbol{X}|) < \infty$*, so ist*

$$\mathbb{E}(\boldsymbol{X}) = \mathbb{E}\big(\mathbb{E}(\boldsymbol{X} \mid \boldsymbol{Y})\big).$$

Beweis. Wir beweisen den eindimensionalen Fall, der mehrdimensionale Fall folgt analog. Zunächst seien X und Y diskrete Zufallsvariablen, mit Werten $\{x_1, x_2, \dots\}$ bzw. $\{y_1, y_2, \dots\}$. mit $p_Y(y_i) > 0$ für $i = 1, 2, \dots$. Dann gilt

$$\begin{aligned}
\mathbb{E}(\mathbb{E}(X|Y)) &= \sum_{i\geq 1} p_Y(y_i)\Big(\sum_{j\geq 1} x_j p(x_j|y_i)\Big) \\
&= \sum_{i,j\geq 1} \frac{x_j p(x_j, y_i)}{p_Y(y_i)} p_Y(y_i) = \sum_{i,j\geq 1} x_j\, p(x_j, y_i) \\
&= \sum_{j\geq 1} x_j\, p_X(x_j) = \mathbb{E}(X).
\end{aligned}$$

Für den Beweis des stetigen Falles sei auf Aufgabe 1.19 verwiesen. □

Ordnet man eine Stichprobe $X_1, \dots, X_n$ der Größe nach und bezeichnet man mit $X_{(1)}, \dots, X_{(n)}$ die geordneten Größen, so nennt man $X_{(1)}, \dots, X_{(n)}$ *Ordnungsgrößen* oder *Ordnungsstatistiken* der Stichprobe. Die kleinste Ordnungsgröße $X_{(1)}$ ist das Minimum der Daten und die größte Ordnungsgröße

$X_{(n)}$ das Maximum. Wie im folgenden Beispiel kann man die Verteilung dieser Größen berechnen, wenn die Daten unabhängig sind.

B 1.6 *Minima und Maxima von gleichverteilten Zufallsvariablen*: Seien X_1, X_2 unabhängig und jeweils $U(0,1)$-verteilt. Setze $Y := \min(X_1, X_2)$ und $Z := \max(X_1, X_2)$. Im Folgenden seien x, y, z stets in $(0,1)$. Die gemeinsame Verteilungsfunktion von Y und Z ist

$$F(y,z) = \mathbb{P}(Y \leq y, Z \leq z) = 2\,\mathbb{P}(X_1 < X_2, X_1 \leq y, X_2 \leq z)$$
$$= 2\int_0^z \int_0^{\min(x_2,y)} dx_1\,dx_2 = 2 \cdot \begin{cases} \frac{z^2}{2}, & z < y \\ zy - \frac{y^2}{2}, & z \geq y \end{cases}.$$

Die gemeinsame Dichte erhält man durch Ableiten der Verteilungsfunktion:

$$p(y,z) = \frac{\partial^2 F(y,z)}{\partial y \partial z} = 2\begin{cases} 0, & z < y \\ 1, & z \geq y \end{cases} = 2\,\mathbb{1}_{\{z \geq y\}}.$$

Die Dichte von Y ist

$$p_Y(y) = \int_0^1 p(y,z)dz = \int_y^1 2dz = 2(1-y).$$

Damit zeigt sich, dass das Maximum Z gegeben Y auf $(y,1)$ gleichverteilt ist:

$$p(z|Y=y) = \frac{p(y,z)}{p_Y(y)} = \frac{1}{(1-y)}\,\mathbb{1}_{\{z \geq y\}}.$$

1.4 Grenzwertsätze

In diesem Abschnitt stellen wir die fundamentalen Grenzwertsätze für arithmetische Mittel vor. Der erste, das Gesetz der großen Zahl, zeigt die Konvergenz des arithmetischen Mittels gegen den Erwartungswert. Das zweite Gesetz, der zentrale Grenzwertsatz, bestimmt die Grenzverteilung des mit $\sqrt{n}$ skalierten arithmetischen Mittels: Die Normalverteilung. Beide Gesetze sind für asymptotische Aussagen (Konsistenz) und zur Verteilungsapproximation bei hinreichend großer Stichprobenzahl in der Statistik von unerläßlicher Bedeutung. Für Beweise der Aussagen verweisen wir auf Georgii (2004), Kapitel 5.

Das Gesetz der großen Zahl stellen wir in seiner schwachen und starken Form vor. In der schwachen Form konvergiert das arithmetische Mittel stochastisch, in der starken Form sogar mit Wahrscheinlichkeit 1.

Wir betrachten stets einen festen Wahrscheinlichkeitsraum $(\Omega, \mathcal{A}, \mathbb{P})$.

Definition 1.26. Seien $X, X_1, X_2, \ldots$ Zufallsvariablen. Die Folge $(X_n)_{n\geq 1}$ *konvergiert stochastisch* gegen X, falls für jedes $\epsilon > 0$ gilt, dass

$$\mathbb{P}(|X_n - X| > \epsilon) \xrightarrow[n\to\infty]{} 0.$$

Die Folge $(X_n)_{n\geq 1}$ *konvergiert fast sicher* gegen X, falls

$$\mathbb{P}(\lim_{n\to\infty} X_n = X) = 1.$$

Für die beiden Konvergenzarten verwenden wir folgende kompakte Notation: Konvergiert die Folge (X_n) stochastisch gegen X, so schreiben wir

$$X_n \xrightarrow[n\to\infty]{\mathbb{P}} X.$$

Konvergiert sie hingegen fast sicher, so schreiben wir

$$X_n \xrightarrow[n\to\infty]{f.s.} X.$$

Aus der fast sicheren Konvergenz folgt stochastische Konvergenz. Die Umkehrung gilt jedoch nicht.

Für die Konvergenz von Zufallsvariablen unter Transformationen hat man folgendes *Continuous Mapping Theorem*:

Satz 1.27. *Konvergiert die Folge $(X_n)_{n\geq 1}$ stochastisch gegen X und ist die Abbildung g stetig, so gilt*

$$g(X_n) \xrightarrow[n\to\infty]{\mathbb{P}} g(X).$$

Sei M die Menge der Stetigkeitspunkte der Abbildung g, dann gilt der Satz auch, falls nur $\mathbb{P}(X \in M) = 1$, wenn g somit F_X-fast sicher stetig ist. Darüber hinaus gilt der Satz auch, wenn man an Stelle von stochastischer Konvergenz fast sichere oder Konvergenz in Verteilung (wie im folgenden zentralen Grenzwertsatz, Satz 1.31) schreibt. Der dazugehörige Beweis findet sich bei Serfling (1980), Abschnitt 1.7 auf S. 24.

Das schwache Gesetz der großen Zahl beweist man mit der Tschebyscheff-Ungleichung, welche sich unmittelbar aus der folgenden Markov-Ungleichung ergibt. Wir setzen $\mathbb{R}^+ := \{x \in \mathbb{R} : x \geq 0\}$.

Satz 1.28 (Markov-Ungleichung). *Sei $f : \mathbb{R}^+ \to \mathbb{R}^+$ eine monoton wachsende Funktion und $f(x) > 0$ für $x > 0$. Dann gilt für alle $\epsilon > 0$, dass*

$$\mathbb{P}(|X| \geq \epsilon) \leq \frac{\mathbb{E}\left(f(|X|)\right)}{f(\epsilon)}.$$

Als Spezialfall erhält man mit $f(x) = x^2$ die *Tschebyscheff-Ungleichung*:

$$\mathbb{P}(|X - \mathbb{E}(X)| \geq \epsilon) \leq \frac{\operatorname{Var}(X)}{\epsilon^2}. \tag{1.16}$$

Satz 1.29 (Schwaches Gesetz der großen Zahl). *Seien $X_1, X_2, \ldots$ paarweise unkorreliert mit $\mathbb{E}(X_i) = \mathbb{E}(X_1)$ und $\operatorname{Var}(X_i) < M < \infty$ für alle $i \geq 1$ und ein $M \in \mathbb{R}$. Dann gilt, dass*

$$\frac{1}{n}\sum_{i=1}^{n} X_i \xrightarrow[n\to\infty]{\mathbb{P}} \mathbb{E}(X_1).$$

Beweis. Betrachtet man das arithmetische Mittel $\bar{X} := \frac{1}{n}\sum_{i=1}^{n} X_i$, so ist $\mathbb{E}(\bar{X}) = \mathbb{E}(X_1)$. Mit der Regel von Bienaymé, (1.4), erhält man

$$\operatorname{Var}(\bar{X}) = \frac{\sum_{i=1}^{n}\operatorname{Var}(X_i)}{n^2} \leq \frac{M}{n}.$$

Damit folgt für jedes $\epsilon > 0$ aus der Tschebyscheff-Ungleichung (1.16), dass

$$\mathbb{P}(|\bar{X} - \mathbb{E}(X_1)| \geq \epsilon) \leq \frac{M}{n\epsilon^2} \xrightarrow[n\to\infty]{} 0$$

und somit die Behauptung. □

Die Aussage des schwachen Gesetzes der großen Zahl kann man wesentlich verschärfen. Wir geben eine Version mit den geringsten Integrabilitätsbedingungen an, und setzen lediglich die Existenz der Erwartungswerte der X_i voraus. Im Gegenzug müssen wir verlangen, dass die X_i i.i.d. sind. Die Aussage des folgenden Satzes gilt aber auch unter den Voraussetzungen aus Satz 1.29, allerdings dann mit der Annahme existierender Varianzen.

Satz 1.30 (Starkes Gesetz der großen Zahl). *Seien* $X_1, X_2, \ldots$ *i.i.d. mit* $\mathbb{E}(|X_1|) < \infty$. *Dann gilt*

$$\frac{1}{n}\sum_{i=1}^{n} X_i \xrightarrow[n\to\infty]{f.s.} \mathbb{E}(X_1).$$

Für den Beweis sei auf Gut (2005), Kapitel 6.6 (Seite 294 – 298) verwiesen. Schließlich geben wir den zentralen Grenzwertsatz an. Sei Φ die Verteilungsfunktion der Standardnormalverteilung, d.h.

$$\Phi(z) = \int_0^z \frac{1}{\sqrt{2\pi}} \exp\Big(-\frac{x^2}{2}\Big)dx.$$

Satz 1.31 (Zentraler Grenzwertsatz). *Seien* $X_1, X_2, \ldots$ *i.i.d. mit* $\mathbb{E}(X_1) := \mu$ *und* $\mathrm{Var}(X_1) := \sigma^2 < \infty$. *Dann gilt*

$$\mathbb{P}\left(\frac{1}{\sqrt{n}}\sum_{i=1}^{n}\frac{X_i-\mu}{\sigma} \le z\right) \xrightarrow[n\to\infty]{} \Phi(z)$$

für alle $z \in \mathbb{R}$.

Die in dem Satz auftretende Konvergenz nennt man auch *Verteilungskonvergenz*, hier gegen die Standardnormalverteilung $\mathcal{N}(0,1)$. Mit $C(F_X) := \{x \in \mathbb{R} : F_X(x) \text{ ist stetig an } x\}$ bezeichnen wir die Menge der Stetigkeitspunkte der Verteilungsfunktion von X, F_X.

Definition 1.32. Die Folge von Zufallsvariablen $(X_n)_{n\ge1}$ *konvergiert in Verteilung* gegen X, falls für alle $x \in C(F_X)$ gilt, dass

$$F_{X_n}(x) \to F_X(x), \qquad n \to \infty.$$

Konvergiert eine Folge $(X_n)_{n\ge1}$ in Verteilung gegen die Standardnormalverteilung, so schreiben wir kurz

$$X_n \xrightarrow[n\to\infty]{\mathscr{L}} \mathcal{N}(0,1).$$

Das mehrdimensionale Analogon von Satz 1.31 nennt man den multivariaten zentralen Grenzwertsatz. Hier gibt es eine Vielzahl von Varianten und wir zitieren die Version für eine Folge von unabhängigen, identisch verteilten Zufallsvektoren aus Bauer (1990) (Satz 30.3, Seite 265).

Mit $\Phi_k(\boldsymbol{z}; \mathbf{0}, \Sigma)$ ist die Verteilungsfunktion einer k-dimensionalen, normalverteilten Zufallsvariablen mit Erwartungswert $\mathbf{0}$ und Kovarianzmatrix Σ bezeichnet, siehe auch Abschnitt 1.2.1.

Satz 1.33. *Seien die k-dimensionalen Zufallsvariablen $\boldsymbol{X}_1, \boldsymbol{X}_2, \ldots$ i.i.d. und $\mathbb{E}(X_{ij}^2) < \infty$ für alle $1 \le i \le k$ und $j \ge 1$. Setze $\boldsymbol{\mu} := \mathbb{E}(\boldsymbol{X}_1)$ und $\Sigma := \operatorname{Var}(\boldsymbol{X}_1)$. Dann gilt für alle $\boldsymbol{z} \in \mathbb{R}^k$, dass*

$$\mathbb{P}\left(\frac{1}{\sqrt{n}}\sum_{i=1}^{n}(\boldsymbol{X}_i - \boldsymbol{\mu}) \le \boldsymbol{z}\right) \xrightarrow[n\to\infty]{} \Phi_k(\boldsymbol{z}; \mathbf{0}, \Sigma).$$

Für die aus dem Satz resultierende (multivariate) Verteilungskonvergenz schreibt man auch

$$\frac{1}{\sqrt{n}}\sum_{i=1}^{n}(\boldsymbol{X}_i - \boldsymbol{\mu}) \xrightarrow[n\to\infty]{\mathscr{L}} \mathcal{N}_k(\mathbf{0}, \Sigma).$$

Der folgende Satz erlaubt es die Bildung eines Grenzwertes mit dem Erwartungswert unter einer Zusatzbedingung, der Monotonie der zu betrachtenden Folge, zu vertauschen. Eine Alternative zu dieser Zusatzbedingung liefert der Satz der dominierten Konvergenz. Für einen Beweis beider Aussagen siehe Irle (2005), Satz 8.15 auf Seite 114.

Satz 1.34 (Monotone Konvergenz). *Sei $X_1, X_2, \ldots$ eine Folge von Zufallsvariablen. Gilt $0 \le X_1 \le X_2 \le \ldots$, so folgt*

$$\mathbb{E}\Big(\lim_{n\to\infty} X_n\Big) = \lim_{n\to\infty} \mathbb{E}(X_n).$$

1.4.1 Referenzen

Grenzwertsätze sind ein wichtiges Hilfsmittel in der Statistik und werden in diesem Kapitel nur knapp behandelt. Für eine Vertiefung sei auf die vielfältige Literatur verwiesen: Chung (2001), Kapitel 4 in Gänssler und Stute (1977), Kapitel 9 in Resnick (2003), Billingsley (1986) und Kapitel 15 in Klenke (2008).

1.5 Aufgaben

A 1.1 *Die Potenzmenge ist eine σ-Algebra*: Sei Ω eine Menge (etwa eine endliche Menge). Die Potenzmenge

$$\mathcal{P}(\Omega) := \{A : A \subset \Omega\}$$

ist eine σ-Algebra.

A 1.2 *Unkorreliertheit impliziert nicht Unabhängigkeit*: Sei $X \sim \mathcal{N}(0,1)$ eine standardnormalverteilte Zufallsvariable und $Y = X^2$. Dann ist $\mathrm{Cov}(X, Y^2) = 0$, aber X und Y sind nicht unabhängig.

A 1.3 *Erwartungstreue der Stichprobenvarianz*: Seien $X_1, \ldots, X_n$ i.i.d. mit Varianz σ^2. Die Stichprobenvarianz ist definiert durch

$$s^2(\boldsymbol{X}) := \frac{1}{n-1} \sum_{i=1}^{n} (X_i - \bar{X})^2.$$

Dann gilt $\mathbb{E}(s^2(\boldsymbol{X})) = \sigma^2$, d.h. die Stichprobenvarianz ist erwartungstreu.

A 1.4 *Darstellung der Binomialverteilung als Summe von unabhängigen Bernoulli–Zufallsvariablen*: Seien $X_1, \ldots, X_n$ i.i.d. mit $X_i \in \{0,1\}$ und $\mathbb{P}(X_i = 1) = p \in (0,1)$, $1 \leq i \leq n$. Dann ist

$$\sum_{i=1}^{n} X_i \sim \mathrm{Bin}(n,p).$$

A 1.5 *Erwartungswert und Varianz der Poisson-Verteilung*: Zeigen Sie, dass für eine zum Parameter λ Poisson-verteilte Zufallsvariable X gilt, dass

$$\mathbb{E}(X) = \mathrm{Var}(X) = \lambda.$$

A 1.6 *Gedächtnislosigkeit der Exponentialverteilung*: Sei X exponentialverteilt mit Intensität λ. Dann gilt für $x, h > 0$

$$\mathbb{P}(X > x + h \,|\, X > x) = \mathbb{P}(X > h).$$

A 1.7 *Gamma-Verteilung: Unabhängigkeit von bestimmten Quotienten*: Seien $X \sim \mathrm{Gamma}(a, \lambda)$ und $Y \sim \mathrm{Gamma}(b, \lambda)$ zwei unabhängige Zufallsvariablen. Zeigen Sie, dass $\frac{X}{X+Y}$ und $X + Y$ unabhängig sind.

A 1.8 *Quotienten von Gamma-verteilten Zufallsvariablen*: Seien X und Y unabhängig mit $X \sim \mathrm{Exp}(\beta)$ und $Y \sim \mathrm{Gamma}(a, \lambda)$ und $a > 1$. Zeigen Sie, dass

$$\mathbb{E}\left(\frac{X}{Y}\right) = \frac{\lambda}{\beta(a-1)}.$$

A 1.9 *Transformationen von Gamma-verteilten Zufallsvariablen*: Seien die Zufallsvariablen $X \sim \text{Gamma}(a, \lambda)$ und $Y \sim \text{Gamma}(b, \lambda)$ unabhängig und $c > 0$. Dann gilt

$$\text{(i)} \qquad X + Y \sim \text{Gamma}(a + b, \lambda),$$

$$\text{(ii)} \qquad \frac{X}{X + Y} \sim \text{Beta}(a, b),$$

$$\text{(iii)} \qquad cX \sim \text{Gamma}(a, \frac{\lambda}{c}).$$

Momente und momentenerzeugende Funktion

A 1.10 *Erwartungswert des Betrages einer Normalverteilung*: Sei $X \sim \mathcal{N}(\mu, \sigma^2)$ mit einem $\mu \in \mathbb{R}$ und einem $\sigma > 0$. Berechnen Sie den Erwartungswert von $|X|$.

A 1.11 *Momente der Normalverteilung*: Zeigen Sie, dass für eine standardnormalverteilte Zufallsvariable X und $n \in \mathbb{N}$ gilt, dass

$$\mathbb{E}(X^{2n}) = \frac{(2n)!}{2^n \cdot n!}.$$

A 1.12 *Momentenerzeugende Funktion einer Gamma-Verteilung*: Es gelte, dass $X \sim \text{Gamma}(a, \lambda)$. Zeigen Sie, dass für $s < \lambda$

$$\Psi_X(s) = \mathbb{E}(e^{sX}) = \frac{\lambda^a}{(\lambda - s)^a}$$

gilt. Bestimmen Sie damit den Erwartungswert und die Varianz von X.

A 1.13 *Momente der Beta-Verteilung*: Bestimmen Sie den Erwartungswert und die Varianz einer $\text{Beta}(a, b)$-Verteilung.

A 1.14 *Zweiseitige Exponentialverteilung*: Man nehme an, dass die Zufallsvariablen X_1 und X_2 unabhängig und exponentialverteilt sind mit $X_i \sim \text{Exp}(\lambda)$, $i = 1, 2$.

(i) Zeigen Sie, dass $Y := X_1 - X_2$ die Dichte

$$p(y) = \frac{1}{2}\lambda e^{-\lambda|y|}$$

besitzt. Y nennt man dann zweiseitig exponentialverteilt (allerdings mit gleichem Parameter für die linke und rechte Halbachse).

(ii) Berechnen Sie die momenterzeugende Funktion von Y.

A 1.15 *Existenz von Momenten niedrigerer Ordnung*: Sei X eine (stetige) reellwertige Zufallsvariable. Die so genannte L^p-Norm von X ist definiert durch $\| X \|_p := (\mathbb{E}(|X|^p))^{1/p}$. Zeigen Sie, dass für $n \in \mathbb{N}$

$$(\| X \|_n)^n \leq 1 + (\| X \|_{n+1})^{n+1}.$$

A 1.16 *Lévy-Verteilung*: Sei $X_1, \ldots, X_n$ i.i.d. und X_1 sei *Lévy verteilt* zu den Parametern $\gamma, \delta > 0$, d.h. X_1 hat die Dichte

$$p(x) = \sqrt{\frac{\gamma}{2\pi}} \frac{1}{(x-\delta)^{3/2}} e^{-\frac{\gamma}{2(x-\delta)}} \mathbb{1}_{\{x>\delta\}}.$$

Der Parameter δ sei bekannt. Bestimmen Sie die Momenterzeugende Funktion von

$$T(\mathbf{X}) := \sum_{i=1}^{n} \frac{1}{X_i - \delta}$$

und geben Sie explizit deren Definitionsbereich an. Berechnen Sie $\mathbb{E}(T(\mathbf{X}))$ und $\mathrm{Var}(T(\mathbf{X}))$.

A 1.17 *Momentenerzeugende Funktion und Momente der Poisson-Verteilung*: Sei $X \sim \mathrm{Poiss}(\lambda)$ mit $\lambda > 0$.

(i) Zeigen Sie, dass die momentenerzeugende Funktion von X gegeben ist durch

$$\Psi_X(s) = \exp\left(\lambda(e^s - 1)\right), \qquad s \in \mathbb{R}.$$

(ii) Verwenden Sie (i) um zu zeigen, dass

$$\mathbb{E}\left((X-\lambda)^4\right) = \lambda + 3\lambda^2.$$

Regeln für bedingten Verteilungen

A 1.18 *Die bedingte Verteilung ist ein Wahrscheinlichkeitsmaß*: Sei $B \in \mathcal{A}$ ein Ereignis mit $\mathbb{P}(B) > 0$. Dann ist durch

$$\mu(A) := \mathbb{P}(A|B) : \mathcal{A} \to [0,1]$$

ein Wahrscheinlichkeitsmaß definiert.

A 1.19 *Erwartungswert der bedingten Erwartung*: Sei X eine Zufallsvariable mit Dichte p_X und $\mathbb{E}(|X|) < \infty$. Dann gilt für jede Zufallsvariable Y, dass

$$\mathbb{E}(X) = \mathbb{E}(\mathbb{E}(X|Y)).$$

A 1.20 *Der bedingte Erwartungswert als beste Vorhersage*: Im quadratischen Mittel ist der bedingte Erwartungswert die beste Vorhersage der Zufallsvariablen X, wenn man Y beobachtet. Hierzu seien X und Y Zufallsvariablen mit endlicher Varianz. Zeigen Sie, dass für alle meßbaren Funktionen $g : \mathbb{R} \to \mathbb{R}$ gilt:

$$\mathbb{E}\left((X - g(Y))^2\right) \geq \mathbb{E}\left((X - E(X|Y))^2\right).$$

A 1.21 *Perfekte Vorhersagen*: Seien X, Y reellwertige Zufallsvariablen mit endlicher Varianz. Finden Sie ein nichttriviales Beispiel für folgenden Sachverhalt: Bei Kenntnis der Realisation von Y kann die Realisation von X perfekt vorhergesagt werden in dem Sinn, dass

$$\mathbb{E}(X|Y) = X \text{ und } \operatorname{Var}(X|Y) = 0.$$

Andererseits bringt die Kenntnis der Realisation von X keine Information über die Realisation von Y, in dem Sinne, dass

$$\operatorname{Var}(Y|X) = \operatorname{Var}(Y).$$

Ein triviales Beispiel ist wie folgt: X ist konstant und Y eine beliebige, reelle Zufallsvariable mit endlicher Varianz.

A 1.22 *Bedingte Dichte: Beispiele*: Sei (X, Y) ein Zufallsvektor mit der Dichte

$$f(x, y) = \frac{3}{5}\, y\,(x + y)\, \mathbb{1}_{\{0<x<2,\, 0<y<1\}}.$$

Bestimmen Sie die bedingte Dichte $f_{Y|X=x}(y)$, $y \in \mathbb{R}$, $x \in (0, 2)$ und zeigen Sie damit, dass $\mathbb{P}(Y \leq \frac{1}{2} \,|\, X = 1) = \frac{1}{5}$. Zeigen Sie weiterhin, dass $\operatorname{Cov}(X + Y, X - Y) = \frac{73}{100}$.

A 1.23 *Poisson-Binomial Mischung*: X sei Poisson(λ)-verteilt. Bedingt auf $\{X = k\}$ sei Y binomialverteilt mit Parameter (k, p):

$$\mathbb{P}(Y = l \,|\, X = k) = \binom{k}{l} p^l (1 - p)^{k-l}, \quad 0 \leq l \leq k;$$

mit $p \in (0, 1)$. Zeigen Sie mit Hilfe der momentenerzeugenden Funktion, dass Y Poisson-verteilt zum Parameter λp ist.

A 1.24 *Exponential-Exponential Mischung*: Die Zufallsvariable Y sei exponentialverteilt zum Parameter λ. Die Dichte der Zufallsvariablen X gegeben $\{Y = y\}$ sei die Dichte einer Exponentialverteilung mit Parameter y, also

$$f(x \,|\, y) = y\, e^{-yx} \mathbb{1}_{\{x>0\}}.$$

Bestimmen Sie die bedingte Dichte von Y gegeben X.

A 1.25 *Linearität des bedingten Erwartungswertes*: Seien X_1, X_2 und Y reelle Zufallsvariablen und $\mathbb{E}(|X_i|) < \infty$ für $i = 1, 2$. Dann gilt für alle $a, b \in \mathbb{R}$, dass

$$\mathbb{E}(aX_1 + bX_2|Y) = a\mathbb{E}(X_1|Y) + b\mathbb{E}(X_2|Y).$$

A 1.26 *Bedingte Varianz*: Seien X, Y reelle Zufallsvariablen mit $\mathbb{E}(X^2) < \infty$. Die *bedingte Varianz* einer Zufallsvariablen X gegeben Y ist definiert durch

$$\operatorname{Var}(X|Y) := \mathbb{E}\big((X - \mathbb{E}(X|Y))^2|Y\big).$$

Zeigen Sie, dass

$$\mathrm{Var}(X) = \mathrm{Var}\left(\mathbb{E}(X|Y)\right) + \mathbb{E}\left(\mathrm{Var}(X|Y)\right).$$

A 1.27 *Satz von Bayes*: Seien X und Y Zufallsvariablen mit endlichem Erwartungswert. Bezeichne $q(y|x)$ die bedingte Dichte von Y gegeben X und $p(x|y)$ die bedingte Dichte von X gegeben Y. Weiterhin sei p_X die Dichte von X. Dann gilt

$$p(x|y) = \frac{p_X(x)q(y|x)}{\int_{\mathbb{R}} p_X(z)q(y|z)dz}.$$

Ebenso gilt ein analoges Resultat für k-dimensionale Zufallsvariablen.

A 1.28 *Exponentialverteilung: Diskretisierung*: Z sei exponentialverteilt mit Erwartungswert 1 und $X := [Z]$ die größte natürliche Zahl kleiner gleich Z. Bestimmen Sie die Verteilung von X und berechnen Sie damit $\mathbb{E}(Z|X)$.

A 1.29 *Erwartungswert einer zufälligen Summe*: Seien $Y_1, Y_2, \ldots$ i.i.d. mit $Y_i \geq 0$ und $\mathbb{E}(Y_1) < \infty$. Weiterhin sei N eine Zufallsvariable mit Werten in $0, 1, 2, \ldots$, unabhängig von allen Y_i. Dann ist

$$\mathbb{E}\left(\sum_{i=0}^{N} Y_i\right) = \mathbb{E}(N)\mathbb{E}(Y_1). \tag{1.17}$$

Ist N Poisson-verteilt, so gilt (1.17) $= \lambda\mathbb{E}(Y_1)$.

Summen von Zufallsvariablen

Um die Verteilung von Summen unabhängiger Zufallsvariablen zu bestimmen, kann man zum einen mit der momentenerzeugenden Funktion oder der charakteristischen Funktion arbeiten, zum anderen auch mit der so genannten *Faltungsformel*.

A 1.30 *Faltungsformel*: Haben X und Y die Dichten p_X und p_Y und beide sind unabhängig, so ist die Dichte von $Z := X + Y$ gegeben durch

$$p_Z(z) = \int_{\mathbb{R}} p_X(x)\, p_Y(z-x)\, dx.$$

A 1.31 *Die Summe von normalverteilten Zufallsvariablen ist wieder normalverteilt*: Sind die Zufallsvariablen $X_1, \ldots, X_n$ unabhängig und normalverteilt mit $X_i \sim \mathcal{N}(\mu_i, \sigma_i^2)$, so ist die Summe wieder normalverteilt:

$$\sum_{i=1}^{n} X_i \sim \mathcal{N}\Big(\sum_{i=1}^{n} \mu_i, \sum_{i=1}^{n} \sigma_i^2\Big).$$

Allgemeiner erhält man: Ist eine Zufallsvariable multivariat normalverteilt, $\boldsymbol{X} \sim \mathcal{N}_n(\boldsymbol{\mu}, \Sigma)$, so gilt

$$\boldsymbol{a}^\top \boldsymbol{X} \sim \mathcal{N}(\boldsymbol{a}^\top \boldsymbol{\mu}, \boldsymbol{a}^\top \Sigma \boldsymbol{a}).$$

A 1.32 *Dichte der χ^2-Verteilung*: Seien $X_1, \ldots, X_n$ unabhängige und standardnormalverteilte Zufallsvariablen. Dann folgt $Y := \sum_{i=1}^n X_i^2$ einer χ^2-Verteilung mit n Freiheitsgraden. Zeigen Sie, dass die Dichte von Y für $x > 0$ durch

$$p(x) = \frac{1}{2^{\frac{n}{2}} \Gamma(\frac{n}{2})} e^{-\frac{x}{2}} x^{\frac{n-2}{2}}$$

gegeben ist. Verwenden Sie hierfür die Faltungsformel und die Beta-Funktion aus Gleichung (1.9).

A 1.33 *Wohldefiniertheit der nichtzentralen χ^2-Verteilung*: Zeigen Sie, dass die Verteilung der $\chi_k^2(\theta)$-Verteilung nur von $\theta = \sum_{i=1}^k \mu_i^2$ abhängt. Hierfür kann man die charakteristische oder die momentenerzeugende Funktion von Z^2 mit $Z \sim \mathcal{N}(\mu, 1)$ verwenden.

A 1.34 *Verteilung der Stichprobenvarianz*: Seien $X_1, \ldots, X_n$ i.i.d., normalverteilt und $\operatorname{Var}(X_1) = \sigma^2$. Für das zentrierte empirische zweite Moment $\widehat{\sigma}^2(\boldsymbol{X}) := n^{-1} \sum_{i=1}^n (X_i - \bar{X})^2$ gilt, dass

$$\frac{n\widehat{\sigma}^2(\boldsymbol{X})}{\sigma^2} = \sum_{i=1}^n \left(\frac{X_i - \bar{X}}{\sigma}\right)^2 \sim \chi^2_{n-1}.$$

A 1.35 *Mittelwertvergleich bei Gamma-Verteilungen*: Seien $X_1, \ldots, X_n$ i.i.d. und $\operatorname{Gamma}(a, \lambda_1)$-verteilt, d.h. X_1 hat die Dichte

$$p_1(x) = \frac{\lambda_1^a}{\Gamma(a)} x^{a-1} e^{-\lambda_1 x} \mathbb{1}_{\{x>0\}}.$$

Außerdem seien $Y_1, \ldots, Y_n$ i.i.d. und $\operatorname{Gamma}(a, \lambda_2)$-verteilt. Man nehme an, dass die Vektoren $(X_1, \ldots, X_n)$ und $(Y_1, \ldots, Y_n)$ unabhängig sind. Das arithmetische Mittel wird wie üblich mit $\bar{X}$ bzw. $\bar{Y}$ bezeichnet. Bestimmen Sie die Verteilung der Statistik $\frac{\bar{X}}{\bar{Y}}$.

A 1.36 *Rayleigh-Verteilung: Momente und Zusammenhang mit der Normalverteilung*: Seien X und Y unabhängig und $\mathcal{N}(0, \sigma^2)$-verteilt. Dann ist

$$Z := \sqrt{X^2 + Y^2}$$

Rayleigh-verteilt, d.h. Z hat die Dichte $x\sigma^{-2} \exp(-x^2/2\sigma^2)$. Es gilt $\mathbb{E}(Z) = \sigma\sqrt{\pi/2}$, $\mathbb{E}(Z^2) = 2\sigma^2$ und $\operatorname{Var}(Z) = \sigma\sqrt{2 - \pi/2}$.

Multivariate Normalverteilung

A 1.37 *Dichte der multivariaten Normalverteilung*: Zeigen Sie, dass $\boldsymbol{X} \sim \mathcal{N}_p(\boldsymbol{\mu}, \Sigma)$ folgende Dichte hat, falls $\mathrm{Rang}(\Sigma) = p$:

$$p(\boldsymbol{x}) = \frac{1}{\det(\Sigma)^{1/2}(2\pi)^{p/2}} \cdot \exp\left(-\frac{1}{2}(\boldsymbol{x}-\boldsymbol{\mu})^\top \Sigma^{-1}(\boldsymbol{x}-\boldsymbol{\mu})\right).$$

A 1.38 *Lineare Transformationen der Normalverteilung*: Sei $\boldsymbol{X} \sim \mathcal{N}_p(\boldsymbol{\mu}, \Sigma)$ und $C \in \mathbb{R}^{n \times p}$. Dann gilt

$$C\boldsymbol{X} \sim \mathcal{N}_n(C\boldsymbol{\mu}, C\Sigma C^\top).$$

A 1.39 *Normalverteilung:* $\mathrm{Cov}(X,Y) = 0$ *impliziert Unabhängigkeit*: Sei $\boldsymbol{Z} = (X,Y)^\top \in \mathbb{R}^2$ und $\boldsymbol{Z} \sim \mathcal{N}_2(\boldsymbol{\mu}, \Sigma)$. Gilt $\mathrm{Cov}(X,Y) = 0$, so sind X und Y unabhängig.

A 1.40 *Bedingte Verteilungen der multivariaten Normalverteilung*: Seien $\boldsymbol{X}_i$, $i = 1, 2$ zwei k_i-dimensionale Zufallsvariablen, so dass

$$\begin{pmatrix} \boldsymbol{X}_1 \\ \boldsymbol{X}_2 \end{pmatrix} \sim \mathcal{N}_k\left(\begin{pmatrix} \boldsymbol{\mu}_1 \\ \boldsymbol{\mu}_2 \end{pmatrix}, \begin{pmatrix} \Sigma_{11} & \Sigma_{12}^\top \\ \Sigma_{12} & \Sigma_{22} \end{pmatrix} \right);$$

hier ist $k = k_1 + k_2$, $\boldsymbol{\mu}_i \in \mathbb{R}^{k_i}$, $\Sigma_{11} \in \mathbb{R}^{k_1 \times k_1}$, $\Sigma_{12} \in \mathbb{R}^{k_2 \times k_1}$ und $\Sigma_{22} \in \mathbb{R}^{k_2 \times k_2}$. Dann ist die bedingte Verteilung von $\boldsymbol{X}_1$ gegeben $\boldsymbol{X}_2$ wieder eine Normalverteilung:

$$\mathbb{P}(\boldsymbol{X}_1 \le \boldsymbol{x}_1 \mid \boldsymbol{X}_2 = \boldsymbol{x}_2) = \Phi_{k_1}(\boldsymbol{x}_1; \boldsymbol{\mu}(\boldsymbol{x}_2), \Sigma(\boldsymbol{x}_2))$$

mit

$$\boldsymbol{\mu}(\boldsymbol{x}_2) = \boldsymbol{\mu}_1 + \Sigma_{11}^\top \Sigma_{22}^{-1}(\boldsymbol{x}_2 - \boldsymbol{\mu}_2)$$

$$\Sigma(\boldsymbol{x}_2) = \Sigma_{11} - \Sigma_{12}^\top \Sigma_{22}^{-1} \Sigma_{12}.$$

$\Phi_{k_1}(\boldsymbol{x}; \boldsymbol{\mu}, \Sigma)$ bezeichnet die Verteilungsfunktion der k_1-dimensionalen Normalverteilung mit Erwartungswert $\boldsymbol{\mu}$ und Kovarianzmatrix Σ an der Stelle $\boldsymbol{x}$.

Kapitel 2. Statistische Modelle

Die Formulierung von statistischen Modellen bildet die Grundlage der Statistik. Hierbei werden Modelle ausgewählt, welche der Realität zum einen möglichst gut entsprechen sollen, zum anderen die für die statistische Analyse notwendige Handhabbarkeit besitzen. Das statistische Modell beschreibt stets das Ergebnis eines Zufallsexperiments, etwa die Werte einer erhaltenen *Stichprobe* oder gesammelte Messergebnisse eines Experiments. Somit ist die Verteilung der Zufallsvariable das Schlüsselelement. Das statistische Modell ist dann eine geeignete Familie von solchen Verteilungen. Anhand von zwei Beispielen wird im Folgenden die Formulierung von statistischen Modellen illustriert.

B 2.1 *Qualitätssicherung*: Eine Ladung von N Teilen soll auf ihre Qualität untersucht werden. Die Ladung enthält defekte und nicht defekte Teile. Mit θ sei der Anteil der defekten Teile bezeichnet, von insgesamt N Teilen sind $N\theta$ defekt. Aus Kostengründen wird nur eine Stichprobe von $n \leq N$ Teilen untersucht. Zur Modellierung verwenden wir keinen festen Wahrscheinlichkeitsraum, sondern lediglich einen Zustandsraum Ω und eine zugehörige σ-Algebra $\mathcal{A}$. In unserem Fall sei $\Omega = \{0, 1, \ldots, n\}$ und $\mathcal{A}$ die Potenzmenge[1] von Ω. Die Zufallsvariable X bezeichne die Anzahl der defekten Teile in der Stichprobe. Erfolgt die Auswahl der Stichprobe zufällig, so kann man ein Laplacesches Modell (vergleiche Seite 10) rechtfertigen und erhält eine hypergeometrische Verteilung für X, siehe Beispiel 1.2:

$$\mathbb{P}(X = k) = \frac{\binom{N\theta}{k}\binom{N-N\theta}{n-k}}{\binom{N}{n}} \tag{2.1}$$

für $\max\{0, n-N(1-\theta)\} \leq k \leq \min\{N\theta, n\}$ oder kurz $X \sim \text{Hypergeo}(N, n, \theta)$. Insgesamt kann man dieses Modell wie folgt zusammenfassen:

$$\big\{\big(\Omega, \mathcal{A}, \text{Hypergeo}(N, \Omega, \theta)\big) : \theta \text{ unbekannt}\big\}.$$

[1] Dies ist in der Tat eine σ-Algebra, wie in Aufgabe 1.1 nachgewiesen wird.

C. Czado, T. Schmidt, *Mathematische Statistik*, Statistik und ihre Anwendungen, DOI 10.1007/978-3-642-17261-8_2,

Dabei bezeichnet $(\Omega, \mathcal{A}, \mathrm{Hypergeo}(N, \Omega, \theta))$ den Wahrscheinlichkeitsraum mit dem Wahrscheinlichkeitsmaß, welches einer $\mathrm{Hypergeo}(N, \Omega, \theta)$-Verteilung entspricht. Dies ist der erste Prototyp eines statistischen Modells bestehend aus einer Familie von Wahrscheinlichkeitsräumen. Der wesentliche Unterschied zu einem einfachen Wahrscheinlichkeitsraum besteht darin, dass das Wahrscheinlichkeitsmaß nur bis auf den Parameter θ bekannt ist.

In dem folgenden Beispiel sollen Messfehler modelliert werden. Eine typische Annahme hierbei ist, dass der Messfehler symmetrisch um 0 verteilt ist.

Definition 2.1. Eine Zufallsvariable X heißt *symmetrisch um c verteilt*, falls $X - c$ und $-(X - c)$ die gleiche Verteilung besitzen. Dafür schreiben wir

$$X - c \stackrel{\mathcal{L}}{=} -(X - c). \tag{2.2}$$

Hat X die Verteilungsfunktion F und Dichte f, so ist (2.2) äquivalent zu $F(c + t) = 1 - F(c - t)$ für alle $t > 0$. Hieraus folgt, dass für die Dichte $f(c + t) = f(c - t)$ für alle $t \geq 0$ gilt. Ist X hingegen diskret mit der Wahrscheinlichkeitsfunktion p, so ist die Symmetrie von X um c sogar äquivalent zu $p(c + t) = p(c - t)$ für alle $t \geq 0$.

Insbesondere gilt, dass eine Normalverteilung $\mathcal{N}(\mu, \sigma^2)$ symmetrisch um ihren Erwartungswert μ und eine Binomialverteilung $\mathrm{Bin}(n, \frac{1}{2})$ symmetrisch um ihren Erwartungswert $\frac{n}{2}$ verteilt ist.

Das zweite Beispiel beschreibt typische Ergebnisse einer Messreihe, in welcher wiederholt eine Messung vorgenommen wird und die Messwerte um den gesuchten Parameter schwanken.

B 2.2 *Meßmodell*: Es werden n Messungen einer physikalischen Konstante μ vorgenommen. Die Messergebnisse seien mit $X_1, \ldots, X_n$ bezeichnet. Man nimmt an, dass die Messungen einem Messfehler mit stetiger Verteilung unterworfen sind, der *additiv* um μ variiert:

$$X_i = \mu + \epsilon_i, \quad i = 1, \ldots, n.$$

Hierbei bezeichnet ϵ_i den Messfehler der i-ten Messung. Wir unterscheiden *typische Annahmen*, welche geringe, oft erfüllte Annahmen an physikalische Messungen beschreiben und *weitere Annahmen*, welche darüber hinaus die Berechnungen erleichtern. Bevor man allerdings die weiteren Annahmen verwendet, sollte man ihre Anwendbarkeit im konkreten Fall unbedingt einer kritischen Überprüfung unterziehen.

Typische Annahmen:

(i) Die Verteilung von $\boldsymbol{\epsilon} = (\epsilon_1, \ldots, \epsilon_n)^\top$ ist unabhängig von μ (kein systematischer Fehler).

(ii) Der Messfehler der i-ten Messung beeinflusst den Messfehler der j-ten Messung nicht, d.h. $\epsilon_1, \ldots, \epsilon_n$ sind unabhängig.
(iii) Die Verteilung der einzelnen Messfehler ist gleich, d.h. $\epsilon_1, \ldots, \epsilon_n$ sind identisch verteilt.
(iv) Die Verteilung von ϵ_i ist stetig und symmetrisch um 0.

Aus diesen Annahmen folgt, dass $X_i = \mu + \epsilon_i$ gilt, wobei ϵ_i nach F und symmetrisch um 0 verteilt ist. Darüber hinaus besitzt X_i eine Dichte und F ist von μ unabhängig.

Weitere Annahmen:

(v) $\epsilon_i \sim \mathcal{N}(0, \sigma^2)$.
(vi) σ^2 ist bekannt.

Aus der Annahme (v) folgt, dass $X_i \sim \mathcal{N}(\mu, \sigma^2)$ und $X_1, \ldots, X_n$ i.i.d. sind. Unter Annahme (vi) ist μ der einzige unbekannte Parameter, was die Handhabung des Modells wesentlich erleichtert. Bei einem konkreten Messdatensatz ist immer zu diskutieren, welche Annahmen realistisch für das Experiment sind.

2.1 Formulierung von statistischen Modellen

Das Ergebnis eines Zufallsexperiments ist eine so genannte *Stichprobe*. Darunter verstehen wir einen Zufallsvektor $\boldsymbol{X} = (X_1, \ldots, X_n)^\top$. Falls man konkrete Daten $\boldsymbol{x} = (x_1, \ldots, x_n)^\top$ beobachtet, so ist dies gleichbedeutend mit dem Ereignis $\{\boldsymbol{X} = \boldsymbol{x}\}$. Wir verwenden stets die Bezeichnung $\boldsymbol{X}$ für die Zufallsvariable und $\boldsymbol{x}$ für konkrete, nicht zufällige Daten. Im Folgenden ist der Grundraum Ω wie auch die zugehörige σ-Algebra $\mathcal{A}$ fest.

Definition 2.2. Unter einem *statistischen Modell* verstehen wir ganz allgemein eine Familie $\mathcal{P}$ von Verteilungen. Für ein statistisches Modell $\mathcal{P}$ verwenden wir stets die Darstellung

$$\mathcal{P} = \{\mathbb{P}_{\boldsymbol{\theta}} : \boldsymbol{\theta} \in \Theta\},$$

wobei $\mathbb{P}_{\boldsymbol{\theta}}$ für alle $\boldsymbol{\theta} \in \Theta$ ein Wahrscheinlichkeitsmaß ist. Θ heißt *Parameterraum.*

In dem Beispiel 2.1 (Qualitätssicherung) ist das statistische Modell gerade

$$\mathcal{P} = \{\text{Hypergeo}(N, n, \theta) : \theta \in [0, 1]\}.$$

In dem Beispiel 2.2 (Messfehler) führen die unterschiedlichen Annahmen zu jeweils unterschiedlichen statistischen Modellen: Unter den Annahmen (i)-(iv) erhält man

$$\{X_1, \ldots, X_n \text{ i.i.d.} \sim F : F \text{ ist symmetrisch um } \mu\}.$$

Hierbei induziert jede um μ symmetrische Verteilung F ein Wahrscheinlichkeitsmaß $\mathbb{P}_F(A)$ als Produktmaß der einzelnen Verteilungen F durch die i.i.d.-Annahme. Die führt unmittelbar zu einer Darstellung wie in Definition 2.2 gefordert. Nimmt man die Normalverteilungssannahme hinzu, erhält man unter (i)-(v)

$$\{X_1, \ldots, X_n \text{ i.i.d.} \sim \mathcal{N}(\mu, \sigma^2) : \; \mu \in \mathbb{R}, \; \sigma^2 > 0\}.$$

Hierbei sind sowohl μ als auch σ unbekannt. Im Gegensatz zu dem *interessierenden* Parameter μ ist σ nicht primär von Interesse, muss aber ebenso geschätzt werden. Man nennt einen solchen Parameter *Störparameter* (Nuisance Parameter).

Unter den Annahmen (i)-(vi) ist σ darüber hinaus bekannt und man erhält als Modell

$$\{X_1, \ldots, X_n \text{ i.i.d.} \sim \mathcal{N}(\mu, \sigma^2) : \; \mu \in \mathbb{R}\}.$$

Es gibt zahlreiche Möglichkeiten ein Modell zu parametrisieren. Jede bijektive Funktion $g(\boldsymbol{\theta})$ eignet sich zur Parametrisierung. Es sollten jedoch Parametrisierungen gewählt werden, die eine Interpretation zulassen. Manchmal verlieren solche Parametrisierungen ihre Eindeutigkeit, in diesem Fall spricht man von der *Nichtidentifizierbarkeit* von Parametern.

Definition 2.3. Ein statistisches Modell $\mathcal{P}$ heißt *identifizierbar*, falls für alle $\boldsymbol{\theta}_1, \boldsymbol{\theta}_2 \in \Theta$ gilt, dass

$$\boldsymbol{\theta}_1 \neq \boldsymbol{\theta}_2 \;\Rightarrow\; \mathbb{P}_{\boldsymbol{\theta}_1} \neq \mathbb{P}_{\boldsymbol{\theta}_2}.$$

B 2.3 *Ein nicht identifizierbares Modell*: Es werden zwei Messungen erhoben, die von gewissen Faktoren abhängen. Es gibt einen Gesamteffekt (overall effect) μ und einen Faktoreffekt α_i. Das führt zu folgender Modellierung: Seien $X_1 \sim \mathcal{N}(\mu{+}\alpha_1, 1)$ und $X_2 \sim \mathcal{N}(\mu{+}\alpha_2, 1)$ unabhängig. Setzen wir $\boldsymbol{\theta} = (\mu, \alpha_1, \alpha_2)^\top$, so erhalten wir ein statistisches Modell durch[2]

$$\mathbb{P}_{\boldsymbol{\theta}} = \{\mathcal{N}(\mu + \alpha_1, 1) \otimes \mathcal{N}(\mu + \alpha_2, 1) : \; \mu \in \mathbb{R}, \alpha_i \in \mathbb{R}\}.$$

Betrachtet man

[2] Mit $\otimes$ bezeichnen wir die gemeinsame Verteilung von X_1 und X_2, die aufgrund der Unabhängigkeit durch das Produkt der Dichten bestimmt ist.

$$\boldsymbol{\theta}_1 = (2,0,0)^\top \Rightarrow X_1 \sim \mathcal{N}(2,1), X_2 \sim \mathcal{N}(2,1),$$
$$\boldsymbol{\theta}_2 = (1,1,1)^\top \Rightarrow X_1 \sim \mathcal{N}(2,1), X_2 \sim \mathcal{N}(2,1),$$

so folgt, dass $\mathbb{P}_{\boldsymbol{\theta}_1} = \mathbb{P}_{\boldsymbol{\theta}_2}$; der Faktoreffekt vermischt sich mit dem Gesamteffekt. Allerdings ist $\boldsymbol{\theta}_1 \neq \boldsymbol{\theta}_2$, d.h. dieses statistische Modell ist *nicht* identifizierbar. Eine weitere Einschränkung wie $\alpha_1 + \alpha_2 = 0$ kann zur Identifizierbarkeit genutzt werden.

Ist $\Theta \subset \mathbb{R}^k$, so spricht man von einem *parametrischen Modell*, ansonsten von einem *nichtparametrischen Modell.* Die Zustandsräume

$$\Theta_1 = \{F : F \text{ ist Verteilungsfunktion symmetrisch um } \mu\} \quad \text{und}$$
$$\Theta_2 = \{(\mu, p) : \mu \in \mathbb{R},\ p \text{ ist Dichte und symmetrisch um } 0\}$$

implizieren zum Beispiel nichtparametrische Modelle.

In diesem Buch beschränken wir uns im Wesentlichen auf parametrische Modelle. Kann die parametrische Annahme verifiziert werden, so ist man in der Lage, schärfere Aussagen zu treffen. Ist dies nicht der Fall, so müssen nichtparametrische Methoden angewendet werden. Hierfür sei auf Gibbons und Chakraborti (2003) sowie Sprent und Smeeton (2000) verwiesen.

Definition 2.4. Ein statistisches Modell $\mathcal{P}$ heißt *regulär*, falls eine der folgenden Bedingungen erfüllt ist:

(i) Alle $\mathbb{P}_{\boldsymbol{\theta}}$, $\boldsymbol{\theta} \in \Theta$, sind stetig mit Dichte $p_{\boldsymbol{\theta}}(x)$.
(ii) Alle $\mathbb{P}_{\boldsymbol{\theta}}$, $\boldsymbol{\theta} \in \Theta$, sind diskret mit Wahrscheinlichkeitsfunktion $p_{\boldsymbol{\theta}}(x)$.

Im Folgenden schreiben wir für ein reguläres Modell oft

$$\mathcal{P} = \{p(\cdot, \boldsymbol{\theta}) : \boldsymbol{\theta} \in \Theta\},$$

wobei durch $p(x, \boldsymbol{\theta}) := p_{\boldsymbol{\theta}}(x)$ die entsprechende Dichte oder Wahrscheinlichkeitsfunktion gegeben ist.

B 2.4 *Meßmodell*: Reguläre Modelle erhält man etwa durch das Meßmodell aus Beispiel 2.2. Unter den Annahmen (i)-(iv) und der zusätzlichen Annahme, dass das Modell eine Dichte hat, ist die gemeinsame Dichte durch

$$p(\boldsymbol{x}, \boldsymbol{\theta}) = \prod_{i=1}^{n} f_{\boldsymbol{\theta}}(x_i - \mu)$$

gegeben, wobei $f_{\boldsymbol{\theta}}$ eine von μ unabhängige und um 0 symmetrische Dichte ist. Gilt darüber hinaus die Normalverteilungsannahme (v), so erhält man mit $\boldsymbol{\theta} = (\mu, \sigma)^\top$, dass

$$p(\boldsymbol{x}, \boldsymbol{\theta}) = \prod_{i=1}^{n} \frac{1}{\sigma} \phi\left(\frac{x_i - \mu}{\sigma}\right),$$

wobei $\phi(x) = \frac{1}{\sqrt{2\pi}} e^{-\frac{x^2}{2}}$ die Dichte der Standardnormalverteilung ist.

Das Ziel einer statistischen Analyse ist es aus den vorliegenden Daten zu schließen, welche Verteilung $\mathbb{P}_{\boldsymbol{\theta}}$ wirklich vorliegt, oder anders ausgedrückt: Welcher Parameter $\boldsymbol{\theta}$ den beobachteten Daten zugrunde liegt. Im Gegensatz hierzu geht man in der Wahrscheinlichkeitstheorie von einer festen Verteilung $\mathbb{P}_{\boldsymbol{\theta}}$ aus und berechnet interessierende Wahrscheinlichkeiten eines bestimmten Ereignisses. Um die vorhandenen Daten bestmöglich auszunutzen, muss die statistische Untersuchung für das Problem speziell angepasst sein, weswegen eine statistische Fragestellung häufig von dem Problem selbst abhängt:

In dem Kontext der Qualitätssicherung (Beispiel 2.1) möchte man wissen, ob die Lieferung zu viele defekte Teile enthält, d.h. gibt es einen kritischen Wert θ_0, so dass man die Lieferung akzeptiert, falls $\theta \leq \theta_0$ und sie ablehnt, falls $\theta > \theta_0$. Unter welchen Gesichtspunkten kann man ein solches θ_0 bestimmen? Dies führt zu *statistischen Hypothesentests*, welche im Kapitel 5 vorgestellt werden.

In dem Messmodel aus Beispiel 2.2 soll der unbekannte Parameter μ geschätzt werden. Ein möglicher Punktschätzer ist durch den arithmetischen Mittelwert gegeben:

$$\bar{X} := \frac{1}{n} \sum_{i=1}^{n} X_i. \tag{2.3}$$

Wie man einen solchen Schätzer bestimmen kann und welche Optimalitätseigenschaften bestimmte Schätzer haben wird in den Kapiteln 3 und 4 untersucht.

Folgende Problemstellungen sind in der Statistik zu untersuchen:

- Wie erhebt man die Daten?
- Welche Fragestellungen möchte man untersuchen?
- Welches statistische Modell nimmt man an?

Diese Fragestellungen sollten als Einheit betrachtet werden und folglich nicht getrennt voneinander untersucht werden. Wie schon beschrieben liegt der Schwerpunkt dieses Buches auf statistischen Analyseverfahren, welche von einem gewählten statistischen Modell ausgehen. Die Wahl eines geeigneten Modells hängt von den erhobenen Daten und den interessierenden Fragestellungen ab. Dabei ist die Einbeziehung von Sachwissen aus dem Datenzusammenhang von entscheidender Bedeutung, um eine realistische statistische Modellierung zu erlangen.

2.2 Suffizienz

Nach der Wahl des statistischen Modells möchte man irrelevante Informationen aus der Vielzahl der erhobenen Daten herausfiltern, welches zu einer Datenreduktion führt, etwa wie in Gleichung (2.3) durch den Mittelwert der Daten. Formal gesehen, sind die erhobenen Daten durch den Zufallsvektor $\boldsymbol{X} = (X_1, \ldots, X_n)^\top$ charakterisiert. Dies bedeutet, dass die erhobenen Datenwerte als Realisationen von $\boldsymbol{X}$ angesehen werden. Unter einer *Statistik* versteht man eine Funktion von der Daten, etwa dargestellt durch

$$T := T(\boldsymbol{X}).$$

T wird als eine *Zufallsvariable* auf dem Ereignisraum Ω betrachtet. Man verwendet die erhobenen Daten, um einen Schätzwert für den gesuchten Parameter zu berechnen, was man einen *Punktschätzwert* nennt. Der zugehörige Punktschätzer ist somit eine Zufallsvariable, die von $\boldsymbol{X}$ abhängt. Aus diesem Grund ist ein Punktschätzer auch eine Statistik.

Gilt $T(\boldsymbol{x}_1) = T(\boldsymbol{x}_2)$ für alle Realisierungen $\boldsymbol{x}_1, \boldsymbol{x}_2$ mit gleichen Charakteristika des Experiments, so reicht es aus nur den Wert der Statistik $T(\boldsymbol{x})$ und nicht den ganzen Datenvektor $\boldsymbol{x}$ zu kennen. Das heißt, im Vergleich zur Kenntnis von $\boldsymbol{X}$ geht für die Statistik T keine Information verloren. Dies wird in folgendem Beispiel illustriert.

B 2.5 *Qualitätssicherung, siehe Beispiel 2.1*: Wir betrachten eine Stichprobe von n Objekten einer Population. Wir definieren die Bernoulli-Zufallsvariablen $X_1, \ldots, X_n$ durch $X_i = 1$, falls das i-te Teil der Stichprobe defekt ist, und andernfalls $X_i = 0$ und setzen $\boldsymbol{X} = (X_1, \ldots, X_n)^\top$. Wir interessieren uns für die Anzahl der defekten Teile der Stichprobe und betrachten daher die Statistik

$$T(\boldsymbol{X}) = \sum_{i=1}^{n} X_i.$$

Ist $n = 2$ und gibt es zwei defekte Teile in der Stichprobe, so ist dies beschrieben durch die drei möglichen Realisierungen

$$\boldsymbol{x}_1 = (1, 0, 1), \quad \boldsymbol{x}_2 = (0, 1, 1), \quad \boldsymbol{x}_3 = (1, 1, 0).$$

Es gilt $T(\boldsymbol{x}_1) = T(\boldsymbol{x}_2) = T(\boldsymbol{x}_3)$. Ist man an der Anzahl der defekten Teile interessiert, so ist diese Information vollständig in der Statistik $T(\boldsymbol{X})$ enthalten.

Ein Schätzer $T(\boldsymbol{X})$ reduziert die in $\boldsymbol{X}$ enthaltene Information auf eine einzelne Größe. Möchte man einen Parameter schätzen, so ist es wesentlich zu wissen, ob durch diese Reduktion wichtige Information verloren geht oder nicht. Ist eine Statistik suffizient für den Parameter $\boldsymbol{\theta}$, so ist das nicht der Fall. Betrachtet wird das statistische Modell $\mathcal{P} = \{\mathbb{P}_{\boldsymbol{\theta}} : \boldsymbol{\theta} \in \Theta\}$.

Definition 2.5. Eine Statistik $T(\boldsymbol{X})$ heißt *suffizient* für $\boldsymbol{\theta}$, falls die bedingte Verteilung von $\boldsymbol{X}$ gegeben $T(\boldsymbol{X}) = t$ nicht von $\boldsymbol{\theta}$ abhängt.

Die Interpretation dieser Definition ist wie folgt: Falls man den Wert der suffizienten Statistik T kennt, dann enthält $\boldsymbol{X} = (X_1, \ldots, X_n)^\top$ keine weiteren Informationen über $\boldsymbol{\theta}$. Kurz schreiben wir für die Zufallsvariable $\boldsymbol{X}$ bedingt auf $T(\boldsymbol{X}) = t$

$$\boldsymbol{X} \mid T(\boldsymbol{X}) = t.$$

B 2.6 *Qualitätssicherung, siehe Beispiel 2.1*: Betrachtet wird die Zufallsvariable $\boldsymbol{X}$ gegeben durch $\boldsymbol{X} = (X_1, \ldots, X_n)^\top$, wobei $X_i \in \{0,1\}$ ist. X_i hat den Wert 1, falls das i-te Teil defekt ist und sonst 0. Wir nehmen an, dass die X_i unabhängig sind und $\mathbb{P}_\theta(X_i = 0) = \theta$, wobei θ der unbekannte Parameter ist. Sei $\boldsymbol{x} = (x_1, \ldots, x_n)^\top \in \{0,1\}^n$ der Vektor der beobachteten Werte und $S(\boldsymbol{x}) := \sum_{i=1}^n x_i$. Das zugrundeliegende statistische Modell ist $\{\mathbb{P}_\theta : \theta \in [0,1]\}$ mit

$$\mathbb{P}_\theta(X_1 = x_1, \ldots, X_n = x_n) = \theta^{S(\boldsymbol{x})}(1-\theta)^{n-S(\boldsymbol{x})}.$$

Für die bedingte Verteilung von $\boldsymbol{X}$ gegeben $S(\boldsymbol{X}) = \sum_{i=1}^n X_i$ erhält man nach Beispiel 1.3 von Seite 21:

$$\mathbb{P}(\boldsymbol{X} = \boldsymbol{x} \,\big|\, S(\boldsymbol{X}) = t) = \binom{n}{t}^{-1}.$$

Dieser Ausdruck ist unabhängig von θ, also ist $S(\boldsymbol{X})$ eine suffiziente Statistik für den Parameter θ. Damit ist auch der arithmetische Mittelwert $\bar{\boldsymbol{X}} = n^{-1} S(\boldsymbol{X})$ eine suffiziente Statistik für θ.

Bemerkung 2.6. Falls $T(\boldsymbol{X})$ suffizient für $\boldsymbol{\theta}$ ist, dann kann man Daten $\boldsymbol{x}'$ mit der gleichen Verteilung wie $\boldsymbol{X}$ folgendermaßen erzeugen, ohne $\boldsymbol{\theta}$ zu kennen: Ist $t = T(\boldsymbol{x})$ für eine Realisierung $\boldsymbol{x}$ von $\boldsymbol{X}$, so erzeuge $\boldsymbol{x}'$ nach der Verteilung $\boldsymbol{X}|T(\boldsymbol{X}) = t$ (hängt aufgrund der Suffizienz nicht von $\boldsymbol{\theta}$ ab).

Wir beweisen die Aussage für diskrete Zufallsvariablen. Sei $\boldsymbol{X}'$ die Zufallsvariable mit Realisierung $\boldsymbol{x}'$. Für jedes t' mit $\mathbb{P}(T(\boldsymbol{X}) = t') > 0$ gilt, dass

$$\begin{aligned}
\mathbb{P}(\boldsymbol{X}' = \boldsymbol{x}', T(\boldsymbol{X}) = t') &= \mathbb{P}(\boldsymbol{X}' = \boldsymbol{x}' | T(\boldsymbol{X}) = t') \cdot \mathbb{P}(T(\boldsymbol{X}) = t') \qquad \text{(Def. von } \boldsymbol{X}'\text{)} \\
&= \mathbb{P}(\boldsymbol{X} = \boldsymbol{x}' | T(\boldsymbol{X}) = t') \cdot \mathbb{P}(T(\boldsymbol{X}) = t') \\
&= \mathbb{P}(\boldsymbol{X} = \boldsymbol{x}', T(\boldsymbol{X}) = t'),
\end{aligned}$$

und somit hat $\boldsymbol{X}'$ die gleiche Verteilung wie $\boldsymbol{X}$.

B 2.7 *Warteschlange*: Die Ankunft von Kunden an einem Schalter folgt einem *Poisson-Prozess* mit Intensität θ, falls folgende Annahmen erfüllt sind: Bezeichne N_t die zufällige Anzahl der Kunden, welche zum Zeitpunkt $t \geq 0$

angekommen sind. Die Poisson-Verteilung wurde in Gleichung (1.5) auf Seite 10 definiert.

(i) $N_0 = 0$,
(ii) $N_{t+h} - N_t$ ist unabhängig von N_s für alle $0 \leq s \leq t$ und alle $h > 0$,
(iii) $N_{t+h} - N_t \sim \text{Poiss}(\theta h)$ für alle $t \geq 0$ und $h > 0$.

Insbesondere folgt aus (iii), dass $N_t \sim \text{Poiss}(\theta t)$. Eine Illustration des Poisson-Prozesses $(N_t)_{t \geq 0}$ findet sich in Abbildung 2.1.

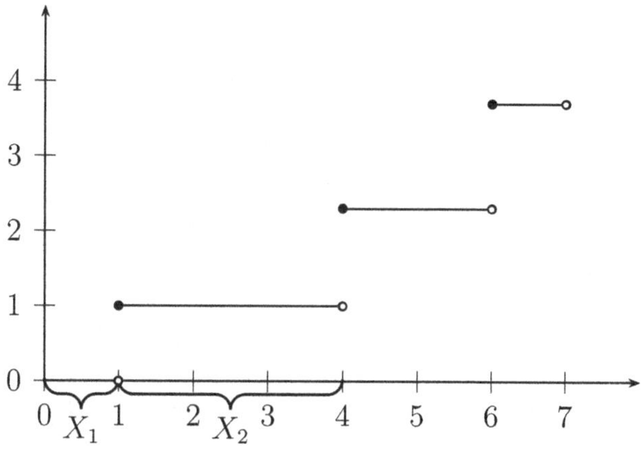

Abb. 2.1 Realisation eines Poisson-Prozesses. Die Sprungzeitpunkte stellen Ankünfte von neuen Kunden an einer Warteschlange dar. X_i ist die verstrichene Zeit zwischen der Ankunft des i-ten und des $i-1$-ten Kunden.

Mit X_i sei die verstrichene Zeit zwischen der Ankunft des i-ten und des $i-1$-ten Kunden bezeichnet, X_1 sei die Zeit bis zur Ankunft des ersten Kunden. Dann folgt aus (iii), dass $\mathbb{P}(X_1 > t) = \mathbb{P}(N(t) = 0) = \exp(-\theta t)$, demzufolge ist X_1 exponentialverteilt mit dem Parameter θ. Aus Aufgabe 2.1 erhält man, dass $X_i \sim \text{Exp}(\theta)$ und die Unabhängigkeit von $X_1, X_2, \ldots$.

Wir betrachten zunächst nur X_1 und X_2, der allgemeine Fall wird in Beispiel 2.8 betrachtet. Setze

$$T(\boldsymbol{X}) := X_1 + X_2.$$

Dann ist $T(\boldsymbol{X})$ suffizient für θ: Wir berechnen die bedingte Dichte durch die Gleichung (1.14). Die gemeinsame Dichte ist[3]

$$p_{\boldsymbol{X}}(x_1, x_2, \theta) = \mathbb{1}_{\{x_1, x_2 > 0\}}\, \theta e^{-\theta x_1} \cdot \theta e^{-\theta x_2}.$$

[3] Wir definieren $\mathbb{1}_{\{x_1,x_2>0\}} := \begin{cases} 1 & x_1, x_2 > 0, \\ 0 & \text{sonst.} \end{cases}$ und analog $\mathbb{1}_A(x) = \begin{cases} 1 & x \in A, \\ 0 & \text{sonst.} \end{cases}$

Ziel ist es den Transformationssatz (Satz 1.3) in geschickter Weise anzuwenden. Wir wählen folgende Transformation $g : \mathbb{R}^+ \times \mathbb{R}^+ \to \mathbb{R}^+ \times [0,1]$ mit

$$\boldsymbol{y} := g(\boldsymbol{x}) = \left(x_1 + x_2, \frac{x_1}{x_1 + x_2} \right)^\top .$$

Damit ist $g^{-1}(\boldsymbol{y}) = (y_1 y_2, y_1 - y_1 y_2)$ und

$$\left| J_{g^{-1}}(y_1, y_2) \right| = \left| \begin{vmatrix} \frac{\partial x_1}{\partial y_1} & \frac{\partial x_2}{\partial y_1} \\ \frac{\partial x_1}{\partial y_2} & \frac{\partial x_2}{\partial y_2} \end{vmatrix} \right| = \left| \begin{vmatrix} y_2 & 1 - y_2 \\ y_1 & -y_1 \end{vmatrix} \right| = | - y_1 | = y_1 .$$

Die Anwendung des Transformationssatzes liefert die Dichte von $\boldsymbol{Y} := g(\boldsymbol{X})$,

$$\begin{aligned} p_{\boldsymbol{Y}}(\boldsymbol{y}) &= \mathbb{1}_{\{y_1 > 0, y_2 \in [0,1]\}} \, \theta^2 y_1 \cdot e^{-\theta(y_1 y_2 + y_1 - y_1 y_2)} \\ &= \mathbb{1}_{\{y_1 > 0\}} \frac{\theta^2 y_1 e^{-y_1 \theta}}{\Gamma(2)} \cdot \mathbb{1}_{\{y_2 \in [0,1]\}} \qquad (2.4) \\ &= p_{Y_1}(y_1) \cdot p_{Y_2|Y_1}(y_2|y_1). \end{aligned}$$

Der Gleichung (2.4) entnimmt man, dass die Dichte von $\boldsymbol{Y}$ das Produkt von Dichten einer Gamma$(2, \theta)$ und einer $U(0,1)$-Verteilung ist (vergleiche (1.10)). Weiterhin ist $p_{Y_2|Y_1}(y_2|y_1)$ unabhängig von y_1. Damit folgt, dass Y_2 unabhängig von $Y_1 = X_1 + X_2 = T$ und darüber hinaus $U(0,1)$-verteilt ist. Man erhält nach einer Regel für bedingte Erwartungswerte aus Gleichung (1.15), dass

$$\mathbb{P}\big(X_1 \le x \,|\, T = t\big) = \mathbb{P}\big(T Y_2 \le x \,|\, T = t\big) = \mathbb{P}(t Y_2 \le x) = \frac{x}{t},$$

für $x \in [0, t]$ ist. Demnach ist X_1 bedingt auf $T = t$ gleichverteilt auf $[0, t]$. Durch $X_2 = T - X_1$ erhält man, dass der Vektor $\boldsymbol{X}$ bedingt auf $T = t$ verteilt ist wie

$$(Z, t - Z),$$

wobei $Z \sim U(0, t)$. Es folgt, dass $\boldsymbol{X}$ bedingt auf $T = t$ unabhängig von θ ist und somit T suffiziente Statistik für θ ist.

Diesem Beispiel liegt die Aussage zugrunde, dass bedingt auf $N_t = n$ die Zwischenankunftszeiten von N verteilt sind wie Ordnungsstatistiken von gleichverteilten Zufallsvariablen (siehe dazu: Rolski, Schmidli, Schmidt und Teugels (1999), Seite 502).

Das oben genannte Beispiel zeigt auf, wie schwierig es ist, Suffizienz im Einzelnen nachzuweisen. Mit dem folgenden Satz von Fisher, Neyman, Halmos und Savage kann man Suffizienz oft leichter zeigen. Für diesen Satz nehmen wir an, dass die Werte der Statistik T in Θ liegen.

Satz 2.7 (Faktorisierungssatz). *Sei $\mathcal{P} = \{p(\cdot, \boldsymbol{\theta}) : \boldsymbol{\theta} \in \Theta\}$ ein reguläres Modell. Dann sind äquivalent:*

(i) *$T(\boldsymbol{X})$ ist suffizient für $\boldsymbol{\theta}$.*
(ii) *Es existiert $g : \Theta \times \Theta \to \mathbb{R}$ und $h : \mathbb{R}^n \to \mathbb{R}$, so dass für alle $\boldsymbol{x} \in \mathbb{R}^n$ und $\boldsymbol{\theta} \in \Theta$*

$$p(\boldsymbol{x}, \boldsymbol{\theta}) = g(T(\boldsymbol{x}), \boldsymbol{\theta}) \cdot h(\boldsymbol{x}).$$

Beweis. Wir führen den Nachweis nur für den diskreten Fall. $\boldsymbol{X}$ nehme die Werte $\boldsymbol{x}_1, \boldsymbol{x}_2, \ldots$ an. Setze $t_i := T(\boldsymbol{x}_i)$. Dann ist $T = T(\boldsymbol{X})$ eine diskrete Zufallsvariable mit Werten $t_1, t_2, \ldots$. Wir zeigen zunächst, dass $(ii) \Rightarrow (i)$. Aus (ii) folgt, dass

$$\mathbb{P}_{\boldsymbol{\theta}}(T = t_i) = \sum_{\{\boldsymbol{x}: T(\boldsymbol{x}) = t_i\}} p(\boldsymbol{x}, \boldsymbol{\theta}) = \sum_{\{\boldsymbol{x}: T(\boldsymbol{x}) = t_i\}} g(t_i, \boldsymbol{\theta}) \cdot h(\boldsymbol{x}). \tag{2.5}$$

Für $\boldsymbol{\theta} \in \Theta$ mit $\mathbb{P}_{\boldsymbol{\theta}}(T = t_i) > 0$ gilt

$$\mathbb{P}_{\boldsymbol{\theta}}(\boldsymbol{X} = \boldsymbol{x}_j | T = t_i) = \frac{\mathbb{P}_{\boldsymbol{\theta}}(\boldsymbol{X} = \boldsymbol{x}_j, T = t_i)}{\mathbb{P}_{\boldsymbol{\theta}}(T = t_i)}.$$

Dieser Ausdruck ist 0 und damit unabhängig von $\boldsymbol{\theta}$, falls $T(\boldsymbol{x}_j) \neq t_i$. Gilt hingegen $T(\boldsymbol{x}_j) = t_i$, so ist

$$\begin{aligned}
\mathbb{P}_{\boldsymbol{\theta}}(\boldsymbol{X} = \boldsymbol{x}_j | T = t_i) &= \frac{g(t_i, \boldsymbol{\theta})\, h(\boldsymbol{x}_j)}{\mathbb{P}_{\boldsymbol{\theta}}(T = t_i)} \\
&\overset{(2.5)}{=} \frac{g(t_i, \boldsymbol{\theta}) h(\boldsymbol{x}_j)}{\sum_{\{\boldsymbol{x}: T(\boldsymbol{x}) = t_i\}} g(t_i, \boldsymbol{\theta}) \cdot h(\boldsymbol{x})} = \frac{h(\boldsymbol{x}_j)}{\sum_{\{\boldsymbol{x}: T(\boldsymbol{x}) = t_i\}} h(\boldsymbol{x})}.
\end{aligned}$$

Da auch dieser Ausdruck unabhängig von $\boldsymbol{\theta}$ ist, ist $T(\boldsymbol{X})$ suffizient für $\boldsymbol{\theta}$.

Es bleibt zu zeigen, dass $(i) \Rightarrow (ii)$. Sei also T eine suffiziente Statistik für $\boldsymbol{\theta}$ und setze

$$g(t_i, \boldsymbol{\theta}) := \mathbb{P}_{\boldsymbol{\theta}}(T(\boldsymbol{X}) = t_i)\ , \ h(\boldsymbol{x}) := \mathbb{P}_{\boldsymbol{\theta}}(\boldsymbol{X} = \boldsymbol{x} | T(\boldsymbol{X}) = T(\boldsymbol{x})).$$

Dabei ist h unabhängig von $\boldsymbol{\theta}$, da $T(\boldsymbol{x})$ suffizient ist. Es folgt, dass

$$\begin{aligned}
p(\boldsymbol{x}, \boldsymbol{\theta}) &= \mathbb{P}_{\boldsymbol{\theta}}(\boldsymbol{X} = \boldsymbol{x}, T(\boldsymbol{X}) = T(\boldsymbol{x})) \\
&= \mathbb{P}_{\boldsymbol{\theta}}(\boldsymbol{X} = \boldsymbol{x} | T(\boldsymbol{X}) = T(\boldsymbol{x})) \cdot \mathbb{P}_{\boldsymbol{\theta}}(T(\boldsymbol{X}) = T(\boldsymbol{x})) \\
&= h(\boldsymbol{x}) \cdot g(T(\boldsymbol{x}), \boldsymbol{\theta})
\end{aligned}$$

und somit die behauptete Faktorisierung in (ii). □

B 2.8 *Warteschlange, Fortsetzung von Beispiel 2.7*: Seien $\boldsymbol{X} = (X_1, \ldots, X_n)^\top$ die ersten n Zwischenankunftszeiten eines Poisson-Prozesses. Dann sind $X_1, \ldots, X_n$ unabhängig und $X_i \sim \text{Exp}(\theta)$. Die Dichte von $\boldsymbol{X}$ ist demnach

$$p(\boldsymbol{x}, \theta) = \mathbb{1}_{\{x_1,\ldots,x_n \geq 0\}} \, \theta^n \, e^{-\theta \sum\limits_{i=1}^n x_i}.$$

Die Statistik $T(\boldsymbol{X}) := \sum_{i=1}^n X_i$ ist suffizient für θ: In der Tat, wähle $g(t,\theta) = \theta^n \exp\{-\theta t\}$ und $h(\boldsymbol{x}) = \mathbb{1}_{\{x_1,\ldots,x_n \geq 0\}}$. Dann ist die Bedingung (ii) von Satz 2.7 erfüllt und somit T suffizient für θ. Ebenso ist das arithmetische Mittel eine suffiziente Statistik für θ.

B 2.9 *Geordnete Population: Schätzen des Maximums*: Betrachtet werde eine Population mit θ Mitgliedern. Dabei seien die Mitglieder geordnet und mit $1, 2, \ldots, \theta$ nummeriert. Man ziehe n-mal zufällig mit Zurücklegen von der Population. X_i sei das Ergebnis des i-ten Zuges. Dies führt zu einem Laplaceschen Modell: $\mathbb{P}(X_i = k) = \theta^{-1}$ für alle $k \in \{1, \ldots, \theta\}$. Darüber hinaus sind die X_i unabhängig. Damit ist die gemeinsame Verteilung

$$p(\boldsymbol{x}, \theta) = \prod_{i=1}^n p(x_i, \theta) = \theta^{-n} \mathbb{1}_{\{x_i \in \{1,\ldots,\theta\}, 1 \leq i \leq n\}}.$$

Die Statistik

$$T(\boldsymbol{X}) := \max_{i=1,\ldots,n} X_i$$

ist suffizient für θ: Durch die Wahl von $g(t,\theta) := \theta^{-n} \cdot \mathbb{1}_{\{t \leq \theta\}}$ und $h(\boldsymbol{x}) := \mathbb{1}_{\{x_i \in \{1,\ldots,\theta\}, 1 \leq i \leq n\}}$ erhält man dies aus dem Faktorisierungssatz, Satz 2.7.

B 2.10 *Suffiziente Statistiken für die Normalverteilung*: Betrachtet man eine Stichprobe von normalverteilten Daten, so bilden das arithmetische Mittel *und* die Stichprobenvarianz zusammen einen suffizienten Schätzer: Seien die Zufallsvariablen $X_1, \ldots, X_n$ i.i.d. mit $X_i \sim \mathcal{N}(\mu, \sigma^2)$. Gesucht ist der Parametervektor $\boldsymbol{\theta} = (\mu, \sigma^2)^\top$, d.h. der Erwartungswert μ und die Varianz σ^2 sind unbekannt. Das arithmetische Mittel $\bar{X}$ und die Stichprobenvarianz $s^2(\boldsymbol{X})$ wurden in Beispiel 1.1 definiert. Die Dichte von $\boldsymbol{X} = (X_1, \ldots, X_n)^\top$ ist

$$p(\boldsymbol{x}, \boldsymbol{\theta}) = \frac{1}{(2\pi\sigma^2)^{n/2}} \exp\left(-\frac{1}{2\sigma^2} \sum_{i=1}^n (x_i - \mu)^2 \right).$$

Zunächst betrachten wir $T_1(\boldsymbol{X}) := \left(\sum_{i=1}^n X_i, \sum_{i=1}^n X_i^2 \right)^\top$. Mit $h(\boldsymbol{x}) := 1$ und

$$g(T_1(\boldsymbol{x}), \boldsymbol{\theta}) := \frac{1}{(2\pi\sigma^2)^{n/2}} e^{-\frac{n\mu^2}{2\sigma^2}} \exp\left(-\frac{1}{2\sigma^2} \left(\sum_{i=1}^n x_i^2 - 2\mu \sum_{i=1}^n x_i \right) \right)$$

ist $p(\boldsymbol{x}, \boldsymbol{\theta}) = g(T_1(\boldsymbol{x}), \boldsymbol{\theta})h(\boldsymbol{x})$. Folglich ist $T_1(\boldsymbol{X})$ für $\boldsymbol{\theta}$ suffizient. Der zufällige Vektor T_2, definiert durch

$$T_2(\boldsymbol{X}) := \begin{pmatrix} \bar{X} \\ s^2(\boldsymbol{X}) \end{pmatrix}$$

ist ebenfalls suffizient, denn $\bar{X} = \frac{1}{n}\sum_{i=1}^n X_i$ und $s^2(\boldsymbol{X}) = \frac{1}{n-1}\sum_{i=1}^n (X_i^2 - (\bar{X})^2)$ nach Aufgabe 2.2.

2.3 Exponentielle Familien

Wir bezeichnen mit $\mathbb{1}_{\{x \in A\}}$ die Indikatorfunktion mit Wert Eins falls $x \in A$ ist und Null sonst. Die folgende Definition führt exponentielle Familien für zunächst einen Parameter ein. K-parametrige exponentielle Familien werden in Definition 2.14 vorgestellt.

Definition 2.8. Eine Familie von Verteilungen $\{\mathbb{P}_\theta : \theta \in \Theta\}$ mit $\Theta \subset \mathbb{R}$ heißt eine *einparametrige exponentielle Familie*, falls Funktionen $c, d : \Theta \to \mathbb{R}$ und $T, S : \mathbb{R}^n \to \mathbb{R}$ und eine Menge $A \subset \mathbb{R}^n$ existieren, so dass die Dichte oder Wahrscheinlichkeitsfunktion $p(\boldsymbol{x}, \theta)$, $\boldsymbol{x} \in \mathbb{R}^n$ von $\mathbb{P}_\theta$ durch

$$p(\boldsymbol{x}, \theta) = \mathbb{1}_{\{x \in A\}} \cdot \exp\Big(c(\theta) \cdot T(\boldsymbol{x}) + d(\theta) + S(\boldsymbol{x})\Big) \tag{2.6}$$

dargestellt werden kann.

Es ist wesentlich, dass A hierbei unabhängig von θ ist. Die Funktion $d(\theta)$ kann als Normierung aufgefasst werden. An dieser Stelle soll betont werden, dass die Verteilung einer mehrdimensionalen Zufallsvariable durchaus zu einer *ein*parametrigen exponentiellen Familie gehören kann. Diese wird allerdings nur von einem eindimensionalen Parameter aufgespannt.

Die Nützlichkeit dieser Darstellung von Verteilungsklassen erschließt sich durch folgende Beobachtung: $T(\boldsymbol{X})$ ist stets suffiziente Statistik für θ; dies folgt aus dem Faktorisierungssatz 2.7 mit

$$g(t, \theta) = \exp\big(c(\theta)t + d(\theta)\big) \quad \text{und} \quad h(\boldsymbol{x}) = \mathbb{1}_{\{\boldsymbol{x} \in A\}} \cdot \exp(S(\boldsymbol{x})).$$

T heißt *natürliche suffiziente Statistik* oder *kanonische Statistik*. Eine Vielzahl von Verteilungen lassen sich als exponentielle Familien schreiben. Wir stellen die Normalverteilung in verschiedenen Varianten vor, und es folgen die Binomialverteilung, die Poisson-Verteilung, die Gamma- und die Beta-Verteilung. Die Verteilung einer Stichprobe, welche aus i.i.d. Zufallsvariablen einer exponentiellen Familie entsteht, bildet erneut eine exponentielle Familie, wie in Bemerkung 2.10 gezeigt wird. Die beiden folgenden Beispiele zeigen die Normalverteilung als einparametrige exponentielle Familie. Da die Normalverteilung durch zwei Parameter beschrieben wird, muss jeweils einer festgehalten werden, um eine einparametrige Familie zu erhalten. Die Normalverteilung als zweiparametrige exponentielle Familie wird in Beispiel 2.17 vorgestellt.

Ist $c(\theta) = \theta$ in Darstellung (2.6), so spricht man von einer *natürlichen* exponentiellen Familie. Jede exponentielle Familie hat eine Darstellung als natürliche exponentielle Familie, was man stets durch eine Reparametrisierung erreichen kann: Mit $\eta := c(\theta)$ erhält man die Darstellung

$$p_0(\boldsymbol{x}, \eta) = \mathbb{1}_{\{x \in A\}} \exp\Big(\eta \cdot T(\boldsymbol{x}) + d_0(\eta) + S(\boldsymbol{x})\Big). \tag{2.7}$$

Ist p_0 eine Dichte, so ist die zugehörige *Normierungskonstante* gegeben durch

$$d_0(\eta) := -\ln\left(\int_A \exp\big(\eta T(\boldsymbol{x}) + S(\boldsymbol{x})\big)d\boldsymbol{x}\right), \tag{2.8}$$

was äquivalent ist zu $\int p_0(\boldsymbol{x}, \eta)d\boldsymbol{x} = 1$. Ist p_0 hingegen eine Wahrscheinlichkeitsfunktion und nimmt $\boldsymbol{X}$ die Werte $\boldsymbol{x}_1, \boldsymbol{x}_2, \ldots$ an, so gilt

$$d_0(\eta) := -\ln\left(\sum_{\boldsymbol{x}_i \in A} \exp\big(\eta T(\boldsymbol{x}_i) + S(\boldsymbol{x}_i)\big)\right). \tag{2.9}$$

Bemerkung 2.9. Ist $c : \Theta \to \mathbb{R}$ eine injektive Funktion, so ist die Normierungskonstante einfacher zu bestimmen, denn in diesem Fall folgt $d_0(\eta) = d(c^{-1}(\eta))$. Gilt weiterhin, dass $\eta = c(\theta)$ für ein $\theta \in \Theta$, so folgt $d_0(\eta) = d(\theta) < \infty$, da $p(\cdot, \theta)$ eine Dichte bzw. eine Wahrscheinlichkeitsfunktion ist.

B 2.11 *Normalverteilung mit bekanntem σ*: Ausgehend von dem Meßmodell aus Beispiel 2.2 und den dortigen Annahmen (i)-(vi) betrachten wir ein festes σ_0^2 und das statistische Modell

$$\mathcal{P} = \big\{\mathbb{P}_\mu = \mathcal{N}(\mu, \sigma_0^2) : \mu \in \mathbb{R}\big\}.$$

Dann ist $\mathcal{P}$ eine einparametrige exponentielle Familie, denn die zu $\mathbb{P}_\mu$ zugehörige Dichte lässt sich schreiben als

$$\begin{aligned} p(x, \mu) &= \frac{1}{\sqrt{2\pi\sigma_0^2}} \exp\left(-\frac{1}{2\sigma_0^2}(x-\mu)^2\right) \\ &= \exp\left(\frac{\mu}{\sigma_0^2} \cdot x + \frac{-\mu^2}{2\sigma_0^2} - \left(\frac{x^2}{2\sigma_0^2} + \ln\left(\sqrt{2\pi\sigma_0^2}\right)\right)\right). \end{aligned} \tag{2.10}$$

Mit $c(\mu) := \frac{\mu}{\sigma_0^2}$, $T(x) := x$, $d(\mu) := \frac{-\mu^2}{2\sigma_0^2}$ und $S(x) := -\left(\frac{x^2}{2\sigma_0^2} + \ln\left(\sqrt{2\pi\sigma_0^2}\right)\right)$ sowie $A := \mathbb{R}$ erhält man die Gestalt (2.6).

B 2.12 *Normalverteilung mit bekanntem* μ: Anders als in dem vorausgegangenen Beispiel nehmen wir nun an, dass der Erwartungswert der Normalverteilung bekannt ist, etwa μ_0. Dies führt zu dem statistischen Modell

$$\mathcal{P} = \left\{\mathbb{P}_{\sigma^2} = \mathcal{N}(\mu_0, \sigma^2) : \sigma > 0\right\}.$$

Die zugehörige Dichte hat, analog zu Gleichung (2.10), die Gestalt

$$p(x, \sigma^2) = \exp\left(-\frac{1}{2\sigma^2}(x - \mu_0)^2 - \ln\left(\sqrt{2\pi\sigma^2}\right)\right).$$

Mit der Wahl von $c(\sigma^2) := -\frac{1}{2\sigma^2}$, $T(x) := (x - \mu_0)^2$, $d(\sigma^2) := -\ln\left(\sqrt{2\pi\sigma^2}\right)$ und $S(x) := 0$, sowie $A := \mathbb{R}$ erhält man eine Darstellung in der Form (2.6) und somit ist $\mathcal{P}$ ebenfalls eine exponentielle Familie.

B 2.13 *Binomialverteilung*: Nicht nur stetige Verteilungen lassen sich als exponentielle Familien beschreiben, sondern auch diskrete Verteilungen. Die Binomialverteilung ist zum Beispiel eine exponentielle Familie: Die Wahrscheinlichkeitsfunktion einer $\text{Bin}(n, \theta)$-Verteilung ist für $k \in \{0, \dots, n\}$

$$p(k, \theta) = \binom{n}{k} \theta^k (1 - \theta)^{n-k} = \exp\left(k \cdot \ln\left(\frac{\theta}{1 - \theta}\right) + n \cdot \ln(1 - \theta) + \ln\binom{n}{k}\right).$$

Mit der Wahl von $c(\theta) = \ln\left(\frac{\theta}{1-\theta}\right)$, $T(k) = k$, $d(\theta) = n\ln(1 - \theta)$, und $S(k) = \ln\binom{n}{k}$, sowie $A = \{0, 1, \dots, n\}$ ergibt sich die Darstellung (2.6). Die Familie der Binomialverteilungen, gegeben durch ihre Wahrscheinlichkeitsfunktionen $\{p(\cdot, \theta) \colon \theta \in (0, 1)\}$, ist demzufolge eine exponentielle Familie.

B 2.14 *Die* $U(0, \theta)$*-Verteilung ist keine exponentielle Familie*: Als wichtiges Gegenbeispiel für Verteilungen, welche nicht als exponentielle Familie darstellbar sind, betrachte man eine Gleichverteilung auf dem Intervall $(0, \theta)$. Die zugehörige Dichte ist

$$\mathbb{1}_{\{x \in (0,\theta)\}} \frac{1}{\theta}$$

und somit handelt es sich nicht um eine exponentielle Familie, da die Menge A in der Darstellung (2.6) von θ abhängen müsste. Das diskrete Analogon hierzu ist Beispiel 2.9.

Es sei daran erinnert, dass unabhängige und identisch verteilte Zufallsvariablen als i.i.d. bezeichnet werden.

Bemerkung 2.10. *Die i.i.d. Kombination einer exponentiellen Familie ist eine exponentielle Familie.* Insbesondere trifft dies auf die oben genannten Beispiele 2.11-2.13 zu. Die Famile von Dichten oder Wahrscheinlichkeitsfunktionen $\{p(\cdot, \theta) \colon \theta \in \Theta\}$ für n-dimensionale Zufallvektoren sei eine einparametrige exponentielle Familie. Die m Zufallsvektoren $\boldsymbol{X}_1, \dots, \boldsymbol{X}_m$ seien i.i.d., jeweils mit der Dichte oder Wahrscheinlichkeitsfunktion $p(\cdot, \theta)$ welche die Form (2.6) habe. Setze

$$\boldsymbol{X} := (\boldsymbol{X}_1^\top, \dots, \boldsymbol{X}_m^\top)^\top \in \mathbb{R}^{n \cdot m}.$$

Die Dichte bzw. Wahrscheinlichkeitsfunktion von $\boldsymbol{X}$ ist für $\boldsymbol{x} = (\boldsymbol{x}_1^\top, \dots, \boldsymbol{x}_m^\top)^\top$

$$\begin{aligned} p_{\boldsymbol{X}}(\boldsymbol{x}, \theta) &= \prod_{i=1}^m p(\boldsymbol{x}_i, \theta) = \prod_{i=1}^m \exp\Big(c(\theta)T(\boldsymbol{x}_i) + d(\theta) + S(\boldsymbol{x}_i)\Big) \cdot \mathbb{1}_A(\boldsymbol{x}_i) \\ &= \mathbb{1}_{A^m}(\boldsymbol{x}_1, \dots, \boldsymbol{x}_m) \exp\left(c(\theta) \sum_{i=1}^m T(\boldsymbol{x}_i) + m \cdot d(\theta) + \sum_{i=1}^m S(\boldsymbol{x}_i)\right) \end{aligned}$$

mit $A^m := \{(\boldsymbol{x}_1, \dots, \boldsymbol{x}_m) : \boldsymbol{x}_i \in A \ \forall\ 1 \le i \le m\}$. Durch die Wahl der suffizienten Statistik $T'(\boldsymbol{x}) := \sum_{i=1}^m T(\boldsymbol{x}_i)$, sowie $c'(\theta) := c(\theta)$, $d'(\theta) := m \cdot d(\theta)$, $A' := A^m$ und $S'(\boldsymbol{x}) = \sum_{i=1}^m S(\boldsymbol{x}_i)$ erhält man eine Darstellung als exponentielle Familie gemäß (2.6).

Somit gehört die Verteilung von $\boldsymbol{X}$ wieder einer einparametrigen exponentiellen Familie mit suffizienter Statistik $T'(\boldsymbol{x}) := \sum_{i=1}^m T(\boldsymbol{x}_i)$ an.

B 2.15 *i.i.d. Normalverteilung mit bekanntem σ:* Als Beispiel zu obiger Bemerkung 2.10 betrachten wir $\boldsymbol{X} = (X_1, \dots, X_n)^\top$, wobei $X_1, \dots, X_n$ i.i.d. seien mit $X_i \sim \mathcal{N}(\mu, \sigma_0^2)$ und bekanntem σ_0 (vergleiche Beispiel 2.11). Dann ist $T(\boldsymbol{X}) := \sum_{i=1}^n X_i$ und somit auch das arithmetische Mittel $\bar{X}$ suffiziente Statistik für μ und die Verteilung von $\boldsymbol{X}$ bildet wieder eine einparametrige exponentielle Familie.

Wir fassen diese und weitere Beispiele für einparametrige exponentielle Familien in der Tabelle 2.1 zusammen. Das folgende Resultat beschreibt die Verteilung der natürlichen suffizienten Statistik einer einparametrigen exponentiellen Familie.

Satz 2.11. *Sei $\{\mathbb{P}_\theta : \theta \in \Theta\}$ eine einparametrige exponentielle Familie mit Darstellung (2.6) und sei T stetig. Hat $\boldsymbol{X}$ die Verteilung $\mathbb{P}_\theta$, so hat $T(\boldsymbol{X})$ die Verteilung Q_θ, wobei Q_θ wieder eine einparametrige exponentielle Familie ist mit der Dichte bzw. Wahrscheinlichkeitsfunktion*

$$q(t, \theta) = \mathbb{1}_{\{t \in A^*\}} \exp\Big(c(\theta) \cdot t + d(\theta) + S^*(t)\Big);$$

hierbei ist $A^* := \{T(\boldsymbol{x}) : \boldsymbol{x} \in A\}$. Handelt es sich um eine diskrete Verteilung, so ist

$$S^*(t) = \ln\left(\sum_{\boldsymbol{x} \in A:\ T(\boldsymbol{x}) = t} \exp(S(\boldsymbol{x}))\right).$$

Verteilungsfamilie	$c(\theta)$	$T(x)$	A
Poiss(θ)	$\ln(\theta)$	x	$\{0, 1, 2, \dots\}$
Gamma(a, λ), a bekannt	$-\lambda$	x	$\mathbb{R}^+$
Gamma(a, λ), λ bekannt	$a-1$	$\ln x$	$\mathbb{R}^+$
Invers Gamma, a bekannt	$-\lambda$	x^{-1}	$\mathbb{R}^+$
Invers Gamma, λ bekannt	$-a-1$	$\ln x$	$\mathbb{R}^+$
Beta(r, s), r bekannt	$s-1$	$\ln(1-x)$	$[0, 1]$
Beta(r, s), s bekannt	$r-1$	$\ln(x)$	$[0, 1]$
$\mathcal{N}(\theta, \sigma^2)$, σ bekannt	θ/σ^2	x	$\mathbb{R}$
$\mathcal{N}(\mu, \theta^2)$, μ bekannt	$-1/2\theta^2$	$(x-\mu)^2$	$\mathbb{R}$
Invers Gauß, λ bekannt	$-\frac{\lambda}{2\mu^2}$	x	$\mathbb{R}^+$
Invers Gauß, μ bekannt	$-\frac{\lambda}{2}$	$\frac{x}{\mu^2} + \frac{1}{x}$	$\mathbb{R}^+$
Bin(n, θ), n bekannt	$\ln \theta/1-\theta$	x	$\{0, 1, \dots, n\}$
Rayleigh(θ)	$-1/2\theta^2$	x^2	$\mathbb{R}^+$
χ^2_θ	$\frac{\theta}{2} - 1$	$\ln x$	$\mathbb{R}^+$
Exp(θ)	$-\theta$	x	$\mathbb{R}^+$
$X_1, \dots, X_m$ i.i.d. exp. Familie	$c(\theta)$	$\sum_{i=1}^m T(x_i)$	A^m

Tabelle 2.1 Einparametrige exponentielle Familien. c, T und A aus Darstellung (2.6) sind in der Tabelle angegeben, d ergibt sich durch Normierung. Die t_θ-, F_{θ_1,θ_2}- und die Gleichverteilung $U(0, \theta)$ sowie die Hypergeometrische Verteilung lassen sich nicht als exponentielle Familien darstellen.

Beweis. Wir beweisen den diskreten Fall, der stetige Fall ist Teil von Aufgabe 2.7. Ist $\boldsymbol{X}$ eine diskrete Zufallsvariable mit der Wahrscheinlichkeitsfunktion $p(\boldsymbol{x}, \theta)$, so ist $T(\boldsymbol{X})$ ebenfalls eine diskrete Zufallsvariable und besitzt die Wahrscheinlichkeitsfunktion

$$\begin{aligned} q(t,\theta) := \mathbb{P}_\theta(T(\boldsymbol{X}) = t) &= \sum_{\boldsymbol{x}\in A:\, T(\boldsymbol{x})=t} p(\boldsymbol{x},\theta) \\ &= \sum_{\boldsymbol{x}\in A:\, T(\boldsymbol{x})=t} \exp\Big(c(\theta)\cdot T(\boldsymbol{x}) + d(\theta) + S(\boldsymbol{x})\Big) \\ &= \mathbb{1}_{A^*}(t)\cdot \exp\big(c(\theta)t + d(\theta)\big)\left(\sum_{\boldsymbol{x}\in A:\, T(\boldsymbol{x})=t} e^{S(\boldsymbol{x})}\right). \end{aligned}$$

Damit ist die Verteilung von T eine exponentielle Familie nach Darstellung (2.6). □

Satz 2.12. *Betrachtet man eine natürliche einparametrige exponentielle Familie mit den Dichten oder Wahrscheinlichkeitsfunktionen* $p_0(\boldsymbol{x}, \eta) : \eta \in \Theta'$ *in Darstellung* (2.7) *und ist* $\boldsymbol{X} \sim p_0$, *so gilt*

$$\Psi(s) = \mathbb{E}\big(e^{s \cdot T(\boldsymbol{X})}\big) = \exp\big(d_0(\eta) - d_0(\eta + s)\big) < \infty$$

für alle $\eta, \eta + s \in H$ *mit* $H := \{\eta \in \Theta' : d_0(\eta) < \infty\}$.

Beweis. Wir führen den Beweis für den Fall, dass p_0 eine Dichte ist. Der diskrete Fall folgt analog. Mit Darstellung (2.7) erhalten wir

$$\begin{aligned}
\Psi(s) &= \mathbb{E}\big(\exp(s \cdot T(\boldsymbol{X}))\big) \\
&= \int_A \exp\Big((\eta + s)T(\boldsymbol{x}) + d_0(\eta) + S(\boldsymbol{x})\Big) d\boldsymbol{x} \\
&= \exp\Big(d_0(\eta) - d_0(\eta + s)\Big) \int_A \exp\Big((\eta + s)T(\boldsymbol{x}) + d_0(\eta + s) + S(\boldsymbol{x})\Big) d\boldsymbol{x} \\
&= \exp\Big(d_0(\eta) - d_0(\eta + s)\Big) \int_A p_0(\boldsymbol{x}, \eta + s)\, d\boldsymbol{x}.
\end{aligned}$$

Nach Voraussetzung ist $\eta + s \in H$, und somit ist $p_0(\cdot, \eta + s)$ eine Dichte und das Integral in der letzten Zeile gleich 1. Weiterhin folgt aus $\eta, \eta + s \in H$, dass $d_0(\eta) - d_0(\eta + s)$ endlich ist und somit $\Psi(s) < \infty$. □

Bemerkung 2.13. *Erwartungswert und Varianz der suffizienten Statistik in exponentiellen Familien.* Aus der momentenerzeugenden Funktion Ψ kann man folgendermaßen die Momente von $T(\boldsymbol{X})$ bestimmen. Es sei daran erinnert, dass jede exponentielle Familie eine natürliche Darstellung der Form (2.7) hat. Unter dieser Darstellung ist

$$\mathbb{E}(T(\boldsymbol{X})) = \Psi'(0) = \Psi(0)\Big(-d_0'(\eta + s)\Big|_{s=0}\Big) = -d_0'(\eta),$$

da $\Psi(0) = 1$. Weiterhin ist $\mathbb{E}(T(\boldsymbol{X})^2) = (d_0'(\eta))^2 - d_0''(\eta)$ und damit

$$\operatorname{Var}(T(\boldsymbol{X})) = -d_0''(\eta).$$

Die Funktion d_0 kann durch (2.8) bzw. (2.9) oder mit Hilfe von Bemerkung 2.9 bestimmt werden. Zusammenfassend erhalten wir:

$$\begin{aligned}
\mathbb{E}(T(\boldsymbol{X})) &= -d_0'(\eta), \\
\operatorname{Var}(T(\boldsymbol{X})) &= -d_0''(\eta).
\end{aligned}$$

B 2.16 *Momente der Rayleigh-Verteilung*: Seien $X_1, \ldots, X_n$ i.i.d. und Rayleigh-verteilt, d.h. X_i hat die Dichte

$$\mathbb{1}_{\{x>0\}} \frac{x}{\theta^2} e^{-\frac{x^2}{2\theta^2}}$$

mit unbekanntem $\theta > 0$, siehe Bemerkung 1.12. Die Rayleigh-Verteilung ist eine exponentielle Familie, denn $\boldsymbol{X} = (X_1, \ldots, X_n)^\top$ hat die Dichte[4]

$$\begin{aligned} p(\boldsymbol{x}, \theta) &= \mathbb{1}_{\{\boldsymbol{x}>0\}} \exp\Big(- \sum_{i=1}^n \frac{x_i^2}{2\theta^2} \Big) \cdot \prod_{i=1}^n \frac{x_i}{\theta^2} \\ &= \mathbb{1}_{\{\boldsymbol{x}>0\}} \exp\Big(- \frac{1}{2\theta^2} \sum_{i=1}^n x_i^2 - n \ln(\theta^2) + \sum_{i=1}^n \ln x_i \Big), \end{aligned}$$

und durch die Wahl von $c(\theta) := -\frac{1}{2\theta^2}$, $d(\theta) := -n\ln(\theta^2)$, $A := (\mathbb{R}^+)^n$, natürlicher suffizienter Statstik $T(\boldsymbol{X}) = \sum\limits_{i=1}^n X_i^2$ und $S(\boldsymbol{x}) := \sum_{i=1}^n \ln x_i$ erhält man die Darstellung (2.6). Die Transformation auf eine natürliche Familie erfolgt mit $\eta := c(\theta) < 0$. Das bedeutet

$$c^{-1}(\eta) = \sqrt{-\frac{1}{2\eta}} \quad \text{und} \quad d_0(\eta) = d\big(c^{-1}(\eta)\big) = n \ln(-2\eta).$$

Nach Satz 2.12 hat $T(\boldsymbol{X})$ die momentenerzeugende Funktion $\Psi(s) = \exp(d_0(\eta) - d_0(\eta+s))$. Aus Bemerkung 2.13 bestimmt sich nun leicht der Erwartungswert:

$$\mathbb{E}(T(\boldsymbol{X})) = \mathbb{E}\Big(\sum_{i=1}^n X_i^2 \Big) = -d_0'(\eta) = -\frac{n}{\eta} = 2n\theta^2,$$

was mit dem Ergebnis für Z^2 unter $n = 1$ aus Aufgabe 1.36 übereinstimmt. Die Berechnung der Varianz erfolgt in Aufgabe 2.20.

Definition 2.14. Eine Familie von Verteilungen $\{\mathbb{P}_{\boldsymbol{\theta}} : \boldsymbol{\theta} \in \Theta\}$ mit $\Theta \subset \mathbb{R}^K$ heißt *K-parametrige exponentielle Familie*, falls Funktionen $c_i, d : \Theta \to \mathbb{R}$, $T_i : \mathbb{R}^n \to \mathbb{R}$ und $S : \mathbb{R}^n \to \mathbb{R}$, $i = 1, \ldots, K$ sowie eine Menge $A \subset \mathbb{R}^n$ existieren, so dass die Dichte oder Wahrscheinlichkeitsfunktion $p(\boldsymbol{x}, \boldsymbol{\theta})$ von $\mathbb{P}_\theta$ für alle $\boldsymbol{x} \in \mathbb{R}^n$ als

$$p(\boldsymbol{x}, \boldsymbol{\theta}) = \mathbb{1}_{\{\boldsymbol{x} \in A\}} \exp\Big(\sum_{i=1}^K c_i(\boldsymbol{\theta}) T_i(\boldsymbol{x}) + d(\boldsymbol{\theta}) + S(\boldsymbol{x}) \Big) \tag{2.11}$$

dargestellt werden kann.

[4] Hierbei verwenden wir die Notation $\mathbb{1}_{\{\boldsymbol{x}>0\}} := \mathbb{1}_{\{x_1>0, \ldots, x_n>0\}}$.

In Analogie zu den einparametrigen Familien ist die Statistik

$$\boldsymbol{T}(\boldsymbol{X}) := \big(T_1(\boldsymbol{X}), \ldots, T_K(\boldsymbol{X})\big)^\top$$

suffizient, sie wird als *natürliche suffiziente Statistik* bezeichnet. Einige Beispiele werden in Tabelle 2.2 zusammengefasst.

Verteilungsfamilie	$c(\boldsymbol{\theta})$	$T(x)$	A
$\mathcal{N}(\theta_1, \theta_2^2)$	$c_1(\boldsymbol{\theta}) = \theta_1/\theta_2^2$ $c_2(\boldsymbol{\theta}) = -1/2\theta_2^2$	$T_1(x) = x$ $T_2(x) = x^2$	$\mathbb{R}$
$M(n, \theta_1, \ldots, \theta_d)$	$c_i(\boldsymbol{\theta}) = \ln \theta_i$	$T_i(\boldsymbol{x}) = x_i$	$\{\boldsymbol{x} : x_i \in \{0, \ldots, n\}$ und $\sum_{i=1}^n x_i = n\}$.

Tabelle 2.2 Mehrparametrige exponentielle Familien. c, T und A aus Darstellung (2.11) sind in der Tabelle angegeben, d ergibt sich durch Normierung.

B 2.17 *Die Normalverteilung ist eine zweiparametrige exponentielle Familie*: Die Familie der (eindimensionalen) Normalverteilungen gegeben durch $\mathbb{P}_{\boldsymbol{\theta}} = \mathcal{N}(\mu, \sigma^2)$ mit $\boldsymbol{\theta} = (\mu, \sigma^2)^\top$ und $\Theta = \{(\mu, \sigma^2)^\top : \mu \in \mathbb{R}, \sigma > 0\}$ ist eine zweiparametrige exponentielle Familie, denn ihre Dichten haben die Gestalt

$$p(x, \boldsymbol{\theta}) = \exp\left(\frac{\mu}{\sigma^2}\, x - \frac{x^2}{2\sigma^2} - \frac{1}{2}\Big(\frac{\mu^2}{\sigma^2} + \ln(2\pi\sigma^2)\Big)\right).$$

Durch die Wahl von $n = 1$, $c_1(\boldsymbol{\theta}) := \mu/\sigma^2$, $T_1(x) := x$, $c_2(\boldsymbol{\theta}) := -1/2\sigma^2$, $T_2(x) := x^2$, $S(\boldsymbol{x}) := 0$, $A = \mathbb{R}$ und der entsprechenden Normierung $d(\boldsymbol{\theta}) := -1/2(\mu^2\sigma^{-2} + \ln(2\pi\sigma^2))$ erhält man die Darstellung (2.11).

B 2.18 *i.i.d. Normalverteilung als exponentielle Familie*: Seien $X_1, \ldots, X_n$ i.i.d. und weiterhin $X_i \sim \mathcal{N}(\mu, \sigma^2)$. Dann ist die Verteilung von $\boldsymbol{X} = (X_1, \ldots, X_n)^\top$ darstellbar als zweiparametrige exponentielle Familie: Mit den Resultaten aus Bemerkung 2.10 führt die Darstellung der Normalverteilung aus Beispiel 2.17 unmittelbar zu einer exponentiellen Familie. Damit ist

$$T(\boldsymbol{X}) = \left(\sum_{i=1}^n T_1(X_i), \sum_{i=1}^n T_2(X_i)\right)^\top = \left(\sum_{i=1}^n X_i, \sum_{i=1}^n X_i^2\right)^\top$$

suffizient für $\boldsymbol{\theta} = (\mu, \sigma^2)^\top$. Dies wurde in Beispiel 2.10 bereits auf elementarem Weg gezeigt.

B 2.19 *Lineare Regression*: Bei der linearen Regression beobachtet man Paare von Daten welche wir mit $(x_1, Y_1), \ldots, (x_n, Y_n)$ bezeichnen. Man vermutet einen *linearen* Einfluss der Größen x_i auf Y_i und möchte diesen bestimmen. Die Beobachtungen $x_1, \ldots, x_n$ werden als konstant angesehen. Diese Methodik wird in Kapitel 7 wesentlich vertieft und an Beispielen erprobt. Wir gehen von folgendem Modell aus:

$$Y_i = \beta_1 + \beta_2 x_i + \epsilon_i,$$

für $i = 1, \ldots, n$. Hierbei sind $\beta_1, \beta_2 \in \mathbb{R}$ unbekannte Konstanten und $\epsilon_1, \ldots, \epsilon_n$ i.i.d. mit $\epsilon_1 \sim \mathcal{N}(0, \sigma^2)$ (vergleiche mit dem Meßmodell, Beispiel 2.2). Setze $\boldsymbol{Y} := (Y_1, \ldots, Y_n)^\top$ und $\boldsymbol{\theta} := (\beta_1, \beta_2, \sigma^2)^\top$. Die Dichte von $\boldsymbol{Y}$ ist

$$\begin{aligned}
p(\boldsymbol{y}, \boldsymbol{\theta}) &= \frac{1}{(2\pi\sigma^2)^{n/2}} \prod_{i=1}^n \exp\Big(- \frac{(y_i - \beta_1 - \beta_2 x_i)^2}{2\sigma^2} \Big) \\
&= \exp\Big(- \frac{1}{2\sigma^2} \sum_{i=1}^n y_i^2 - \frac{n\beta_1^2}{2\sigma^2} - \frac{\beta_2^2}{2\sigma^2} \sum_{i=1}^n x_i^2 \\
&\qquad + \frac{\beta_1}{\sigma^2} \sum_{i=1}^n y_i + \frac{\beta_2}{\sigma^2} \sum_{i=1}^n x_i y_i - \frac{\beta_1 \beta_2}{\sigma^2} \sum_{i=1}^n x_i - \frac{n}{2} \ln(2\pi\sigma^2) \Big) \\
&= \exp\Big(- \frac{1}{2\sigma^2} \sum_{i=1}^n y_i^2 + \frac{\beta_1}{\sigma^2} \sum_{i=1}^n y_i + \frac{\beta_2}{\sigma^2} \sum_{i=1}^n x_i y_i \\
&\qquad - \frac{n\beta_1^2}{2\sigma^2} - \frac{\beta_2^2}{2\sigma^2} \sum_{i=1}^n x_i^2 - \frac{\beta_1 \beta_2}{\sigma^2} \sum_{i=1}^n x_i - \frac{n}{2} \ln(2\pi\sigma^2) \Big).
\end{aligned}$$

Dies ist eine dreiparametrige exponentielle Familie. In der Tat, setzt man $T_1(\boldsymbol{y}) := \sum_{i=1}^n y_i$, $T_2(\boldsymbol{y}) := \sum_{i=1}^n y_i^2$, $T_3(\boldsymbol{y}) := \sum_{i=1}^n x_i y_i$ sowie $c_1(\boldsymbol{\theta}) := \beta_1/\sigma^2$, $c_2(\boldsymbol{\theta}) := -(2\sigma^2)^{-1}$, $c_3(\boldsymbol{\theta}) := \beta_2/\sigma^2$, so erhält man, mit entsprechender Wahl von d und $S \equiv 0$, $A := \mathbb{R} \times \mathbb{R} \times \mathbb{R}^+$ eine Darstellung der Form (2.11). Damit ist die Statistik

$$T(\boldsymbol{Y}) := \Big(\sum_{i=1}^n Y_i, \sum_{i=1}^n Y_i^2, \sum_{i=1}^n x_i Y_i \Big)^\top$$

suffizient für $\boldsymbol{\theta} = (\beta_1, \beta_2, \sigma^2)^\top$.

2.4 Bayesianische Modelle

Bis jetzt haben wir angenommen, dass keine weiteren Informationen bezüglich der Parameter außer den Daten vorliegen. In den Anwendungen gibt es Situationen, in denen sich weitere Informationen beziehungsweise Annahmen gewinnbringend verwenden lassen. Wir stellen zwei Beispiele vor.

B 2.20 *Qualitätssicherung unter Vorinformation*: Wir betrachten die Situation von Beispiel 2.1. Allerdings nehmen wir an, dass bereits in der Vergangenheit Ladungen untersucht wurden, was eine Vorinformation darstellt, die genutzt werden sollte. Es handele sich um K Lieferungen mit jeweils (der Einfachheit halber) N Teilen. Mit h_i sei die Anzahl der Lieferungen mit i defekten Teilen bezeichnet. Definieren wir die empirischen Häufigkeiten

$$\pi_i := \frac{h_i}{K},$$

so induzieren $\pi_1, \ldots, \pi_N$ ein Wahrscheinlichkeitsmaß, welches die Vorinformation zusammenfasst. Daher kann der Anteil θ der defekten Teile pro Ladung als zufällig betrachtet werden und die Vorinformation liefert $\mathbb{P}(\theta = \frac{i}{N}) = \pi_i$. Dies bezeichnet man als die *a priori-Verteilung* von θ .

Es kommt eine neue Lieferung vom Umfang N an, welche untersucht werden soll. θ bezeichne den (zufälligen) Anteil der defekten Teile in der Lieferung. Wir nehmen nun an, dass θ nach π verteilt ist, das heisst $\mathbb{P}(\theta = \frac{i}{N}) = \pi_i$. Untersucht werde eine Stichprobe vom Umfang n und X bezeichne den zufälligen Anteil defekter Teile der Stichprobe. Wie in Beispiel 2.1 ist die bedingte Verteilung von X gegeben θ eine hypergeometrische Verteilung, d.h. nach Gleichung (2.1) ist

$$\mathbb{P}\Big(X = k \,\big|\, \theta = \frac{i}{N}\Big) = \frac{\binom{i}{k}\binom{N-i}{n-k}}{\binom{N}{n}},$$

welches eine Hypergeo($N, n, \frac{i}{N}$)-Verteilung ist. Für die gemeinsame Verteilung von (X, θ) erhalten wir

$$\mathbb{P}\Big(X = k, \theta = \frac{i}{N}\Big) = \mathbb{P}\Big(\theta = \frac{i}{N}\Big) \cdot \mathbb{P}\Big(X = k \,\big|\, \theta = \frac{i}{N}\Big) = \pi_i \frac{\binom{i}{k}\binom{N-i}{n-k}}{\binom{N}{n}}.$$

Schließlich ergibt sich für die Wahrscheinlichkeit, dass k Teile der Stichprobe defekt sind, unter Nutzung der Vorinformation, dass

$$\mathbb{P}\big(X = k\big) = \sum_{i=1}^{N} \pi_i \frac{\binom{i}{k}\binom{N-i}{n-k}}{\binom{N}{n}}.$$

Dies ist eine gewichtete Form der bedingten Verteilungen von X. Wenn etwa für ein festes $\theta_0 = \frac{i_0}{N}$ gilt, dass $\pi_{i_0} = 1$ und sonst 0, so erhält man wieder die ungewichtete Darstellung (2.1).

Eine solche Vorgehensweise nennt man einen *Bayesianischen Ansatz:* Man nimmt an, dass der Wert des unbekannten Parameters eine Realisierung einer Zufallsvariable mit gegebener *a priori-Verteilung* (prior) ist. Die a priori-Verteilung summiert die Annahmen über den wahren Wert des Parameters *bevor die Daten erhoben worden sind*, etwa wenn Vorinformationen oder subjektive Einschätzungen (zum Beispiel von Experten, welche aufgrund ihrer

Erfahrung eine Einschätzung über zu erzielende Werte treffen) vorliegen. Man spricht von *subjektiver Inferenz.*

Definition 2.15. Ein *Bayesianisches Modell* für die Daten $\boldsymbol{X}$ und den Parameter $\boldsymbol{\theta}$ ist spezifiziert durch

(i) eine *a priori-Verteilung* π, so dass $\boldsymbol{\theta} \sim \pi$,
(ii) eine reguläre Verteilung $\mathbb{P}_{\boldsymbol{\theta}}$, so dass $\boldsymbol{X}|\boldsymbol{\theta} \sim \mathbb{P}_{\boldsymbol{\theta}}$.

Der zentrale Punkt der Bayesianischen Statistik ist, dass man das Vorwissen (gegeben durch die a priori-Verteilung) nach Erhebung der Daten $\boldsymbol{x}$ an das neu gewonnene Wissen über $\boldsymbol{\theta}$ anpasst. Dies erfolgt durch Bestimmung der bedingten Verteilung von $\boldsymbol{\theta}$ gegeben die Daten $\boldsymbol{x}$. Diese Verteilung wird als *a posteriori-Verteilung* bezeichnet. Sie ist durch die Dichte oder Wahrscheinlichkeitsfunktion $p(\boldsymbol{\theta} \mid \boldsymbol{x}) := p(\boldsymbol{\theta} \mid \boldsymbol{X} = \boldsymbol{x})$ gegeben und kann mit Hilfe des Satzes von Bayes (siehe Aufgabe 1.27) bestimmt werden:

$$p(\boldsymbol{\theta} \mid \boldsymbol{x}) = \frac{\pi(\boldsymbol{\theta}) \cdot p(\boldsymbol{x} \mid \boldsymbol{\theta})}{m(\boldsymbol{x})},$$

wobei $m(\boldsymbol{x})$ die unbedingte Verteilung oder *marginale Verteilung* von $\boldsymbol{X}$ bezeichnet. Ist $\boldsymbol{\theta}$ diskret mit Werten $\boldsymbol{\theta}_1, \ldots, \boldsymbol{\theta}_T$, so ist die marginale Wahrscheinlichkeitsfunktion

$$m(\boldsymbol{x}) = \sum_{i=1}^{T} \pi(\boldsymbol{\theta}_i) \cdot p(\boldsymbol{x} \mid \boldsymbol{\theta}_i).$$

Ist $\boldsymbol{\theta}$ hingegen eine stetige Zufallsvariable, so ist die marginale Dichte

$$m(\boldsymbol{x}) = \int \pi(\boldsymbol{\theta}) \cdot p(\boldsymbol{x} \mid \boldsymbol{\theta})\, d\boldsymbol{\theta}.$$

Wie man sieht, ist m bereits durch π und p bestimmt. Oft beschreibt man deswegen $p(\boldsymbol{\theta}|\boldsymbol{x})$ nur bis auf Proportionalität. Die Normierung, in diesem Fall m, bestimmt sich durch die Bedingung, dass $p(\boldsymbol{\theta}|\boldsymbol{x})$ sich zu eins summiert bzw. integriert (siehe etwa Aufgabe 2.30(iii)). Wir schreiben kurz

$$p(\boldsymbol{\theta} \mid \boldsymbol{x}) \propto \pi(\boldsymbol{\theta}) \cdot p(\boldsymbol{x} \mid \boldsymbol{\theta}).$$

B 2.21 *Konjugierte Familie der Bernoulli-Verteilung*: Dieses Beispiel betrachtet Bernoulli-Zufallsvariablen mit zufälligem Parameter $\theta \in (0,1)$. Als a priori-Verteilung von θ nehmen wir eine Beta-Verteilung an. Dies führt zu einer Beta-Verteilung als a posteriori-Verteilung: Seien $X_1, \ldots, X_n$ i.i.d. Bernoulli, d.h. $X_i \in \{0,1\}$ mit $\mathbb{P}(X_i = 1 \mid \theta) = \theta$. Weiterhin sei $\theta \sim \pi$ und setze $s := \sum_{i=1}^{n} x_i$. Dann ist die a posteriori-Verteilung gegeben durch

$$p(\theta \mid \boldsymbol{x}) = \frac{\pi(\theta)\, \theta^s (1-\theta)^{n-s}}{\int_0^1 \pi(t)\, t^s (1-t)^{n-s}\, dt}.$$

Die a posteriori-Verteilung hängt nur von dem beobachteten Wert s der suffizienten Statistik S ab. Wählen wir für die a priori-Verteilung eine Beta(a,b)-Verteilung, vorgestellt in Definition 1.17, so ist

$$\pi(\theta) = \frac{1}{B(a,b)}\, \theta^{a-1}(1-\theta)^{b-1}.$$

Betrachten wir die Beobachtung $\{S = s\}$, so ist die a posteriori-Verteilung gerade

$$p(\theta \mid \boldsymbol{x}) \propto \theta^{a+s-1}(1-\theta)^{n-s+b-1}.$$

Wir erhalten demnach die Dichte einer Beta$(a + s, b + n - s)$-Verteilung. Damit ist die a priori-Verteilung aus der gleichen Klasse wie die a posteriori-Verteilung.

Falls die a posteriori-Verteilung zur selben Klasse von Verteilungen wie die a priori-Verteilung gehört, dann spricht man von einer *konjugierten Familie.* Für exponentielle Familien können wir leicht konjugierte Familien angeben.

Lemma 2.16. *Sei* $\boldsymbol{x} = (x_1, \ldots, x_n)^\top$ *bedingt auf* $\boldsymbol{\theta}$ *eine i.i.d.-Stichprobe einer* K*-parametrigen exponentiellen Familie mit Dichte oder Wahrscheinlichkeitsfunktion*

$$p(\boldsymbol{x} \mid \boldsymbol{\theta}) = \mathbb{1}_{\{\boldsymbol{x} \in A^n\}} \exp\left(\sum_{j=1}^K c_j(\boldsymbol{\theta}) \cdot \sum_{i=1}^n T_j(\boldsymbol{x}_i) + \sum_{i=1}^n S(\boldsymbol{x}_i) + n d(\boldsymbol{\theta}) \right). \tag{2.12}$$

Durch die $(K+1)$*-parametrige exponentielle a priori-Verteilung*

$$\pi(\boldsymbol{\theta}; t_1, \ldots, t_{K+1}) \propto \exp\left(\sum_{j=1}^K c_j(\boldsymbol{\theta}) t_j + t_{K+1} d(\boldsymbol{\theta}) \right)$$

ist eine konjugierte Familie gegeben. Für die a posteriori-Verteilung gilt

$$p(\boldsymbol{\theta} \mid \boldsymbol{x}) \propto \pi\left(\boldsymbol{\theta}\, ; t_1 + \sum_{i=1}^n T_1(\boldsymbol{x}_i), \ldots, t_K + \sum_{i=1}^n T_K(\boldsymbol{x}_i), t_{K+1} + n \right).$$

Beweis. Mit der gewählten a priori-Verteilung gilt

$$
\begin{aligned}
p(\boldsymbol{\theta}|\boldsymbol{x}) &\propto p(\boldsymbol{x},\boldsymbol{\theta})\cdot\pi(\boldsymbol{\theta}\,;\,t_1,\dots,t_{K+1})\\
&\propto \exp\bigg(\sum_{j=1}^{K} c_j(\theta)\Big(\sum_{i=1}^{n} T_j(\boldsymbol{x}_i)+t_j\Big)+\big(t_{K+1}+n\big)d(\boldsymbol{\theta})\bigg)\\
&\propto \pi\Big(\boldsymbol{\theta}\,;\,t_1+\sum_{i=1}^{n} T_1(\boldsymbol{x}_i),\dots,t_K+\sum_{i=1}^{n} T_K(\boldsymbol{x}_i),t_{K+1}+n\Big)
\end{aligned}
$$

und das ist die Behauptung. □

B 2.22 *Konjugierte Familie der Normalverteilung bei bekannter Varianz*: Seien $X_1,\dots,X_n$ i.i.d. mit $X_i \sim \mathcal{N}(\mu,\sigma_0^2)$. Die Varianz σ_0^2 sei bekannt und der Erwartungswert $\mu =: \theta$ unbekannt. Für die Dichte einer Normalverteilung gilt

$$
p(x\,|\,\theta) \propto \exp\left(\frac{\theta x}{\sigma_0^2}-\frac{\theta^2}{2\sigma_0^2}\right).
$$

Folglich erhalten wir mit dem Beispiel 2.11 eine einparametrige exponentielle Familie mit $T_1(x) = x$, $c_1(\theta) = \theta/\sigma_0^2$ und $d(\theta) = -\theta^2/2\sigma_0^2$ wie in Gleichung (2.12). Die konjugierte zweiparametrige exponentielle Familie erhält man nach Lemma 2.16 durch die folgende a priori-Verteilung $\pi(\cdot;t_1,t_2)$ mit Parameter $(t_1,t_2)^\top$:

$$
\pi(\theta;t_1,t_2) \propto \exp\left(\frac{\theta}{\sigma_0^2}\,t_1-\frac{\theta^2}{2\sigma_0^2}\,t_2\right).
$$

Diese Dichte von θ kann man als eine Normalverteilungsdichte identifizieren:

$$
\begin{aligned}
\pi(\theta;t_1,t_2) &\propto \exp\left(-\frac{t_2}{2\sigma_0^2}\left(\theta^2-\frac{2\sigma_0^2}{t_2}\frac{\theta t_1}{\sigma_0^2}+\left(\frac{t_1}{t_2}\right)^2\right)\right)\\
&= \exp\left(-\frac{t_2}{2\sigma_0^2}\left(\theta-\frac{t_1}{t_2}\right)^2\right); \qquad (2.13)
\end{aligned}
$$

für $t_2 > 0$ ist dies eine $\mathcal{N}(t_1/t_2, \sigma_0^2/t_2)$-Verteilung. Damit ist die Frage nach der konjugierten Familie zunächst gelöst. Ein natürlichere Darstellung geht allerdings direkt von einer normalverteilten a priori-Verteilung aus, welche nun noch bestimmt werden soll. Dazu sei die a priori-Verteilung π eine $\mathcal{N}(\eta,\tau^2)$-Verteilung mit $\tau^2 > 0$, $\eta \in \mathbb{R}$. Dies ergibt folgende Reparametrisierung: $t_2 = \frac{\sigma_0^2}{\tau^2}$ und $t_1 = \eta\frac{\sigma^2}{\tau^2}$. Nach Lemma 2.16 ist die a posteriori-Verteilung gegeben durch

$$
p(\theta\,|\,\boldsymbol{x}) \propto \pi\Big(\theta\,;\,t_1+\sum_{i=1}^{n} T_1(x_i),t_2+n\Big).
$$

Unter Verwendung der suffizienten Statistik lässt sich dies wie folgt ausdrücken: Wir setzten $s = s(\boldsymbol{x}) := \sum_{i=1}^{n} x_i$. Da $T_1(x) = x$, ist nach (2.13)

$$p(\theta \mid \boldsymbol{x}) \propto \phi\Big(\theta\,;\,\frac{t_1 + s}{t_2 + n}, \frac{\sigma_0^2}{t_2 + n}\Big),$$

wobei $\phi(\theta; a, b^2)$ die Dichte einer $\mathcal{N}(a, b^2)$-Verteilung ist. Setzen wir die Reparametrisierung ein, so ergibt sich für $w := n\,(\frac{\sigma_0^2}{\tau^2} + n)^{-1}$

$$\frac{t_1 + s}{t_2 + n} = w\bar{x} + (1 - w)\eta \qquad \text{und} \qquad \frac{\sigma_0^2}{t_2 + n} = \frac{\sigma_0^2}{\frac{\sigma_0^2}{\tau^2} + n}.$$

Der linke Ausdruck ist die a posteriori-Erwartung, der rechte die a posteriori-Varianz. Damit stellt sich die a posteriori- Erwartung als gewichtetes Mittel des Stichprobenmittels $\bar{x}$ und der a priori-Erwartung η dar. Darüber hinaus gilt, dass $w \to 1$ für $n \to \infty$; der Einfluss der a priori-Verteilung wird für zunehmende Stichprobengrößen immer geringer.

Bemerkung 2.17. *Nicht-informative a priori-Verteilung.* Falls man keine Vorinformation über den Parameter $\boldsymbol{\theta}$ hat, dann kann man eine so genannte nicht-informative a priori-Verteilung verwenden. Hierbei haben alle möglichen Parameter die gleiche Wahrscheinlichkeit (oder Dichte):

$$\pi(\boldsymbol{\theta}) \propto 1. \tag{2.14}$$

Ist der Parameterraum $\Theta = \mathbb{R}^n$ und damit unbeschränkt, so gibt es keine nicht-informative a priori-Verteilung, denn die Dichte in Gleichung (2.14) integriert sich zu $\int_{\mathbb{R}^n} d\boldsymbol{\theta} = \infty$. Trotzdem kann man die Gleichung (2.14) in derartigen Fällen verwenden, falls die resultierende a posteriori-Verteilung eine wohldefinierte Dichte bleibt. Man spricht von einem *improper non informative prior*, eine nicht wohldefinierte, nicht-informative a priori-Verteilung. Unter (2.14) gilt zunächst

$$p(\boldsymbol{\theta} \mid \boldsymbol{x}) = \frac{p(\boldsymbol{x}|\boldsymbol{\theta}) \cdot \pi(\boldsymbol{\theta})}{\int p(\boldsymbol{x}|\boldsymbol{\theta}) \cdot \pi(\boldsymbol{\theta}) d\boldsymbol{\theta}} \propto p(\boldsymbol{x} \mid \boldsymbol{\theta}).$$

Die Funktion $p(\boldsymbol{x}|\boldsymbol{\theta})$ betrachtet als Funktion von $\boldsymbol{\theta}$ ist die so genannte *Likelihood-Funktion* $L(\boldsymbol{\theta}; x_1, \ldots, x_n)$. Sie gibt an, welche Wahrscheinlichkeit (Likelihood) jeder Parameter $\boldsymbol{\theta}$ unter der Beobachtung $\{\boldsymbol{X} = \boldsymbol{x}\}$ hat. Die Likelihood-Funktion bildet die Grundlage der Maximum-Likelihood-Schätzung, welche in Kapitel 3.3 ausführlich behandelt wird. Vorgreifend führt obige Beobachtung bereits zu einer Reihe von interessanten Konsequenzen:

(i) Die a posteriori-Verteilung ist proportional zur Likelihood-Funktion, falls man eine nicht-informative a priori-Verteilung wählt.

(ii) Der Modus der a posteriori-Verteilung ist der Maximum-Likelihood-Schätzer (im Gegensatz zum Erwartungswert), falls man (2.14) für π wählt (siehe dazu Kapitel 3.3 zu Maximum-Likelihood-Schätzern).

(iii) Im nicht-informativen Fall ist die Likelihood-Funktion $L : \mathbb{R}^n \to H$ eine Statistik h mit Werten im Funktionenraum $H := \{h : \Theta \to \mathbb{R}\}$ von Funktionen $(x_1, \ldots, x_n) \mapsto h(x_1, \ldots, x_n)$. Weiterhin ist L suffizient für $\boldsymbol{\theta}$ und eine Funktion jeder anderen suffizienten Statistik. Kennt man L nicht, so verliert man folglich Information über $\boldsymbol{\theta}$.

2.4.1 Referenzen

Klassische Einführungen in die Bayesianische Statistik sind Berger (1985) und Lee (2004). Die Bayesianische Statistik hat in den letzten Jahren eine enorme Aufmerksamkeit erlangt. Dies liegt an der Entwicklung so genannter Markov-Chain-Monte Carlo Verfahren, welche es erlauben auch in komplexen statistischen Modellen approximativ Stichproben von der a posteriori-Verteilung zu ziehen (siehe Robert und Casella (2008)). Insbesondere ist dies häufig in solchen Modellen möglich, wo die Bestimmung von Maximum-Likelihood-Schätzern numerisch zu aufwendig ist. Die Bücher von Gamerman und Lopes (2006) sowie Marin und Robert (2007) geben eine gute Einführung in dieses Gebiet.

2.5 Aufgaben

A 2.1 *Zwischenankunftszeiten eines Poisson-Prozesses*: Sei $(N_t)_{t \geq 0}$ ein Poisson-Prozess mit Intensität λ und Sprungzeitpunkten $\tau_1, \tau_2, \ldots$. Definiere die Zwischenankunftszeiten $X_i := \tau_i - \tau_{i-1}$ mit $\tau_0 := 0$. Dann sind $X_1, X_2, \ldots$ unabhängig und $X_i \sim \text{Exp}(\lambda)$.

A 2.2 *Stichprobenvarianz: Darstellung*: Zeigen Sie, dass

$$\frac{1}{n} \sum_{i=1}^{n} (x_i - \bar{x})^2 = \frac{1}{n} \sum_{i=1}^{n} x_i^2 - (\bar{x})^2.$$

A 2.3 *Parametrisierung und Identifizierbarkeit*: Ein Insekt legt Eier und die Anzahl der gelegten Eier seien Poisson-verteilt mit unbekanntem Parameter λ. Aus jedem Ei schlüpft mit Wahrscheinlichkeit $p \in (0, 1)$ ein neues Insekt. Das Ausschlüpfen aus einem Ei sei unabhängig vom Ausschlüpfen der anderen Eier. Eine Biologin beobachtet N Insekten und notiert sowohl die Anzahl der gelegten Eier, als auch die der geschlüpften Eier. Finden Sie eine Parametrisierung, d.h. bestimmen Sie die parameterabhängige Verteilung der Daten und den Parameterraum Θ. Nun betrachtet man nur die Anzahl der geschlüpften Eier. Zeigen Sie, dass die obige Parametrisierung in diesem Fall nicht identifizierbar ist.

A 2.4 *Identifizierbarkeit im linearen Modell*: Man nehme an, dass folgendes Modell gegeben sei:

$$Y_i = \sum_{j=1}^{p} x_{ij}\beta_j + \epsilon_i, \quad i = 1, \ldots, n.$$

Hierbei seien $x_{11}, \ldots, x_{np}$ bekannte Konstanten und $\epsilon_1, \ldots, \epsilon_n$ i.i.d. mit $\epsilon_1 \sim \mathcal{N}(0,1)$.

(i) Zeigen Sie, dass $(\beta_1, \ldots, \beta_p)$ genau dann identifizierbar ist, falls $\boldsymbol{x}_1, \ldots, \boldsymbol{x}_p$ linear unabhängig sind, wobei $\boldsymbol{x}_j := (x_{1j}, \ldots, x_{nj})^\top$.

(ii) Begründen Sie, warum $(\beta_1, \ldots, \beta_p)$ nicht identifizierbar sind, falls $n < p$.

A 2.5 *Verschobene Gleichverteilung: Ineffizienz von $\bar{X}$*: Man betrachte die folgende Familie von verschobenen Gleichverteilungen mit Mittelwert θ:

$$\mathcal{P} := \Big\{ U(\theta - \frac{1}{2}, \theta + \frac{1}{2}) \, : \, \theta \in \mathbb{R} \Big\}.$$

Als mögliche Schätzer für θ betrachten wir $T_1(\boldsymbol{X}) = \frac{1}{n}\sum_{i=1}^n X_i$ sowie $T_2(\boldsymbol{X}) = \frac{X_{(1)}+X_{(n)}}{2}$; hierbei bezeichne $X_{(1)} = \min\{X_1, \ldots, X_n\}$ und $X_{(n)} = \max\{X_1, \ldots, X_n\}$ die kleinste und die größte Ordnungsstatistik der Daten.

Bestimmen Sie die Verteilungsfunktionen von $X_{(1)}$ und $X_{(n)}$ und die gemeinsame Dichte von $(X_{(1)}, X_{(n)})$. Zeigen Sie, dass sowohl T_1 als auch T_2 erwartungstreu sind. Zeigen Sie, dass $\mathrm{Var}(T_1(\boldsymbol{X})) = \frac{1}{n \cdot 12}$ und $\mathrm{Var}(T_2(\boldsymbol{X})) = \frac{1}{2(n+1)(n+2)}$, d.h. für genügend große n hat der Schätzer T_2 eine geringere Varianz als das arithmetische Mittel T_1.

A 2.6 *Mehrdimensionale Verteilungen*: Zeigen Sie, dass für einen beliebigen Zufallsvektor $\boldsymbol{X} \in \mathbb{R}^2$ mit $\mathbb{P}(X_i \geq 0) = 1$, $i = 1, 2$ und $\mathbb{E}(|X_1 X_2|) < \infty$ gilt, dass

$$\mathbb{E}(X_1 X_2) = \int_0^\infty \int_0^\infty \mathbb{P}(X_1 > x_1, X_2 > x_2)\, dx_1\, dx_2. \tag{2.15}$$

Nehmen Sie an, dass die Verteilungsfunktion von $\boldsymbol{X}$ gegeben ist durch

$$F(x_1, x_2) = \max\{x_1, x_2\}^{1-\alpha} \min\{x_1, x_2\}, \qquad x_1, x_2 \in [0, 1].$$

Zeigen Sie mit Hilfe von (2.15), dass $\mathrm{Corr}(X_1, X_2) = \frac{12\alpha}{4(4-\alpha)}$.

Exponentielle Familien

A 2.7 *Exponentielle Familie: Verteilung von T*: Betrachten Sie eine reellwertige Zufallsvariable X mit Dichte und nehmen Sie an, dass die Dichte einer exponentielle Familie $\{\mathbb{P}_\theta : \theta \in \Theta\}$ angehört. Bestimmen Sie die Verteilung der natürlichen suffizienten Statistik $T(X)$; siehe Satz 2.11.

A 2.8 *Exponentielle Familie erzeugt durch suffiziente Statistik*: Sei $\{p_\theta : \theta \in \Theta\}$ eine Familie von Dichten mit $p_\theta(x) > 0$ für alle $x \in \mathbb{R}$ und alle $\theta \in \Theta$. Außerdem sei $x \mapsto p_\theta(x)$ stetig in x für alle $\theta \in \Theta$. Seien nun X_1 und X_2 unabhängige Zufallsvariablen mit der Dichte p_θ. Falls X_1+X_2 eine suffiziente Statistik für θ ist, so ist $\{\mathbb{P}_\theta \mid \theta \in \Theta\}$ eine exponentielle Familie, wobei $\mathbb{P}_\theta(B) = \int_B p_\theta(x)\,dx$ für alle Mengen B aus der Borel-σ-Algebra gilt.
Hinweis: Betrachten Sie die Funktion $r(x,\theta) := \ln(p_\theta(x)) - \ln(p_{\theta_0}(x))$ für ein festes θ_0, und zeigen Sie, dass man r zu $r(x,\theta) = x\,c(\theta) + d(\theta)$ faktorisieren kann.

A 2.9 *Exponentielle Familie: Gegenbeispiel*: Für jedes $\theta \in \mathbb{R}$ ist

$$p_\theta(x) = \frac{1}{2}\exp(-|x-\theta|), \quad x \in \mathbb{R},$$

eine Dichte (Laplace-Verteilung, Spezialfall der zweiseitigen Exponentialverteilung). Sei $\mathbb{P}_\theta$ das zur Dichte p_θ gehörige Wahrscheinlichkeitsmaß. Dann ist $\{\mathbb{P}_\theta : \theta \in \Theta\}$ keine exponentielle Familie.

A 2.10 *Mitglieder der exponentiellen Familie*: Welche der folgenden Verteilungsfamilien gehören zu den exponentiellen Familien? Begründen Sie Ihre Antwort.

(i) $p_\theta(x) = \exp\left(-2\ln(\theta) + \ln(2\theta)\right)\mathbb{1}_{(0,\theta)}(x)$ für $\theta > 0$.
(ii) $p_\theta(x) = \frac{1}{9}$, für $x \in \{0.1+\theta, \dots, 0.9+\theta\}$ für $\theta \in \mathbb{R}$.
(iii) Die Normalverteilungsfamilie gegeben durch $\mathcal{N}(\theta, \theta^2)$ mit $\theta > 0$.
(iv) $p_\theta(x) = \frac{2(x+\theta)}{1+2\theta}$ mit $x \in (0,1)$ und $\theta > 0$.
(v) $p_\theta(x)$ ist die bedingte Häufigkeitsfunktion einer $\text{Bin}(n,\theta)$-verteilten Zufallsvariable X, gegeben dass $X > 0$.

A 2.11 *Inverse Gamma-Verteilung als Exponentielle Familie*: Man betrachte die Dichte einer invers Gamma-verteilten Zufallsvariablen X

$$p_a(x) = \frac{\lambda^a}{\Gamma(a)} x^{-(a+1)} e^{-\frac{\lambda}{x}} \mathbb{1}_{\{x>0\}},$$

wobei λ bekannt und fest sei. Zeigen Sie, dass es sich um eine exponentielle Familie handelt (ebenso für a fest und λ unbekannt).

A 2.12 *Folge von Bernoulli-Experimenten*: Es sei X die Anzahl der Misserfolge vor dem ersten Erfolg in einer Folge von Bernoulli-Experimenten mit Erfolgswahrscheinlichkeit θ. Bestimmen Sie die Verteilung von X und entscheiden Sie, ob eine exponentielle Familie vorliegt. Begründen Sie Ihre Antwort.

A 2.13 *Dirichlet-Verteilung*: Der r-dimensionale, stetige Zufallsvektor $\mathbf{X}$ sei *Dirichlet-verteilt* mit Parametern $\boldsymbol{\alpha} := (\alpha_1, \dots, \alpha_r)^\top$ wobei $\alpha_j > 0$ für $j = 1, \dots, r$ gelte. Dann ist seine Dichte gegeben durch

$$p_{\boldsymbol{\alpha}}(\mathbf{x}) = \frac{\Gamma\left(\sum_{j=1}^r \alpha_j\right)}{\prod_{j=1}^r \Gamma(\alpha_j)} \prod_{j=1}^r x_j^{\alpha_j - 1} \mathbb{1}_{\{\boldsymbol{x} \in (0,1)^r, \sum_{j=1}^r x_j = 1\}}.$$

Zeigen Sie, dass eine r-parametrische exponentielle Familie vorliegt.

A 2.14 *Inverse Gauß-Verteilung*: Die Dichte der *inversen Gauß-Verteilung* mit Parametern $\mu > 0, \lambda > 0$, ist gegeben durch

$$p(x) = \left(\frac{\lambda}{2\pi}\right)^{1/2} x^{-3/2} \exp\left(\frac{-\lambda(x-\mu)^2}{2\mu^2 x}\right) \mathbb{1}_{\{x>0\}}.$$

Überprüfen Sie, ob eine exponentielle Familie vorliegt.

Suffizienz

A 2.15 *Suffizienz: Beispiele*: Seien $X_1, \dots, X_n$ i.i.d. mit jeweils folgender Dichte. Finden Sie in allen drei Fällen eine reellwertige suffiziente Statistik für θ:

(i) $p_\theta(x) = \frac{1}{2\theta} e^{\frac{-|x-\mu|}{\theta}}$, wobei $\theta > 0$ und μ bekannt sei.
(ii) $p_\theta(x) = \mathbb{1}_{\{x \in (-\theta, \theta)\}} \frac{1}{2\theta}$, wobei $\theta > 0$.
(iii) $p_{\boldsymbol{\theta}}(x) = \mathbb{1}_{\{x>0\}} \frac{\beta^\alpha}{\Gamma(\alpha)} x^{-(\alpha+1)} \exp\left(-\frac{\beta}{x}\right)$, wobei $\boldsymbol{\theta} := (\alpha, \beta)$ und $\alpha, \beta > 0$.

A 2.16 *Suffizienz: Beta-Verteilung*: Seien $X_1, \dots, X_n$ i.i.d. Beta$(\theta, 1)$-verteilt mit $\theta > 0$. Finden Sie eine suffiziente Statistik.

A 2.17 *Suffizienz: Weibull- und Pareto-Verteilung*: Seien $X_1, \dots, X_n$ i.i.d. mit jeweils folgender Dichte:

(i) *Weibull*-Verteilung: $\theta > 0$ und $p_\theta(x) = \theta a x^{a-1} e^{-\theta x^a} \mathbb{1}_{\{x>0\}}$.
(ii) *Pareto*-Verteilung: $\theta > 0$ und $p_\theta(x) = \frac{\theta a^\theta}{x^{\theta+1}} \mathbb{1}_{\{x>a\}}$.

Finden Sie eine reellwertige suffiziente Statistik für θ bei bekanntem a.

A 2.18 *Suffizienz: Nichtzentrale Exponentialverteilung*: Seien $X_1, \dots, X_n$ i.i.d.,

$$p_{\boldsymbol{\theta}}(x) = \frac{1}{\sigma} e^{-\frac{x-\mu}{\sigma}} \mathbb{1}_{\{x \geq \mu\}}$$

die Dichte von X_1 sowie $\boldsymbol{\theta} := (\mu, \sigma)^\top$ und $\Theta = \mathbb{R} \times \mathbb{R}^+$.

(i) Zeigen Sie, dass $\min(X_1, \dots, X_n)$ eine suffiziente Statistik für μ ist, falls σ bekannt ist.
(ii) Finden Sie eine eindimensionale, suffiziente Statistik für σ, falls μ bekannt ist.
(iii) Geben Sie eine zweidimensionale, suffiziente Statistik für $\boldsymbol{\theta}$ an.

A 2.19 *Suffizienz: Poisson-Verteilung*: Seien $X_1, \ldots, X_n$ i.i.d. und X_1 sei Poisson-verteilt mit Parameter $\theta > 0$, d.h. $X_1 \sim \text{Poiss}(\theta)$. Zeigen Sie ohne Verwendung des Faktorisierungstheorems, dass $\sum_{i=1}^n X_i$ suffizient für θ ist.

A 2.20 *Suffizienz: Rayleigh-Verteilung*: Seien $X_1, \ldots, X_n$ i.i.d. und Rayleigh-verteilt, d.h. X_i besitzt die Dichte $x\sigma^{-2}\exp(-x^2/2\sigma^2)$. Die natürliche suffiziente Statistik ist $T(\boldsymbol{X}) = \sum_{i=1}^n X_i^2$. Zeigen Sie, dass $\mathbb{E}(T(\boldsymbol{X})) = 2n\sigma^2$ und $\text{Var}(T(\boldsymbol{X})) = 4n\sigma^4$.

A 2.21 *Beispiel: Qualitätskontrolle*: Es sei eine LKW-Ladung mit N Fernsehgeräten gegeben, wovon $N\theta$ defekt sind. Es werden n Fernseher (ohne Zurücklegen) überprüft. Man definiere

$$X_i := \begin{cases} 1, & \text{i-ter überprüfter Fernseher ist defekt,} \\ 0, & \text{sonst.} \end{cases}$$

(i) Zeigen Sie ohne Verwendung des Faktorisierungstheorems, dass $\sum_{i=1}^n X_i$ suffizient für θ ist.
(ii) Zeigen Sie mit Hilfe des Faktorisierungstheorems, dass $\sum_{i=1}^n X_i$ suffizient für θ ist.

A 2.22 *Suffizienz: Beispiel*: Sei $\boldsymbol{\theta} = (\theta_1, \theta_2)^\top \in \mathbb{R}^2$ mit $\theta_1 \le \theta_2$ und h eine integrierbare reelle Funktion, so dass

$$a(\boldsymbol{\theta}) := \left(\int_{\theta_1}^{\theta_2} h(x)dx \right)^{-1}$$

stets existiert. Weiterhin seien $X_1, \ldots X_n$ i.i.d. mit der Dichte

$$p_{\boldsymbol{\theta}}(x) := a(\boldsymbol{\theta})h(x)\, \mathbb{1}_{\{\theta_1 \le x \le \theta_2\}}.$$

Finden Sie eine zweidimensionale suffiziente Statistik für $\boldsymbol{\theta}$.

A 2.23 *Suffizienz: Inverse Gamma-Verteilung*: Eine i.i.d.-Stichprobe $X_1, \ldots, X_n$ sei *invers Gamma-verteilt* mit der Dichte

$$p_{\alpha,\beta}(x) := \frac{\beta^\alpha}{\Gamma(\alpha)} x^{-(\alpha+1)} \exp\left(-\frac{\beta}{\mathrm{x}}\right) \mathbb{1}_{\{\mathrm{x}>0\}},$$

wobei $\alpha, \beta > 0$. Finden Sie eine zweidimensionale suffiziente Statistik für α und β.

A 2.24 *Minimal suffiziente Statistik*: Die Statistik T sei suffizient für θ im Modell $\mathcal{P} = \{\mathbb{P}_\theta, \theta \in \Theta\}$. T heißt *minimal suffizient* für θ, falls für jede andere suffiziente Statistik S eine Abbildung $r(\cdot)$ gefunden werden kann, mit $T(X) = r(S(X))$. Sei $\mathcal{P} = \{\mathbb{P}_\theta, \theta \in \Theta\}$, wobei $\mathbb{P}_\theta$ eine diskrete Verteilung mit Grundraum $\mathcal{X} = \{x_1, x_2, \ldots\}$ ist, und $p(x, \theta) = \mathbb{P}_\theta(X = x)$. Zeigen Sie, dass

$$\Lambda_x(\cdot) := \frac{p(x,\cdot)}{p(x,\theta_0)}, \qquad \text{für festes } \theta_0 \in \Theta,$$

minimal suffizient für θ ist.

Bayesianische Statistik

A 2.25 *Bayesianisches Modell: Gamma-Exponential*: Die a priori-Verteilung des Parameters θ sei eine Gamma-Verteilung mit festen Parametern $a > 0$, $\lambda > 0$, d.h. $\pi(\theta) := \mathrm{Gamma}(\theta; a, \lambda)$. Die Zufallsvariablen $X_1, \dots, X_n$ seien bedingt auf θ i.i.d. und exponentialverteilt zum Parameter θ. Bestimmen Sie die a posteriori-Verteilung $\pi(\theta|\boldsymbol{X} = \boldsymbol{x})$ für θ.

A 2.26 *Bayesianisches Modell: Normalverteiltes Experiment*: Der Ausgang eines Experiments sei normalverteilt mit bekanntem Erwartungswert μ und unbekannter Varianz θ. Man führt vorab m Versuche unabhängig voneinander aus und erhält so die empirische Varianz s^2. Diese Parameter werden benutzt, um vor neuen Versuchen die a priori-Verteilung von θ als skalierte Inverse-χ^2-Verteilung zu konstruieren: Die Dichte der so gewonnenen a priori-Verteilung ist gegeben durch

$$p(\theta) = \frac{\left(s^2 \frac{m}{2}\right)^{m/2}}{\Gamma\left(\frac{m}{2}\right)} \theta^{-(m/2+1)} \exp\left(-\frac{ms^2}{2\theta}\right) \mathbb{1}_{\{\theta>0\}}$$

mit Parametern $m > 0$ und $s^2 > 0$. Es werden weitere n unabhängige Versuche mit den Ergebnissen $(y_1, \dots, y_n)$ durchgeführt. Ermitteln Sie die a posteriori-Verteilung von θ.

A 2.27 *Konjugierte Familien: Beispiel*: Seien $X_1, \dots, X_n$ i.i.d. mit der Dichte

$$p(x|\theta) = \theta \exp\left(x_1 - (e^{x_1} - 1)\theta\right) \mathbb{1}_{\{x>0\}}$$

und unbekanntem Parameter $\theta > 0$.

(i) Welche der folgenden beiden Verteilungs-Familien ist eine konjugierte Familie für θ?

a. Die Familie der Weibull-Verteilungen mit Parametern $\lambda, \beta > 0$ und Dichte
$$p_W(y) = \lambda\beta\, y^{\beta-1} \, \exp(-\lambda y^\beta) \mathbb{1}_{\{y>0\}}.$$

b. Die Familie der Gamma-Verteilungen mit Parametern $a, \lambda > 0$ und Dichte
$$p_G(y) = \frac{\lambda^a}{\Gamma(a)} \, y^{a-1} \, \exp(-\lambda y) \mathbb{1}_{\{y>0\}}.$$

(ii) Nehmen Sie als a priori-Dichte für θ eine Dichte aus der konjugierten Familie für θ aus Aufgabenteil (i). Wählen Sie die Parameterwerte der a priori-Dichte geeignet, um mit Hilfe der a priori- und a posteriori-Verteilung den Erwartungswert von

$$Z := \frac{1}{\sum_{i=1}^{n} \exp(X_i)}$$

bestimmen zu können. Berechnen Sie anschließend $\mathbb{E}(Z)$.

A 2.28 *Konjugierte Familie der Bernoulli-Verteilung*: Zeigen Sie, dass die Familie der Beta-Verteilungen eine konjugierte Familie für die Erfolgswahrscheinlichkeit θ der Bernoulli-Verteilung ist.

A 2.29 *Konjugierte Familie der Normalverteilung*: Die *Präzision* einer univariaten Verteilung ist der Kehrwert der Varianz. Zeigen Sie, dass die Familie der Normal-Gamma-Verteilungen eine konjugierte Familie für den Erwartungswert μ und der Präzision $\lambda = {}^1/_{\sigma^2}$ der Normalverteilung ist. Die Dichte der zweidimensionalen *Normal-Gamma-Verteilung* mit Parametern $\boldsymbol{\theta} := (\nu, \omega, \alpha, \beta)$, $\nu \in \mathbb{R}$, $\omega > 0$, $\alpha > 0$, $\beta > 0$ ist gegeben durch

$$p_{\boldsymbol{\theta}}(x, y) = \left(\frac{\omega}{2\pi}\right)^{(1/2)} \frac{\beta^\alpha}{\Gamma(\alpha)} y^{\alpha-1} e^{-\beta y} e^{-\frac{\omega}{2}(x-\nu)^2}, \ x \in \mathbb{R}, \ y > 0.$$

A 2.30 *Konjugierte Familie der Gamma-Verteilung*: Seien $X_1, \ldots, X_n$ i.i.d. und $X_1 \sim \text{Gamma}(2, \theta)$ mit Dichte

$$p_\theta(x_1) = \theta^2 x_1 e^{-\theta x_1} \mathbb{1}_{[0,\infty)}(x_1), \qquad \theta > 0.$$

(i) Finden Sie eine suffiziente Statistik $T(X_1, \ldots, X_n)$ für θ.

(ii) Es sei nun zusätzlich angenommen, dass θ eine Realisation einer Zufallsvariablen Y ist, d.h. die bedingte Dichte von X_1 gegeben $Y = \theta$ lautet:

$$p(x_1|\theta) = \theta^2 x_1 e^{-\theta x_1} \mathbb{1}_{[0,\infty)}(x_1).$$

Finden Sie eine konjugierte Familie für θ.

(iii) Bestimmen Sie die Normierungskonstante der a posteriori-Verteilung.

A 2.31 *Bayesianischer Ansatz: Gleichverteilung*: Seien $X_1, \ldots, X_n$ i.i.d. mit $X_1 \sim U(0, \theta)$. Von dem Parameter θ nehmen wir zusätzlich an, dass er die a priori-Verteilung $U(0, 1)$ besitze. Berechnen und skizzieren Sie die a posteriori-Dichte von θ gegeben die Beobachtung $\boldsymbol{X} = \boldsymbol{x}$.

A 2.32 *Bayesianisches Wartezeitenmodell*: Die Ankunft von Fahrzeugen an einer Mautstelle werde durch einen Poisson-Prozess mit unbekanntem Parameter $\theta > 0$ modelliert. Dann sind die Zwischenankunftszeiten $Y_1, Y_2, \ldots$ unabhängig und exponentialverteilt zum Parameter θ. Weiterhin sei $\theta \sim \text{Gamma}(a, \lambda)$. Eine Datenerhebung ergibt die Messung $\{\boldsymbol{Y} = \boldsymbol{y}\}$. Berechnen Sie $\mathbb{E}(\theta|\boldsymbol{Y} = \boldsymbol{y})$.

A 2.33 *A posteriori-Verteilung für die Exponentialverteilung*: Seien $X_1, \ldots, X_n$ i.i.d. mit $X_1 \sim \text{Exp}(\theta)$. Der Parameter θ habe die a priori-Verteilung Exp(1). Berechnen Sie die a posteriori-Verteilung von θ gegeben die Beobachtung $X_1 = x_1, \ldots, X_n = x_n$.

A 2.34 *Approximation der a posteriori-Verteilung*: Sei X eine reelle, stetige Zufallsvariable mit endlichem Erwartungswert und $\boldsymbol{Y} := (Y_1, \ldots, Y_n)^\top$ ein Zufallsvektor, wobei $Y_1, \ldots, Y_n$ i.i.d. seien. Die Verteilungen von X und $\boldsymbol{Y}$ hängen von einem Parameter $\boldsymbol{\theta} \in \Theta$ ab. Die a priori-Verteilung $\pi(\boldsymbol{\theta})$ sei bekannt und die Beobachtung $\{\boldsymbol{Y} = \boldsymbol{y}\}$ liege vor. Die Dichte $p(y_i|\boldsymbol{\theta})$, $i = 1, \ldots, n$, sei ebenfalls bekannt. An Stelle der a posteriori-Verteilung $\pi(\boldsymbol{\theta}|\mathbf{y})$ sei allerdings lediglich die Approximation $g(\boldsymbol{\theta}|\mathbf{y})$ bekannt, für welche gilt:

$$\pi(\boldsymbol{\theta}|\mathbf{y}) > 0 \Rightarrow g(\boldsymbol{\theta}|\mathbf{y}) > 0 \ \text{ für alle } \boldsymbol{\theta} \in \Theta.$$

$H(\mathbf{y})$ sei definiert durch

$$H(\mathbf{y}) := \int \mathcal{E}(X|\boldsymbol{Y} = \mathbf{y}, \boldsymbol{\theta} = t)\pi(t|\mathbf{y})dt.$$

Finden Sie eine exakte Darstellung von $H(\mathbf{y})$ als Quotient zweier Integrale, wobei die Integranden lediglich $\mathcal{E}(X|\boldsymbol{Y} = \mathbf{y}, \boldsymbol{\theta} = t)$, $\pi(\boldsymbol{\theta})$, $p(\mathbf{y}|\boldsymbol{\theta})$ und $g(\boldsymbol{\theta}|\mathbf{y})$ enthalten.

Seien $\boldsymbol{X}, \boldsymbol{Y}$ zwei stetige reelle Zufallsvektoren mit endlicher Varianz, deren Verteilungen von einem stetigen Parametervektor $\boldsymbol{\theta}$ abhängen. Folgende Verteilungen seien als bekannt vorausgesetzt:

$$\begin{aligned} \boldsymbol{\theta} &\sim \pi(\boldsymbol{\theta}), \\ \mathbf{Y}|\boldsymbol{\theta} &\sim p(\mathbf{y}|\boldsymbol{\theta}). \end{aligned}$$

Statt der a posteriori-Verteilung von $\boldsymbol{\theta}$ bedingt auf $\boldsymbol{Y}$ sei lediglich die Approximation $g(\boldsymbol{\theta}|\mathbf{y})$ bekannt. Finden Sie eine Formel für die Berechnung von $\mathcal{E}(\boldsymbol{X}|\boldsymbol{Y})$, die nur von den bekannten Verteilungen abhängt.

Kapitel 3. Schätzmethoden

Für eine Schätzung gehen wir von einem statistisches Modell $\mathcal{P}$ nach Definition 2.2 aus, eine kurze Diskussion über die statistische Überprüfung dieser Annahme findet sich in Abschnitt 3.5. Dies ist eine Familie von Verteilungen $\mathcal{P} = \{\mathbb{P}_{\boldsymbol{\theta}} : \boldsymbol{\theta} \in \Theta\}$, welche man als mögliche Verteilungen für eine Beobachtung $\{\boldsymbol{X} = \boldsymbol{x}\}$ betrachtet. Hierbei bezeichnet $\boldsymbol{x}$ den Vektor der Messergebnisse oder Beobachtungen und $\boldsymbol{X}$ die zugehörige Zufallsvariable. Der Parameter $\boldsymbol{\theta}$ ist unbekannt und typischerweise möchte man $\boldsymbol{\theta}$ selbst schätzen. Es kommt allerdings vor, dass man nicht direkt den Parameter $\boldsymbol{\theta}$ schätzen möchte, sondern eine Transformation $q(\boldsymbol{\theta})$ für eine fest vorgegebene Funktion $q : \Theta \to \mathbb{R}$. Dies wird mit den folgenden beiden Beispielen illustriert.

B 3.1 *Qualitätssicherung aus Beispiel 2.1*: Eine Ladung von N Teilen soll auf ihre Qualität untersucht werden. Die Ladung enthält defekte und nicht defekte Teile. Mit θ sei der Anteil der defekten Teile bezeichnet. Man interessiert sich für die Anzahl der defekten Teile und möchte aufgrund dessen

$$q(\theta) = N \cdot \theta$$

schätzen.

B 3.2 *Meßmodell aus Beispiel 2.2*: Es werden n Messungen einer physikalischen Konstante μ vorgenommen und die Messergebnisse $x_1, \ldots, x_n$ erhoben. Man nimmt an, dass für die zugehörigen Zufallsvariablen $X_i = \mu + \epsilon_i$ für $i = 1, \ldots, n$ gilt. Hierbei bezeichnet ϵ_i den Messfehler. In Beispiel 2.2 wurde eine Reihe von möglichen Annahmen an die Messfehler vorgestellt.

(i) Unter den Annahmen (i)-(v) aus Beispiel 2.2 sind die X_i i.i.d. $\mathcal{N}(\mu, \sigma^2)$-verteilt und $\boldsymbol{\theta} = (\mu, \sigma^2)^\top$. Gesucht ist die physikalische Konstante μ, weswegen man $q(\boldsymbol{\theta}) = \mu$ schätzen möchte.

(ii) Macht man lediglich die Annahmen (i)-(iv) aus Beispiel 2.2, so sind die ϵ_i symmetrisch um Null verteilt und besitzen die unbekannte Dichte p, d.h. $\boldsymbol{\theta} = (\mu, p)$ und man ist an der Schätzung von $q(\boldsymbol{\theta}) = \mu$ interessiert.

C. Czado, T. Schmidt, *Mathematische Statistik*, Statistik und ihre Anwendungen, DOI 10.1007/978-3-642-17261-8_3,

Das prinzipielle Vorgehen lässt sich folgendermaßen zusammenfassen:

> Um $q(\boldsymbol{\theta})$ zu schätzen, wählt man eine Statistik T und wertet sie an den beobachteten Datenpunkten $\boldsymbol{x} = (x_1, \ldots, x_n)^\top$ aus. Falls der wahre, unbekannte Wert für $\boldsymbol{\theta} = \boldsymbol{\theta}_0$ ist, schätzt man die unbekannte Größe $q(\boldsymbol{\theta}_0)$ durch die bekannte Größe $T(\boldsymbol{x})$, den *Schätzwert.* Oft verwenden wir auch die Notation $T(\boldsymbol{X})$ für den zufälligen *Schätzer* ohne uns auf die beobachteten Daten $\boldsymbol{x}$ festzulegen.

Anhand des wichtigen Beispiels des Meßmodells illustrieren wir die Vorgehensweise:

B 3.3 *Meßmodell aus Beispiel 3.2*: In dem Meßmodell aus Beispiel 3.2 werde $\{\boldsymbol{X} = \boldsymbol{x}\}$ beobachtet. Dann ist ein Schätzer für den unbekannten Parameter μ durch das arithmetische Mittel der Daten

$$T(\boldsymbol{X}) := \frac{1}{n} \sum_{i=1}^{n} X_i$$

gegeben, wobei $T(\boldsymbol{X})$ eine Zufallsvariable ist. Der dazugehörige Schätzwert unter der Beobachtung $\{\boldsymbol{X} = \boldsymbol{x}\}$ ist $T(\boldsymbol{x})$. Darüber hinaus ist T als arithmetisches Mittel der Daten oft eine suffiziente Statistik, wie im vorigen Kapitel gezeigt wurde.

> In diesem Kapitel stellen wir vier Methoden für die Auswahl vernünftiger Schätzer für $q(\boldsymbol{\theta})$ vor:
>
> - Substitutionsprinzip
> - Momentenmethode
> - Kleinste Quadrate
> - Maximum Likelihood

Im Folgenden werden *Schätzungen* immer mit einem $\widehat{\ }$ bezeichnet: Insbesondere nutzen wir $\widehat{\boldsymbol{\theta}}$ sowohl für die Zufallsvariable $\widehat{\boldsymbol{\theta}}(\boldsymbol{X})$ als auch für $\widehat{\boldsymbol{\theta}}(\boldsymbol{x})$, den Wert der Zufallsvariable falls das Ereignis $\{\boldsymbol{X} = \boldsymbol{x}\}$ beobachtet wird. Wir sprechen auch vom *Schätzer* $\widehat{\boldsymbol{\theta}}(\boldsymbol{X})$ mit *Schätzwert* $\widehat{\boldsymbol{\theta}}(\boldsymbol{x})$.

3.1 Substitutionsprinzip

Die Idee des Substitutionsprinzips ist es die unbekannten Parameter in Beziehung zu Größen zu setzen, welche sich leicht schätzen lassen. Dieses allgemeine Prinzip erläutern wir in zwei wichtigen Fällen: Die Schätzung von Häufigkeiten durch relative Häufigkeiten, welche zur Häufigkeitssubstitution führt, sowie die Schätzung von Momenten durch empirische Momente, welche zur Momentenmethode führt.

3.1.1 Häufigkeitssubstitution

In diskreten Modellen lassen sich die Wahrscheinlichkeiten der Elementarereignisse unter geringen Voraussetzungen durch relative Häufigkeiten schätzen.

B 3.4 *Relative Häufigkeiten*: Die Zufallsvariablen $X_1, \ldots, X_n$ seien i.i.d. und jeweils multinomialverteilt mit Klassen $\nu_1, \ldots, \nu_K$ (siehe (1.11) in Abschnitt 1.2). Demnach ist $X_i \in \{\nu_1, \ldots, \nu_K\}$ und es gelte $p_k := \mathbb{P}(X_1 = \nu_k)$ für $k \in \{1, \ldots, K\}$. Wir möchten einen Schätzer für $p_1, \ldots, p_K$ unter Berücksichtigung der Eigenschaften $\sum_{k=1}^K p_k = 1$ und $p_k \in [0,1]$ für alle $k \in \{1, \ldots, K\}$ bestimmen. Ein intuitiver Schätzer für p_k ist die *relative Häufigkeit* $\widehat{p}_k$ der Klasse k. Sie ist gegeben durch die zufällige Anzahl der Beobachtungen N_k in Klasse k geteilt durch die Gesamtzahl der Beobachtungen:

$$\widehat{p}_k = \widehat{p}_k(\boldsymbol{X}) := \frac{1}{n} \sum_{i=1}^n \mathbb{1}_{\{X_i = \nu_k\}} = \frac{N_k}{n}.$$

Ein Datenbeispiel illustriert die Bestimmung der Schätzwerte $\widehat{p}_k(\boldsymbol{x})$: Man klassifiziere Arbeitnehmer eines Betriebes in Stellenkategorien 1-5 und beobachtet, dass $\{N_k = n_k\}$ Arbeitnehmer in Stellenkategorie k beschäftigt werden:

k	1	2	3	4	5
n_k	23	84	289	217	95
$\widehat{p}_k(\boldsymbol{x})$	0.03	0.12	0.41	0.31	0.13

Die relativen Häufigkeiten erhält man durch $\widehat{p}_k(\boldsymbol{x}) := {}^{n_k}/_{n}$ mit insgesamt $n = \sum_{k=1}^5 n_k = 708$ Beobachtungen. Man beachte, dass stets $\widehat{p}_k \in [0,1]$ gilt und $\sum_{k=1}^K \widehat{p}_k = 1$ ist. Allgemeiner schätzt man die Funktion $q(p_1, \ldots, p_k)$ durch $q(\widehat{p}_1, \ldots, \widehat{p}_k)$, d.h. man substituiert die Wahrscheinlichkeiten $p_1, \ldots, p_K$ durch ihre Schätzer $\widehat{p}_1, \ldots, \widehat{p}_K$. Sind beispielsweise in Kategorie 4 und 5 Facharbeiter beschäftigt und in Kategorie 2 und 3 Angestellte so wird die Anteilsdifferenz $q(p_1, \ldots, p_5) := (p_4 + p_5) - (p_2 + p_3)$ zwischen Facharbeitern und Angestellten durch

$$q(\widehat{p}_1, \ldots, \widehat{p}_5) = (\widehat{p}_4 + \widehat{p}_5) - (\widehat{p}_2 + \widehat{p}_3) = (0.31 + 0.13) - (0.12 + 0.41) = -0.09$$

geschätzt.

Das im Beispiel verwendete Prinzip kann man auch allgemeiner formulieren: Die *empirische Verteilungsfunktion* ist definiert durch

$$F_n(x) := \frac{1}{n}\sum_{i=1}^{n} \mathbb{1}_{\{X_i \le x\}}, \quad x \in \mathbb{R}.$$

Möchte man ein Funktional

$$q := \int_{\mathbb{R}} f(x) dF(x)$$

schätzen, so ersetzt man F durch den (nichtparametrischen) Schätzer F_n und erhält als möglichen Schätzer

$$\widehat{q} := \int_{\mathbb{R}} f(x) dF_n(x) = \frac{1}{n}\sum_{i=1}^{n} f(X_i).$$

Im Beispiel 3.4 ist $p_k = \int_{\mathbb{R}} \mathbb{1}_{\{x=\nu_k\}} dF(x)$ und somit $\hat{p}_k = n^{-1}\sum_{i=1}^{n} \mathbb{1}_{\{X_i=\nu_k\}}$.

Leider ist es möglich durch die Parametrisierung Probleme mit der Eindeutigkeit der Schätzer zu erhalten. Dies soll im Folgenden illustriert werden. Falls $p_1, \dots, p_k$ nicht frei wählbar, sondern stetige Funktionen eines r-dimensionalen Parameters $\boldsymbol{\theta} = (\theta_1, \dots, \theta_r)^\top$ sind, und falls

$$q(\boldsymbol{\theta}) = h(p_1(\boldsymbol{\theta}), \dots, p_k(\boldsymbol{\theta}))$$

mit stetiger Funktion h, definiert auf

$$I_k := \left\{(p_1, \dots, p_k) : p_i \ge 0 \;\forall\, i, \sum_{i=1}^{k} p_i = 1\right\},$$

gilt, so schätzt man q durch $\widehat{q} = h(\widehat{p}_1, \dots, \widehat{p}_k)$. Das folgende Beispiel illustriert dies.

B 3.5 *Genotypen*: Als Anwendungsbeispiel von Beispiel 3.4 betrachten wir ein Gen mit den beiden Ausprägungen A und B. Gesucht ist die Wahrscheinlichkeit $\theta := \mathbb{P}(\text{Gen hat die Ausprägung } A)$. In dem so genannten *Hardy-Weinberg Gleichgewicht* gibt es drei Genotypen mit den folgenden Wahrscheinlichkeiten, wobei M die Ausprägung bei der Mutter und V die Ausprägung bei dem Vater bezeichnet:

	Typ 1	**Typ 2**	**Typ 3**
Wahrscheinlichkeiten	$p_1 = \theta^2$	$p_2 = 2\theta(1-\theta)$	$p_3 = (1-\theta)^2$
	$M = A$	$M = A,\ V = B$	$M = B$
	$V = A$	$M = B,\ V = A$	$V = B$

Wesentlich hierbei ist, dass der Zusammenhang von p_1, p_2 und p_3 nun durch zwei Gleichungen bestimmt ist:

(i) Durch $p_1 + p_2 + p_3 = 1$ und

(ii) durch die gemeinsame Abhängigkeit von θ, wie oben erläutert.

Dies wird in der Schätzung wie folgt berücksichtigt: Es werde eine Stichprobe vom Umfang n beobachtet und N_i sei die Anzahl der Personen mit Genotyp i in der Stichprobe. Dann ist (N_1, N_2, N_3) multinomialverteilt, $(N_1, N_2, N_3) \sim M(n, p_1, p_2, p_3)$ mit $n = N_1 + N_2 + N_3$. Dass die Häufigkeitssubstitution nicht eindeutig ist wird deutlich, wenn man die folgenden beiden Substitutionen betrachtet: $\theta = \sqrt{p_1}$ führt zu dem Schätzer

$$\widehat{\theta} = \sqrt{\widehat{p}_1} = \sqrt{\frac{N_1}{n}},$$

wohingegen $\theta = 1 - \sqrt{p_3}$ den Schätzer

$$\widehat{\widehat{\theta}} = 1 - \sqrt{\frac{N_3}{n}}$$

ergibt, und man erhält zwei unterschiedliche Schätzer.

3.1.2 Momentenmethode

Als einen Spezialfall des im vorigen Abschnittes formulierten Substitutionsprinzips erhält man die *Momentenmethode.* Betrachtet sei eine Stichprobe von i.i.d. Zufallsvariablen $X_1, \ldots, X_n$ mit Verteilung $\mathbb{P}_{\boldsymbol{\theta}}$. Mit $\mathbb{E}_{\boldsymbol{\theta}}$ sei der Erwartungswert bezüglich $\mathbb{P}_{\boldsymbol{\theta}}$ bezeichnet und weiterhin seien mit

$$m_k(\boldsymbol{\theta}) := \mathbb{E}_{\boldsymbol{\theta}}(X^k), \qquad k = 1, \ldots, r$$

die ersten r *Momente* der generischen[1] Zufallsvariable $X := X_1$ bezeichnet. Nach dem Substitutionsprinzip schätzt man die unbekannten Momente durch das *k-te Stichprobenmoment*

$$\widehat{m}_k := \int_{\mathbb{R}} x^k \, F_n(dx) = \frac{1}{n} \sum_{i=1}^{n} X_i^k.$$

Um eine Transformation $q(\boldsymbol{\theta})$ zu schätzen, muss man folgendermaßen einen Bezug zwischen $\boldsymbol{\theta}$ und den Momenten herstellen:

[1] Da $X_1, \ldots, X_n$ identisch verteilt sind, ist somit auch $\mathbb{E}_{\boldsymbol{\theta}}(X_i^k) = m_k(\theta)$ für $i = 1, \ldots, n$.

Lässt sich $q(\boldsymbol{\theta})$ als

$$q(\boldsymbol{\theta}) = g(m_1(\boldsymbol{\theta}), \ldots, m_r(\boldsymbol{\theta})) \tag{3.1}$$

mit einer stetigen Funktion g darstellen, so schätzt man in der *Momentenmethode* $q(\boldsymbol{\theta})$ durch

$$T(\boldsymbol{X}) = g(\widehat{m}_1, \ldots, \widehat{m}_r).$$

Wir illustrieren die Momentenmethode anhand einer Reihe von Beispielen.

B 3.6 *Normalverteilung*: Seien $X_1, \ldots, X_n$ i.i.d. mit $X_i \sim \mathcal{N}(\mu, \sigma^2)$ wie in den Beispielen 2.2 und 2.18, dann ist das erste Moment $m_1 = \mu$ und somit $\widehat{\mu} = \widehat{m}_1 = \bar{X}$. Weiterhin gilt $\sigma^2 = m_2 - (m_1)^2$. Man schätzt die Varianz mittels $g(m_1, m_2) = m_2 - (m_1)^2$ und als Schätzer von σ^2 ergibt sich

$$\widehat{\sigma}^2 := \frac{1}{n} \sum_{i=1}^n X_i^2 - \left(\frac{1}{n} \sum_{i=1}^n X_i \right)^2 = \frac{1}{n} \sum_{i=1}^n \left(X_i - \bar{X} \right)^2.$$

Man beachte, dass der Schätzer konsistent aber nicht erwartungstreu ist[2]. Im Gegensatz dazu ist die Stichprobenvarianz $s^2(\boldsymbol{X})$ aus Beispiel 1.1 erwartungstreu (siehe Aufgabe 1.3).

Die Momentenmethode führt nicht zwingend zu einem eindeutigen Schätzer, denn typischerweise gibt es viele Darstellungen der Form (3.1), wie folgende Beispiele zeigen.

B 3.7 *Bernoulli-Verteilung*: Seien $X_1, \ldots, X_n$ i.i.d. Bernoulli(θ)-verteilt (siehe Beispiel 1.3), d.h. $X_i \in \{0, 1\}$ und $\mathbb{P}(X_i = 1) = \theta$. In diesem Fall ist $m_1(\theta) = \mathbb{P}(X_i = 1) = \theta$ und somit ist $\widehat{\theta} = \bar{X}$ Momentenschätzer für θ. Allerdings ist auch $m_2(\theta) = \theta$ und demnach $\widehat{m}_2 = \widehat{m}_1$, da $X_i \in \{0, 1\}$. Für die Varianz gilt $\text{Var}(X_1) = \theta(1-\theta)$ und somit ist $\bar{X}(1-\bar{X})$ Momentenschätzer für $\text{Var}(X_i)$.

Dies muss allerdings nicht immer so sein:

B 3.8 *Poisson-Verteilung*: Für eine zum Parameter λ Poisson-verteilte Zufallsvariable X gilt nach Aufgabe 1.5, dass $\mathbb{E}(X) = \text{Var}(X) = \lambda$. Damit erhält man aus der Momentenmethode zwei Schätzer:

$$\widehat{\lambda}_1 := \bar{X} = \widehat{m}_1$$

und

---

[2] Ein Schätzer ist konsistent, wenn er für $n \to \infty$ gegen den wahren Parameter konvergiert, siehe Abschnitt 4.4.1; er heißt erwartungstreu oder unverzerrt, wenn sein Erwartungswert der wahre Parameter ist, siehe Definition 4.1.

$$\widehat{\lambda}_2 := \widehat{m}_2 - (\widehat{m}_1)^2 = \frac{1}{n}\sum_{i=1}^{n} X_i^2 - (\bar{X})^2.$$

Allerdings gilt typischerweise $\widehat{\lambda}_1 \neq \widehat{\lambda}_2$.

Dass die Momentenmethode nicht immer zu sinnvollen Ergebnissen führt, zeigt folgendes Beispiel, welches eine diskrete Gleichverteilung verwendet. Analog kann diese Argumentation auf eine stetige Gleichverteilung übertragen werden.

B 3.9 *Diskrete Gleichverteilung und Momentenschätzer*: Man betrachtet eine Population mit θ Mitgliedern. Diese werden nummeriert mit den Nummern $1, \ldots, \theta$. Von dieser Population werde n-mal mit Wiederholung gezogen. Mit X_i werde die gezogene Nummer des i-ten Zuges bezeichnet. Dann gilt $\mathbb{P}(X_i = r) = \frac{1}{\theta}$ für $r = 1, \ldots, \theta$ und $i = 1, \ldots, n$. Ferner folgt

$$m_1(\theta) = \mathbb{E}_\theta(X_i) = \sum_{r=1}^{\theta} r \cdot \mathbb{P}_\theta(X_i = r) = \frac{1}{\theta}\sum_{r=1}^{\theta} r = \frac{1}{\theta} \cdot \frac{\theta(\theta+1)}{2} = \frac{\theta+1}{2}.$$

Schätzt man θ durch die Momentenmethode, so erhält man mit $\theta = 2m_1(\theta) - 1$ einen Momentenschätzer von θ:

$$\widehat{\theta} = 2\bar{X} - 1.$$

Wird $\{\boldsymbol{X} = \boldsymbol{x}\}$ beobachtet, so erhält man mitunter *nicht* sinnvolle Schätzer: Gilt zum Beispiel $\max\{x_1, \ldots, x_n\} > 2\bar{x} - 1 = \widehat{\theta}$, so widerspricht dies der natürlichen Bedingung $\theta \geq \max\{x_1, \ldots, x_n\}$.

Bemerkung 3.1. Die wesentlichen Merkmale der Momentenmethode sollen noch einmal zusammengefasst werden:

- Der Momentenschätzer muss nicht eindeutig sein.
- Substitutionsprinzipien ergeben im Allgemeinen einfach zu berechnende Schätzer. Aufgrund dessen werden sie häufig als erste bzw. vorläufige Schätzung verwendet.
- Falls der Stichprobenumfang groß ist ($n \to \infty$), dann sind die Schätzungen nahe dem wahren Parameterwert. Diese Konsistenz wird im Abschnitt 4.4.1 genauer vorgestellt und diskutiert.

3.2 Methode der kleinsten Quadrate

Die lineare Regression und in diesem Zusammenhang die Methode der kleinsten Quadrate ist eine Methode, die bereits Gauß für astronomische Messungen verwendete, siehe dazu Gauß (1809). Das zur Anpassung der Regressionsgeraden an die Daten verwendete Prinzip der Minimierung eines quadratischen Abstandes findet in vielen unterschiedlichen Bereichen Anwendung. Die erhaltenen Formeln werden in der Numerik oft auch als verallgemeinerte Inverse verwendet.

3.2.1 Allgemeine und lineare Regressionsmodelle

Regressionsprobleme untersuchen die Abhängigkeit der *Zielvariablen* (Response, endogene Variable) von anderen Variablen (Kovariablen, unabhägige Variablen, exogene Variablen). Der Begriff Regression geht hierbei auf Experimente zur Schätzung der Köpergröße von Söhnen basierend auf der Körpergröße ihrer Väter zurück.

Definition 3.2. Eine *allgemeine Regression* ist gegeben durch einen zu bestimmenden r-dimensionalen Parametervektor $\boldsymbol{\theta} \in \Theta$ und bekannte, parametrische Funktionen $g_1, \ldots, g_n : \Theta \to \mathbb{R}$. Das zugehörige *Modell* ist

$$Y_i = g_i(\theta) + \epsilon_i \qquad i = 1, \ldots, n.$$

Darüber hinaus gelten in unserer Formulierung stets die folgenden (WN)-Bedingungen.

Fehler, welche die Annahme (WN) erfüllen, werden als *weißes Rauschen* (white noise) bezeichnet.

(WN) Für die Zufallsvariablen $\epsilon_1, \ldots, \epsilon_n$ gilt:

(i) $\mathbb{E}(\epsilon_i) = 0$ für alle $i = 1, \ldots, n$.
(ii) $\text{Var}(\epsilon_i) = \sigma^2 > 0$ für alle $i = 1, \ldots, n$. σ^2 ist unbekannt.
(iii) $\text{Cov}(\epsilon_i, \epsilon_j) = 0$ für alle $1 \leq i \neq j \leq n$.

Die Zufallsvariablen $\epsilon_1, \ldots, \epsilon_n$ stellen wie in Beispiel 2.2 Abweichungen von der systematischen Beziehung $Y_i = g_i(\boldsymbol{\theta})$ dar. Die Bedingung (i) veranschaulicht, dass die Regression keinen systematischen Fehler macht. Die Bedingung (ii) verlangt eine homogene Fehlervarianz, was man als *homoskedastisch* bezeichnet.

Die Bedingungen (i)-(iii) gelten, falls $\epsilon_1, \ldots, \epsilon_n$ i.i.d. sind mit Erwartungswert 0 und $\text{Var}(\epsilon_i) > 0$. Ein wichtiger Spezialfall ist durch die zusätzliche Normalverteilungsannahme $\epsilon_i \sim \mathcal{N}(0, \sigma^2)$ gegeben. An dieser Stelle sei noch einmal auf die Analogie zu den Annahmen des Meßmodells aus Beispiel 2.2 verwiesen.

B 3.10 *Meßmodell aus Beispiel 2.2*: Es werden n Messungen einer physikalischen Konstante θ vorgenommen. Variiert der Messfehler additiv um θ, so erhält man

$$Y_i = \theta + \epsilon_i, \quad i = 1, \ldots, n.$$

In diesem Fall ist $r = 1$ und $g_i(\theta) = \theta$. Die Messergebnisse werden stets mit $y_1, \ldots, y_n$ bezeichnet.

B 3.11 *Einfache lineare Regression*: Die einfache lineare Regression wurde bereits in Beispiel 2.19 im Kontext von exponentiellen Familien betrachtet, welches wir an dieser Stelle wieder aufgreifen. Man beobachtet Paare von Daten $(x_1, y_1), \ldots, (x_n, y_n)$. Die Größen $x_1, \ldots, x_n$ werden als deterministisch und bekannt betrachtet und es wird folgendes statistisches Modell angenommen:

$$Y_i = \theta_1 + \theta_2 x_i + \epsilon_i.$$

Y_i heißt *Zielvariable* mit Beobachtung y_i und x_i heißt *Kovariable*. Wir verwenden $g_i(\theta_1, \theta_2) = \theta_1 + \theta_2 x_i$ als parametrische Funktion. In Abbildung 3.1 werden die Beobachtungen zusammen mit der geschätzten Regressionsgeraden $x \mapsto \widehat{\theta}_1 + \widehat{\theta}_2 x$ bei einer einfachen linearen Regression gezeigt.

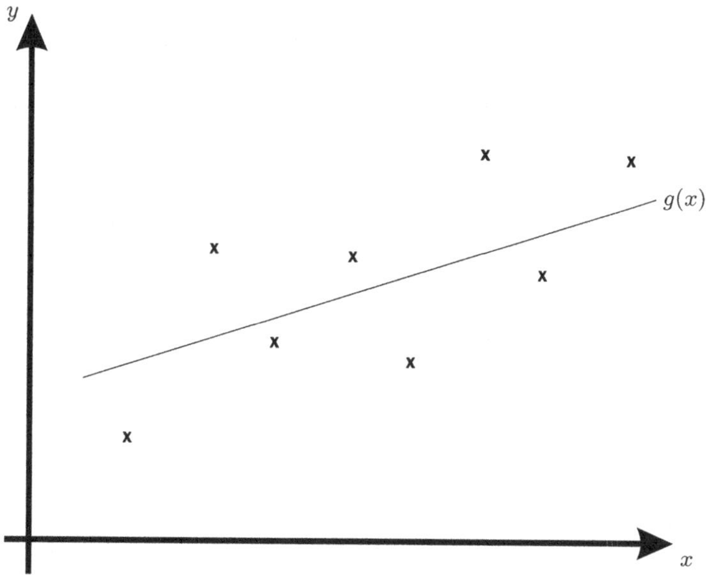

Abb. 3.1 Eine einfache lineare Regression wie in Beispiel 3.11. Beobachtet werden Paare (x_i, y_i), $i = 1, \ldots, n$, welche in der Abbildung durch Kreuze gekennzeichnet sind. Die den Daten angepasste Regressionsgerade $g : x \to \hat{\theta}_1 + \hat{\theta}_2 x$ mit geschätzten Parametern $\widehat{\theta}_1$ und $\widehat{\theta}_2$ ist ebenfalls dargestellt.

3.2.2 Methode der kleinsten Quadrate

Bei dieser Methode schätzt man den unbekannten Parameter $\boldsymbol{\theta}$ durch den Schätzwert $\widehat{\boldsymbol{\theta}} = \widehat{\boldsymbol{\theta}}(\boldsymbol{y})$, welcher den Abstand von $\mathbb{E}_{\boldsymbol{\theta}}(\boldsymbol{Y})$ und den beobachteten Daten $\boldsymbol{y} = (y_1, \ldots, y_n)^\top$ unter allen $\boldsymbol{\theta} \in \Theta$ minimiert. Der Abstand wird hierbei durch einen *quadratischen* Abstand Q gemessen. Das allgemeine Regressionsmodell wurde bereits in Definition 3.2 definiert.

Definition 3.3. Der quadratische Abstand $Q : \Theta \times \mathbb{R}^n \to \mathbb{R}^+$ sei definiert durch

$$Q(\boldsymbol{\theta}, \boldsymbol{y}) := \sum_{i=1}^{n} \big(y_i - g_i(\boldsymbol{\theta})\big)^2, \quad \boldsymbol{y} \in \mathbb{R}^n. \tag{3.2}$$

Gilt für eine meßbare Funktion $\widehat{\boldsymbol{\theta}} : \mathbb{R}^n \to \Theta$, dass

$$Q(\widehat{\boldsymbol{\theta}}(\boldsymbol{y}), \boldsymbol{y}) \leq Q(\tilde{\boldsymbol{\theta}}, \boldsymbol{y}) \qquad \text{für alle } \tilde{\boldsymbol{\theta}} \in \Theta \text{ und } \boldsymbol{y} \in \mathbb{R}^n,$$

so heißt $\widehat{\boldsymbol{\theta}}(\boldsymbol{Y})$ *Kleinste-Quadrate-Schätzer* (KQS) von $\boldsymbol{g}(\boldsymbol{\theta})$.

Ein KQS wird auch als *Least Squares Estimator* (LSE) bezeichnet. Sind die Funktionen g_i differenzierbar, und ist das Bild von $(g_1, \ldots, g_n)$ abgeschlossen, so ist dies eine hinreichende Bedingung dafür, dass $\widehat{\boldsymbol{\theta}}$ wohldefiniert ist. Ist darüber hinaus $\Theta \subset \mathbb{R}^r$ offen, so muss $\widehat{\boldsymbol{\theta}}$ notwendigerweise die *Normalengleichungen*

$$\frac{\partial}{\partial \theta_j} Q(\boldsymbol{\theta}, \boldsymbol{y})\big|_{\boldsymbol{\theta} = \widehat{\boldsymbol{\theta}}(\boldsymbol{y})} = 0, \quad j = 1, \ldots, r$$

erfüllen. Mit der Definition von Q aus (3.2) sind die Normalengleichungen äquivalent zu folgender Gleichung:

$$\sum_{i=1}^{n} \left(\big(y_i - g_i(\boldsymbol{\theta})\big) \cdot \frac{\partial}{\partial \theta_j} g_i(\boldsymbol{\theta}) \Big|_{\boldsymbol{\theta} = \widehat{\boldsymbol{\theta}}(\boldsymbol{y})} \right) = 0, \qquad j = 1, \ldots, r. \tag{3.3}$$

Bemerkung 3.4. In der *linearen Regression* sind die Funktionen $g_i(\theta_1, \ldots, \theta_r)$ linear in $\theta_1, \ldots, \theta_r$. In diesem Fall erhält man ein lineares Gleichungssystem, welches man explizit lösen kann.

Die Kleinste-Quadrate-Methode soll nun an den obigen Beispielen illustriert werden.

B 3.12 *Meßmodell*: Gegeben sei wie in Beispiel 3.10 ein lineares Modell

$$Y_i = \theta + \epsilon_i, \quad i = 1, \ldots, n.$$

Dann ist $g_i(\theta) = \theta$ und somit $\frac{\partial}{\partial\theta} g_i(\theta) = 1$ für alle $i = 1, \ldots, n$. Die Normalengleichungen (3.3) ergeben

$$\sum_{i=1}^{n} (y_i - \widehat{\theta}(\boldsymbol{y})) = 0.$$

Hieraus folgt unmittelbar, dass $\widehat{\theta}(\boldsymbol{y}) = \bar{y} = \frac{1}{n}\sum_{i=1}^{n} y_i$ ist, das arithmetische Mittel der Beobachtungen. Der durch die Momentenmethode in Beispiel 3.6 erhaltene Schätzer ist gleich dem Schätzer, welcher aus der Kleinste-Quadrate-Methode errechnet wird. Nach Beispiel 2.18 ist $\bar{Y}$ darüber hinaus eine suffiziente Statistik für θ.

B 3.13 *Einfache lineare Regression*: In Fortsetzung von Beispiel 3.11 betrachten wir ein lineares Modell gegeben durch

$$Y_i = \theta_1 + \theta_2 x_i + \epsilon_i, \quad i = 1, \ldots, n.$$

In diesem Fall ist $g_i(\boldsymbol{\theta}) = \theta_1 + \theta_2 x_i$ und $\frac{\partial g_i}{\partial \theta_1}(\boldsymbol{\theta}) = 1$, $\frac{\partial g_i}{\partial \theta_2}(\boldsymbol{\theta}) = x_i$. Schreiben wir kurz $\widehat{\theta}_i = \widehat{\theta}_i(\boldsymbol{y})$, $i = 1, 2$ so erhalten die Normalengleichungen (3.3) folgende Gestalt:

$$\sum_{i=1}^{n} \left(y_i - \widehat{\theta}_1 - \widehat{\theta}_2\, x_i\right) \cdot 1 = 0 \tag{3.4}$$

$$\sum_{i=1}^{n} \left(y_i - \widehat{\theta}_1 - \widehat{\theta}_2\, x_i\right) \cdot x_i = 0. \tag{3.5}$$

Aus Gleichung (3.4) erhält man mit $\bar{y} := \frac{1}{n}\sum_{i=1}^{n} y_i$ und $\bar{x} := \frac{1}{n}\sum_{i=1}^{n} x_i$, dass

$$\widehat{\theta}_1 = \bar{y} - \widehat{\theta}_2\, \bar{x}.$$

Setzt man dies in (3.5) ein, so ergibt sich

$$\sum_{i=1}^{n} x_i y_i - \left(\bar{y} - \widehat{\theta}_2 \bar{x}\right) \sum_{i=1}^{n} x_i - \widehat{\theta}_2 \sum_{i=1}^{n} x_i^2 = 0$$

$$\Leftrightarrow \qquad \frac{1}{n}\sum_{i=1}^{n} x_i y_i - \bar{y}\,\bar{x} = \widehat{\theta}_2 \Big(\frac{1}{n}\sum_{i=1}^{n} x_i^2 - \bar{x}^2\Big).$$

Da weiterhin $\sum_{i=1}^{n} x_i^2 - n(\bar{x})^2 = \sum_{i=1}^{n}(x_i - \bar{x})^2$ und $\sum_{i=1}^{n} x_i y_i - n\bar{x}\bar{y} = \sum_{i=1}^{n}(x_i - \bar{x})(y_i - \bar{y})$ gilt, erhält man folgende Aussage.

In der *einfachen linearen Regression* ist

$$\widehat{\theta}_2(\boldsymbol{y}) = \frac{\sum_{i=1}^n (x_i - \bar{x})(y_i - \bar{y})}{\sum_{i=1}^n (x_i - \bar{x})^2}$$

$$\widehat{\theta}_1(\boldsymbol{y}) = \bar{y} - \widehat{\theta}_2 \bar{x}.$$

Die Gerade $x \mapsto \widehat{\theta}_1(\boldsymbol{y}) + \widehat{\theta}_2(\boldsymbol{y})x$ heißt *Regressionsgerade*. Sie minimiert die Summe der quadratischen Abstände zwischen (x_i, y_i) und $(x_i, \theta_1 + \theta_2 x_i)$. Der Erwartungswert von Y_i, gegeben durch $\mathbb{E}(Y_i) = \theta_1 + \theta_2 x_i$ wird durch

$$\widehat{y}_i := \widehat{\theta}_1(\boldsymbol{y}) + \widehat{\theta}_2(\boldsymbol{y})\, x_i, \quad i = 1, \ldots, n$$

geschätzt. Die Regressionsgerade zusammen mit y_i und $\widehat{y}_i$ werden in Abbildung 3.2 illustriert.

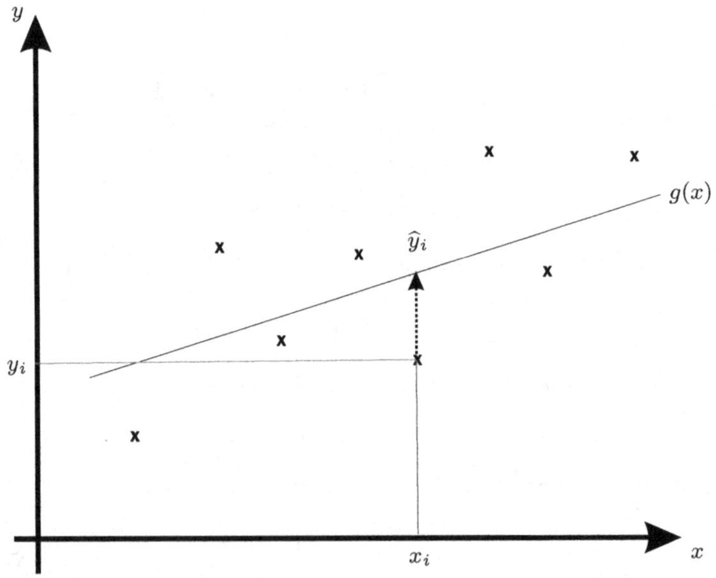

Abb. 3.2 Illustration der Regressionsgeraden $g : x \mapsto \widehat{\theta}_1(\boldsymbol{y}) + \widehat{\theta}_2(\boldsymbol{y})x$ und der Erwartung eines Datenpunktes $\widehat{y}_i = \widehat{\theta}_1(\boldsymbol{y}) + \widehat{\theta}_2(\boldsymbol{y})x_i$ (siehe Abbildung 3.1).

3.2.3 Gewichtete Kleinste-Quadrate-Schätzer

In praktischen Anwendungen kann es nützlich sein, in allgemeinen Regressionsmodellen die Annahme (ii) aus Definition 3.2, $\mathrm{Var}(\epsilon_i) = \sigma^2$, abzuschwächen. Dies hatten wir als homoskedastisch bezeichnet. Ist die Varianz der Fehler abhängig von i, so heißt das Modell heteroskedastisch. Eine allgemeine Regression heißt *heteroskedastisch*, falls

$$\mathrm{Var}(\epsilon_i) = \sigma^2 \cdot w_i$$

mit unterschiedlichen $w_i > 0$, $i = 1, \ldots, n$. Man nennt die w_i auch Gewichte und nimmt an, dass sie *bekannt* sind. Unter dieser Annahme kann man durch eine Reparametrisierung eine homoskedastische, allgemeine Regression erhalten: Setze

$$Z_i := \frac{Y_i}{\sqrt{w_i}}$$

für $i = 1, \ldots, n$. Mit $g_i^*(\boldsymbol{\theta}) := g_i(\boldsymbol{\theta}) w_i^{-1/2}$ und $\epsilon_i^* := \epsilon_i w_i^{-1/2}$ erhält man

$$Z_i = g_i^*(\boldsymbol{\theta}) + \epsilon_i^*.$$

Dies ist eine homoskedastische allgemeine Regression, denn $\mathbb{E}(\epsilon_i^*) = 0$, $\mathrm{Cov}(\epsilon_i^*, \epsilon_j^*) = 0$ und

$$\mathrm{Var}(\epsilon_i^*) = \frac{1}{w_i} \cdot \mathrm{Var}(\epsilon_i) = \frac{1}{w_i} w_i \sigma^2 = \sigma^2.$$

Den Schätzer in dem heteroskedastischen Modell erhält man aus dem *gewichteten Kleinste-Quadrate-Schätzerwert* $\widehat{\boldsymbol{\theta}}^w$. Dieser minimiert

$$\sum_{i=1}^n \big(z_i - g_i^*(\boldsymbol{\theta})\big)^2 = \sum_{i=1}^n \frac{1}{w_i} \big(y_i - g_i(\boldsymbol{\theta})\big)^2,$$

wobei wir $z_i := y_i (w_i)^{-1/2}$ gesetzt haben. Im Kontext der einfachen linearen Regression wird $\widehat{\boldsymbol{\theta}}^w$ in der Aufgabe 3.20 bestimmt.

3.3 Maximum-Likelihood-Schätzung

Die wichtigste und flexibelste Methode zur Bestimmung von Schätzern ist die Maximum-Likelihood-Methode. Es werde ein reguläres statistisches Modell $\mathcal{P}$ gegeben durch eine Familie von Dichten oder Wahrscheinlichkeitsfunktionen $\{p(\cdot, \boldsymbol{\theta}) : \boldsymbol{\theta} \in \Theta\}$ mit $\Theta \subset \mathbb{R}^k$ betrachtet.

Die Funktion $L: \Theta \times \mathbb{R}^n \to \mathbb{R}^+$, gegeben durch

$$L(\boldsymbol{\theta}, \boldsymbol{x}) := p(\boldsymbol{x}, \boldsymbol{\theta})$$

mit $\boldsymbol{\theta} \in \Theta$, $\boldsymbol{x} \in \mathbb{R}^n$ heißt *Likelihood-Funktion* des Parameters $\boldsymbol{\theta}$ für die Beobachtung $\boldsymbol{x}$.

Falls $\boldsymbol{X}$ eine diskrete Zufallsvariable ist, dann gibt $L(\boldsymbol{\theta}, \boldsymbol{x})$ die Wahrscheinlichkeit an, die Beobachtung $\{\boldsymbol{X} = \boldsymbol{x}\}$ unter dem Parameter $\boldsymbol{\theta}$ zu erhalten. Aus diesem Grund kann man $L(\boldsymbol{\theta}, \boldsymbol{x})$ als Maß dafür interpretieren, wie wahrscheinlich (likely) der Parameter $\boldsymbol{\theta}$ ist, falls $\boldsymbol{x}$ beobachtet wird. Im stetigen Fall kann diese Interpretation ebenfalls erlangt werden, indem man das Ereignis $\{\boldsymbol{X}$ liegt in einer ϵ-Umgebung von $\boldsymbol{x}\}$ betrachtet und ϵ gegen Null gehen lässt.

Die *Maximum-Likelihood-Methode* besteht darin, den Schätzwert $\widehat{\boldsymbol{\theta}} = \widehat{\boldsymbol{\theta}}(\boldsymbol{x})$ zu finden, unter dem die beobachteten Daten die höchste Wahrscheinlichkeit erlangen.

Definition 3.5. Gibt es in dem regulären statistischen Modell $\mathcal{P}$ eine meßbare Funktion $\widehat{\boldsymbol{\theta}}: \mathbb{R}^n \mapsto \Theta$, so dass

$$L(\widehat{\boldsymbol{\theta}}(\boldsymbol{x}), \boldsymbol{x}) = \max\left\{L(\boldsymbol{\theta}, \boldsymbol{x}) : \boldsymbol{\theta} \in \Theta\right\} \qquad \text{für alle } \boldsymbol{x} \in \mathbb{R}^n,$$

so heißt $\widehat{\boldsymbol{\theta}}(\boldsymbol{X})$ *Maximum-Likelihood-Schätzer* (MLS) von $\boldsymbol{\theta}$.

Falls der MLS $\widehat{\boldsymbol{\theta}}(\boldsymbol{X})$ existiert, dann schätzen wir $q(\boldsymbol{\theta})$ durch $q(\widehat{\boldsymbol{\theta}}(\boldsymbol{X}))$. In diesem Fall heißt

$$q(\widehat{\boldsymbol{\theta}}(\boldsymbol{X}))$$

der *Maximum-Likelihood-Schätzer* von $q(\boldsymbol{\theta})$. Dieser wird auch als MLE oder Maximum-Likelihood-Estimate von $q(\boldsymbol{\theta})$ bezeichnet.

Ist die Likelihood-Funktion differenzierbar in $\boldsymbol{\theta}$, so sind *mögliche* Kandidaten für den Maximum-Likelihood-Schätzwert durch die Bedingung

$$\frac{\partial}{\partial \theta_i} L(\boldsymbol{\theta}, \boldsymbol{x}) = 0, \quad i = 1, \ldots, k$$

gegeben. Darüber hinaus ist die zweite Ableitung zu überprüfen, um festzustellen, ob es sich tatsächlich um ein Maximum handelt. Weitere Maxima könnten auch auf dem Rand des Parameterraums angenommen werden.

Für die praktische Anwendung ist es äußerst nützlich den Logarithmus der Likelihood-Funktion zu betrachten. Da der Logarithmus eine streng monoton wachsende Funktion ist, bleibt die Maximalität unter dieser Transformation erhalten.

Die *Log-Likelihood-Funktion* $l : \Theta \times \mathbb{R}^n \to \mathbb{R}$ ist definiert durch

$$l(\boldsymbol{\theta}, \boldsymbol{x}) := \ln L(\boldsymbol{\theta}, \boldsymbol{x}).$$

Falls Θ offen, l differenzierbar in $\boldsymbol{\theta}$ für festes $\boldsymbol{x}$ und $\widehat{\boldsymbol{\theta}}(\boldsymbol{x})$ existiert, so muß der Maximum-Likelihood-Schätzerwert $\widehat{\boldsymbol{\theta}}(\boldsymbol{x})$ die *Log-Likelihood-Gleichung* erfüllen:

$$\frac{\partial}{\partial \boldsymbol{\theta}} l(\boldsymbol{\theta}, \boldsymbol{x}) \bigg|_{\boldsymbol{\theta}=\widehat{\boldsymbol{\theta}}(\boldsymbol{x})} = \mathbf{0}. \tag{3.6}$$

Des Weiteren sind hinreichende Bedingungen, etwa an die zweite Ableitung, zu überprüfen um zu verifizieren, dass $\widehat{\boldsymbol{\theta}}(\boldsymbol{x})$ auch tatsächlich eine Maximalstelle ist.

Bemerkung 3.6. *Konkavität der Likelihood-Funktion.* Nicht immer muss man die zweite Ableitung bemühen, um Maximalität zu zeigen: Falls L konkav ist, so ist eine Lösung von $\frac{\partial}{\partial \theta} L(\theta, \boldsymbol{x}) = 0$ für $\theta \in \mathbb{R}$ stets Maximum-Likelihood-Schätzwert für θ. Gleiches gilt ebenso für l. In Abbildung 3.3 wird dies an einer konkaven Funktion illustriert. Hierbei ist eine Funktion

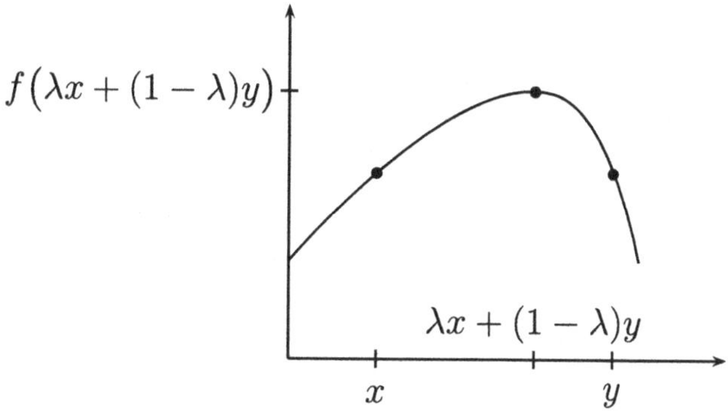

Abb. 3.3 Ist die Funktion L konkav, so ist das Verschwinden der ersten Ableitung auch hinreichend für ein Maximum von L.

$f : \mathbb{R} \to \mathbb{R}$ konkav, falls $f(\lambda x + (1-\lambda)y) \geq \lambda f(x) + (1-\lambda) f(y)$ für alle $\lambda \in (0,1)$. Angewendet etwa auf die Log-Likelihood-Funktion l heißt das: Ist l zweimal differenzierbar in θ, so ist l konkav in θ genau dann, wenn $\frac{\partial^2}{\partial \theta^2} l(\theta, \boldsymbol{x}) \leq 0$.

B 3.14 *Log-Likelihood-Funktion unter Unabhängigkeit*: Sind die $X_1, \ldots, X_n$ unabhängig und hat X_i die Dichte oder Wahrscheinlichkeitsfunktion $p_i(\cdot, \boldsymbol{\theta})$, so ist die Log-Likelihood-Funktion gegeben durch

$$l(\boldsymbol{\theta}, \boldsymbol{x}) = \ln\left(\prod_{i=1}^{n} p_i(x_i, \boldsymbol{\theta})\right) = \sum_{i=1}^{n} \ln p_i(x_i, \boldsymbol{\theta}).$$

Bemerkung 3.7. Maximum-Likelihood-Schätzer müssen nicht notwendigerweise existieren und sind auch nicht immer eindeutig. Des Weiteren sind MLS *invariant unter montonen Transformationen*: Falls $\widehat{\boldsymbol{\theta}}$ ein MLS für $q(\boldsymbol{\theta})$ ist und h eine streng monotone Funktion, so ist $h(\widehat{\boldsymbol{\theta}})$ ein MLS für $h(q(\boldsymbol{\theta}))$.

3.3.1 Maximum-Likelihood in eindimensionalen Modellen

In diesem Abschnitt nehmen wir an, dass $\theta \in \mathbb{R}$ ein eindimensionaler Parameter ist. Wir beginnen mit zwei Beispielen.

B 3.15 *Normalverteilungsfall, σ bekannt*: (Siehe Beispiel 2.11). Sei X normalverteilt, $X \sim \mathcal{N}(\theta, \sigma^2)$ und die Varianz σ^2 sei bekannt. Mit der Dichte der Normalverteilung, gegeben in (1.6), erhält man die Likelihood-Funktion

$$L(\theta, x) = \frac{1}{\sqrt{2\pi\sigma^2}} \exp\left(- \frac{1}{2\sigma^2} (\theta - x)^2 \right).$$

Diese ist in der Abbildung 3.4 dargestellt. Nach Beispiel 3.14 kann man dies leicht auf die i.i.d.-Situation übertragen: Seien $X_1, \ldots, X_n$ i.i.d. mit $X_1 \sim \mathcal{N}(\theta, \sigma^2)$. Die Varianz σ^2 sei bekannt. Dann gilt für die Likelihood-Funktion[3]

$$L(\theta, \mathbf{x}) \propto \exp\left(- \sum_{i=1}^{n} \frac{(x_i - \theta)^2}{2\sigma^2} \right).$$

Daraus erhält man die Log-Likelihood-Funktion mit einer geeigneten Konstanten $c \in \mathbb{R}$

$$l(\theta, \mathbf{x}) = c - \sum_{i=1}^{n} \frac{(x_i - \theta)^2}{2\sigma^2}.$$

Die Log-Likelihood-Gleichung (3.6) ergibt direkt, dass

$$\hat{\theta}(\boldsymbol{x}) = \bar{x}.$$

Die zweite Ableitung von l nach θ ist negativ und somit ist das gefundene $\widehat{\theta}$ Maximalstelle.

Die verschiedenen Schätzmethoden für den Normalverteilungsfall, etwa die Momentenmethode in Beispiel 3.6 oder die Kleinste-Quadrate-Methode

[3] In dieser Gleichung ist L nur bis auf multiplikative Konstanten angegeben. $L(\theta) \propto f(\theta)$ bedeutet, es existiert eine von θ unabhängige Konstante c, so dass $L(\theta) = c \cdot f(\theta)$.

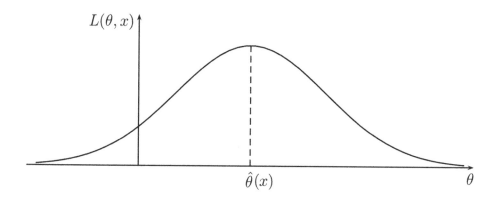

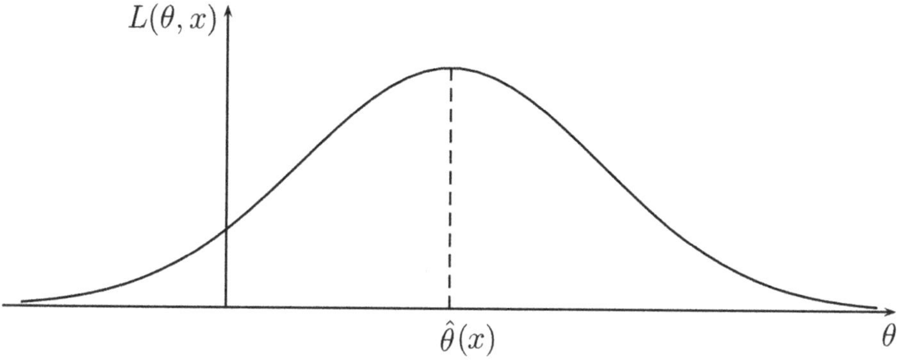

Abb. 3.4 Die Likelihood-Funktion L als Funktion von θ aus Beispiel 3.15. Der Maximum-Likelihood-Schätzwert $\widehat{\theta}(x)$ maximiert die Likelihood-Funktion $L(\theta, x)$ für ein festes x.

in Beispiel 3.13, ergeben folglich den gleichen Schätzer wie die Maximum-Likelihood-Methode.

B 3.16 *Gleichverteilung*: (Fortsetzung von Beispiel 3.9) Es werde eine Population mit θ Mitgliedern betrachtet. Die Mitglieder seien nummeriert mit $1, \ldots, \theta$. Von dieser Population werde n-mal mit Wiederholung gezogen. Mit X_i werde die gezogene Nummer des i-ten Zuges bezeichnet und das Maximum der Beobachtungen durch $x_{(n)} := \max\{x_1, \ldots, x_n\}$. Es gilt, dass $\mathbb{P}(X_i = r) = \theta^{-1}\mathbb{1}_{\{r \in \{1,\ldots,\theta\}\}}$.

Nach Beispiel 3.14 ist die Likelihood-Funktion gegeben durch

$$\begin{aligned} L(\theta; \boldsymbol{x}) &= \prod_{i=1}^{n} \theta^{-1}\mathbb{1}_{\{x_i \in \{1,\ldots,\theta\}\}} = \theta^{-n}\,\mathbb{1}_{\{x_{(n)} \le \theta, x_1,\ldots,x_n \in \mathbb{N}\}} \\ &= \begin{cases} 0 & \text{für } \theta \in \{1, \ldots, x_{(n)} - 1\} \\ \max\{x_1, \ldots, x_n\}^{-n} & \text{für } \theta = x_{(n)} \\ \theta^{-n} & \text{für } \theta > x_{(n)}. \end{cases} \end{aligned} \tag{3.7}$$

Damit ergibt sich $\widehat{\theta} = X_{(n)}$ als Maximum-Likelihood-Schätzer. Die Likelihood-Funktion ist in Abbildung 3.5 dargestellt.

B 3.17 *Genotypen*: Wie in Beispiel 3.5 werde eine Population mit drei Genotypen, bezeichnet durch $1, 2, 3$, betrachtet. Sei mit $p(i, \theta)$ die Wahrscheinlichkeit für Genotyp i für gegebenes $\theta \in (0, 1)$. Wir hatten gezeigt, dass in dem so genannten Hardy-Weinberg-Gleichgewicht

$$p(1, \theta) = \theta^2, \quad p(2, \theta) = 2\theta(1 - \theta), \quad p(3, \theta) = (1 - \theta)^2$$

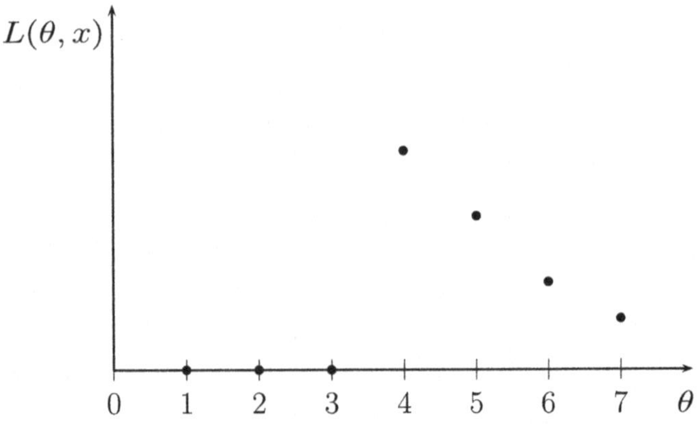

Abb. 3.5 Die Likelihood-Funktion als Funktion von θ für eine Population mit θ Mitgliedern, wie in Gleichung (3.7) berechnet. Die Darstellung ist für $x_{(n)} = 4$.

für ein $\theta \in (0,1)$ gilt. In einer Untersuchung werden drei nicht verwandte Personen typisiert. X_i bezeichne den Typ der i-ten Person. Die Untersuchung ergebe die Beobachtung $\boldsymbol{x}_0 = (1,2,1)^\top$. Dann ist die Likelihood-Funktion gegeben durch

$$L(\theta, \boldsymbol{x}_0) = p(1,\theta) \cdot p(2,\theta) \cdot p(1,\theta) = 2\theta^5(1-\theta)$$

und somit ist die Log-Likelihood-Funktion

$$l(\theta, \boldsymbol{x}_0) = 5\ln(\theta) + \ln(1-\theta) + \ln(2).$$

Aus der notwendigen Bedingung für eine Maximalstelle, (3.6), folgt

$$\frac{\partial l(\theta, \boldsymbol{x}_0)}{\partial \theta} = \frac{5}{\theta} - \frac{1}{1-\theta} = 0$$

und somit $\widehat{\theta}(\boldsymbol{x}_0) = \frac{5}{6}$. Um Maximalität nachzuweisen, überprüfen wir die zweite Ableitung. Da

$$\frac{\partial^2 l(\theta, \boldsymbol{x}_0)}{\partial \theta^2} = -\frac{5}{\theta^2} - \frac{1}{(1-\theta)^2} < 0$$

für alle $\theta \in (0,1)$, ist $\widehat{\theta}(\boldsymbol{x}_0) = \frac{5}{6}$ Maximalstelle von $L(\theta, \boldsymbol{x})$ und somit ein Maximum-Likelihood-Schätzwert für θ unter der Beobachtung $\boldsymbol{x}_0 = (1,2,1)^\top$. Die Situation mit n Beobachtungen wird in Beispiel 3.20 untersucht.

B 3.18 *Warteschlange*: (Siehe Beispiel 2.7) Sei X die Anzahl der Kunden, welche an einem Schalter in n Stunden ankommen. Wir nehmen an, dass die Anzahl der ankommenden Kunden einem Poisson-Prozess folgt und bezeichnen die Intensität (beziehungsweise die erwartete Anzahl von Kunden pro Stunde) mit λ. Dann gilt $X \sim \text{Poiss}(n\lambda)$. Mit der Wahrscheinlichkeitsfunktion einer Poisson-Verteilung, gegeben in Gleichung (1.5), erhält man die Likelihood-Funktion

$$L(\lambda, x) = \frac{e^{-\lambda n}(\lambda n)^x}{x!}$$

für $x = 0, 1, \ldots$. Damit ist die Log-Likelihood-Funktion

$$l(x, \lambda) = -\lambda n + x \ln(\lambda n) - \ln x!$$

und die Log-Likelihood-Gleichung (3.6) egibt

$$0 = \left.\frac{\partial l(\lambda, x)}{\partial \lambda}\right|_{\lambda = \widehat{\lambda}} = -n + \frac{x \cdot n}{\widehat{\lambda} \cdot n} = 0.$$

Somit ist $\widehat{\lambda} = \widehat{\lambda}(x) = {}^x\!/_n$. Die zweite Ableitung ist $-{}^x\!/_{\lambda^2}$, welche für $x > 0$ negativ ist. Somit erhält man für $x > 0$ das arithmetische Mittel

$$\widehat{\lambda}(x) = \frac{x}{n}$$

als den Maximum-Likelihood-Schätzwert für λ. Gilt allerdings $x = 0$, so existiert kein MLS für λ.

In dem regulären statistischen Modell $\mathcal{P} = \{p(\cdot, \theta) : \theta \in \Theta\}$ sei $\mathbb{E}_\theta(T(\boldsymbol{X}))$ der Erwartungswert von $T(\boldsymbol{X})$ bezüglich der Dichte oder Wahrscheinlichkeitsfunktion $p(\cdot, \theta)$. Weiterhin sei das Bild von c durch $c(\Theta) := \{c(\theta) : \theta \in \Theta\}$ bezeichnet.

Satz 3.8 (MLS für eindimensionale exponentielle Familien). *Betrachtet werde das reguläre statistische Modell $\mathcal{P} = \{p(\cdot, \theta) \colon \theta \in \Theta\}$ mit $\Theta \subset \mathbb{R}$ und*

$$p(\boldsymbol{x}, \theta) = \mathbb{1}_{\{\boldsymbol{x} \in A\}} \exp\Big(c(\theta)T(\boldsymbol{x}) + d(\theta) + S(\boldsymbol{x})\Big), \quad \boldsymbol{x} \in \mathbb{R}^n.$$

Sei C das Innere von $c(\Theta)$, c injektiv und $\boldsymbol{x} \in \mathbb{R}^n$. Falls

$$\mathbb{E}_\theta(T(\boldsymbol{X})) = T(\boldsymbol{x})$$

eine Lösung $\widehat{\theta}(\boldsymbol{x})$ besitzt mit $c(\widehat{\theta}(\boldsymbol{x})) \in C$, dann ist $\widehat{\theta}(\boldsymbol{x})$ der eindeutige Maximum-Likelihood-Schätzwert von θ.

Beweis. Betrachte zunächst die zugehörige natürliche exponentielle Familie in Darstellung (2.7). Sie ist gegeben durch $\{p_0(\cdot,\eta) : \eta \in H\}$ wobei $H := \{\eta \in \mathbb{R} : d_0(\eta) < \infty\}$ und

$$p(\boldsymbol{x},\eta) = \mathbb{1}_{\{\boldsymbol{x}\in A\}} \exp\Big(\eta \cdot T(\boldsymbol{x}) + d_0(\eta) + S(\boldsymbol{x})\Big).$$

Somit ist für einen inneren Punkt $\eta \in H$

$$\frac{\partial}{\partial\eta} l(\eta,\boldsymbol{x}) = T(\boldsymbol{x}) + d_0'(\eta) \quad \text{und} \quad \frac{\partial^2}{\partial\eta^2} l(\eta,\boldsymbol{x}) = d_0''(\eta).$$

Dann gilt nach Bemerkung 2.13 auch, dass

$$\begin{aligned} \mathbb{E}_\eta(T(\boldsymbol{X})) &= -d_0'(\eta), \\ \mathrm{Var}_\eta(T(\boldsymbol{X})) &= -d_0''(\eta) > 0 \end{aligned}$$

und $d_0''(\eta) < 0$. Daraus folgt, dass die Log-Likelihood-Funktion l strikt konkav ist und somit ist die Log-Likelihood-Gleichung (3.6) äquivalent zu $\mathbb{E}_\eta(T(\boldsymbol{X})) = T(\boldsymbol{x})$. Existiert eine Lösung $\boldsymbol{x}$ für $\mathbb{E}_\eta(T(\boldsymbol{X})) = T(\boldsymbol{x})$, so muß diese Lösung der MLS sein. Eindeutigkeit folgt aus der strikten Konkavität von l.

Den allgemeinen Fall behandeln wir wie folgt. Sei $\boldsymbol{x} \in \mathbb{R}^n$ beliebig. Für die möglichen Werte der Log-Likelihood-Funktion gilt, dass

$$\Big\{l(\theta,\boldsymbol{x}) = c(\theta)T(\boldsymbol{x}) + d(\theta) + S(\boldsymbol{x}) : \theta \in \Theta\Big\} \subset \Big\{\eta \cdot T(\boldsymbol{x}) + d_0(\eta) + S(\boldsymbol{x}) : \eta \in H\Big\}, \tag{3.8}$$

denn für $\theta \in \Theta$ folgt aus der Injektivität von c, dass $d_0(c^{-1}(\theta)) < \infty$ nach Bemerkung 2.9. Falls $\widehat{\theta}(\boldsymbol{x})$ Lösung von $\mathbb{E}_\theta(T(\boldsymbol{X})) = T(\boldsymbol{x})$ ist, dann maximiert $c(\widehat{\theta}(\boldsymbol{x}))$ die Gleichung $\eta \cdot T(\boldsymbol{x}) + d_0(\eta) + S(\boldsymbol{x})$ für alle $\eta \in H$ und weiterhin ist $\widehat{\eta}(\boldsymbol{x}) = c(\widehat{\theta}(\boldsymbol{x}))$. Dies folgt aus der Eindeutigkeit von $\widehat{\eta}(\boldsymbol{x})$ und der Injektivität von $c : \Theta \to \mathbb{R}$. Vergleichen wir mit (3.8), so erhält man das Maximum der Menge $\{\eta \cdot T(\boldsymbol{x}) + d_0(\eta) + S(\boldsymbol{x}) : \eta \in H\}$ mit $l(\widehat{\theta}(\boldsymbol{x}),\boldsymbol{x})$. Hierbei ist $\widehat{\theta}(\boldsymbol{x}) \in \Theta$ und somit maximiert $\widehat{\theta}(\boldsymbol{x})$ die Log-Likelihood-Funktion $l(\cdot,\boldsymbol{x})$. □

B 3.19 *Normalverteilungsfall, σ bekannt*: (Siehe Beispiel 3.15) Seien $X_1,\dots,X_n$ i.i.d. mit $X_1 \sim \mathcal{N}(\theta,\sigma^2)$ und die Varianz σ^2 sei bekannt. Nach Beispiel 2.18 ist die Verteilung von $\boldsymbol{X} = (X_1,\dots,X_n)^\top$ eine exponentielle Familie mit natürlicher suffizienter Statistik $T(\boldsymbol{X}) = \sum_{i=1}^n X_i$. Da

$$\mathbb{E}_\theta(T(\boldsymbol{X})) = n\theta,$$

ist die Bedingung $\mathbb{E}_\theta(T(\boldsymbol{X})) = T(\boldsymbol{x})$ äquivalent zu

$$\theta = \frac{1}{n}\sum_{i=1}^n x_i.$$

Da $c(\theta) = \theta/\sigma^2$ nach Beispiel 2.11 gilt, ist c injektiv und das Bild von c ist $\mathbb{R}$. Damit liegt $\widehat{\theta}(\boldsymbol{X}) := \bar{X}$ im Inneren des Bildes von c. Mit Satz 3.8 folgt somit, dass $\widehat{\theta}(\boldsymbol{X}) = \bar{X}$ ein eindeutiger MLS ist.

B 3.20 *Genotypen*: Wir setzen Beispiel 3.17 fort. Dort wurde eine Population mit Genotypen $1, 2, 3$ betrachtet. Für den unbekannten Parameter $\theta \in (0, 1)$ folgte, dass

$$p(1,\theta) = \theta^2, \quad p(2,\theta) = 2\theta(1-\theta), \quad p(3,\theta) = (1-\theta)^2. \tag{3.9}$$

Es werde eine Stichprobe $X_1, \ldots, X_n$ untersucht, wobei $X_1, \ldots, X_n$ i.i.d. mit $X_1 \in \{1, 2, 3\}$ seien und X_1 habe die Wahrscheinlichkeitsfunktion $p(\cdot, \theta)$ aus der Gleichung (3.9). Mit N_i, $i = 1, 2, 3$ werde die zufällige Anzahl der Beobachtungen mit Wert i bezeichnet. Dann ist

$$\mathbb{E}(N_1) = n \cdot \mathbb{P}(X_1 = 1) = n \cdot p(1, \theta) = n\theta^2$$

und

$$\mathbb{E}(N_2) = n \cdot p(2, \theta) = 2n\theta(1-\theta).$$

Weiterhin ist $\mathbb{E}(N_1 + N_2 + N_3) = n$. Betrachtet man eine Beobachtung $\boldsymbol{x}$, für welche sich n_1, n_2, n_3 Elemente in den Gruppen 1, 2, 3 ergeben, so ist die Likelihood-Funktion gegeben durch

$$\begin{aligned} L(\theta, \boldsymbol{x}) &= \theta^{2n_1} \big(2\theta(1-\theta)\big)^{n_2} (1-\theta)^{2n_3} = 2^{n_2} \theta^{2n_1+n_2} \big(1-\theta\big)^{n_2+2n_3} \\ &= 2^{n_2} \Big(\frac{\theta}{1-\theta}\Big)^{2n_1+n_2} \big(1-\theta\big)^{2n}. \end{aligned}$$

Damit liegt eine eindimensionale exponentielle Familie mit $T(\boldsymbol{X}) = 2N_1 + N_2$ vor und $c(\theta) = \ln\left(\frac{\theta}{1-\theta}\right)$. Weiterhin ist

$$\mathbb{E}_\theta(T(\boldsymbol{X})) = \mathbb{E}_\theta(2N_1 + N_2) = 2n\theta^2 + 2n\theta(1-\theta) = 2n\theta.$$

Damit ist $\mathbb{E}_\theta(T(\boldsymbol{X})) = T(\boldsymbol{x})$ äquivalent zu $2n\theta = 2n_1 + n_2$ und somit ist

$$\widehat{\theta}(\boldsymbol{X}) = \frac{2N_1 + N_2}{2n}$$

nach Satz 3.8 der eindeutige MLS für θ, denn c ist injektiv und darüber hinaus liegt $c(\widehat{\theta})$ im Inneren des Bildes von c.

Bemerkung 3.9. *Der MLS in einer exponentiellen Familie ist auch Momentenschätzer.* Da nach Satz 3.8 $\mathbb{E}_\theta(T(\boldsymbol{X})) = T(\boldsymbol{x})$ für den eindeutigen MLS in einer eindimensionalen exponentiellen Familie gilt, ist dieser auch ein Momentenschätzer.

3.3.2 Maximum-Likelihood in mehrdimensionalen Modellen

In diesem Abschnitt wird die Verallgemeinerung der Maximum-Likelihood-Methode vorgestellt, in welcher der Parameterraum Θ k-dimensional ist. Hierzu betrachten wir das reguläre statistische Modell $\mathcal{P}$ gegeben durch eine Familie von Dichten oder Wahrscheinlichkeitsfunktionen $\{p(\cdot,\boldsymbol{\theta}) : \boldsymbol{\theta} \in \Theta\}$ mit $\Theta \subset \mathbb{R}^k$. Das zu $p(\cdot,\boldsymbol{\theta})$ gehörige Wahrscheinlichkeitsmaß sei mit $\mathbb{P}_{\boldsymbol{\theta}}$ bezeichnet. Wir nehmen an, dass Θ offen ist. Falls die partiellen Ableitungen der Log-Likelihood-Funktion existieren und der MLS $\widehat{\boldsymbol{\theta}}$ existiert, so löst $\widehat{\boldsymbol{\theta}}(\boldsymbol{x})$ die Log-Likelihood-Gleichung (3.6),

$$\frac{\partial}{\partial \boldsymbol{\theta}} l(\boldsymbol{\theta}, \boldsymbol{x}) \bigg|_{\boldsymbol{\theta}=\widehat{\boldsymbol{\theta}}(\boldsymbol{x})} = \mathbf{0}.$$

Wieder bezeichnen wir mit $\mathbb{E}_{\boldsymbol{\theta}}(T(\boldsymbol{X}))$ den Erwartungswert von $T(\boldsymbol{X})$ bezüglich der Verteilung $\mathbb{P}_{\boldsymbol{\theta}}$ und das Bild von c mit $c(\Theta) := \{c(\boldsymbol{\theta}) : \boldsymbol{\theta} \in \Theta\}$. Der folgende Satz gibt Kriterien für einen eindeutigen Maximum-Likelihood-Schätzer in K-parametrigen exponentiellen Familien.

Satz 3.10. *Betrachtet werde das reguläre statistische Modell* $\mathcal{P} = \{p(\cdot,\boldsymbol{\theta}) \colon \boldsymbol{\theta} \in \Theta\}$ *aus einer* K*-parametrigen exponentiellen Familie, so dass für alle* $\boldsymbol{x} \in \mathbb{R}^n$ *und* $\boldsymbol{\theta} \in \Theta$

$$p(\boldsymbol{x},\boldsymbol{\theta}) = \mathbb{1}_{\{\boldsymbol{x}\in A\}} \exp\left(\sum_{i=1}^{K} c_i(\boldsymbol{\theta}) T_i(\boldsymbol{x}) + d(\boldsymbol{\theta}) + S(\boldsymbol{x})\right), \qquad \boldsymbol{\theta} \in \Theta. \tag{3.10}$$

Sei C *das Innere von* $c(\Theta)$ *und* $c_1, \dots, c_K$ *injektiv. Falls*

$$\mathbb{E}_{\boldsymbol{\theta}}(T_i(\boldsymbol{X})) = T_i(\boldsymbol{x}), \quad i = 1, \dots, K$$

eine Lösung $\widehat{\boldsymbol{\theta}}(\boldsymbol{x})$ *besitzt mit* $(c_1(\widehat{\boldsymbol{\theta}}(\boldsymbol{x})), \dots, c_K(\widehat{\boldsymbol{\theta}}(\boldsymbol{x})))^\top \in C$*, dann ist* $\widehat{\boldsymbol{\theta}}(\boldsymbol{x})$ *der eindeutige Maximum-Likelihood-Schätzwert von* $\boldsymbol{\theta}$*.*

Der Beweis des Satzes ist dem eindimensionalen Fall ähnlich und Gegenstand von Aufgabe 3.23. In Verallgemeinerung von Beispiel 3.15 betrachten wir nun die Situation der MLS von normalverteilten Beobachtungen.

B 3.21 *MLS für Normalverteilung,* μ *und* σ *unbekannt*: Seien $X_1, \dots, X_n$ i.i.d. mit $X_i \sim \mathcal{N}(\mu, \sigma^2)$ und sowohl μ als auch σ^2 unbekannt. Setze $\boldsymbol{\theta} := (\mu, \sigma^2)^\top$ und $\Theta := \mathbb{R} \times \mathbb{R}^+$. Nach Beispiel 2.17 führt die Darstellung der Normalverteilung als exponentielle Familie gemäß Gleichung (3.10) zu $c_1(\boldsymbol{\theta}) = \mu/\sigma^2$ und $c_2(\boldsymbol{\theta}) = -1/2\sigma^2$. Damit ist $C = \mathbb{R} \times \mathbb{R}^-$ mit $\mathbb{R}^- := \{x \in \mathbb{R} : x < 0\}$. Weiterhin sind

$$T_1(\boldsymbol{x}) = \sum_{i=1}^{n} x_i, \quad T_2(\boldsymbol{x}) = \sum_{i=1}^{n} x_i^2.$$

Daraus ergeben sich die folgenden Gleichungen. Zunächst ist $\mathbb{E}_{\boldsymbol{\theta}}\big(T_1(\boldsymbol{X})\big) = n\mu$. Damit ist $\mathbb{E}_{\boldsymbol{\theta}}(T_1(\boldsymbol{X})) = T_1(\boldsymbol{x})$ äquivalent zu

$$n\mu = \sum_{i=1}^{n} x_i,$$

woraus $\widehat{\mu} = \widehat{\theta}_1(\boldsymbol{X}) = \bar{X}$ folgt. Weiterhin ist

$$\mathbb{E}_{\boldsymbol{\theta}}\big(T_2(\boldsymbol{X})\big) = \sum_{i=1}^{n} \mathbb{E}_{\boldsymbol{\theta}}(X_i^2) = n\big(\sigma^2 + \mu^2\big).$$

Damit ist $\mathbb{E}_{\boldsymbol{\theta}}(T_2(\boldsymbol{X})) = T_2(\boldsymbol{x})$ äquivalent zu $n\big(\sigma^2 + \mu^2\big) = \sum_{i=1}^{n} x_i^2$. Wir erhalten

$$\widehat{\sigma}^2 = \widehat{\theta}_2(\boldsymbol{X}) = \frac{1}{n}\sum_{i=1}^{n} X_i^2 - \bar{X}^2 = \frac{1}{n}\sum_{i=1}^{n} \big(X_i - \bar{X}\big)^2,$$

falls $n \geq 2$. Damit erhalten wir den MLS für die Normalverteilung mit unbekanntem Mittelwert und unbekannter Varianz:

> Mit Satz 3.10 folgt, dass für $X_1, \ldots, X_n$ i.i.d. und $X_1 \sim \mathcal{N}(\mu, \sigma^2)$
>
> $$\widehat{\boldsymbol{\theta}} = \Big(\bar{X}, \frac{1}{n}\sum_{i=1}^{n} \big(X_i - \bar{X}\big)^2\Big)^\top$$
>
> der eindeutige Maximum-Likelihood-Schätzer für $\boldsymbol{\theta} = (\mu, \sigma^2)^\top$ ist.

3.3.3 Numerische Bestimmung des Maximum-Likelihood-Schätzers

Der Maximum-Likelihood-Schätzer lässt sich nicht immer direkt ausrechnen, mitunter sind numerische Methoden notwendig, um ihn zu bestimmen, wie folgende Beispiele zeigen.

B 3.22 *Diskret beobachtete Überlebenszeiten*: Man untersucht gewisse Bauteile auf ihre Lebensdauer. Nimmt man an, dass die Bauteile ermüdungsfrei arbeiten, so bietet sich eine Exponentialverteilung zur Modellierung der Lebensdauer an (vergleiche dazu Aufgabe 1.6). Seien $X_1, \ldots, X_n$ i.i.d. und $X_1 \sim \operatorname{Exp}(\theta)$ die Überlebenszeiten von n beobachteten Bauteilen. Allerdings werden die Bauteile nicht permanent untersucht, sondern nur zu den Zeitpunkten $a_1 <$

$a_2 < \cdots < a_k$. Setze $a_0 := 0$ und $a_{k+1} := a_k + 1$ (das Bauteil überdauert alle Inspektionen). Man beobachtet

$$Y_i := \begin{cases} a_l & \text{falls } a_{l-1} < X_i \leq a_l,\ l = 1, \ldots, k \\ a_{k+1} & \text{falls } X_i > a_k \end{cases}$$

für $i = 1, \ldots, n$. Sei N_j die Anzahl der $Y_1, \ldots, Y_n$, welche den Wert a_j annehmen, $j = 1, \ldots, k+1$. Dann ist der Vektor $(N_1, \ldots, N_{k+1})^\top$ multinomialverteilt. Darüber hinaus ist er suffizient für θ. Zur Berechnung der Likelihood-Funktion L setzen wir

$$p_j(\theta) := \mathbb{P}(Y = a_j) = \mathbb{P}(a_{j-1} < X \leq a_j) = e^{-\theta a_{j-1}} - e^{-\theta a_j}$$

für $j = 1, \ldots, k$ und

$$p_{k+1}(\theta) := \mathbb{P}(Y = a_{k+1}) = \mathbb{P}(X > a_k) = e^{-\theta a_k}.$$

Dann ist die Likelihood-Funktion gegeben durch

$$L(\theta, n_1, \ldots, n_{k+1}) = \frac{n!}{n_1! \cdots n_{k+1}!} \prod_{j=1}^{k+1} p_j(\theta)^{n_j},$$

für $n_1, \ldots, n_{k+1} \in \mathbb{N}$ mit $n_1 + \cdots + n_{k+1} = n$. Man erhält die Log-Likelihood-Funktion

$$l(\theta, n_1, \ldots, n_{k+1}) = \sum_{j=1}^{k+1} n_j \ln(p_j(\theta)) + c,$$

mit von θ unabhängigem $c = c(n_1, \ldots, n_{k+1})$. Die Log-Likelihood-Gleichung (3.6) ergibt

$$0 = \sum_{j=1}^{k+1} n_j \frac{\frac{\partial}{\partial\theta} p_j(\theta)}{p_j(\theta)} = \sum_{j=1}^{k} n_j \frac{a_j e^{-a_j\theta} - a_{j-1} e^{-a_{j-1}\theta}}{e^{-a_{j-1}\theta} - e^{-a_j\theta}} + n_{k+1} \frac{-a_k e^{-a_k\theta}}{e^{-a_k\theta}}. \tag{3.11}$$

Falls $a_j \neq bj + d$ für alle $j = 1, \ldots, k$ kann (3.11) nicht mehr explizit gelöst werden und die Bestimmung des MLS $\widehat{\theta}$ muss numerisch erfolgen.

Zur numerischen Bestimmung des MLS stellen wir kurz die *Newton-Methode* und deren Variante, die *Fisher-Scoring-Methode* vor. Hierbei möchte man die Log-Likelihood-Gleichung (3.6) lösen. Zunächst lässt sich diese als nichtlineares Gleichungssystem der Form

$$\mathbf{h}(\boldsymbol{\theta}) = \begin{pmatrix} h_1(\theta_1, \ldots, \theta_k) \\ \vdots \\ h_k(\theta_1, \ldots, \theta_k) \end{pmatrix} = \mathbf{0} \tag{3.12}$$

schreiben. Sei $\widehat{\boldsymbol{\theta}}$ die Lösung von (3.12) und $\boldsymbol{\theta}_0$ nahe bei $\widehat{\boldsymbol{\theta}}$. Dann gilt mit der Taylorentwicklung 1. Ordnung um $\boldsymbol{\theta}_0$

$$\mathbf{0} = \mathbf{h}(\widehat{\boldsymbol{\theta}}) \approx \mathbf{h}(\boldsymbol{\theta}_0) + D\mathbf{h}(\boldsymbol{\theta}_0)\big(\widehat{\boldsymbol{\theta}} - \boldsymbol{\theta}_0\big)$$

mit

$$D\mathbf{h}(\boldsymbol{\theta}_0) = \begin{pmatrix} \frac{\partial h_1}{\partial \theta_1}\Big|_{\boldsymbol{\theta}=\boldsymbol{\theta}_0} & \cdots & \frac{\partial h_1}{\partial \theta_k}\Big|_{\boldsymbol{\theta}=\boldsymbol{\theta}_0} \\ \vdots & & \vdots \\ \frac{\partial h_k}{\partial \theta_1}\Big|_{\boldsymbol{\theta}=\boldsymbol{\theta}_0} & \cdots & \frac{\partial h_k}{\partial \theta_k}\Big|_{\boldsymbol{\theta}=\boldsymbol{\theta}_0} \end{pmatrix}.$$

Wir nehmen an, dass $D\mathbf{h}(\boldsymbol{\theta})$ für alle $\boldsymbol{\theta} \in \Theta$ invertierbar ist. Dann wird die Gleichung $\mathbf{h}(\boldsymbol{\theta}_0) + D\mathbf{h}(\boldsymbol{\theta}_0)\big(\widehat{\boldsymbol{\theta}} - \boldsymbol{\theta}_0\big) = \mathbf{0}$ gelöst von

$$\widehat{\boldsymbol{\theta}} = \boldsymbol{\theta}_0 - \big(D\mathbf{h}(\boldsymbol{\theta}_0)\big)^{-1}\mathbf{h}(\boldsymbol{\theta}_0).$$

Dies wird nun in einem iterativen Verfahren eingesetzt: Sei $\boldsymbol{\theta}_0$ ein Startwert und

$$\widehat{\boldsymbol{\theta}}_{i+1} := \boldsymbol{\theta}_i - \big(D\mathbf{h}(\boldsymbol{\theta}_i)\big)^{-1}\mathbf{h}(\boldsymbol{\theta}_i).$$

Man iteriert diesen Algorithmus so lange bis $||\boldsymbol{\theta}_{i+1} - \boldsymbol{\theta}_i||$ unter eine vorgegebene Schranke fällt und setzt dann $\widehat{\boldsymbol{\theta}} := \boldsymbol{\theta}_{i+1}$.

Allgemeine Konvergenzaussagen sind vorhanden (siehe z.B. Lange (2004)). In der Statistik wird im Allgemeinen $D\mathbf{h}(\boldsymbol{\theta})$ von den Daten $\boldsymbol{X}$ abhängen, d.h. man erhält eine zufällige Matrix. In der Fisher-Scoring-Methode wird deswegen $\mathbb{E}_{\boldsymbol{\theta}}\big(D\mathbf{h}(\boldsymbol{\theta}_i, \boldsymbol{X})\big)$ an Stelle von $D\mathbf{h}(\boldsymbol{\theta}_i, \boldsymbol{X})$ verwendet. Die Fisher-Scoring-Methode wurde bereits in Sektion 5g von Rao (1973) angewendet.

3.4 Vergleich der Maximum-Likelihood-Methode mit anderen Schätzverfahren

In diesem Abschnitt halten wir einige Beobachtungen fest, die den MLS in andere Schätzmethoden einordnen.

(i) Das Maximum-Likelihood-Verfahren für diskrete Zufallsvariablen entspricht dem Substitutionsprinzip.
(ii) Der Kleinste-Quadrate-Schätzer einer allgemeinen Regression unter Normalverteilungsannahme aus Abschnitt 3.2 kann als Maximum-Likelihood-Schätzer betrachtet werden: Für $\boldsymbol{\theta} = (\theta_1, \ldots, \theta_k)^\top$ und

$$Y_i = g_i(\boldsymbol{\theta}) + \epsilon_i, \quad i = 1, \ldots, n$$

mit i.i.d. $\epsilon_1, \ldots, \epsilon_n$ und $\epsilon_i \sim \mathcal{N}(0, \sigma^2)$ ist die Likelihood-Funktion gegeben durch

$$L(\boldsymbol{\theta}, \boldsymbol{x}) = \frac{1}{(2\pi\sigma^2)^{n/2}} \exp\Big(- \frac{1}{2\sigma^2} \sum_{i=1}^{n} (x_i - g_i(\boldsymbol{\theta}))^2 \Big). \tag{3.13}$$

Für alle $\sigma^2 > 0$ ist (3.13) genau dann maximal, wenn

$$\sum_{i=1}^{n} \big(x_i - g_i(\theta_1, \ldots, \theta_r)\big)^2$$

minimal ist. Damit entspricht der Kleinste-Quadrate-Schätzer in diesem Fall dem Maximum-Likelihood-Schätzer.

(iii) In einem Bayesianischen Modell mit endlichem Parameterraum Θ und der Gleichverteilung als a priori-Verteilung für $\boldsymbol{\theta}$, ist der Maximum-Likelihood-Schätzer $\widehat{\boldsymbol{\theta}}$ derjenige Wert von $\boldsymbol{\theta}$, der die höchste a posteriori-Wahrscheinlichkeit besitzt. Gilt $\Theta = [a, b]$ und $\theta \sim U(a, b)$, dann ist der Maximum-Likelihood-Schätzer $\widehat{\theta}$ der Modus der a posteriori-Dichte.

3.5 Anpassungstests

In diesem Buch gehen wir stets von einem parametrischen Modell von der Form $\mathcal{P} = \{\mathbb{P}_{\boldsymbol{\theta}} : \boldsymbol{\theta} \in \Theta\}$ aus. Wie wir in diesem Abschnitt gesehen haben, kann man unter dieser Annahme verschiedene Schätzern herleiten und in den folgenden Kapiteln werden wir deren Optimalitätseigenschaften analysieren. In der praktischen Anwendung muss man die Annahme, dass die Daten dem Modell $\mathcal{P} = \{\mathbb{P}_{\boldsymbol{\theta}} : \boldsymbol{\theta} \in \Theta\}$ entstammen mit einem geeigneten Test überprüfen. Dies führt auf natürliche Weise zu so genannten nichtparametrischen Tests, wie z.B. den χ^2-Anpassungstest oder eine der vielen Varianten des Kolmogorov-Smirnov-Anpassungstests. Für eine praktische Darstellung von Anpassungstests verweisen wir auf Abschnitt 5.1 von Duller (2008). Einige theoretische Aspekte der χ^2-Tests werden bereits in Abschnitt 11.2 und 11.3 von Georgii (2004) erwähnt und eine tiefere Analyse und weitere Literaturhinweise finden sich ab Gleichung (1.61) in Lehmann (2007).

3.6 Aufgaben

A 3.1 *Absolute und quadratische Abweichung*: Zeigen Sie, dass der Erwartungswert $\mathbb{E}(X)$ die Gleichung $x \mapsto \mathbb{E}((X - x)^2)$ minimiert. Der *Median* von X ist eine

Zahl m, für welche $\mathbb{P}(X \geq m) = 1/2 = \mathbb{P}(X \leq m)$ gilt. Nehmen Sie nun an, dass X eine Dichte hat, und zeigen Sie, dass dann der Median von X die Funktion $x \mapsto \mathbb{E}(|X - x|)$ minimiert.

Häufigkeitssubstitution

A 3.2 *Qualitätskontrolle: Häufigkeitssubstitution*: Es werde eine Ladung Bananen untersucht, wobei die untersuchten Bananen jeweils als in Ordnung (1), leicht beschädigt (2) oder stark beschädigt (3) klassifiziert werden. Diese Kategorien kommen jeweils mit den folgenden Wahrscheinlichkeiten vor, wobei $\theta \in (0,1)$ unbekannt und $\alpha \in (0,1)$ bekannt sei:

in Ordnung	leicht beschädigt	stark beschädigt
θ	$\alpha(1-\theta)$	$(1-\alpha)(1-\theta)$

Weiterhin bezeichne N_i die Anzahl der Bananen aus Kategorie $i \in \{1,2,3\}$ in einer Stichprobe der Länge n.

(i) Zeigen Sie, dass $T = 1 - \frac{N_2}{n} - \frac{N_3}{n}$ ein Häufigkeitssubstitutionsschätzer für θ ist.

(ii) Finden Sie einen Häufigkeitssubstitutionsschätzer für den Quotienten $\frac{\theta}{1-\theta}$.

Momentenschätzer

A 3.3 *Momentenschätzer: Beispiele*: Bestimmen Sie mittels der Momentenmethode einen Momentenschätzer für θ bei den folgenden Verteilungen:

(i) Die Gleichverteilung mit Dichte $p_\theta(x) = \mathbb{1}_{\{x\in(-\theta,\theta)\}} \frac{1}{2\theta}$, $\theta > 0$; der Schätzer ist $\widehat{\theta} = \sqrt{\frac{3}{n}\sum_{i=1}^n X_i^2}$.

(ii) Die geometrische Verteilung gegeben durch $\mathbb{P}_\theta(X = k) = \theta\,(1-\theta)^{k-1}$ mit $\theta \in (0,1)$ und $k = 1, 2, \ldots$; der Schätzer ist $\widehat{\theta} = (\bar{X})^{-1}$.

(iii) Die Gamma-Verteilung mit der Dichte $p_\theta(x) = \mathbb{1}_{\{x>0\}} \frac{\theta_1^{\theta_2}}{\Gamma(\theta_2)} x^{\theta_2 - 1}\, e^{-\theta_1 x}$ für $\boldsymbol{\theta} = (\theta_1, \theta_2) \in \mathbb{R}^+ \times \mathbb{R}^+$; der Schätzer ist $\widehat{\boldsymbol{\theta}} = (\widehat{\theta}_1, \widehat{\theta}_2)$ mit

$$\widehat{\theta}_1 = \frac{\bar{X}}{\frac{1}{n}\sum_{i=1}^n X_i^2 - (\bar{X})^2}, \qquad \widehat{\theta}_2 = \frac{(\bar{X})^2}{\frac{1}{n}\sum_{i=1}^n X_i^2 - (\bar{X})^2}.$$

(iv) Die Binomialverteilung $\{\mathrm{Bin}(\theta_1, \theta_2) \,|\, \theta_1 \in \mathbb{N},\, \theta_2 \in [0,1]\}$; der Schätzer ist $\widehat{\boldsymbol{\theta}} = (\widehat{\theta}_1, \widehat{\theta}_2)$mit

$$\widehat{\theta}_1 = \frac{\bar{X}}{1 + \bar{X} - \frac{1}{n\bar{X}} \sum_{i=1}^n X_i^2}, \qquad \widehat{\theta}_2 = 1 + \bar{X} - \frac{1}{n\bar{X}} \sum_{i=1}^n X_i^2.$$

(v) Die Beta-Verteilung Beta$(\theta + 1, 1)$ gegeben durch die Dichte $p_\theta(x) = \mathbb{1}_{\{x \in (0,1)\}}(\theta + 1)x^\theta$; der Schätzer ist

$$\widehat{\theta} = \frac{1 - 2\bar{X}}{\bar{X} - 1}.$$

A 3.4 *Momentenschätzer: Beta-Verteilung*: Die Zufallsvariablen $X_1, \ldots, X_n$ seien i.i.d. Beta-verteilt, d.h. $X_1 \sim \text{Beta}(a, b)$. Bestimmen Sie einen Momentenschätzer für $\boldsymbol{\theta} = (a, b)^\top$.

A 3.5 *Momentenschätzer: Laplace-Verteilung*: Die Stichprobe $X_1, \ldots, X_n$ sei i.i.d. und X_1 sei Laplace-verteilt mit der Dichte

$$p_\theta(x) = \frac{1}{2}\theta e^{-\theta|x|}.$$

Bestimmen Sie einen Momentenschätzer für die Wahrscheinlichkeit $\mathbb{P}(X_1 > c)$ für eine feste Konstante $c \in \mathbb{R}$.

A 3.6 *Momentenschätzer: Weibull-Verteilung*: Seien $X_1, \ldots, X_n$ i.i.d. mit Dichte

$$p(x) = \sqrt{\frac{2\theta^3}{\pi}}\, x^2\, e^{-\frac{\theta}{2}x^2}\, \mathbb{1}_{\{x>0\}},$$

wobei der Parameter $\theta > 0$ unbekannt ist. Berechnen Sie den Momentenschätzer für θ basierend auf dem zweiten Moment.

A 3.7 *Momentenschätzer: AR(1)*: Die Zufallsvariablen $Z_1, \ldots, Z_n$ seien i.i.d. mit $Z_1 \sim \mathcal{N}(0, \sigma^2)$. Die Zeitreihe $(X_i)_{1 \le i \le n}$ heißt *autoregressiv der Ordnung 1* oder *AR(1)*, falls mit $X_0 := \mu$ und für $1 \le i \le n$

$$X_i = \mu + \beta(X_{i-1} - \mu) + Z_i.$$

(i) Verwenden Sie $\mathbb{E}(X_i)$, um einen Momentenschätzer für μ zu finden.

(ii) Nun seien $\mu = \mu_0$ und $\beta = \beta_0$ fix und bekannt und weiterhin

$$U_i := \frac{X_i - \mu_0}{\sqrt{\sum_{j=0}^{i-1} \beta_0^{2j}}}.$$

Verwenden Sie $\mathbb{E}(U_i^2)$, um einen Momentenschätzer für σ^2 zu finden.

A 3.8 *Momentenschätzung hat keinen Zusammenhang zur Suffizienz*: Betrachten Sie dazu die Verteilungsfamilie von zweiseitigen Exponentialverteilungen gegeben durch die Dichte

$$p_\theta(x) = \frac{1}{2}\, e^{-|x-\theta|}, \quad \theta \in \mathbb{R}.$$

Zeigen Sie mit dem ersten Moment, dass $\bar{X}$ ein Momentenschätzer für θ ist. Weisen Sie nach, dass dieser nicht suffizient für θ ist.

A 3.9 *Schätzung der Kovarianz*: Seien $(X_1, Y_1), \ldots, (X_n, Y_n)$ i.i.d. mit der gleichen Verteilung wie der Zufallsvektor (X, Y). Ferner seien die arithmetischen Mittel mit $\bar{X} = \frac{1}{n}\sum_{i=1}^n X_i$ und $\bar{Y} = \frac{1}{n}\sum_{i=1}^n Y_i$ bezeichnet. Zeigen Sie, dass

$$T(\boldsymbol{X}, \boldsymbol{Y}) := \frac{1}{n-1}\sum_{i=1}^n (X_i - \bar{X})(Y_i - \bar{Y})$$

ein unverzerrter Schätzer für $\mathrm{Cov}(X, Y)$ ist (vergleiche dazu Aufgabe 4.29).

Maximum-Likelihood-Schätzer

A 3.10 *Maximum-Likelihood-Schätzer einer gemischten Verteilung*: Seien p_1 und p_2 zwei Dichten. Für jedes $\theta \in [0, 1]$ ist dann die *Mischung* der beiden Verteilungen durch die Dichte

$$p_\theta(x) = \theta\, p_1(x) + (1-\theta)\, p_2(x)$$

gegeben. Betrachten Sie das parametrische Modell $\{p_\theta : \theta \in [0, 1]\}$ und bestimmen Sie eine notwendige und hinreichende Bedingung dafür, dass die Likelihood-Gleichung eine Lösung besitzt. Weisen Sie nach, dass diese Lösung, falls sie existiert, der eindeutige Maximum-Likelihood-Schätzer für θ ist. Was ist der Maximum-Likelihood-Schätzer, wenn die Likelihood-Gleichung keine Lösung besitzt?

A 3.11 *Mischung von Gleichverteilungen*: Seien $X_1, \ldots, X_n$ i.i.d. mit Dichte p_θ und $\theta \in [0, 1]$. Zeigen Sie, dass der Maximum-Likelihood-Schätzer für

$$p_\theta(x) = \theta\, \mathbb{1}_{\{(-1,0)\}}(x) + (1-\theta)\, \mathbb{1}_{\{(0,1)\}}(x)$$

gerade $\widehat{\theta} = \frac{1}{n}\sum_{i=1}^n \mathbb{1}_{\{X_i \in (-1,0)\}}$ ist.

A 3.12 *Maximum-Likelihood-Schätzer: Beispiele*: Bestimmen Sie bei den folgenden Verteilungsfamilien jeweils einen Maximum-Likelihood-Schätzer für θ. Betrachten Sie dazu $X_1, \ldots, X_n$ i.i.d. mit der jeweiligen Verteilung und $X := X_1$.

(i) Die diskrete Gleichverteilung gegeben durch $\mathbb{P}_\theta(X = m) = \theta^{-1}$ für $m = 1, \ldots, \theta$ und mit $\theta \in \mathbb{N}$; der MLS ist $\widehat{\theta} = \max\{X_1, \ldots, X_n\}$.

(ii) Die Gleichverteilung $U(0, \theta)$, hierbei hat X die Dichte

$$\mathbb{1}_{\{x \in (0,\theta)\}}\, \frac{1}{\theta}$$

und $\widehat{\theta} = \max\{X_1, \dots, X_n\}$.

(iii) Die geometrische Verteilung gegeben durch $\mathbb{P}_\theta(X = m) = \theta\,(1-\theta)^{m-1}$ für $m \in \mathbb{N}$ und mit $\theta \in (0,1)$; der MLS ist $\widehat{\theta} = (\bar{X})^{-1}$.

(iv) Die nichtzentrale Exponentialverteilung mit Dichte

$$\frac{1}{\theta_1}\, e^{-\frac{x-\theta_2}{\theta_1}}\, \mathbb{1}_{\{x \geq \theta_2\}}$$

mit $\boldsymbol{\theta} = (\theta_1, \theta_2) \in \mathbb{R}^+ \times \mathbb{R}$. Für $n \geq 2$ ist der MLS $\widehat{\boldsymbol{\theta}} = (\widehat{\theta}_1, \widehat{\theta}_2)$ gegeben durch $\widehat{\theta}_1 = \bar{X} - X_{(1)}$ und $\widehat{\theta}_2 = X_{(1)}$.

(v) Sei X Beta$(\theta+1, 1)$-verteilt, d.h. X hat die Dichte $p_\theta(x) = \mathbb{1}_{\{x \in (0,1)\}}(\theta + 1)x^\theta$. Bestimmen Sie einen Maximum-Likelihood-Schätzer für $g(\theta) := \mathbb{E}_\theta(X^2)$.

(vi) Ist $X_1 \sim \mathcal{N}(\mu, \sigma^2)$ und μ bekannt, so ist der Maximum-Likelihood-Schätzer von σ gerade

$$\widehat{\sigma}^2(\boldsymbol{X}) = \frac{1}{n} \sum_{i=1}^{n} (X_i - \mu)^2.$$

A 3.13 *Exponentialverteilung: MLS und Momentenschätzer*: Seien $X_1, \dots, X_n$ Exponentialverteilt zum Parameter θ. Zeigen Sie, dass $\widehat{\theta} = (\bar{X})^{-1}$ der Maximum-Likelihood-Schätzer als auch ein Momentenschätzer ist.

A 3.14 *Maximum-Likelihood-Schätzer: Zweidimensionale Exponentialverteilung*: Betrachtet werden i.i.d. Zufallsvariablen $(Y_1, Z_1), \dots, (Y_n, Z_n)$. Weiterhin seien Y_1 und Z_1 unabhängig und exponentialverteilt mit Parametern $\lambda > 0$ bzw. $\mu > 0$. Bestimmen Sie den Maximum-Likelihood-Schätzer für (λ, μ).

A 3.15 *Verschobene Gleichverteilung*: Seien $X_1, \dots, X_n$ i.i.d. mit $X_1 \sim U(\theta, \theta+1)$. Der Parameter θ sei unbekannt und $X_{(1)} = \min\{X_1, \dots, X_n\}$ die kleinste Ordnungsgröße der Daten und $\bar{X} := n^{-1} \sum_{i=1}^n X_i$. Betrachten Sie die beiden Schätzer

$$T_1(\boldsymbol{X}) = \bar{X} - \frac{1}{2} \qquad \text{und} \qquad T_2(\boldsymbol{X}) = X_{(1)} - \frac{1}{n+1}.$$

Zeigen Sie, dass beide Schätzer erwartungstreu sind. Berechnen Sie die Varianz der beiden Schätzer.

A 3.16 *Maximum-Likelihood-Schätzer: Weibull-Verteilung*: Seien $X_1, \dots, X_n$ i.i.d. mit der Dichte

$$p(x) = \sqrt{\frac{2\theta^3}{\pi}}\; x^2\, e^{-\frac{\theta}{2}x^2}\, \mathbb{1}_{\{x>0\}},$$

wobei der Parameter $\theta > 0$ unbekannt ist. Finden Sie den Maximum-Likelihood-Schätzer für θ und klären Sie, ob dieser eindeutig ist.

A 3.17 *Zensierte Daten*: In der Medizin kommt es oft vor, dass Lebensdauern in einer Studie nicht beobachtet werden können, etwa weil einige Patienten aus der

Studie aus privaten Gründen ausscheiden. In einem solchen Fall spricht man von *zensierten* Daten (siehe Klein und Moeschberger (2003)). Ein mögliches Modell hierfür erhält man in der Notation von Aufgabe 3.14 wie folgt: Angenommen es werde nur $X_i = \min\{Y_i, Z_i\}$ mit $\Delta_i = \mathbb{1}_{\{X_i = Y_i\}}$ für $i = 1, \ldots, n$ beobachtet. Δ ist der so genannten Zensierungs-Indikator. Ist $\Delta_i = 1$, so beobachtet man die originalen Daten (Y_i). Ist hingegen $\Delta_i = 0$, so ist das Datum zensiert und Y_i wird nicht beobachtet. Setze $D := \sum_{i=1}^n \Delta_i$. Dann sind die MLS für (λ, μ) gegeben durch

$$\widehat{\lambda} = \left(\frac{\sum_{i=1}^n X_i}{D}\right)^{-1}, \qquad \widehat{\mu} = \left(\frac{\sum_{i=1}^n X_i}{n - D}\right)^{-1}.$$

A 3.18 *Lebensdaueranalyse: Rayleigh-Verteilung*: Eine Stichprobe gebe die Restlebensdauer von n Patienten wieder, die unter derselben Krankheit leiden. Dabei seien $X_1, \ldots, X_n$ i.i.d. und Rayleigh-verteilt mit Dichte

$$p_\theta(x) = \mathbb{1}_{\{x>0\}} \frac{2\,x}{\theta}\, e^{-\frac{x^2}{\theta}},$$

wobei der Parameter $\theta > 0$ unbekannt sei.

Geschätzt werden soll die Wahrscheinlichkeit, dass ein Patient eine Restlebensdauer von mindestens t Jahren besitzt. Der MLS von θ ist $T(\boldsymbol{X}) := n^{-1} \sum_{i=1}^n X_i^2$ und der MLS für die Überlebenswahrscheinlichkeit $S(t,\theta) = \mathbb{P}_\theta(X_1 > t)$ ist $\exp(-t^2/T(\boldsymbol{X}))$ für jedes feste $t > 0$. Der MLS für die *Hazard Rate* $\lambda(t,\theta) = \frac{S(t,\theta)}{p_\theta(t)}$ ist $T(\boldsymbol{X})/(2t)$, für jedes feste $t > 0$.

A 3.19 *Die Maximum-Likelihood-Methode zur Gewinnung von Schätzern hat einen Zusammenhang zur Suffizienz*: Sei dazu $\{p_\theta : \theta \in \Theta\}$ ein reguläres statistisches Modell und $T(\mathbf{X})$ eine suffiziente Statistik für θ. Weisen Sie nach, dass ein Maximum-Likelihood-Schätzer für θ eine Funktion von $T(\mathbf{X})$ ist.

Lineare Regression und Kleinste-Quadrate-Schätzer

A 3.20 *Gewichtete einfache lineare Regression*: Finden Sie eine Formel für den Kleinste-Quadrate-Schätzer $\widehat{\boldsymbol{\theta}}^w$ im Modell

$$Y_i = \theta_1 + \theta_2 x_i + \epsilon_i,$$

wobei $\epsilon_1, \ldots, \epsilon_n$ unabhängig seien mit $\epsilon_i \sim \mathcal{N}(0, \sigma^2 w_i)$.

A 3.21 *Lineare Regression: Quadratische Faktoren*: Seien $\epsilon_1, \ldots, \epsilon_n$ i.i.d. und $\epsilon_1 \sim \mathcal{N}(0, \sigma^2)$ mit bekanntem σ^2. Betrachtet werde folgendes lineare Modell

$$Y_i = \frac{\theta}{2} X_i^2 + \epsilon_i, \quad 1 \le i \le n.$$

Bestimmen Sie den Kleinste-Quadrate-Schätzer $\widehat{\theta}$ von θ (das Konfidenzintervall wird in Aufgabe 5.4 bestimmt).

A 3.22 *Gewichteter Kleinste-Quadrate-Schätzer: Normalverteilung*: Man beobachtet eine Realisation $((x_1, y_1), \ldots, (x_n, y_n))$ von $((X_1, Y_1), \ldots, (X_n, Y_n))$. Es werde angenommen, dass $Y_1, \ldots, Y_n$ unabhängig und normalverteilt sind, $Y_i \sim \mathcal{N}\left(\theta_0 + \theta_1 e^{X_i},\ w_i\sigma^2\right)$ mit bekannten Gewichten $w_i > 0$ für $i = 1, \ldots, n$. Finden Sie den gewichteten Kleinste-Quadrate-Schätzer von (θ_0, θ_1). Welche Zielfunktion minimiert dieser Schätzer?

A 3.23 *Beweis von Satz 3.10*: Beweisen Sie die Aussage von Satz 3.10.

A 3.24 *Normalverteilung: Schätzung der Varianz*: Seien $X_1, X_2, \ldots$ i.i.d. mit $X_1 \sim \mathcal{N}(0, \sigma^2)$ für ein $\sigma > 0$. Seien (für gerade Stichprobenanzahl $2n$, mit $n \in \mathbb{N}$)

$$T_1(\mathbf{X}) = \frac{1}{2n} \sum_{i=1}^{2n} |X_i|, \quad T_2(\mathbf{X}) = \sqrt{\frac{1}{2n} \sum_{i=1}^{2n} X_i^2}.$$

Bestimmen Sie zwei Zahlenfolgen a_n und b_n so, dass $a_n T_1(\mathbf{X})$ und $b_n T_2(\mathbf{X})$ erwartungstreue Schätzer für σ sind. (Hinweis: Nutzen Sie die Momente der Normalverteilung aus Aufgabe 1.11) Berechnen Sie die Varianzen der so bestimmten Schätzer $a_n T_1(\mathbf{X})$ und $b_n T_2(\mathbf{X})$.

A 3.25 *Ausreißer*: Es bezeichne $\phi_{\mu,\sigma^2}(x)$ die Dichte einer normalverteilten Zufallsvariable mit Mittelwert μ und Varianz σ^2. Seien $X_1, \ldots, X_n$ i.i.d. Zufallsvariablen mit der Dichte

$$p_\epsilon(x) = (1 - \epsilon)\, \phi_{0,\sigma^2}(x) + \epsilon\, \phi_{z,\,\sigma^2}(x),$$

für vorgegebene $z > 1$, $\sigma > 0$ und ein unbekanntes $\epsilon \in (0, 1)$. Wir fassen $X_1, \ldots, X_n$ als Messfehler auf. Dabei seien manche Messungen ungenau und haben daher einen anderen Mittelwert, wir kennen den Anteil ϵ der verzerrtent Messungen jedoch nicht. Als Maß für die durchschnittliche Fehlerlastigkeit der Messungen betrachten wir die beiden Statistiken

$$T_1(\mathbf{X}) = \frac{1}{n} \sum_{i=1}^{n} |X_i|, \quad \text{und} \quad T_2(\mathbf{X}) = \frac{1}{n} \sum_{i=1}^{n} X_i^2.$$

Berechnen Sie die Erwartungswerte von $T_1(\mathbf{X})$ und $T_2(\mathbf{X})$ und geben Sie (abhängig von den bekannten Parametern σ und z) an, für welche Werte von ϵ die Statistik $T_1(\mathbf{X})$ und für welche Werte von ϵ die Statistik $T_2(\mathbf{X})$ stärker auf die Ausreißer reagiert.

Kapitel 4.
Vergleich von Schätzern: Optimalitätstheorie

Dieses Kapitel beschäftigt sich mit der Optimalität von Schätzern. Hierfür wird der klassische Zugang der Effizienz, welche am mittlerem quadratischen Abstand von dem zu schätzenden Parameter gemessen wird, betrachtet. Es stellt sich heraus, das zusätzlich zu einem Abstandskriterium eine zweite Bedingung, die Unverzerrtheit, gefordert werden muss, um hinreichend allgemeine Aussagen treffen zu können. Wir erhalten das wichtige Resultat, dass unverzerrte Schätzer mit minimaler Varianz nur in exponentiellen Familien existieren in Satz 4.16. Abschließend betrachten wir asymptotische Aussagen.

4.1 Schätzkriterien

In diesem Abschnitt betrachten wir stets das statistische Modell $\mathcal{P} = \{\mathbb{P}_{\boldsymbol{\theta}} : \boldsymbol{\theta} \in \Theta\}$. Ziel ist es, die Qualität eines Schätzers $T = T(\boldsymbol{X})$ für den Parameter $q(\boldsymbol{\theta})$ zu messen.

In einem ersten Ansatz könnte man den Schätzfehler $E := |T(\boldsymbol{X}) - q(\boldsymbol{\theta})|$, d.h. den Abstand des Schätzers zum gesuchten Parameter, betrachten. Dieser Ansatz weißt jedoch folgende Schwierigkeiten auf:

1. Der Schätzfehler E hängt vom unbekannten Parameter $\boldsymbol{\theta}$ ab.
2. E ist zufällig und kann erst nach der Datenerhebung zur Beurteilung herangezogen werden.

Das Ziel dieses Abschnitts wird sein, ein Kriterium zu finden, welches bereits *vor* der Datenerhebung zur Beurteilung eines Schätzers genutzt werden kann. Hierzu mißt man die Qualität des Schätzers $T(\boldsymbol{X})$ anhand der Streuung des Schätzers um das gesuchte $q(\boldsymbol{\theta})$. Dafür kommen unter anderen die

C. Czado, T. Schmidt, *Mathematische Statistik*, Statistik und ihre Anwendungen, DOI 10.1007/978-3-642-17261-8_4,

im Folgenden vorgestellten Maße *mittlerer quadratischer Fehler* und *mittlerer betraglicher Fehler* in Frage.

Wir formulieren die Maße für reellwertige Schätzer. In mehrdimensionalen Schätzproblemen mit $q(\boldsymbol{\theta}) \in \mathbb{R}^d$ betrachtet man den Fehler jeweils komponentenweise. Mit $\mathbb{E}_\theta$ bezeichnen wir wie bisher den Erwartungswert bezüglich des Wahrscheinlichkeitsmaßes $\mathbb{P}_\theta$.

Definition 4.1. Sei $T = T(\boldsymbol{X}) \in \mathbb{R}$ ein Schätzer für $q(\boldsymbol{\theta}) \in \mathbb{R}$. Dann ist der *mittlere quadratische Fehler (MQF)* von T definiert durch

$$R(\boldsymbol{\theta}, T) := \mathbb{E}_{\boldsymbol{\theta}}\left((T(\boldsymbol{X}) - q(\boldsymbol{\theta}))^2\right).$$

Weiterhin heißt

$$b(\boldsymbol{\theta}, T) := \mathbb{E}_{\boldsymbol{\theta}}(T(\boldsymbol{X})) - q(\boldsymbol{\theta})$$

Verzerrung von T. Gilt $b(\boldsymbol{\theta}, T) = 0$ für alle $\boldsymbol{\theta} \in \Theta$, so heißt T *unverzerrt.*

Einen unverzerrten Schätzer nennt man *erwartungstreu.* Im Englischen wird der MQF als „mean squared error“(kurz: MSE) und die Verzerrung als „bias“ bezeichnet. Als Alternative zu dem MQF kann man auch den *mittleren betraglichen Fehler* $\mathbb{E}_{\boldsymbol{\theta}}\left(|T(\boldsymbol{X}) - q(\boldsymbol{\theta})|\right)$ betrachten, was wir an dieser Stelle nicht vertiefen werden. Für den mittleren quadratischen Fehler erhält man:

$$\begin{aligned} R(\boldsymbol{\theta}, T) &= \mathbb{E}_{\boldsymbol{\theta}}\big((T(\boldsymbol{X}) - q(\boldsymbol{\theta}))^2\big) \\ &= \mathbb{E}_{\boldsymbol{\theta}}\left(\left[T(\boldsymbol{X}) - \mathbb{E}_{\boldsymbol{\theta}}(T(\boldsymbol{X})) + \mathbb{E}_{\boldsymbol{\theta}}(T(\boldsymbol{X})) - q(\boldsymbol{\theta})\right]^2\right) \\ &= \mathrm{Var}_{\boldsymbol{\theta}}(T(\boldsymbol{X})) + b^2(\boldsymbol{\theta}, T). \end{aligned}$$

Daraus erhalten wir folgende wichtige Zerlegung des mittleren quadratischen Fehlers in Varianz des Schätzers und Quadrat der Verzerrung:

$$R(\boldsymbol{\theta}, T) = \mathrm{Var}_{\boldsymbol{\theta}}(T(\boldsymbol{X})) + b^2(\boldsymbol{\theta}, T). \tag{4.1}$$

Man erkennt, dass der MQF sowohl von $\boldsymbol{\theta}$ als auch von der Wahl des Schätzers T abhängt. Allerdings ist er nicht zufällig und kann bereits vor der Datenerhebung zur Beurteilung herangezogen werden, mit anderen Worten: Das eingangs erwähnte Problem 2 tritt nicht mehr auf. Die Varianz $\mathrm{Var}_{\boldsymbol{\theta}}(T(\boldsymbol{X}))$ ist ein Maß der Präzision des Schätzers $T(\boldsymbol{X})$.

B 4.1 *MQF für die Normalverteilung*: Seien $X_1, \ldots, X_n$ i.i.d. mit $X_i \sim \mathcal{N}(\mu, \sigma^2)$. Wie bereits in Beispiel 3.21 gezeigt, ist der MLS für $\boldsymbol{\theta} = (\mu, \sigma^2)^\top$ gegeben durch $\widehat{\mu} = \widehat{\mu}(\boldsymbol{X}) := \bar{X}$ und

$$\widehat{\sigma}^2 := \frac{1}{n}\sum_{i=1}^{n}\left(X_i - \bar{X}\right)^2.$$

Ferner ist $\bar{X} \sim \mathcal{N}(\mu, \sigma^2/n)$. Somit folgt, dass für $q(\boldsymbol{\theta}) := \mu$

$$b(\boldsymbol{\theta}, \bar{X}) = \mathbb{E}_{\boldsymbol{\theta}}(\bar{X}) - q(\boldsymbol{\theta}) = \mu - \mu = 0,$$

d.h. das arithmetische Mittel $\bar{X}$ ist ein unverzerrter Schätzer für μ. Für den mittleren quadratischen Fehler erhalten wir

$$R(\boldsymbol{\theta}, \bar{X}) = \operatorname{Var}_{\boldsymbol{\theta}}(\bar{X}) = \frac{\sigma^2}{n} \xrightarrow[n\to\infty]{} 0;$$

er verschwindet mit steigender Stichprobenzahl ($n \to \infty$). Als nächsten Schritt betrachten wir den Schätzer $\widehat{\sigma}^2 = \widehat{\sigma}^2(\boldsymbol{X})$ der Varianz und setzen hierzu $q(\boldsymbol{\theta}) := \sigma^2$. Wir erhalten

$$S := \frac{n\widehat{\sigma}^2}{\sigma^2} = \sum_{i=1}^{n}\left(\frac{X_i - \bar{X}}{\sigma}\right)^2 \sim \chi^2_{n-1}$$

nach Aufgabe 1.34 beziehungsweise Satz 7.14. Damit folgt $\mathbb{E}_{\boldsymbol{\theta}}(S) = n-1$ und $\operatorname{Var}_{\boldsymbol{\theta}}(S) = 2(n-1)$ mit Bemerkung 1.7. Da wir $q(\boldsymbol{\theta}) = \sigma^2$ schätzen, gilt für die Verzerrung, dass

$$b(\boldsymbol{\theta}, \widehat{\sigma}^2) = \frac{\sigma^2}{n}\mathbb{E}_{\boldsymbol{\theta}}\left(\frac{n\widehat{\sigma}^2}{\sigma^2}\right) - \sigma^2 = \frac{\sigma^2 \cdot (n-1)}{n} - \sigma^2 = -\frac{\sigma^2}{n} \xrightarrow[n\to\infty]{} 0,$$

also ist $\widehat{\sigma}^2$ nicht unverzerrt. Immerhin ist $\widehat{\sigma}^2$ *asymptotisch unverzerrt.* Die Verzerrung behebt man allerdings leicht durch Verwendung der Stichprobenvarianz $s^2(\boldsymbol{X})$, wie bereits in Aufgabe 1.3 besprochen. Als MQF für $\widehat{\sigma}^2$ erhält man

$$R(\boldsymbol{\theta}, \widehat{\sigma}^2) = \left(\frac{\sigma^2}{n}\right)^2 \operatorname{Var}_{\boldsymbol{\theta}}\left(\frac{n\widehat{\sigma}^2}{\sigma^2}\right) + \frac{\sigma^4}{n^2} = \frac{\sigma^4(2n-1)}{n^2} \xrightarrow{n\to\infty} 0.$$

Bemerkung 4.2. Oft ist es nicht möglich, Verzerrung und mittleren quadratischen Fehler eines Schätzers zu berechnen und man muss sich mit Approximationen behelfen. Darüber hinaus ist der Vergleich des MQF zweier Schätzer nicht einfach, da häufig die Situation entsteht, dass in verschiedenen Teilen des Parameterraums Θ unterschiedliche Schätzer besser sind. Eine solche Situation ist in Abbildung 4.1 und in dem folgenden Beispiel dargestellt.

B 4.2 *Vergleich von Mittelwertschätzern anhand des MQF*: In diesem Beispiel sollen die beiden Schätzer $T_1 = T_1(\boldsymbol{X}) := \bar{X}$ und $T_2 = T_2(\boldsymbol{X}) := a\bar{X}$, mit einem

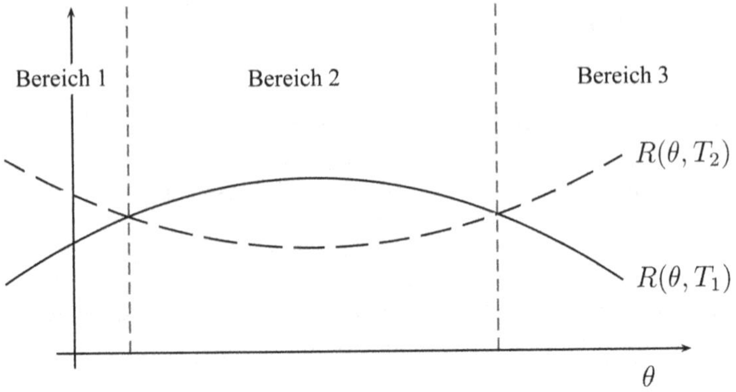

Abb. 4.1 Vergleich des mittleren quadratischen Fehlers zweier Schätzer. In den Bereichen 1 und 3 hat Schätzer T_1 einen geringeren MQF als Schätzer T_2, während die Umkehrung in Bereich 2 der Fall ist.

$a \in (0,1)$ zur Schätzung des Mittelwertes im Normalverteilungsfall untersucht werden. Seien dazu $X_1, \ldots, X_n$ i.i.d. mit $X_i \sim \mathcal{N}(\mu, \sigma^2)$. Wie im Beispiel 3.21 betrachten wir $\boldsymbol{\theta} = (\mu, \sigma^2)^\top$, d.h. Mittelwert und Varianz sind unbekannt. Wir untersuchen die Schätzung von $q(\boldsymbol{\theta}) := \mu$. Dann ist $b(\boldsymbol{\theta}, T_1) = 0$ sowie $R(\boldsymbol{\theta}, T_1) = \sigma^2/n$ nach Beispiel 4.1. Für den Schätzer $T_2 = a\bar{X}$ erhalten wir

$$b(\boldsymbol{\theta}, T_2) = \mathbb{E}_{\boldsymbol{\theta}}(T_2(\boldsymbol{X})) - \mu = a\mu - \mu = (a-1)\mu,$$

und damit ergibt sich der MQF

$$R(\boldsymbol{\theta}, T_2) = \mathrm{Var}_{\boldsymbol{\theta}}(a\,\bar{X}) + \big((a-1)\mu\big)^2 = \frac{a^2\sigma^2}{n} + (a-1)^2\mu^2.$$

Ist $|\mu|$ groß genug, so folgt, dass $R(\boldsymbol{\theta}, T_1) < R(\boldsymbol{\theta}, T_2)$, d.h. Schätzer T_1 ist besser als Schätzer T_2. Ist umgekehrt $|\mu|$ nah genug bei Null, so folgt, dass $R(\boldsymbol{\theta}, T_1) > R(\boldsymbol{\theta}, T_2)$ und somit ist in diesem Fall T_2 besser als T_1. Damit liegt die Situation aus Bemerkung 4.2 vor. Zur Verdeutlichung ist die konkrete Situation in Abbildung 4.2 dargestellt.

Definition 4.3. Ein Schätzer S heißt *unzulässig*, falls es einen Schätzer T gibt, so dass

(i) $R(\boldsymbol{\theta}, T) \le R(\boldsymbol{\theta}, S)$ für alle $\boldsymbol{\theta} \in \Theta$ und
(ii) $R(\boldsymbol{\theta}, T) < R(\boldsymbol{\theta}, S)$ für mindestens ein $\boldsymbol{\theta} \in \Theta$.

Für einen unzulässigen Schätzer S gibt es einen weiteren Schätzer, der besser im Sinne des mittleren quadratischen Fehlers ist. In diesem Fall zieht man

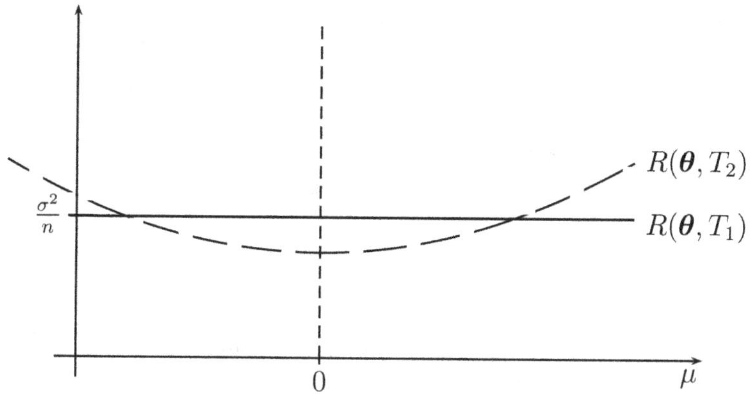

Abb. 4.2 Vergleich des mittleren quadratischen Fehlers bezüglich μ für die Schätzer $T_1 = \bar{X}$ und $T_2 = a\bar{X}$ bei normalverteilten Daten.

den Schätzer T mit dem kleineren MQF vor; aus diesem Grund heißt S unzulässig.

Man ist nun versucht, zu fragen, ob es einen „besten" Schätzer T gibt, für welchen

$$R(\boldsymbol{\theta}, T) \leq R(\boldsymbol{\theta}, S) \tag{4.2}$$

für alle Parameter $\boldsymbol{\theta} \in \Theta$ und für alle Schätzer S gilt. Leider ist dies nicht der Fall, wie man leicht sieht:

B 4.3 *Der perfekte Schätzer*: Man wählt ein beliebiges $\boldsymbol{\theta}_0 \in \Theta$ und betrachtet den Schätzer $S(\boldsymbol{X}) := q(\boldsymbol{\theta}_0)$. Dieser Schätzer nutzt die erhobenen Daten nicht, trifft aber den wahren Parameter perfekt, falls gerade $\boldsymbol{\theta} = \boldsymbol{\theta}_0$. Mit diesem Schätzer gilt, dass

$$R(\boldsymbol{\theta}_0, S) = \mathrm{Var}_{\boldsymbol{\theta}_0}(S(\boldsymbol{X})) + (\mathbb{E}_{\boldsymbol{\theta}_0}(S(\boldsymbol{X})) - q(\boldsymbol{\theta}_0))^2 = 0.$$

Für den perfekten Schätzer T müsste (4.2) erfüllt sein, woraus wegen $R(\boldsymbol{\theta}_0, T) = 0$ folgt, dass

$$R(\boldsymbol{\theta}, T) = 0$$

für alle $\boldsymbol{\theta} \in \Theta$ ist. Dies bedeutet, dass $T(\boldsymbol{X})$ den gesuchten $q(\boldsymbol{\theta})$ für alle $\theta \in \Theta$ perfekt schätzen würde, was in keinem natürlichen Modell möglich ist.

An diesem Beispiel erkennt man, dass es nicht sinnvoll ist alle möglichen Schätzer zu betrachten. Man muss die Klasse der zu betrachtenden Schätzer geeignet einschränken. Eine bereits bekannte und wünschenswerte Eigenschaft ist die Unverzerrtheit eines Schätzers. Für alle unverzerrten Schätzer gilt nach (4.1), dass der mittlere quadratische Fehler sich darstellen lässt als

$$R(\boldsymbol{\theta}, T) = \mathrm{Var}_{\boldsymbol{\theta}}(T(\boldsymbol{X})).$$

Betrachtet man nur die Klasse der unverzerrten Schätzer und beurteilt die Qualität eines Schätzers anhand des mittleren quadratischen Fehlers, so wird zunächst der systematische Fehler (Verzerrung) kontrolliert, bevor die Präzision des Schätzers betrachtet wird.

B 4.4 *Unverzerrte Schätzer*: Haben $X_1, \ldots, X_n$ den Erwartungswert μ, so ist das arithmetische Mittel $\bar{X}$ ein unverzerrter Schätzer für μ, denn

$$\mathbb{E}(\bar{X}) = \frac{1}{n} \sum_{i=1}^{n} \mathbb{E}(X_i) = \mu.$$

Sind die X_i darüber hinaus unabhängig mit $\mathrm{Var}(X_i) = \sigma^2 < \infty$, so ist die Stichprobenvarianz $s^2(\boldsymbol{X})$ ein unverzerrter Schätzer für σ^2, wie in Aufgabe 1.3 gezeigt. Der Schätzer $S(\boldsymbol{X}) = q(\theta_0)$ aus Beispiel 4.3 ist natürlich verzerrt, denn

$$b(\boldsymbol{\theta}, S) - q(\boldsymbol{\theta}) \neq 0$$

für alle $\boldsymbol{\theta} \in \Theta$, welche von $\boldsymbol{\theta}_0$ verschieden sind.

4.2 UMVUE-Schätzer

Erneut gehen wir von dem statistischen Modell $\{\mathbb{P}_{\boldsymbol{\theta}} : \boldsymbol{\theta} \in \Theta\}$ aus. Betrachtet man nur unverzerrte Schätzer, so kann man die Varianz des Schätzers als Maß für die Qualität des Schätzers heranziehen, da unter Unverzerrtheit die Varianz des Schätzers gleich dem mittleren quadratischen Fehler ist. Ein Schätzer ist in diesem Sinn besser als alle anderen unverzerrten Schätzer, falls seine Varianz minimal ist, was zu folgender Optimalitätseigenschaft führt.

Definition 4.4. Ein unverzerrter Schätzer $T(\boldsymbol{X})$ von $q(\boldsymbol{\theta})$ heißt *UMVUE-Schätzer* für $q(\boldsymbol{\theta})$, falls

$$\mathrm{Var}_{\boldsymbol{\theta}}(T(\boldsymbol{X})) \leq \mathrm{Var}_{\boldsymbol{\theta}}(S(\boldsymbol{X}))$$

für alle unverzerrten Schätzer $S(\boldsymbol{X})$ von $q(\boldsymbol{\theta})$ und für alle $\boldsymbol{\theta} \in \Theta$ gilt.

UMVUE steht für Uniformly Minimum Variance Unbiased Estimator. Für einen unverzerrten Schätzer gilt natürlich $R(\boldsymbol{\theta}, T) = \mathrm{Var}_{\boldsymbol{\theta}}(T)$, und somit ist der UMVUE-Schätzer auch derjenige mit dem kleinsten mittleren quadratischen Fehler unter allen unverzerrten Schätzern. Allerdings können eine Reihe von Problemen mit unverzerrten Schätzern auftreten:

- Unverzerrte Schätzer müssen nicht existieren.
- Ein UMVUE-Schätzer muß nicht zulässig zu sein.

- Unverzerrtheit ist nicht invariant unter Transformation, d.h. $\widehat{\boldsymbol{\theta}}$ kann unverzerrt für $\boldsymbol{\theta}$ sein, aber $q(\widehat{\boldsymbol{\theta}})$ ist typischerweise ein verzerrter Schätzer für $q(\boldsymbol{\theta})$.

Diese Aussagen werden in diesem Abschnitt und in den anschließenden Aufgaben vertieft, siehe dazu Bemerkung 4.17.

Im Folgenden soll $q(\boldsymbol{\theta})$ basierend auf $\boldsymbol{X} = (X_1, \ldots, X_n) \sim \mathbb{P}_{\boldsymbol{\theta}}$ geschätzt werden. Sei $T(\boldsymbol{X})$ ein suffizienter Schätzer für $\boldsymbol{\theta}$. Falls $S(\boldsymbol{X})$ ein weiterer Schätzer für $q(\boldsymbol{\theta})$ ist, kann man einen besseren (oder zumindest nicht schlechteren) Schätzer mit Hilfe von $T(\boldsymbol{X})$ wie folgt konstruieren: Da T suffizient ist, hängt die Verteilung bedingt auf $T(\boldsymbol{X})$ nicht von dem Parameter $\boldsymbol{\theta}$ ab und man setzt $\mathbb{E}(S(\boldsymbol{X})|T(\boldsymbol{X})) := \mathbb{E}_{\boldsymbol{\theta}_0}(S(\boldsymbol{X})|T(\boldsymbol{X}))$ für ein beliebiges $\boldsymbol{\theta}_0 \in \Theta$. Schließlich definiert man

$$T^*(\boldsymbol{X}) := \mathbb{E}\big(S(\boldsymbol{X})\big|T(\boldsymbol{X})\big).$$

Im Zusammenhang mit dem folgenden Satz sagt man auch, dass T^* aus S mit Hilfe von T durch *Rao-Blackwellisierung* erzeugt wurde.

Satz 4.5 (Rao-Blackwell). *Sei $T(\boldsymbol{X})$ ein suffizienter Schätzer für $\boldsymbol{\theta}$ und S ein Schätzer mit $\mathbb{E}_{\boldsymbol{\theta}}(|S(\boldsymbol{X})|) < \infty$ für alle $\boldsymbol{\theta} \in \Theta$. Setze $T^*(\boldsymbol{X}) := \mathbb{E}(S(\boldsymbol{X})|T(\boldsymbol{X}))$. Dann gilt für alle $\boldsymbol{\theta} \in \Theta$, dass*

$$\mathbb{E}_{\boldsymbol{\theta}}\Big(\big(T^*(\boldsymbol{X}) - q(\boldsymbol{\theta})\big)^2\Big) \le \mathbb{E}_{\boldsymbol{\theta}}\Big(\big(S(\boldsymbol{X}) - q(\boldsymbol{\theta})\big)^2\Big). \tag{4.3}$$

Gilt darüber hinaus $\mathrm{Var}_{\boldsymbol{\theta}}(S) < \infty$, *so erhält man Gleichheit genau dann, wenn $\mathbb{P}_{\boldsymbol{\theta}}(T^*(\boldsymbol{X}) = S(\boldsymbol{X})) = 1$ für alle $\boldsymbol{\theta} \in \Theta$.*

Beweis. Wir schreiben kurz T für $T(\boldsymbol{X})$ und ebenso für T^* und S. Aus der Definition von T^* folgt $\mathbb{E}_{\boldsymbol{\theta}}(T^*) = \mathbb{E}_{\boldsymbol{\theta}}(\mathbb{E}(S|T)) = \mathbb{E}_{\boldsymbol{\theta}}(S)$ und somit

$$b(\boldsymbol{\theta}, T^*) = \mathbb{E}_{\boldsymbol{\theta}}(T^*) - \boldsymbol{\theta} = \mathbb{E}_{\boldsymbol{\theta}}(S) - \boldsymbol{\theta} = b(\boldsymbol{\theta}, S).$$

Also haben T^* und S die gleiche Verzerrung. Es folgt

$$\begin{aligned}
(4.3) &\Leftrightarrow \mathrm{Var}_{\boldsymbol{\theta}}(T^*) \le \mathrm{Var}_{\boldsymbol{\theta}}(S) \\
&\Leftrightarrow \mathbb{E}_{\boldsymbol{\theta}}\big((\mathbb{E}(S|T) - \mathbb{E}_{\boldsymbol{\theta}}(S))^2\big) \le \mathbb{E}_{\boldsymbol{\theta}}\big((S - \mathbb{E}_{\boldsymbol{\theta}}(S))^2\big) \\
&\Leftrightarrow \mathbb{E}_{\boldsymbol{\theta}}((\mathbb{E}(S|T))^2) \le \mathbb{E}_{\boldsymbol{\theta}}(S^2).
\end{aligned}$$

Mit der Jensenschen Ungleichung aus Satz 1.5 und der Monotonie des Erwartungswertes, siehe Gleichung (1.1), erhält man

$$\mathbb{E}_{\boldsymbol{\theta}}((\mathbb{E}(S|T))^2) \le \mathbb{E}_{\boldsymbol{\theta}}(\mathbb{E}(S^2|T)) = \mathbb{E}_{\boldsymbol{\theta}}(S^2).$$

Gleichheit gilt in der Jensenschen Ungleichung $(\mathbb{E}_{\boldsymbol{\theta}}(S|T))^2 \leq \mathbb{E}_{\boldsymbol{\theta}}(S^2|T)$ genau dann, wenn $S = \mathbb{E}_{\boldsymbol{\theta}}(S|T)$ $\mathbb{P}_{\boldsymbol{\theta}}$-fast sicher ist. Somit folgt der zweite Teil. □

Um Optimalitätsaussagen machen zu können, braucht man das Konzept der Vollständigkeit nach Lehmann und Scheffé. Optimalität wird im Rahmen des Vollständigkeitskonzeptes so verifiziert, dass es für eine vorgegebene suffiziente Statistik $T(\boldsymbol{X})$ im Wesentlichen nur einen von $T(\boldsymbol{X})$ abhängenden, erwartungstreuen Schätzer gibt. Das ist gleichbedeutend mit

$$\mathbb{E}_{\boldsymbol{\theta}}(g_1(T(\boldsymbol{X}))) = \mathbb{E}_{\boldsymbol{\theta}}(g_2(T(\boldsymbol{X}))) \text{ für alle } \boldsymbol{\theta} \in \Theta \;\Rightarrow\; g_1 = g_2.$$

Dies führt zu folgender Definition:

Definition 4.6. Eine Statistik $T(\boldsymbol{X})$ heißt *vollständig*, falls für alle meßbaren reellwertigen Abbildungen g aus

$$\mathbb{E}_{\boldsymbol{\theta}}(g(T(\boldsymbol{X}))) = 0 \text{ für alle } \boldsymbol{\theta} \in \Theta$$

folgt, dass $\mathbb{P}_{\boldsymbol{\theta}}(g(T(\boldsymbol{X})) = 0) = 1$ für alle $\boldsymbol{\theta} \in \Theta$.

Eigentlich ist die Vollständigkeit eine Eigenschaft der Familie von betrachteten Verteilungen $\{\mathbb{P}_{\boldsymbol{\theta}} : \boldsymbol{\theta} \in \Theta\}$ beziehungsweise des betrachteten statistischen Modells. Sie bedeutet, dass Θ hinreichend groß ist, um die Implikation in Definition 4.6 zu erzwingen.

B 4.5 *Vollständigkeit unter Poisson-Verteilung*: Seien $X_1, \ldots, X_n$ i.i.d. mit $X_1 \sim \text{Poiss}(\theta)$ und $\Theta := \mathbb{R}^+$. Nach Tabelle 2.1 und Bemerkung 2.10 ist $T(\boldsymbol{X}) = \sum_{i=1}^n X_i$ suffiziente Statistik für θ. Mit Satz 2.11 erhält man, dass $T(\boldsymbol{X}) \sim \text{Poiss}(n\,\theta)$. Sei g eine Funktion, so dass $\mathbb{E}_\theta(g(T(\boldsymbol{X}))) = 0$ für alle $\theta > 0$ gilt. Dies ist gleichbedeutend mit

$$e^{-n\cdot\theta} \sum_{i=0}^{\infty} g(i) \frac{(n\cdot\theta)^i}{i!} = 0$$

für alle $\theta > 0$. Eine Potenzreihe, die identisch mit 0 in einer Umgebung von 0 ist, muß alle Koeffizienten gleich 0 haben. Somit folgt $g(i) = 0$ für alle $i = 0, 1, 2, \ldots$, was bedeutet, dass T vollständig ist.

Für vollständige suffiziente Statistiken haben wir folgenden wichtigen Satz.

Satz 4.7 (Lehmann-Scheffé). *Sei $T(\boldsymbol{X})$ eine vollständige suffiziente Statistik und $S(\boldsymbol{X})$ ein unverzerrter Schätzer von $q(\boldsymbol{\theta})$. Dann ist*

$$T^*(\boldsymbol{X}) := \mathbb{E}(S(\boldsymbol{X})|T(\boldsymbol{X}))$$

ein UMVUE-Schätzer für $q(\boldsymbol{\theta})$. Falls weiterhin $\mathrm{Var}_{\boldsymbol{\theta}}(T^*(\boldsymbol{X})) < \infty$ für alle $\boldsymbol{\theta} \in \Theta$ gilt, so ist $T^*(\boldsymbol{X})$ der eindeutige UMVUE-Schätzer von $q(\boldsymbol{\theta})$.

Beweis. Da $b(\boldsymbol{\theta}, T^*) = b(\boldsymbol{\theta}, S) = 0$ folgt, dass T^* ein unverzerrter Schätzer für $q(\boldsymbol{\theta})$ ist. Nach dem Satz von Rao-Blackwell, Satz 4.5, gilt dann $\mathrm{Var}_{\boldsymbol{\theta}}(T^*) \leq \mathrm{Var}_{\boldsymbol{\theta}}(S)$. Falls $\mathrm{Var}_{\boldsymbol{\theta}}(S) < \infty$ gilt strikte Ungleichung, falls $T^* \neq S$.

Als nächstes zeigen wir, dass T^* unabhängig von der Wahl von S ist: Seien S_1 und S_2 zwei unverzerrte Schätzer von $q(\boldsymbol{\theta})$. Dann sind $T_i^* := \mathbb{E}(S_i|T(\boldsymbol{X}))) = g_i(T(\boldsymbol{X}))$ für $i = 1, 2$ zwei unverzerrte Schätzer von $q(\boldsymbol{\theta})$, die durch Rao-Blackwellisierung erhalten wurden. Es gilt demnach

$$\mathbb{E}_{\boldsymbol{\theta}}\big(g_1(T(\boldsymbol{X})) - g_2(T(\boldsymbol{X}))\big) = \mathbb{E}_{\boldsymbol{\theta}}(T_1^*) - \mathbb{E}_{\boldsymbol{\theta}}(T_2^*) = q(\boldsymbol{\theta}) - q(\boldsymbol{\theta}) = 0$$

für alle $\boldsymbol{\theta} \in \Theta$. Da T vollständig ist, folgt aus $\mathbb{E}_{\boldsymbol{\theta}}(g_1(T(\boldsymbol{X})) - g_2(T(\boldsymbol{X}))) = 0$ für alle $\theta \in \Theta$, dass $\mathbb{P}_{\boldsymbol{\theta}}(g_1(T(\boldsymbol{X})) = g_2(T(\boldsymbol{X}))) = 1$ für alle $\boldsymbol{\theta} \in \Theta$ und folglich hängt T^* nicht von S ab.

Für die Eindeutigkeit sei $U(\boldsymbol{X})$ ein weiterer UMVUE-Schätzer für $q(\boldsymbol{\theta})$ mit $\mathrm{Var}(U(\boldsymbol{X})) < \infty$. Insbesondere ist U unverzerrt. Da $T^*(\boldsymbol{X})$ unabhängig von der Wahl von $S(\boldsymbol{X})$ ist, gilt

$$\mathbb{P}_{\boldsymbol{\theta}}\big(T^*(\boldsymbol{X}) = \mathbb{E}_{\boldsymbol{\theta}}(U(\boldsymbol{X})|T(\boldsymbol{X}))\big) = 1 \tag{4.4}$$

für alle $\boldsymbol{\theta} \in \Theta$. Da $U(\boldsymbol{X})$ ein UMVUE-Schätzer ist, folgt für alle $\boldsymbol{\theta} \in \Theta$, dass $\mathrm{Var}_{\boldsymbol{\theta}}(U(\boldsymbol{X})) \leq \mathrm{Var}_{\boldsymbol{\theta}}(T^*(\boldsymbol{X}))$ und somit

$$\mathrm{Var}_{\boldsymbol{\theta}}(U(\boldsymbol{X})) = \mathrm{Var}_{\boldsymbol{\theta}}(T^*(\boldsymbol{X}))$$

für alle $\boldsymbol{\theta} \in \Theta$. Nach (4.4) gilt damit Gleichheit in (4.3) mit $U(\boldsymbol{X})$ an der Stelle von $S(\boldsymbol{X})$ und somit folgt $\mathbb{P}_{\boldsymbol{\theta}}(T^*(\boldsymbol{X}) = U(\boldsymbol{X})) = 1$ für alle $\boldsymbol{\theta} \in \Theta$. □

Bemerkung 4.8. Man kann den Satz von Lehmann-Scheffé, Satz 4.7, auf zwei Arten für die Bestimmung von UMVUE-Schätzern verwenden:

(i) Falls man eine Statistik der Form $h(T(\boldsymbol{X}))$ für eine vollständige suffiziente Statistik T findet mit

$$\mathbb{E}_{\boldsymbol{\theta}}\big(h(T(\boldsymbol{X}))\big) = q(\boldsymbol{\theta}),$$

so ist $h(T(\boldsymbol{X}))$ ein UMVUE-Schätzer: Da $\mathbb{E}(h(T(\boldsymbol{X}))|T(\boldsymbol{X})) = h(T(\boldsymbol{X}))$ gilt, kann man den Satz 4.7 mit $S(\boldsymbol{X}) = h(T(\boldsymbol{X}))$ anwenden.

(ii) Findet man einen unverzerrten Schätzer $S(\boldsymbol{X})$ für $q(\boldsymbol{\theta})$, so ist

$$\mathbb{E}(S(\boldsymbol{X})|T(\boldsymbol{X}))$$

der UMVUE-Schätzer für $q(\boldsymbol{\theta})$, falls $T(\boldsymbol{X})$ vollständig und suffizient ist.

Der Nachweis von Vollständigkeit ist oft schwierig, aber für exponentielle Familien hat man folgenden Satz:

Satz 4.9. *Sei $\{\mathbb{P}_{\boldsymbol{\theta}} : \boldsymbol{\theta} \in \Theta\}$ eine K-dimensionale exponentielle Familie und $c(\Theta)$ enthalte ein offenes Rechteck in $\mathbb{R}^k$. Dann ist $\boldsymbol{T}(\boldsymbol{X}) := (T_1(\boldsymbol{X}), \ldots, T_k(\boldsymbol{X}))^\top$ vollständig und suffzient für $q(\boldsymbol{\theta})$.*

Beweis. Für den Beweis im reellen Fall verweisen wir auf Lehmann und Romano (2006), Theorem 4.3.1 auf Seite 142. □

B 4.6 *UMVUE-Schätzer für die Normalverteilung*: Seien $\boldsymbol{X} := (X_1, \ldots, X_n)^\top$ i.i.d. mit $X_1 \sim \mathcal{N}(\mu, \sigma^2)$ und $\boldsymbol{\theta} := (\mu, \sigma^2)^\top$ unbekannt. In Beispiel 3.21 wurden die Maximum-Likelihood-Schätzer für dieses Modell und die Menge $C = c(\Theta) = \mathbb{R} \times \mathbb{R}^-$ aus Satz 3.8 bestimmt. Damit enthält C ein offenes Rechteck. In Beispiel 2.17 wurde gezeigt, dass es sich um eine exponentielle Familie mit suffizienter Statistik

$$\boldsymbol{T}(\boldsymbol{X}) := \left(\sum_{i=1}^n X_i, \sum_{i=1}^n X_i^2\right)^\top$$

handelt. Da das arithmetische Mittel $\bar{X}$ eine Funktion von $\boldsymbol{T}(\boldsymbol{X})$ und weiterhin unverzerrt für $\mu = \theta_1$ ist, folgt mit Satz 4.7, dass $\bar{X}$ eindeutiger UMVUE-Schätzer für μ ist. Ebenso ist die Stichprobenvarianz

$$s^2(\boldsymbol{X}) = \frac{1}{n-1} \sum_{i=1}^n (X_i - \bar{X})^2$$

ein unverzerrter Schätzer für σ^2 nach Aufgabe 1.3. Weiterhin ist sie suffizient, da sie eine Funktion von $\boldsymbol{T}(\boldsymbol{X})$ ist. Damit ist die Stichprobenvarianz der eindeutige UMVUE-Schätzer für σ^2. Allerdings ist $s^2(\boldsymbol{X})$ nicht UMVUE-Schätzer für σ^2, falls der Mittelwert μ bekannt ist, siehe Aufgabe 4.6.

Dass der MLS nicht immer ein UMVUE-Schätzer ist, zeigt folgendes Beispiel:

B 4.7 *UMVUE-Schätzer in der Exponentialverteilung*: In diesem Beispiel betrachten wir die Schätzung von

$$q(\theta) := \mathbb{P}_\theta(X_1 \leq r) = 1 - e^{-\theta r}$$

für einen festen zeitlichen Horizont r. Wir werden zeigen, dass der MLS kein UMVUE-Schätzer für $q(\theta)$ ist. Es seien $X_1, \ldots, X_n$ i.i.d. mit $X_1 \sim \text{Exp}(\theta)$ und $\Theta := \mathbb{R}^+$ (vergleiche hierzu Beispiel 2.8). Man betrachte die Schätzung von $q(\theta)$. Eine Exponentialverteilung mit Parameter θ ist gerade Gamma$(1, \theta)$-verteilt, siehe Definition 1.16. Aus Tabelle 2.1 entnimmt man, dass die Exponentialverteilung eine eindimensionale exponentielle Familie ist mit kanonischer Statistik $T := T(\boldsymbol{X}) = \sum_{i=1}^n X_i$ und $c(\theta) = -\theta$. Damit ist $c(\Theta) = \mathbb{R}^-$ und enthält ein offenes Rechteck. Nach Satz 4.9 ist $T(\boldsymbol{X})$ suffizient und vollständig für θ. Betrachte

$$S(X_1) := \mathbf{1}_{\{X_1 \leq r\}}.$$

Dann ist $\mathbb{E}_\theta(S(X_1)) = \mathbb{P}_\theta(X_1 \leq r) = q(\theta)$ und somit ist $S(X_1)$ unverzerrt für $q(\theta)$. Nach dem Satz von Lehmann-Scheffé, Satz 4.7, ist $T^* = \mathbb{E}(S(X_1)|T)$ ein UMVUE-Schätzer für $q(\theta)$. Wir berechnen T^*. Es gilt, dass

$$\mathbb{E}(S(X_1)\,|\,T) = \mathbb{P}(X_1 \leq r\,|\,T) = \mathbb{P}\left(\frac{X_1}{T} \leq \frac{r}{T}\,\Big|\,T\right).$$

Nun ist X_1/T unabhängig von T nach Aufgabe 1.7 und damit ist

$$\mathbb{P}\left(\frac{X_1}{T} \leq \frac{r}{T}\,\Big|\,T = t\right) = \mathbb{P}\left(\frac{X_1}{T} \leq \frac{r}{t}\,\Big|\,T = t\right).$$

Nach Bemerkung 1.18 ist $\frac{X_1}{T} \sim \text{Beta}(1, n-1)$, da $X_1 \sim \text{Gamma}(1, \theta)$ und $X_2 + \cdots + X_n$ unabhängig von X_1 sind mit $X_2 + \cdots + X_n \sim \text{Gamma}(n-1, \lambda)$. Somit folgt

$$\begin{aligned}\mathbb{E}(S(X_1)\,|\,T = t) = \mathbb{P}\left(\frac{X_1}{T} \leq \frac{r}{t}\,\Big|\,T = t\right) &= \int_0^{r/t} (n-1)(1-u)^{n-2} du \\ &= -(1-u)^{n-1}\Big|_0^{r/t} = 1 - \left(1 - \frac{r}{t}\right)^{n-1}\end{aligned}$$

falls $r \leq t$. Ist $r > t$, so ist $S(X_1) = 1$. Damit erhalten wir den UMVUE-Schätzer für $q(\theta)$ durch

$$T^* = \mathbb{E}(S|T) = \begin{cases} 1 - \left(1 - \frac{r}{T}\right)^{n-1} & \text{falls } T \geq r \\ 1 & \text{falls } T < r \end{cases}.$$

Zum Vergleich: Der Maximum-Likelihood-Schätzer und der Momentenschätzer für θ ist $\widehat{\theta} = (\bar{X})^{-1}$, siehe Aufgabe 3.13. Damit ist der MLS von $q(\theta)$ gegeben durch

$$q(\widehat{\theta}) = 1 - \exp(-\widehat{\theta} r) = 1 - \exp\left(-\frac{nr}{T}\right).$$

Da $T^* \neq q(\widehat{\theta})$, ist der MLS $q(\widehat{\theta})$ kein UMVUE-Schätzer für $q(\theta)$. Allerdings ist $q(\widehat{\theta})$ eine Funktion von T und damit suffizient. Demnach muss $q(\widehat{\theta})$ ein verzerrter Schätzer von $q(\theta)$ sein.

B 4.8 *UMVUE-Schätzer für die Gleichverteilung*: In diesem Beispiel betrachten wir den Fall einer Gleichverteilung, welche keine exponentielle Familie darstellt. Seien dazu $\boldsymbol{X} = (X_1, \dots, X_n)^\top$ i.i.d. mit $X_1 \sim U(0,\theta)$ und $\Theta = \mathbb{R}^+$. Definiere die Ordnungsstatistiken $X_{(1)} := \min\{X_1, \dots, X_n\}$ und $X_{(n)} := \max\{X_1, \dots, X_n\}$ sowie entsprechend für $\boldsymbol{x} \in \mathbb{R}^n$ die beiden Größen $x_{(1)}$ und $x_{(n)}$. Dann ist die Dichte von $\boldsymbol{X}$ gegeben durch

$$p(\boldsymbol{x}, \theta) = \begin{cases} \theta^{-n} & \text{falls } 0 \leq x_{(1)} \leq x_{(n)} \leq \theta \\ 0 & \text{sonst.} \end{cases}$$

Unter Anwendung des Faktorisierungssatzes, Satz 2.7, sieht man, dass $X_{(n)}$ suffizient für θ ist. Wir zeigen nun, dass $X_{(n)}$ auch vollständig ist. Zunächst folgt aus $X_1 \sim U(0,\theta)$, dass $\mathbb{P}_\theta(X_1 \leq t) = t\theta^{-1}\mathbb{1}_{\{0 \leq t \leq \theta\}}$ für $0 \leq t \leq \theta$. Diese Wahrscheinlichkeit beträgt weiterhin 1 für $t > \theta$ und 0 für $t < 0$. Es gilt

$$\mathbb{P}(X_{(n)} \leq t) = \mathbb{P}(X_1 \leq t, \dots, X_n \leq t) = \big(\mathbb{P}(X_1 \leq t)\big)^n$$

und damit erhalten wir folgende Dichte von $X_{(n)}$:

$$\frac{d}{dt}\mathbb{P}_\theta(X_{(n)} \leq t) = n\theta^{-n}t^{n-1} \text{ für } 0 < t < \theta.$$

Für die Anwendung von Satz 4.7 betrachten wir

$$\mathbb{E}_\theta(g(X_{(n)})) = n\theta^{-n} \int_0^\theta g(t)t^{n-1}dt = 0.$$

Damit folgt aus $\mathbb{E}_\theta(g(X_{(n)})) = 0$, dass $g(t) = 0$ Lebesgue-fast sicher für alle $t \geq 0$ ist. Damit ist $X_{(n)}$ vollständig und suffizient. Allerdings ist $X_{(n)}$ verzerrt, da

$$\mathbb{E}_\theta(X_{(n)}) = \frac{n}{\theta^n} \int_0^\theta t^n dt = \frac{n\theta}{n+1} \neq \theta.$$

Die Statistik

$$M = M(\boldsymbol{X}) := \frac{n+1}{n} X_{(n)}$$

ist demnach unverzerrt für θ. Sie ist weiterhin Funktion der vollständigen und suffizienten Statistik $X_{(n)}$. Wegen $\text{Var}(M) < \infty$ ist nach Satz 4.7 M eindeutiger UMVUE-Schätzer für θ.

Bemerkung 4.10 (Weitere Ansätze). Es gibt eine Reihe von Alternativen zu UMVUE, um Optimalitätseigenschaften von Schätzern zu messen.

(i) Der *Bayesianische Ansatz.* Hier betrachtet man $\boldsymbol{\theta}$ als zufällig mit $\boldsymbol{\theta} \sim \pi$ und vergleicht das Verhalten von

$$\mathbb{E}_{\boldsymbol{\theta}}(R(\boldsymbol{\theta}, T)) = \int_{\mathbb{R}^k} R(\boldsymbol{\theta}, T)\pi(\boldsymbol{\theta})d\boldsymbol{\theta}$$

für verschieden Schätzer T. Dieser Ansatz wird beispielsweise in Berger (1985) oder in Lehmann und Casella (1998), in Kapitel 4, behandelt.

(ii) *Minimax-Schätzer.* Bei diesem Ansatz vergleicht man das Maximum $M(T) := \max_{\boldsymbol{\theta} \in \Theta} R(\boldsymbol{\theta}, T)$ für verschiedene Schätzer und sucht T so, dass $M(T)$ minimal ist. Details und Beispiele kann man in Lehmann und Casella (1998), Kapitel 5, und Berger (1985), Kapitel 5, finden.

4.3 Die Informationsungleichung

Im vorigen Abschnitt haben wir unverzerrte Schätzer mit minimaler Varianz gesucht. Im folgenden Abschnitt wird eine untere Schranke für die Varianz entwickelt. Diese kann auch zur Suche von unverzerrten Schätzern mit minimaler Varianz verwendet werden, jedoch ist dieser Ansatz weniger allgemein. Die untere Informationsschranke tritt weiterhin im Zusammenhang mit Optimalitätsbetrachtungen von Schätzern und der asymptotischen Verteilung von Maximum-Likelihood-Schätzern auf. Diese Punkte werden in späteren Abschnitten diskutiert. Im Folgenden untersuchen wir ein eindimensionales reguläres statistisches Modell $\mathcal{P} = \{p(\cdot, \theta) \colon \theta \in \Theta\}$ und nehmen die folgenden Bedingungen an: an:

Cramér-Rao-Regularitätsbedingungen **(CR)**

(i) Die Menge $\Theta \subset \mathbb{R}$ ist offen.

(ii) $A := \{\boldsymbol{x} \in \mathbb{R}^n : p(\boldsymbol{x}, \theta) > 0\}$ hängt nicht von θ ab. Die Ableitung $\frac{\partial}{\partial \theta} \ln p(\boldsymbol{x}, \theta)$ existiert und ist endlich $\forall\, \boldsymbol{x} \in A, \forall \theta \in \Theta$.

(iii) Hat $\boldsymbol{X}$ eine Dichte hat und ist T eine Statistik mit $\mathbb{E}_\theta(|T|) < \infty$ für alle $\theta \in \Theta$, so gilt

$$\frac{\partial}{\partial \theta} \int_{\mathbb{R}^n} T(\boldsymbol{x}) p(\boldsymbol{x}, \theta) d\boldsymbol{x} = \int_{\mathbb{R}^n} \frac{\partial}{\partial \theta} p(\boldsymbol{x}, \theta) T(\boldsymbol{x}) d\boldsymbol{x}.$$

In den folgenden Beweisen konzentrieren wir uns auf den Fall, in welchem Dichten existieren, d.h. die zu $\mathbb{P}_{\boldsymbol{\theta}}$ gehörige Dichte ist $p(\cdot, \theta)$. Analog beweist man den diskreten Fall.

Bemerkung 4.11. Falls durch

$$p(\boldsymbol{x}, \theta) = \mathbb{1}_A(\boldsymbol{x}) \exp\Big(c(\theta)T(\boldsymbol{x}) + d(\theta) + S(\boldsymbol{x})\Big)$$

eine einparametrige exponentielle Familie gegeben ist mit $\frac{\partial}{\partial\theta}c(\theta) \neq 0$ für alle $\theta \in \Theta$ mit $\Theta \subset \mathbb{R}$ offen und stetigem c, dann ist (CR) erfüllt. Dies beweist man mit Hilfe des Satzes 1.34 von der monotonen Konvergenz, siehe Aufgabe 4.1.

Im Folgenden möchten wir die Information, die in Daten enthalten ist, möglichst effizient ausnutzen. Dazu benötigen wir ein Konzept für Information.

Definition 4.12. Die *Fisher-Information* für einen Parameter θ ist gegeben durch

$$I(\theta) := \mathbb{E}_\theta\bigg(\Big(\frac{\partial}{\partial\theta}\ln p(\boldsymbol{X},\theta)\Big)^2\bigg). \tag{4.5}$$

Hat $\boldsymbol{X}$ eine Dichte, so gilt für die Fisher-Information

$$I(\theta) = \int_{\mathbb{R}^n}\Big(\frac{\partial}{\partial\theta}\ln p(\boldsymbol{x},\theta)\Big)^2\cdot p(\boldsymbol{x},\theta)d\boldsymbol{x} = \int_{\mathbb{R}^n}\frac{1}{p(\boldsymbol{x},\theta)}\cdot\Big(\frac{\partial}{\partial\theta}p(\boldsymbol{x},\theta)\Big)^2 d\boldsymbol{x}.$$

Man bezeichnet $\frac{\partial}{\partial\theta}\ln p(\boldsymbol{x},\theta)$ auch als *Einfluss-* oder *Score*-Funktion. Ihr Erwartungswert verschwindet unter den obigen Regularitätsannahmen (CR), denn es gilt

$$\begin{aligned}
\mathbb{E}_\theta\bigg(\frac{\partial}{\partial\theta}\ln p(\boldsymbol{X},\theta)\bigg) &= \int_{\mathbb{R}^n}\frac{\partial}{\partial\theta}\ln p(\boldsymbol{x},\theta)\cdot p(\boldsymbol{x},\theta)d\boldsymbol{x} \\
&= \int_{\mathbb{R}^n}\frac{\partial}{\partial\theta}p(\boldsymbol{x},\theta)d\boldsymbol{x} \\
&= \frac{\partial}{\partial\theta}\bigg(\int_{\mathbb{R}^n}p(\boldsymbol{x},\theta)d\boldsymbol{x}\bigg) = 0.
\end{aligned} \tag{4.6}$$

Analoge Resultate erhält man falls $\boldsymbol{X}$ diskret ist. Die Fisher-Information ist demnach gleich der Varianz der Einflussfunktion,

$$I(\theta) = \mathrm{Var}_\theta\bigg(\frac{\partial}{\partial\theta}\ln p(\boldsymbol{X},\theta)\bigg).$$

Sind $X_1,\dots,X_n$ i.i.d. so erhalten wir mit $\boldsymbol{X} = (X_1,\dots,X_n)^\top$, dass die Fisher-Information der Stichprobe gerade n-mal die Fisher-Information einer einzelnen Zufallsvariable ist:

$$I(\theta) = \mathbb{E}_\theta\bigg(\Big(\sum_{i=1}^n\frac{\partial}{\partial\theta}\ln p(X_i,\theta)\Big)^2\bigg) = n\mathbb{E}_\theta\bigg(\Big(\frac{\partial}{\partial\theta}\ln p(X_1,\theta)\Big)^2\bigg).$$

B 4.9 *Fisher-Information unter Normalverteilung*: Ist X normalverteilt mit unbekanntem Erwartungswert θ und bekannter Varianz σ^2 so erhält man für die Fisher-Information, dass

$$I(\theta) = \frac{1}{\sigma^4}\mathbb{E}_\theta((X-\theta)^2) = \frac{1}{\sigma^2}. \tag{4.7}$$

Je kleiner die Varianz, umso höher der Informationsgehalt, der einer einzelnen Beobachtung zuzuschreiben ist. Somit ist die Fisher-Information für die i.i.d. Stichprobe des Umfangs n gerade $n\sigma^{-2}$.

B 4.10 *Fisher-Information für die Poisson-Verteilung*: Seien $X_1, \dots, X_n$ i.i.d. mit $X_1 \sim \text{Poiss}(\theta)$. Das heißt, die Wahrscheinlichkeitsfunktion ist $p(x,\theta) = e^{-\theta}\frac{\theta^x}{x!}$ für $x \in \{0, 1, 2, \dots\}$. Da

$$\frac{\partial}{\partial\theta}\ln p(x,\theta) = -1 + \frac{x}{\theta},$$

folgt für die Fisher-Information einer Stichprobe von Poisson-verteilten Zufallsvariablen

$$I(\theta) = n\,\text{Var}\left(\frac{\partial}{\partial\theta}\ln p(X_1,\theta)\right) = n\theta^{-2}\cdot\text{Var}(X_1) = \frac{n\theta}{\theta^2} = \frac{n}{\theta}.$$

Satz 4.13. *Sei $T(\boldsymbol{X})$ eine Statistik mit $\text{Var}_\theta(T(\boldsymbol{X})) < \infty$ für alle $\theta \in \Theta$ und $\Psi(\theta) := \mathbb{E}_\theta(T(\boldsymbol{X}))$. Weiterhin sei (CR) erfüllt und $0 < I(\theta) < \infty$ für alle $\theta \in \Theta$. Dann gilt für alle $\theta \in \Theta$, dass $\Psi(\theta)$ differenzierbar ist und*

$$\text{Var}_\theta(T(\boldsymbol{X})) \geq \frac{(\Psi'(\theta))^2}{I(\theta)}. \tag{4.8}$$

Gleichung (4.8) nennt man die *Informationsungleichung*. Die Erweiterung auf den mehrdimensionalen Fall ist Gegenstand von Aufgabe 4.26.

Beweis. Wir führen den Beweis für den Fall in welchem $\boldsymbol{X}$ eine Dichte hat. Zunächst ist unter (CR)

$$\begin{aligned}\Psi'(\theta) &= \frac{\partial}{\partial\theta}\mathbb{E}_\theta(T(\boldsymbol{X})) = \int_{\mathbb{R}^n}\frac{\partial}{\partial\theta}\big(T(\boldsymbol{x})p(\boldsymbol{x},\theta)\big)\,d\boldsymbol{x} \\ &= \mathbb{E}_\theta\Big(T(\boldsymbol{X})\frac{\partial}{\partial\theta}\ln p(\boldsymbol{X},\theta)\Big),\end{aligned}$$

analog zu Gleichung (4.6). Damit erhalten wir

$$
\begin{aligned}
\left(\Psi'(\theta)\right)^2 &= \left(\mathbb{E}_\theta\Big(T(\boldsymbol{X})\frac{\partial}{\partial\theta}\ln p(\boldsymbol{X},\theta)\Big)\right)^2 \\
&\overset{(4.6)}{=} \left(\mathrm{Cov}_\theta\Big(T(\boldsymbol{X}),\,\frac{\partial}{\partial\theta}\ln p(\boldsymbol{x},\theta)\Big)\right)^2 \\
&\leq \mathrm{Var}_\theta(T(\boldsymbol{X}))\cdot\mathrm{Var}_\theta\Big(\frac{\partial}{\partial\theta}\ln p(\boldsymbol{X},\theta)\Big) = \mathrm{Var}_\theta(T(\boldsymbol{X}))\cdot I(\theta)
\end{aligned}
$$

mit der Cauchy-Schwarz-Ungleichung aus (1.3). Da der letzte Term gerade die Fisher-Information ist, folgt die Behauptung. □

Ist $T(\boldsymbol{X})$ ein unverzerrter Schätzer von θ, so ist $\Psi(\theta) = \mathbb{E}_\theta(T(\boldsymbol{X}))) = \theta$ und somit $\Psi'(\theta) = 1$. Damit erhalten wir folgende Aussage.

Korollar 4.14. *Gelten die Bedingungen des Satzes 4.13 und ist T ein* unverzerrter *Schätzer von θ, so erhält man die so genannte* Cramér-Rao-Schranke

$$\mathrm{Var}_\theta(T(\boldsymbol{X})) \geq \frac{1}{I(\theta)}. \tag{4.9}$$

Korollar 4.15. *Sei $\boldsymbol{X} = (X_1,\ldots,X_n)$ mit $X_1,\ldots,X_n$ i.i.d. und die Bedingungen des Satzes 4.13 seien erfüllt. Dann gilt*

$$\mathrm{Var}_\theta(T(\boldsymbol{X})) \geq \frac{(\Psi'(\theta))^2}{n\cdot I_1(\theta)}.$$

Hierbei ist $I_1(\theta) := \mathbb{E}[(\partial/\partial\theta \ln p(X_1,\theta))^2]$ die Information pro Beobachtung.

4.3.1 Anwendung der Informationsungleichung

Falls (CR) erfüllt ist und $T^*(\boldsymbol{X})$ ein unverzerrter Schätzer für $\Psi(\theta) = \mathbb{E}_\theta(T(\boldsymbol{X}))$ ist, so dass

$$\mathrm{Var}_\theta(T^*(\boldsymbol{X})) = \frac{(\Psi'(\theta))^2}{I(\theta)},$$

dann ist $T^*(\boldsymbol{X})$ UMVUE-Schätzer für $\Psi(\theta)$. Überraschenderweise ist die Bedingung, dass die untere Schranke der Informationsungleichung angenommen wird nur in exponentiellen Familien erfüllt, wie folgender Satz zeigt. In anderen Verteilungsklassen gibt es mitunter größere untere Schranken, die Schranke ist dann nicht scharf.

Satz 4.16. *Es gelte (CR) und $T^*(\boldsymbol{X})$ sei ein unverzerrter Schätzer von $\Psi(\theta)$, so dass*

$$\mathrm{Var}_\theta(T^*(\boldsymbol{X})) = \frac{(\Psi'(\theta))^2}{I(\theta)} \tag{4.10}$$

für alle $\theta \in \Theta$. Dann ist $\mathcal{P} = \{p(\cdot,\theta) \colon \theta \in \Theta\}$ eine eindimensionale exponentielle Familie mit

$$p(\boldsymbol{x},\theta) = \mathbb{1}_{\{\boldsymbol{x}\in A\}} \exp\Big(c(\theta)T^*(\boldsymbol{x}) + d(\theta) + S(\boldsymbol{x})\Big). \tag{4.11}$$

Umgekehrt, ist $\{\mathbb{P}_\theta : \theta \in \Theta\}$ eine eindimensionale exponentielle Familie mit Darstellung (4.11) und besitzt $c(\theta)$ stetige Ableitungen mit $c'(\theta) \neq 0$ für alle $\theta \in \Theta$, dann gilt (4.10) und $T^*(\boldsymbol{X})$ ist UMVUE-Schäter von $\mathbb{E}_\theta(T^*(\boldsymbol{X}))$.

Beweis. Für einen Beweis der ersten Aussage sei auf Bickel und Doksum (2001), Theorem 3.4.2, Seite 182 verwiesen. Die zweite Aussage des Satzes ist Gegenstand von Aufgabe 4.17. □

Bemerkung 4.17.

- UMVUE-Schätzer können auch existieren, wenn (CR) nicht erfüllt wird. Ein Beispiel dafür ist $X_1,\dots,X_n$ i.i.d. mit $X_i \sim U(0,\theta)$, siehe Beispiel 4.8.
- Die Informationsschranke braucht nicht angenommen zu werden, auch wenn UMVUE-Schätzer existieren und (CR) erfüllt ist, siehe dazu Aufgabe 4.21.

4.4 Asymptotische Theorie

Die asymptotische Theorie beschäftigt sich mit dem Verhalten von Schätzern, wenn der Stichprobenumfang n immer größer wird, also $n \to \infty$. Hierzu betrachten wir im folgenden Abschnitt $X_1, X_2, \dots$ i.i.d. mit Dichten $p(x,\boldsymbol{\theta})$ und es gelte $q(\boldsymbol{\theta})$ mit $\boldsymbol{\theta} \in \Theta$ zu schätzen.

4.4.1 Konsistenz

Unter einem konsistenten Schätzer versteht man einen Schätzer, welcher mit zunehmenden Stichprobenumfang gegen den gesuchten Parameter konvergiert.

Definition 4.18. Eine Folge von Schätzern $T_n(X_1, \ldots, X_n)$, $n = 1, 2, \ldots$ für $q(\boldsymbol{\theta})$ heißt *konsistent*, falls

$$\mathbb{P}_{\boldsymbol{\theta}}\Big(\big|T_n(X_1, \ldots, X_n) - q(\boldsymbol{\theta})\big| \geq \epsilon\Big) \xrightarrow[n\to\infty]{} 0$$

für alle $\epsilon > 0$ und alle $\boldsymbol{\theta} \in \Theta$.

Für einen konsistenten Schätzer $T_n = T_n(X_1, \ldots, X_n)$ gilt folglich für jedes $\boldsymbol{\theta} \in \Theta$, dass

$$T_n \xrightarrow[n\to\infty]{\mathbb{P}_{\boldsymbol{\theta}}} q(\boldsymbol{\theta}).$$

Bemerkung 4.19 (Starke und schwache Konsistenz)**.** Im Gegensatz zur in der Definition eingeführten (schwachen) Konsistenz verlangt die so genannte starke Konsistenz sogar fast sichere Konvergenz. Ist die betrachtete stochastische Konvergenz schnell genug, so erhält man mit dem Borel-Cantelli Lemma fast sichere Konvergenz und so auch starke Konsistenz (siehe Theorem 1.8 und Lemma 1.5 in Shao (2008)). Umgekehrt folgt aus fast sicherer Konvergenz stets stochastische Konvergenz. Eine nützliche hinreichende Bedingung für Konsistenz findet sich in Aufgabe 4.24.

UMVUE-Schätzer sind immer konsistent, Maximum-Likelihood-Schätzer sind in der Regel auch konsistent; wir verweisen auf Wald (1949) für den eindimensionalen i.i.d. Fall und auf die Kapitel 15 und 16 von Ferguson (1996) für den multivariaten Fall. Im Folgenden werden einige Beispiele vorgestellt, in welchen die Konsistenz jeweils mit dem schwachen Gesetz der großen Zahlen nachgewiesen wird, ein weiteres Beispiel ist in Aufgabe 4.25 zu finden. Die beiden folgenden Beispiele illustrieren den Sachverhalt.

B 4.11 *Konsistente Schätzung der Multinomialverteilung*: Sei $\boldsymbol{N} = (N_1, \ldots, N_k)$ multinomialverteilt, $\boldsymbol{N} \sim M(n, p_1, \ldots, p_k)$. Dies lässt sich äquivalent darstellen durch i.i.d. diskret verteilte Zufallsvariablen $X_1, \ldots, X_n$ mit $\mathbb{P}(X_1 = i) = p_i$, $1 \leq i \leq k$, wenn man $N_i = \sum_{j=1}^n \mathbb{1}_{\{X_j = i\}}$ setzt. Dann gilt nach dem schwachen Gesetz der großen Zahlen (Satz 1.29), dass

$$\frac{N_i}{n} \xrightarrow[n\to\infty]{\mathbb{P}} p_i.$$

Insofern ist ${}^{N_i}\!/_n$ konsistent für p_i für $i = 1, \ldots, k$. Daher ist der Schätzer T_n gegeben durch

$$T_n := h\Big(\frac{N_1}{n}, \ldots, \frac{N_k}{n}\Big)$$

konsistent für $q(\boldsymbol{\theta}) := h(p_1, \ldots, p_k)$ mit $\boldsymbol{\theta} := (p_1, \ldots, p_k)^\top$, falls h eine reellwertige, stetige Funktion ist: Denn nach dem Continuous Mapping Theorem aus Satz 1.27 folgt

$$T_n \xrightarrow{\mathbb{P}} h(p_1, \ldots, p_k).$$

B 4.12 *Konsistenz der Momentenschätzer*: Seien $X_1, X_2, \ldots$ i.i.d. Wir betrachten den Momentenschätzer

$$\widehat{m}_j := \frac{1}{n}\sum_{i=1}^{n} X_i^j$$

für das j-te Moment $m_j(\boldsymbol{\theta}) := \mathbb{E}_{\boldsymbol{\theta}}(X_1^j)$, $j = 1, 2, \ldots$. Es gelte $\mathbb{E}(|X_1^j|) < \infty$. Nach dem starken Gesetz der großen Zahl (Satz 1.30) ist $\widehat{m}_j$ ein konsistenter Schätzer für m_j. Wie im vorigen Beispiel folgt, falls h stetig ist, dass $T_n := h(\widehat{m}_1, \ldots, \widehat{m}_r)$ konsistent ist für $q(\boldsymbol{\theta}) := h(m_1(\boldsymbol{\theta}), \ldots, m_r(\boldsymbol{\theta}))$ aus dem Continous Mapping Theorem (Satz 1.27). Somit ist der Momentenschätzer konsistent für beliebige stetige Funktionen der theoretischen Momente.

Seien $X_1, X_2, \ldots$ i.i.d., die Dichte von X_1 sei $p(\cdot, \boldsymbol{\theta}_0)$ und $\boldsymbol{\theta}_0 \in \Theta \subset \mathbb{R}^k$ sei der wahre Parameterwert. Für die starke Konsistenz von Maximum-Likelihood-Schätzern benötigt man eine Reihe von Voraussetzungen. Den folgenden Satz findet man in Ferguson (1996), Theorem 17 auf Seite 114. Er steht in enger Verbindung zur asymptotischen Normalität von Maximum-Likelihood-Schätzern, welche Gegenstand von Satz 4.26 ist.

Eine Funktion ist oberhalbstetig, falls sie an keinem Punkt nach oben springt, d.h. die Funktion $f : \mathbb{R} \to \mathbb{R}$ heißt *oberhalbstetig* in x_0, falls für jedes $\epsilon > 0$ ein $\delta > 0$ existiert, so dass $f(y) < f(x_0) + \epsilon$ für alle $y \in \mathbb{R}$ mit $|y - x_0| < \delta$. Die Funktion f heißt oberhalbstetig, falls sie oberhalbstetig in allen $x \in \mathbb{R}$ ist.

Satz 4.20. *Gelten*

(i) *Θ ist kompakt.*
(ii) *Die Funktion $\boldsymbol{\theta} \mapsto p(x, \boldsymbol{\theta})$ ist oberhalbstetig in $\boldsymbol{\theta}$ für alle $x \in \mathbb{R}$.*
(iii) *Es existiert eine Funktion $K : \mathbb{R} \to \mathbb{R}$, so dass $\mathbb{E}_{\boldsymbol{\theta}_0}(|K(X_1)|) < \infty$, und $\ln(p(x, \boldsymbol{\theta})) - \ln(p(x, \boldsymbol{\theta}_0)) \le K(x)$ für alle $x \in \mathbb{R}$ und $\boldsymbol{\theta} \in \Theta$.*
(iv) *Für alle $\boldsymbol{\theta} \in \Theta$ und $\epsilon > 0$ ist $\sup_{\boldsymbol{\theta}' : |\boldsymbol{\theta}' - \boldsymbol{\theta}| < \epsilon} p(x, \boldsymbol{\theta}')$ meßbar.*
(v) *Gilt $p(x, \boldsymbol{\theta}) = p(x, \boldsymbol{\theta}_0)$ fast sicher für alle $x \in \mathbb{R}$, so folgt $\boldsymbol{\theta} = \boldsymbol{\theta}_0$.*

Dann folgt für jede Folge von Maximum-Likelihood-Schätzern $\widehat{\boldsymbol{\theta}}(X_n)$, dass

$$\mathbb{P}\Big(\widehat{\boldsymbol{\theta}}(X_n) \xrightarrow[n\to\infty]{} \theta_0\Big) = 1.$$

Bemerkung 4.21. Oberhalbstetigkeit der Dichte in Annahme (ii) des Satzes schließt die Gleichverteilung $U(0,\theta)$ mit ein, denn die Dichte $p(x,\theta) = \theta^{-1}\mathbb{1}_{[0,\theta]}(x)$ ist oberhalbstetig.

4.4.2 Asymptotische Normalität und verwandte Eigenschaften

Für Konfidenzintervalle und Hypothesentests muss man die Verteilung des verwendeten Schätzers kennen. Oft ist dies nicht in expliziter Form möglich, weswegen man sich mit asymptotischen Resultaten hilft. Ist ein Schätzer asymptotisch normal, so kann man seine Verteilung für einen genügend großen Stichprobenumfang durch die Normalverteilung approximieren.

Definition 4.22. Eine Folge von Schätzern $T_n(X_1,\dots,X_n)$, $n=1,2,\dots$ heißt *asymptotisch normalverteilt*, falls Folgen $(\mu_n(\boldsymbol{\theta}),\sigma_n^2(\boldsymbol{\theta}))_{n\geq 1}$ für alle $\boldsymbol{\theta}\in\Theta$ existieren, so dass für alle $\boldsymbol{\theta}\in\Theta$

$$\frac{T_n(X_1,\dots,X_n)-\mu_n(\boldsymbol{\theta})}{\sigma_n(\boldsymbol{\theta})} \xrightarrow[n\to\infty]{\mathscr{L}} \mathcal{N}(0,1).$$

Dies bedeutet, dass der (asymptotisch) zentrierte und standardisierte Schätzer

$$\frac{T_n(X_1,\dots,X_n)-\mu_n(\boldsymbol{\theta})}{\sigma_n(\boldsymbol{\theta})}$$

in Verteilung gegen eine Standardnormalverteilung konvergiert; also per Definition

$$\lim_{n\to\infty}\mathbb{P}\left(\frac{T_n(X_1,\dots,X_n)-\mu_n(\boldsymbol{\theta})}{\sigma_n(\boldsymbol{\theta})}\leq z\right)=\Phi(z),\qquad \forall z\in\mathbb{R},$$

wobei Φ die Verteilungsfunktion der Standardnormalverteilung ist (siehe Satz 1.31). Hierbei muß $\mu_n(\boldsymbol{\theta})$ oder $\sigma_n^2(\boldsymbol{\theta})$ nicht unbedingt der Erwartungswert bzw. die Varianz von T_n sein, was allerdings häufig der Fall ist. Asymptotische Normalität wird auch wie folgt verwendet:

$$\mathbb{P}(T_n(\boldsymbol{X})\leq z)\approx\Phi\left(\frac{z-\mu_n(\boldsymbol{\theta})}{\sigma_n(\boldsymbol{\theta})}\right)\quad \text{für } n \text{ groß genug,} \tag{4.12}$$

d.h. man kann die Verteilungsfunktion von $T_n(\boldsymbol{X})$ an der Stelle z durch $\Phi(^{(z-\mu_n(\boldsymbol{\theta}))}/_{\sigma_n(\boldsymbol{\theta})})$ für ausreichend großes n approximieren.

Asymptotische Normalität allein sagt nichts darüber aus, wie groß n sein muß, damit (4.12) eine gute Approximation ist. In günstigen Fällen hat man (wie beim arithmetischen Mittel) eine Konvergenzgeschwindigkeit von $n^{-1/2}$, das heißt für die asymptotisch normale Schätzfolge $T_1, T_2, \ldots$ mit $\sigma_n^2(\boldsymbol{\theta})$ gilt

$$n \cdot \sigma_n^2(\boldsymbol{\theta}) \xrightarrow[n\to\infty]{} \sigma^2(\boldsymbol{\theta}) > 0 \quad \text{für alle } \boldsymbol{\theta} \in \Theta. \tag{4.13}$$

Falls man eine solche Konvergenzrate hat, so ist man darüber hinaus an der folgenden, stärkeren Bedingung interessiert:

$$\sqrt{n} \cdot \big(\mu_n(\boldsymbol{\theta}) - q(\boldsymbol{\theta})\big) \to 0 \quad \text{für } n \to \infty. \tag{4.14}$$

Gelten (4.13) und (4.14), so kann man $\mu_n(\boldsymbol{\theta})$ durch $q(\boldsymbol{\theta})$ und $\sigma_n^2(\boldsymbol{\theta})$ durch $\sigma^2(\boldsymbol{\theta})/n$ approximieren: Für die Folge von Schätzern $T_n(X_1, \ldots, X_n)$, $n = 1, 2, \ldots$ gilt mit $\mu_n(\boldsymbol{\theta}) := \mathbb{E}_{\boldsymbol{\theta}}(T_n)$ und $\sigma_n^2(\boldsymbol{\theta}) := \mathrm{Var}_{\boldsymbol{\theta}}(T_n)$, dass

$$\frac{R(\boldsymbol{\theta}, T_n)}{\sigma_n^2(\boldsymbol{\theta})} = \frac{\sigma_n^2(\boldsymbol{\theta}) + (\mu_n(\boldsymbol{\theta}) - q(\boldsymbol{\theta}))^2}{\sigma_n^2(\boldsymbol{\theta})} = 1 + \frac{n(\mu_n(\boldsymbol{\theta}) - q(\boldsymbol{\theta}))^2}{n\sigma_n^2(\boldsymbol{\theta})} \xrightarrow[n\to\infty]{} 1,$$

d.h. asymptotisch ist die mittlere quadratische Abweichung gleich der Varianz des Schätzers.

Haben wir einmal einen asymptotisch normalverteilten Schätzer, so interessiert man sich oft für die Verteilung einer bestimmten Funktion des Schätzers. Ist diese Funktion differenzierbar, so erhält man mit der Taylor-Formel die folgende Aussage: Für eine differenzierbare Funktion $\boldsymbol{g} : \mathbb{R}^d \to \mathbb{R}^p$ sei die *totale Ableitung* definiert durch

$$D\boldsymbol{g}(\mathbf{x}) := \begin{pmatrix} \frac{\partial g_1(\boldsymbol{x})}{\partial x_1} & \ldots & \frac{\partial g_1(\boldsymbol{x})}{\partial x_d} \\ \vdots & & \vdots \\ \frac{\partial g_p(\boldsymbol{x})}{\partial x_1} & \ldots & \frac{\partial g_p(\boldsymbol{x})}{\partial x_d} \end{pmatrix}.$$

Satz 4.23 (Multivariate Delta-Methode). *Sei $(\boldsymbol{U}_n)_{n\in\mathbb{N}}$ eine Folge von d-dimensionalen Zufallsvektoren und $(a_n)_{n\in\mathbb{N}}$ eine Folge von reellen Konstanten mit $a_n \to \infty$ für $n \to \infty$. Weiterhin gebe es eine d-dimensionale Zufallsvariable $\mathbf{V}$ und $\mathbf{u} \in \mathbb{R}^d$, so dass*

$$a_n(\boldsymbol{U}_n - \boldsymbol{u}) \xrightarrow{\mathcal{L}} \boldsymbol{V} \text{ für } n \to \infty.$$

Sei $\boldsymbol{g} : \mathbb{R}^d \to \mathbb{R}^p$ eine Abbildung mit existierender und stetiger totaler Ableitung im Punkt $\mathbf{u}$. Dann gilt

$$a_n(g(\boldsymbol{U}_n) - g(\boldsymbol{u})) \xrightarrow{\mathcal{L}} D\boldsymbol{g}(\boldsymbol{u})\boldsymbol{V} \quad \text{für } n \to \infty.$$

Beweis. Den Beweis findet man in Bickel und Doksum (2001), Lemma 5.3.3 auf Seite 319. □

Neben dieser Aussage über die Verteilung des Grenzwertes kann man mit der Taylor-Formel ebenso Aussagen über die Momente des Grenzwertes treffen, was mitunter auch als Delta-Methode bezeichnet wird, siehe Bickel und Doksum (2001), Abschnitt 5.3.1 auf Seite 306. Der eindimensionale Fall ist Gegenstand von Aufgabe 4.27.

B 4.13 *Bernoulli-Verteilung: Asymptotische Normalität*: Seien $X_1, X_2, \ldots$ i.i.d. Bernoulli-verteilt: $X_1 \sim \text{Bin}(1, \theta)$. Das arithmetische Mittel $\bar{X}_n := \frac{1}{n}\sum_{i=1}^n X_i$ ist ein konsistenter Schätzer für $\theta = \mathbb{E}(X_1)$ nach dem schwachen Gesetz der großen Zahl (Satz 1.29). Mit dem zentralen Grenzwertsatz (Satz 1.31), gilt weiterhin

$$\sqrt{n}\frac{\bar{X}_n - \theta}{\sqrt{\theta \cdot (1-\theta)}} \xrightarrow[n\to\infty]{\mathscr{L}} \mathcal{N}(0,1).$$

Aus dem Continuous Mapping Theorem (Satz 1.27) folgt, dass $q(\bar{X}_n)$ ein konsistenter Schätzer für $q(\theta)$ ist, falls q stetig ist. Ist q stetig differenzierbar, so folgt, dass

$$\sqrt{n}(q(\bar{X}_n) - q(\theta)) \xrightarrow{\mathscr{L}} \mathcal{N}\big(0, (q'(\theta))^2\theta \cdot (1-\theta)\big) \tag{4.15}$$

aus Satz 4.23 mit $a_n = \sqrt{n}$ und $g = q$. Nach Gleichung (4.15) gilt für $T_n(\boldsymbol{X}) := q(\bar{X}_n)$, dass $T_n(\boldsymbol{X})$ asymptotisch normalverteilt ist mit $\mu_n(\theta) := q(\theta)$, $\sigma^2(\theta) := (q(\theta))^2\theta(1-\theta)$ und $\sigma_n^2(\theta) = \sigma^2(\theta)/n$. Damit sind die Bedingungen (4.13) und (4.14) erfüllt.

Als unmittelbare Anwendung der Delta-Methode erhalten wir die folgenden beiden Aussagen.

B 4.14 *Multinomialverteilung: Asymptotische Normalität*: Wir betrachten einen Vektor $\boldsymbol{N} = (N_1, \ldots, N_k)^\top$, welcher $M(n, p_1, \ldots, p_k)$-verteilt ist. Setze $\boldsymbol{p} := (p_1, \ldots, p_k)^\top$ und sei $h : \mathbb{R}^k \to \mathbb{R}$ eine Abbildung, so dass $\frac{\partial h(\boldsymbol{p})}{\partial p_i}$ existiere und stetig sei für $i = 1, \ldots, k$. Für $T_n := h\big(\frac{N_1}{n}, \ldots, \frac{N_k}{n}\big)$ wurde in Beispiel 4.11 gezeigt, dass T_n konsistent $h(\boldsymbol{p})$ schätzt.

Die Multinomialverteilung lässt sich durch die Summe von n unabhängigen Zufallsvariablen darstellen: Seien $\boldsymbol{X}_1, \ldots, \boldsymbol{X}_n$ i.i.d. mit Werten in $\{0,1\}^k$ und zwar so, dass $\mathbb{P}(\boldsymbol{X}_1 = \boldsymbol{e}_j) = p_j$ für $j = 1, \ldots, k$, wobei $\boldsymbol{e}_j$ der j-te Einheitsvektor im $\mathbb{R}^d$ sei (der Vektor $\boldsymbol{e}_j$ besteht aus einer Eins in der j-ten Komponente und sonst Nullen). Dann ist

$$\boldsymbol{S}_n := \sum_{i=1}^n \boldsymbol{X}_i$$

gerade $M(n, p_1, \ldots, p_k)$-verteilt. Durch Anwendung des multivariaten zentralen Grenzwertsatzes (Satz 1.33) erhält man nun, dass

$$\frac{\boldsymbol{S}_n - n\boldsymbol{p}}{\sqrt{n}} \xrightarrow[n\to\infty]{\mathscr{L}} \mathcal{N}_k(\boldsymbol{0}, \Sigma)$$

mit $\Sigma = \mathrm{Cov}(X_1)$. Die Kovarianzmatrix Σ ist bestimmt durch $\sigma_{ii} = p_i(1-p_i)$ und $\sigma_{ij} = -p_i p_j$ für $1 \leq i \neq j \leq k$. Das Continuous Mapping Theorem (Satz 1.27) gilt auch (wie dort kurz bemerkt) für Konvergenz in Verteilung. Da h als stetig vorausgesetzt war, erhalten wir, dass

$$\sqrt{n}(T_n - h(p_1, \ldots, p_k)) \xrightarrow[n\to\infty]{\mathscr{L}} \mathcal{N}(0, \sigma_h^2)$$

mit

$$\sigma_h^2 := \sum_{i=1}^k p_i \left[\frac{\partial}{\partial p_i} h(\boldsymbol{p})\right]^2 - \left[\sum_{i=1}^k p_i \frac{\partial}{\partial p_i} h(\boldsymbol{p})\right]^2.$$

B 4.15 *Momentenschätzer: Asymptotische Normalität*: Seien $Y_1, Y_2, \ldots$ i.i.d. mit $\mathbb{E}(|Y_1|^j) < \infty$. Das j-te Moment $m_j := \mathbb{E}((Y_1)^j)$, $j = 1, 2, \ldots$ wird mit dem empirischen j-ten Moment

$$\widehat{m}_j := \frac{1}{n} \sum_{i=1}^n (Y_i)^j$$

geschätzt. Sei $g : \mathbb{R}^r \to \mathbb{R}$ so, dass $\frac{\partial g(\boldsymbol{m})}{\partial \boldsymbol{m}}$ und $\boldsymbol{m} := (m_1, \ldots, m_r)^\top$ existieren. Dann gilt für $T_n := g(\widehat{m}_1, \ldots, \widehat{m}_r)$, dass

$$\sqrt{n}(T_n - g(\boldsymbol{m})) \xrightarrow[n\to\infty]{\mathscr{L}} \mathcal{N}(\mu, \tau_g^2).$$

Hierbei sind

$$\tau_g^2 := \sum_{i=2}^{2r} b_i m_i - \left[\sum_{i=1}^r m_i \frac{\partial}{\partial m_i} g(\boldsymbol{m})\right]^2$$

und

$$b_i := \sum_{j+k=i: 1\leq j,k\leq r} \frac{\partial}{\partial m_j} g(\boldsymbol{m}) \, \frac{\partial}{\partial m_k} g(\boldsymbol{m}).$$

4.4.3 Asymptotische Effizienz und Optimalität

Da wir die Ergebnisse aus Kapitel 4.3 benutzen möchten, betrachten wir lediglich eindimensionale und reguläre statistische Modelle $\mathcal{P} = \{p(\cdot, \theta) : \theta \in \Theta\}$ mit $\Theta \subset \mathbb{R}$. In diesem Abschnitt wird die asymptotische Varianz einer Folge von Schätzern $(T_n)_{n\geq 1}$ gegeben durch $T_n = T_n(X_1, \ldots, X_n)$ untersucht. Die Zufallsvariablen $X_1, X_2, \ldots$ seien i.i.d. Des Weiteren sei $(T_n)_{n\geq 1}$ asymptotisch normalverteilt mit $\mu_n(\theta) := \mathbb{E}_\theta(T_n)$ und $\sigma_n^2(\theta) := \mathrm{Var}_\theta(T_n)$. Ferner gelte asymptotische Unverzerrtheit und (4.13) sowie (4.14) seien erfüllt. Insbesondere existiert $\sigma^2(\theta) := \lim_{n\to\infty} n\sigma_n^2(\theta)$ für alle $\theta \in \Theta \subset \mathbb{R}$. Unter den Cramér-Rao-Regularitätsbedingungen (CR) folgt mit Korollar 4.15, dass

$$\sigma_n^2(\theta) \geq \frac{(\Psi'(\theta))^2}{n \cdot I_1(\theta)}$$

für alle $n \geq 1$ und alle $\theta \in \Theta$. Deswegen erwartet man, dass

$$\liminf_{n\to\infty} \left(\frac{\sigma_n^2(\theta)}{(\Psi'(\theta))^2 \cdot (n \cdot I_1(\theta))^{-1}} \right) \geq 1. \tag{4.16}$$

Insbesondere folgt mit (4.13), dass (4.16) äquivalent ist zu

$$\sigma^2(\theta) \geq \frac{(\Psi'(\theta))^2}{I_1(\theta)}, \qquad \text{für alle } \theta \in \Theta.$$

Dies motiviert folgende Definition.

Definition 4.24. Eine Folge von Schätzern $T = (T_n)_{n\geq 1}$ heißt *asymptotisch effizient*, falls

$$\sigma^2(\theta) = \frac{(\Psi'(\theta))^2}{I_1(\theta)}, \qquad \text{für alle } \theta \in \Theta.$$

Im Allgemeinen sind Maximum-Likelihood-Schätzer und UMVUE-Schätzer asymptotisch effizient, siehe Shao (2008), Abschnitt 4.5.2 oder Bickel und Doksum (2001), Abschnitt 5.4.3 (dort jedoch nur im eindimensionale Fall). Zum Abschluss sollen nun zwei unterschiedliche Schätzfolgen $T^1 = (T_n^1 : n \geq 1)$ und $T^2 = (T_n^2 : n \geq 2)$ verglichen werden. Wiederum gelte, dass T^i asymptotisch normalverteilt seien mit $\mu_n^i(\theta) := \mathbb{E}_\theta(T_n^i)$ und $\sigma_{n,i}^2(\theta) = \mathrm{Var}_\theta(T_n^i)$, $i = 1, 2$. Ferner gelte (4.13) und (4.14) für $\sigma_{n,i}^2$, $i = 1, 2$. Demnach ist

$$\sigma_i^2(\theta) = \lim_{n\to\infty} n\sigma_{n,i}^2(\theta)$$

für alle $\theta \in \Theta$ und $i = 1, 2$. Als Vergleichsmaß für die beiden Schätzfolgen kann man die asymptotische Varianz nutzen.

Die *asymptotische Effizienz* ist durch

$$e(\theta, T^1, T^2) := \frac{\sigma_2^2(\theta)}{\sigma_1^2(\theta)}$$

definiert. Falls $e(\theta, T^1, T^2) > 1$ für alle $\theta \in \Theta$ gilt, so heißt T^1 *asymptotisch effizienter* als T^2.

Bemerkung 4.25. Unter den obigen Annahmen gilt, dass

$$\lim_{n\to\infty} \frac{R(\theta, T_n^2)}{R(\theta, T_n^1)} = \lim_{n\to\infty} \frac{\sigma_{n,2}^2(\theta)}{\sigma_{n,1}^2(\theta)} = e(\theta, T^1, T^2).$$

B 4.16 *Poisson-Verteilung: Effizienz*: Seien $X_1, \dots, X_n$ i.i.d. Poisson-verteilt zum Parameter θ. Die zwei konkurrierenden Schätzer $T_n^1 := \bar{X}_n$ und

$$T_n^2 := \widehat{\sigma}_n^2 = \frac{1}{n} \sum_{i=1}^n \left(X_i - \bar{X}\right)^2$$

sollen anhand ihrer Effizienz verglichen werden. Dabei sind beide Schätzer unverzerrte Schätzer für θ. Die Varianzen sind gegeben durch

$$\sigma_{n1}^2(\theta) = \mathrm{Var}_\theta(\bar{X}_n) = \frac{1}{n^2} \sum_{i=1}^n \mathrm{Var}_\theta(X_i) = \frac{\theta}{n}$$

und nach Aufgabe 1.17 (ii) gilt

$$\sigma_{n2}^2(\theta) = \mathrm{Var}_\theta(\widehat{\sigma}_n^2) = \frac{1}{n}\Big(\mathbb{E}_\theta((X_1 - \theta)^4) - \theta^2\Big) = \frac{1}{n}(\theta + 3\theta^2 - \theta^2) = \frac{\theta \cdot (1 + 2\theta)}{n}.$$

Die Fisher-Information ist gegeben durch

$$I_1(\theta) = \mathbb{E}_\theta\left(\left[\frac{\partial}{\partial\theta} \ln\left(e^{-\theta}\frac{\theta^{X_1}}{X_1!}\right)\right]^2\right) = \mathbb{E}_\theta\left(\left(\frac{X_1}{\theta} - 1\right)^2\right) = \frac{1}{\theta^2}\,\mathrm{Var}_\theta(X_1) = \frac{1}{\theta}.$$

Da der Schätzer T_n^2 unverzerrt ist, gilt wegen $q'(\theta) = 1$, dass

$$\frac{q'(\theta)^2}{n \cdot I_1(\theta)} = \frac{\theta}{n} < \frac{\theta(1 + 2\theta)}{n} = \sigma_{n2}^2(\theta).$$

Somit ist die Folge $(T_n^2)_{n\geq 1}$ nicht asymptotisch effizient. Dahingegen ist die asymptotische Varianz von $T_n^1 = \bar{X}_n$ gerade

$$\sigma_{n1}^2(\theta) = \frac{\theta}{n} = \frac{q'(\theta)^2}{nI_1(\theta)}.$$

Damit gilt (4.14) für $\sigma_1^2(\theta) = \theta = (q'(\theta))^2/I_1(\theta)$; dies zeigt, dass $(\bar{X}_n)_{n\geq 1}$ asymptotisch effizient ist. Die *Effizienz* von $\bar{X}_n$ über $\widehat{\sigma}_n^2$ ist

$$e(\theta, \bar{X}_n, \widehat{\sigma}_n^2) := \frac{\sigma_{2n}^2}{\sigma_{1n}^2} = \frac{\frac{\theta(1+\theta)}{n}}{\frac{\theta}{n}} = \frac{\theta(1+\theta)}{\theta} > 1 \qquad \text{für alle } n.$$

Folglich ist $\bar{X}_n$ effizienter als $\widehat{\sigma}_n^2$ für die Schätzung von θ für alle $n \geq 1$.

4.4.4 Asymptotische Verteilung von Maximum-Likelihood-Schätzern

In diesem Abschnitt werden Resultate über die asymptotische Verteilung von Maximum-Likelihood-Schätzern angegeben. Wir folgen dabei der Darstellung von Ferguson (1996), Kapitel 18. Weitere Resultate finden sich in Schervish (1995) in Abschnitt 7.3.5. und in Shao (2008), Seiten 290 – 293.

Wir betrachten die Zufallsvariablen $X_1, X_2, \ldots$ welche i.i.d. seien, die Dichte von X_1 sei $p(\cdot, \boldsymbol{\theta}_0)$ und $\boldsymbol{\theta}_0 \in \Theta \subset \mathbb{R}^k$ sei der wahre Parameterwert.

Asympotische Regularitätsbedingungen **(AR)**:

(i) Der Parameterraum Θ ist offen.

(ii) Die zweiten partiellen Ableitungen der Dichte $p(\cdot, \boldsymbol{\theta})$ bezüglich $\boldsymbol{\theta}$ existieren und sind stetig für alle $x \in \mathbb{R}$. Weiterhin gilt

$$\frac{\partial^2}{\partial\boldsymbol{\theta}\partial\boldsymbol{\theta}^\top} \int_{\mathbb{R}} p(x, \boldsymbol{\theta})dx = \int_{\mathbb{R}} \frac{\partial^2}{\partial\boldsymbol{\theta}\partial\boldsymbol{\theta}^\top} p(x, \boldsymbol{\theta})dx.$$

(iii) Definiere $A(\boldsymbol{\theta}, x) := \frac{\partial^2}{\partial\boldsymbol{\theta}\partial\boldsymbol{\theta}^\top} \ln p(x, \boldsymbol{\theta})$. Dann existiert eine Funktion $K : \mathbb{R} \to \mathbb{R}^+$ mit $\mathbb{E}_{\boldsymbol{\theta}_0}(K(X_1)) < \infty$ und ein $\epsilon > 0$, so dass für alle $1 \leq i, j \leq k$

$$\sup_{\|\boldsymbol{\theta}-\boldsymbol{\theta}_0\|<\epsilon} |A_{ij}(\boldsymbol{\theta}, x)| < K(x).$$

(iv) Die Fisher-Information pro Beobachtung, gegeben durch die Matrix

$$I_1(\boldsymbol{\theta}) := \mathbb{E}_{\boldsymbol{\theta}} \left(\left(\frac{\partial}{\partial\boldsymbol{\theta}} \ln p_{\boldsymbol{\theta}}(\mathbf{X}) \right) \left(\frac{\partial}{\partial\boldsymbol{\theta}} \ln p_{\boldsymbol{\theta}}(\mathbf{X}) \right)^\top \right),$$

ist positiv definit.

(v) Falls $p(x, \boldsymbol{\theta}) = p(x, \boldsymbol{\theta}_0)$ fast sicher für alle $x \in \mathbb{R}$ gilt, so folgt $\boldsymbol{\theta} = \boldsymbol{\theta}_0$.

Unter diesen Regularitätsbedingungen gilt folgender Satz, welcher auf Cramér zurückgeht. Für den Beweis verweisen wir auf Ferguson (1996), Seite 121. Wir schreiben $\boldsymbol{X}_n$ für den Vektor $(X_1, \dots, X_n)^\top$.

Satz 4.26. *Es gelte (AR). Dann existiert eine Folge* $\widehat{\boldsymbol{\theta}}_n : \mathbb{R}^n \to \Theta$ *von Lösungen der Log-Likelihood-Gleichung* (3.6), *für welche* $\mathbb{P}(\widehat{\boldsymbol{\theta}}_n(\boldsymbol{X}_n) \to \boldsymbol{\theta}_0) = 1$ *gilt, so dass*

$$\sqrt{n}(\widehat{\boldsymbol{\theta}}_n(\boldsymbol{X}_n) - \boldsymbol{\theta}_0) \xrightarrow{\mathscr{L}} \mathcal{N}_k(\boldsymbol{0}, I_1(\boldsymbol{\theta}_0)^{-1}) \tag{4.17}$$

für $n \to \infty$.

Die Existenz einer Folge von stark konsistenten Maximum-Likelihood-Schätzern folgt hierbei aus Satz 4.20.

Bemerkung 4.27. (i) Falls der Maximum-Likelihood-Schätzer durch die eindeutige Lösung der Log-Likelihood-Gleichung charakterisiert ist und die Regularitätsbedingungen (AR) erfüllt sind, dann ist nach Satz 4.26 der Maximum-Likelihood-Schätzer asymptotisch normalverteilt. Es gibt jedoch Situationen in denen es mehrere Lösungen zu den Likelihood-Gleichungen gibt. In diesen Fällen sagt der Satz nur aus, dass es eine Lösung gibt, die asymptotisch normalverteilt ist. Diese Lösung muss jedoch nicht mit dem Maximum-Likelihood-Schätzer übereinstimmen. Dies wird in Ferguson (1996) auf Seite 123 diskutiert und in Schervish (1995) in Abschnitt 7.3.5.

(ii) Falls die Log-Likelihood-Funktion konkav ist und eine Lösung der Score-Gleichungen existiert, dann ist die Lösung eindeutig und stimmt mit dem Maximum-Likelihood-Schätzer überein.

(iii) Die Gleichung (4.17) liefert die asymptotische Effizienz des Schätzers $\widehat{\boldsymbol{\theta}}_n(\boldsymbol{X}_n)$ aus Satz 4.26, siehe Theorem 4.17 (ii) in Shao (2008), Seite 290.

(iv) Die Bedingungen AR (ii) schließt beispielsweise den Fall $X_1 \sim U(0, \theta)$ aus, für welchen in Aufgabe 3.12 das Maximum als MLS erhalten wurde. Das Maximum konvergiert im Sinne der klassischen Extremwerttheorie gegen eine Weibull-Verteilung, siehe Aufgabe 4.34.

(v) Falls der Maximum-Likelihood-Schätzer $\widehat{\boldsymbol{\theta}}_n$ nach Satz 4.26 asymptotisch normal verteilt ist, dann kann man die Kovarianzmatrix von $\widehat{\boldsymbol{\theta}}_n$ durch

$$\frac{1}{n} I_1(\widehat{\boldsymbol{\theta}}_n)^{-1}$$

für genügend große n approximieren. Diese Approximation wird häufig zur Konstruktion von asymptotischen Hypothesentests und Konfidenzintervallen eingesetzt. Hypothesentests und Konfidenzintervalle werden im nächsten Kapitel besprochen.

4.5 Aufgaben

A 4.1 *Die Bedingung (CR) für einparametrige exponentielle Familien*: Für eine einparametrige exponentielle Familie mit

$$p(\boldsymbol{x},\theta) = \mathbb{1}_A(\boldsymbol{x}) \exp\Big(c(\theta)T(\boldsymbol{x}) + d(\theta) + S(\boldsymbol{x})\Big)$$

und differenzierbarem c für welches darüber hinaus $\frac{\partial}{\partial\theta}c(\theta) \neq 0$ für alle $\theta \in \Theta$ gilt sind die Bedingungen (CR) erfüllt.

A 4.2 *Minimal suffiziente und vollständige Statistiken*: Sei T eine vollständige und suffiziente Statistik für $\theta \in \Theta$. Man nehme an, es existiert eine minimal suffiziente (siehe Aufgabe 2.24) Statistik S für θ. Zeigen Sie, dass T minimal suffizient ist und S vollständig.

UMVUE-Schätzer

A 4.3 *Bernoulli-Verteilung: UMVUE*: Seien $X_1,\dots,X_n$ i.i.d. und X_1 Bernoulli(θ)-verteilt. Zeigen Sie, dass der MLS $\bar{X}$ ein UMVUE-Schätzer von θ ist.

A 4.4 *Vollständigkeit und UMVUE*: Seien $X_1,\dots,X_n$ i.i.d., wobei X_1 eine diskrete Zufallsvariable mit Wahrscheinlichkeitsfunktion

$$p_\theta(x) = \mathbb{P}_\theta(X_1 = x) = \left(\frac{\theta}{2}\right)^{|x|}(1-\theta)^{1-|x|},\ x \in \{-1,0,1\},$$

und unbekanntem Parameter $\theta \in (0,1)$ sei. Untersuchen Sie die beiden Schätzer $T_1(\boldsymbol{X}) = X_1$ und $T_2(\boldsymbol{X}) = |X_1|$ auf Vollständigkeit. Bestimmen Sie einen UMVUE-Schätzer für θ.

A 4.5 *Normalverteilung: UMVUE-Schätzer für μ*: Seien $X_1,\dots,X_n$ i.i.d. mit $X_i \sim \mathcal{N}(\mu,\sigma^2)$. Zeigen Sie, dass $\bar{X}$ ein UMVUE-Schätzer für μ ist, falls σ bekannt ist.

A 4.6 *Normalverteilung, μ bekannt: UMVUE für σ^2*: Seien $X_1,\dots,X_n$ i.i.d. mit $X_i \sim \mathcal{N}(\mu_0,\sigma^2)$ und $\mu_0 \in \mathbb{R}$ sei bekannt. Zeigen Sie, dass

$$\widehat{\sigma}^2(\boldsymbol{X}) = \frac{1}{n}\sum_{i=1}^{n}(X_i-\mu_0)^2$$

UMVUE-Schätzer für σ^2 ist.

A 4.7 *Normalverteilung, μ unbekannt: UMVUE für σ^2*: Seien $X_1,\dots,X_n$ i.i.d. mit $X_i \sim \mathcal{N}(\mu,\sigma^2)$ mit $\mu \in \mathbb{R}$ und $\sigma > 0$. Dann ist die Stichprobenvarianz

$$s^2(\boldsymbol{X}) = \frac{1}{n-1}\sum_{i=1}^{n}(X_i-\bar{X})^2$$

ein UMVUE-Schätzer für σ, falls μ unbekannt ist. Ist μ hingegen bekannt, so ist $s^2(\boldsymbol{X})$ kein UMVUE-Schätzer von σ.

A 4.8 *Normalverteilung, UMVUE für* $\mathbb{P}(X > 0)$: Sei $X_1, \dots, X_n$ eine i.i.d. Stichprobe mit $X_1 \sim N(\mu, 1)$. Finden Sie den UMVUE für

$$\mathbb{P}_\mu(X_1 > 0).$$

Hinweis: Betrachten Sie die gemeinsame Verteilung von $(X_1, \bar{X})$.

A 4.9 *Binomialverteilung: UMVUE*: Sei $X \sim \text{Bin}(n, \theta)$. Betrachten Sie den Schätzer $T(X) := \frac{X(n-X)}{n(n-1)}$ und prüfen Sie, ob es sich um einen UMVUE-Schätzer handelt.

A 4.10 *Diskrete Gleichverteilung: UMVUE*: Ziel ist es, ausgehend von einer Stichprobe mit Umfang n, einen UMVUE-Schätzer für die diskrete Gleichverteilung auf der Menge $\{1, 2, \dots, \theta\}$ zu bestimmen. Zeigen Sie zunächst, dass der (eindeutige) Maximum Likelihood Schätzer für θ, $\hat{\theta} = X_{(n)} = \max\{X_1, \dots, X_n\}$, vollständig und suffizient, jedoch verzerrt ist. Bestimmen Sie nun mit der Momentenschätzmethode einen Schätzer für θ, welcher unverzerrt ist. Konstruieren Sie daraus folgenden UMVUE-Schätzer für θ:

$$\hat{\theta} = \frac{X_{(n)}^{n+1} - (X_{(n)} - 1)^{n+1}}{X_{(n)}^n - (X_{(n)} - 1)^n}.$$

A 4.11 *UMVUE: Rayleigh-Verteilung (1)*: Seien $X_1, \dots, X_n$ i.i.d. Rayleigh-verteilt, d.h. mit Dichte $p_\theta(x) = \frac{x}{\theta^2} e^{-\frac{x^2}{2\theta^2}}$ und $\theta > 0$. Zeigen Sie, dass $\mathbb{E}(X_1^2) = \theta^{-1}$ und finden Sie einen UMVUE-Schätzer für θ^{-1}. Klären Sie, ob er eindeutig ist. Zeigen Sie, dass er die untere Schranke der Informationsungleichung annimmt und berechnen Sie $\mathbb{E}(X_1^4)$ mit Hilfe der Informationsungleichung.

A 4.12 *UMVUE: Rayleigh-Verteilung (2)*: Seien $X_1, \dots, X_n$ i.i.d. Rayleigh-verteilt, d.h. mit Dichte $p_\theta(x) = \frac{x}{\theta^2} e^{-\frac{x^2}{2\theta^2}}$ und $\theta > 0$. Finden Sie mit Hilfe der Informationsungleichung einen UMVUE-Schätzer für θ^2.

A 4.13 *UMVUE: Trunkierte Erlang-Verteilung*: Betrachtet werden $X_1, \dots, X_n$ i.i.d., wobei X_1 die Dichte

$$p_\theta(x) = \frac{\alpha + 1}{\theta^{\alpha+1}} \, x^\alpha \, \mathbb{1}_{(0,\theta)}(x),$$

mit bekanntem α und unbekanntem θ besitze. Dies ist ein abgeschnitte Erlang-Verteilung mit Parameter $\lambda = 0$, siehe Tabelle A1. Zeigen Sie, dass

$$\hat{\theta} = \frac{(\alpha + 1)n + 1}{(\alpha + 1)n} X_{(n)}$$

ein UMVUE-Schätzer für θ ist.

A 4.14 *UMVUE: Trunkierte Binomialverteilung*: Die Zufallsvariable X sei trunkiert Binomialverteilt, d.h. für $\theta \in (0,1)$ ist

$$\mathbb{P}_\theta(X=k) = \frac{\binom{n}{k}\,\theta^k(1-\theta)^{n-k}}{1-(1-\theta)^n}, \qquad k \in \{1,\dots,n\}.$$

(i) Zeigen Sie, dass X eine vollständige und suffiziente Statistik ist.
(ii) Berechnen Sie den Erwartungswert von X und zeigen Sie, dass $n^{-1}X$ ein UMVUE-Schätzer für $q(\theta) = \frac{\theta}{1-(1-\theta)^n}$ ist.

A 4.15 *Exponentialverteilung: UMVUE*: Sei $X \sim \operatorname{Exp}(\theta)$ exponentialverteilt. Finden Sie einen UMVUE-Schätzer für $q(\theta) = \frac{1}{\theta^2}$. Zeigen Sie, dass dieser die untere Schranke der Informationsungleichung nicht annimmt.

A 4.16 *UMVUE: Gamma-Verteilung*: Eine Stichprobe $X_1,\dots,X_n$ sei i.i.d. und Gamma-verteilt mit bekanntem Parameter $a>0$ und unbekanntem Parameter $\lambda>0$, d.h. X_1 hat die Dichte

$$p_\lambda(x) = \frac{\lambda^a}{\Gamma(a)} x^{a-1} e^{-\lambda x} \mathbb{1}_{\{x>0\}}.$$

Finden Sie mit Hilfe der Informationsungleichung einen UMVUE-Schätzer für $q(\lambda) := \frac{1}{\lambda}$.

A 4.17 *Exponentielle Familien: UMVUE*: Beweisen Sie folgende Aussage aus Satz 4.16: Ist $\{\mathbb{P}_\theta, \theta \in \Theta\}$ eine eindimensionale exponentielle Familie und besitzt $c(\theta)$ *stetige* Ableitungen mit $c'(\theta) \neq 0$ für alle $\theta \in \Theta$, dann nimmt $T(\boldsymbol{X})$ die Informationsschranke an und ist daher UMVUE von $\mathbb{E}_\theta(T(\boldsymbol{X}))$.
Hinweis: Führen Sie eine Reparametrisierung durch, um eine Darstellung von $\{\mathbb{P}_\theta\}$ als natürliche exponentielle Familie zu erhalten. Zeigen Sie dann, dass die unteren Informationsschranken bei beiden Parametrisierungen gleich sind.

A 4.18 *Ein nicht effizienter Momentenschätzer*: Seien $X_1,\dots,X_n$ i.i.d. mit $X_1 \sim \operatorname{Beta}(\theta,1)$ mit $\theta>0$, d.h. X_1 hat die Dichte

$$p_\theta(x) = \theta(\theta+1)x^{\theta-1}(1-x)\mathbb{1}_{\{x\in(0,1)\}}.$$

(i) Zeigen Sie, dass $T_n = \frac{2\bar{X}}{1-\bar{X}}$ ein Momentenschätzer für θ ist.
(ii) Beweisen Sie weiterhin, dass

$$\frac{\sqrt{n}(T_n-\mu_n(\theta))}{\sigma_n} \xrightarrow[n\to\infty]{\mathscr{L}} \mathcal{N}(0,1),$$

und geben Sie $\mu_n(\theta)$ und $\sigma_n(\theta)$ explizit an.
(iii) Zeigen Sie, dass T_n nicht effizient ist (Kleiner Hinweis: Verwenden Sie $I(\theta) = -\mathbb{E}(\frac{\partial^2}{\partial^2\theta}\ln p_\theta(X))$).

Rao-Blackwell und Cramér-Rao

A 4.19 *Rao-Blackwell:* Seien $X_1, \ldots, X_n$ i.i.d. mit Dichte p_θ für ein unbekanntes $\theta \in \mathbb{R}$. Es gelte zusätzlich $\mathbb{E}_\theta(|X_1|^2) < \infty$ für alle $\theta \in \mathbb{R}$. Berechnen Sie $\mathbb{E}_\theta(X_1 \mid \sum_{i=1}^n X_i)$. Angenommen die Statistik $\sum_{i=1}^n X_i$ ist suffizient für θ und es gebe reelle Zahlen $a_1, \ldots, a_n \in \mathbb{R}$, so dass $\sum_{i=1}^n a_i X_i$ erwartungstreu ist. Zeigen Sie, dass es dann eine Zahl $c \in \mathbb{R}$ gibt, so dass die Statistik $c \sum_{i=1}^n X_i$ erwartungstreu ist und geringere (oder schlimmstenfalls) gleiche Varianz wie $\sum_{i=1}^n a_i X_i$ hat.

A 4.20 *Die Cramér-Rao-Schranke und die Gleichverteilung*: Seien $X_1, \ldots, X_n$ i.i.d. und $X_1 \sim U(0, \theta)$ mit unbekanntem $\theta > 0$. Es bezeichne $I(\theta)$ die Fisher-Information, siehe (4.5). Weisen Sie nach, dass $T(\boldsymbol{X}) = \frac{n+1}{n} X_{(n)}$ ein erwartungstreuer Schätzer für θ ist und

$$\mathrm{Var}_\theta(T(\boldsymbol{X})) < \frac{1}{I(\theta)}, \qquad \text{für alle } \theta > 0.$$

Klären Sie, wieso dies nicht im Widerspruch zur Ungleichung (4.9) (der Cramér-Rao-Schranke) steht.

A 4.21 *Die Cramér-Rao-Schranke ist nicht scharf*: Es ist durchaus möglich, dass ein UMVUE eine größere Varianz als die untere Schranke in (4.9) hat: Betrachtet werden dazu $X_1, \ldots, X_n$ i.i.d. mit $X_1 \sim \mathrm{Poiss}(\theta)$ für unbekanntes $\theta > 0$. Zeigen Sie, dass

$$T(\boldsymbol{X}) = \left(1 - \frac{1}{n}\right)^{\sum_{i=1}^n X_i}$$

ein UMVUE-Schätzer für $g(\theta) = e^{-\theta}$ ist. Zeigen Sie weiterhin, dass die Varianz von $T(\boldsymbol{X})$ die Schranke in der Informationsungleichung (4.8) für kein θ annimmt.

A 4.22 *UMVUE: Laplace-Verteilung*: Die Zufallsvariable X sei Laplace-verteilt mit unbekanntem Parameter $\theta > 0$, d.h. X hat die Dichte $p_\theta(x) = (2\theta)^{-1} e^{-|x|/\theta}$. Finden Sie die UMVUE-Schätzer für θ und θ^2. Überprüfen Sie jeweils, ob die untere Schranke der Informationsungleichung angenommen wird.

A 4.23 *Marshall-Olkin-Copula*: Gegeben seien i.i.d. Zufallsvariablen $\boldsymbol{X}_1, \ldots, \boldsymbol{X}_n$ mit $\boldsymbol{X}_i \in \mathbb{R}^2$. Die Verteilungsfunktion von $\boldsymbol{X}_1$ an der Stelle (x, y) sei

$$F(x, y) = \max\{x, y\}^{1-\alpha} \min\{x, y\}, \qquad x, y \in [0, 1].$$

Der Parameter $\alpha \in [0, 1]$ sei unbekannt. Ziel ist es, α mit Hilfe der Beobachtungen $\boldsymbol{X}_1 = \boldsymbol{x}_1, \ldots, \boldsymbol{X}_n = \boldsymbol{x}_n$ zu schätzen. Ermitteln Sie mit Hilfe der Korrelation der Komponenten des Vektors $\boldsymbol{X}_1 = (X_{1,1}, X_{1,2})^\top$ (siehe Aufgabe 2.6) den Erwartungswert $\mathbb{E}(X_1)$. Bestimmen Sie damit einen Schätzer $T(\boldsymbol{X}_1, \ldots, \boldsymbol{X}_n)$ für α, welcher für $n \to \infty$ fast sicher gegen α konvergiert.

A 4.24 *Hinreichende Bedingungen für Konsistenz*: Seien $X_1, \ldots, X_n$ i.i.d. mit Verteilung $\mathbb{P}_\theta$ und $\theta \in \Theta \subset \mathbb{R}$. Für jedes $n \in \mathbb{N}$ sei $T_n := T(X_1, \ldots, X_n)$ ein Schätzer für θ mit folgenden Eigenschaften:

(i) $\mathbb{E}_\theta(T_n^2) < \infty$ für alle $\theta \in \Theta$ und alle $n \in \mathbb{N}$.
(ii) $\lim_{n\to\infty} \mathbb{E}_\theta(T_n) = \theta$ für alle $\theta \in \Theta$.
(iii) $\lim_{n\to\infty} \mathrm{Var}_\theta(T_n) = 0$ für alle $\theta \in \Theta$.

Dann ist der Schätzer T_n schwach konsistent, d.h. $T_n \xrightarrow{\mathbb{P}} \theta$ für $n \to \infty$.

A 4.25 *Verschobene Gleichverteilung: Konsistenz*: (Fortsetzung von Aufgabe 3.15) Die Zufallsvariablen $X_1, \ldots, X_n$ seien i.i.d. mit $X_1 \sim U(\theta, \theta+1)$. Der Parameter θ sei unbekannt und $X_{(1)} = \min\{X_1, \ldots, X_n\}$ die kleinste Ordnungsgröße der Daten und $\bar{X} := n^{-1} \sum_{i=1}^n X_i$. Betrachten Sie die beiden Schätzer

$$T_1(\boldsymbol{X}) = \bar{X} - \frac{1}{2} \qquad \text{und} \qquad T_2(\boldsymbol{X}) = X_{(1)} - \frac{1}{n+1}.$$

Zeigen Sie, dass $\mathrm{Var}_\theta(T_1(\boldsymbol{X})) = \frac{1}{12 \cdot n}$ und $\mathrm{Var}_\theta(T_2(\boldsymbol{X})) = \frac{n}{(n+1)^2(n+2)}$. Überprüfen Sie die beiden Schätzer auf schwache Konsistenz.

A 4.26 *Mehrdimensionale Informationsungleichung*: Beweisen Sie die Informationsungleichung für eine Verteilung mit k-dimensionalem Parameter $\boldsymbol{\theta}$: Sei $X_1, \ldots, X_n$ i.i.d. mit der Dichte $p_{\boldsymbol{\theta}}$, $\boldsymbol{\theta} \in \Theta \subset \mathbb{R}^k$. Man nehme an, $T(\boldsymbol{X}) \in \mathbb{R}$ sei eine Statistik mit $\mathbb{E}_{\boldsymbol{\theta}}(T(\boldsymbol{X})) = \Psi(\boldsymbol{\theta})$ und $\mathrm{Var}_{\boldsymbol{\theta}}(T(\boldsymbol{X})) < \infty$, wobei Ψ eine differenzierbare Funktion ist. Wir setzen

$$\frac{\partial}{\partial \boldsymbol{\theta}} \Psi(\boldsymbol{\theta}) := \left(\frac{\partial}{\partial \theta_1} \Psi(\boldsymbol{\theta}), \ldots, \frac{\partial}{\partial \theta_k} \Psi(\boldsymbol{\theta}) \right)^\top .$$

Ferner gelten die Regularitätsbedingungen (CR) analog zum einparametrischen Fall. Dann gilt

$$\mathrm{Var}_{\boldsymbol{\theta}}(T(\mathbf{X})) \geq \left(\frac{\partial}{\partial \boldsymbol{\theta}} \Psi(\boldsymbol{\theta}) \right)^\top I(\boldsymbol{\theta})^{-1} \frac{\partial}{\partial \boldsymbol{\theta}} \Psi(\boldsymbol{\theta}) ,$$

wobei

$$I(\boldsymbol{\theta}) := \mathbb{E}_{\boldsymbol{\theta}} \left(\frac{\partial}{\partial \boldsymbol{\theta}} \ln p_{\boldsymbol{\theta}}(\mathbf{X}) \left(\frac{\partial}{\partial \boldsymbol{\theta}} \ln p_{\boldsymbol{\theta}}(\mathbf{X}) \right)^\top \right)$$

positiv definit für alle $\boldsymbol{\theta} \in \Theta$ sei.
Hinweis: Beweisen Sie zuerst folgende Ungleichung:

$$\mathbb{E}(\xi^2) \geq \mathbb{E}(\xi \boldsymbol{\beta}^\top)(\mathbb{E}(\boldsymbol{\beta}\boldsymbol{\beta}^\top))^{-1}\mathbb{E}(\xi \boldsymbol{\beta})$$

für eine Zufallsvariable ξ mit $\mathbb{E}(\xi^2) < \infty$ und einen Zufallsvektor $\boldsymbol{\beta} \in \mathbb{R}^k$, mit $\mathbb{E}(\beta_j^2) < \infty$, $j = 1, \ldots, k$. Verwenden Sie hierzu $0 \leq \mathbb{E}(\xi - \mathbf{z}\boldsymbol{\beta})(\xi - \mathbf{z}\boldsymbol{\beta})^\top$ und wählen Sie den Vektor $\mathbf{z} \in \mathbb{R}^{1 \times k}$ geeignet.

Delta-Methode

A 4.27 *Delta-Methode*: Beweisen Sie folgende Aussage: Sei Z eine Zufallsvariable, $\{X_n\}$ eine Folge reeller Zufallsvariablen und $\{\sigma_n\}$ eine Folge reeller Konstanten mit $\sigma_n \to \infty$ für $n \to \infty$. Außerdem gelte:

(i) $\sigma_n(X_n - \mu) \xrightarrow[n\to\infty]{\mathscr{L}} Z$ für eine Konstante μ.

(ii) $g : \mathbb{R} \to \mathbb{R}$ ist differenzierbar an der Stelle μ mit Ableitung $g'(\mu)$.

Dann gilt:

$$\sigma_n(g(X_n) - g(\mu)) \xrightarrow[n\to\infty]{\mathscr{L}} g'(\mu)Z.$$

Hinweis: Aus (i) folgt $X_n - \mu \xrightarrow{\mathbb{P}} 0$. Zeigen Sie dies zuerst und beweisen Sie damit $(g(X_n) - g(\mu) - g'(\mu)(X_n - \mu))(X_n - \mu)^{-1} \xrightarrow{\mathbb{P}} 0$. Folgern Sie hieraus die Richtigkeit der Behauptung.

A 4.28 *Delta-Methode: Transformation von $\bar{X}$*: Seien $X_1, \ldots, X_n$ i.i.d. mit $\mathbb{E}(X_1^2) < \infty$ und $T_n := g(\bar{X}_n)$. Weiterhin sei g differenzierbar an der Stelle $\mathbb{E}(X_1)$. Beweisen Sie, dass

$$\sqrt{n}(T_n - g(\mathbb{E}(X_1))) \xrightarrow{\mathscr{L}} \mathcal{N}(0, \tau_g^2)$$

mit

$$\tau_g^2 = (g'(\mathbb{E}(X_1))^2\mathbb{E}(X_1^2) - (\mathbb{E}(X_1)g'(\mathbb{E}(X_1))^2 = \left(g'(\mathbb{E}(X_1))\right)^2 \mathrm{Var}(X_1)$$

gilt.

A 4.29 *Delta-Methode: Schätzung der Kovarianz*: Seien $(X_1, Y_1), \ldots, (X_n, Y_n)$ i.i.d. Ferner sei $\bar{X} = \frac{1}{n}\sum_{i=1}^n X_i$ und $\bar{Y} = \frac{1}{n}\sum_{i=1}^n Y_i$. Der Momentenschätzer für $\mathrm{Cov}(X_1, Y_1)$ ist gegeben durch

$$T_n = T(\boldsymbol{X}, \boldsymbol{Y}) := \frac{1}{n}\sum_{i=1}^n (X_i - \bar{X})(Y_i - \bar{Y}).$$

Zeigen Sie, dass $\sqrt{n}\,(T_n - \mathrm{Cov}(X_1, Y_1))$ asymptotisch $\mathcal{N}(0, \gamma^2)$ normalverteilt ist falls nur $E(X_1^4) < \infty$ und $E(Y_1^4) < \infty$. Drücken Sie die asymptotische Varianz γ^2 explizit durch Momente von (X_1, Y_1) aus.

Hinweis: Verwenden Sie die Substitutionen $U_i = X_i - E(X_1)$, $V_i = Y_i - E(Y_1)$ für $i = 1, \ldots, n$, die multivariate Delta-Methode und den multivariaten zentralen Grenzwertsatz, Satz 1.33 (vergleiche Aufgabe 3.9).

Das zugehörige Konfidenzintervall wird in Aufgabe 5.7 bestimmt.

Asymptotische Aussagen

A 4.30 *Asymptotik: Log-Normalverteilung*: Seien $X_1, \ldots, X_n$ i.i.d. und *log-normalverteilt*, d.h. $\ln(X_1) \sim \mathcal{N}(\mu, \sigma^2)$. Wir nehmen an, dass $\mu = \sigma^2 =: \theta > 0$ und der Parameter θ unbekannt ist. Bestimmen Sie den Maximum-Likelihood-Schätzer $\widehat{\theta}$ für θ und entscheiden Sie, ob dieser eindeutig ist. Berechnen Sie die asymptotische Verteilung von $\widehat{\theta}$.

A 4.31 *Asymptotische Effizienz: Beispiel*: Seien $X_1, \ldots, X_n$ i.i.d. mit $\mathbb{E}(X_1) = \mu \neq 0$, $\mathrm{Var}(X_1) = 1$ und $\mathbb{E}(X_1^4) < \infty$. Der Erwartungswert μ sei unbekannt. Ferner seien

$$T_1 = n^{-1} \sum_{i=1}^{n} (X_i^2 - 1) \qquad \text{und} \qquad T_2 = \bar{X}^2 - n^{-1}$$

zwei Schätzer für μ^2, wobei $\bar{X}$ der arithmetische Mittelwert ist. Zeigen Sie, dass T_1 und T_2 asymptotisch normalverteilt sind und berechnen Sie deren asymptotische Erwartung und Varianz. Berechnen Sie die asymptotische Effizienz von T_1 zu T_2. Zeigen Sie, dass die asymptotische Effizienz von T_1 zu T_2 nicht größer ist als 1, falls die Verteilung von $X_1 - \mu$ um 0 symmetrisch ist.

A 4.32 *Beispiele*: Finden Sie den Maximum-Likelihood-Schätzer und seine asymptotische Verteilung, wenn $X_1, \ldots, X_n$ i.i.d. sind und

(i) X_1 die Dichte $p(x, \theta) = \mathbb{1}_{\{x \in (0,1)\}} \theta x^{\theta - 1}$ für $\theta > 0$ hat,

(ii) X_1 die Wahrscheinlichkeitsfunktion $p(x, \theta) = \mathbb{1}_{\{x \in \mathbb{N}\}} (1 - \theta) \theta^x$ für $\theta \in (0, 1)$ hat. Hier ist $\mathbb{N} = \{1, 2, \ldots\}$.

A 4.33 *Doppelt-Exponentialverteilung: Asymptotik*: Seien $X_1, \ldots, X_n$ i.i.d. und die Dichte von X_1 sei gegeben durch

$$p(x, \theta_1, \theta_2) = \frac{1}{\theta_1 + \theta_2} \begin{cases} e^{-\frac{x}{\theta_1}}, & \text{falls } x > 0, \\ e^{-\frac{x}{\theta_2}}, & \text{falls } x \leq 0. \end{cases}$$

(i) Beschreiben Sie die Likelihood-Funktion mit Hilfe der suffizienten Statistiken $S_1(\boldsymbol{X}) := \sum_{i=1}^n X_i \mathbb{1}_{\{X_i > 0\}}$ und $S_2(\boldsymbol{X}) := -\sum_{i=1}^n X_i \mathbb{1}_{\{X_i < 0\}}$.

(ii) Finden Sie die Maximum-Likelihood-Schätzer $\widehat{\theta}_1$ und $\widehat{\theta}_2$ als Lösungen der Score-Gleichungen.

(iii) Bestimmen Sie die Fisher-Informationsmatrix und damit die gemeinsame asymptotische Verteilung von $\widehat{\theta}_1$ und $\widehat{\theta}_2$.

A 4.34 *Gleichverteilung: Asymptotik des MLS*: Seien $X_1, X_2, \ldots$ i.i.d. und $M_n := \max\{X_1, \ldots, X_n\}$. Kann man Folgen (c_n) und (d_n) reeller Zahlen finden mit $c_n > 0, n \in \mathbb{N}$, so dass

$$\mathbb{P}\left(\frac{M_n - d_n}{c_n} \leq x \right) \xrightarrow[n \to \infty]{} H(x), \tag{4.18}$$

für alle $x \in \mathbb{R}$ und einer Verteilungsfunktion H, so sagt man, dass die Verteilung von X_1 in der „Maximum Domain of Attraction" von H liegt. Nach dem Fisher-Tipett Theorem kommt hierfür nur die verallgemeinerte Extremwertverteilung (GEV - Generalized Extreme Value Distribution) definiert durch

$$H_\xi(x) := \begin{cases} \exp\left(-(1+\xi x)^{-1/\xi}\right) & \xi \neq 0\,, \\ \exp\left(-e^{-x}\right) & \xi = 0, \end{cases}$$

mit $1 + \xi x > 0$ in Frage. Ist $\xi = 0$, so handelt es sich um eine Gumbel-Verteilung, für $\xi > 0$ um eine Fréchet-Verteilung und für $\xi < 0$ um eine Weibull-Verteilung.

1. Zeigen Sie, dass der MLS von θ für $X_1 \sim U(0, \theta)$ durch M_n gegeben ist (Dies ist kein UMVUE-Schätzer nach Beispiel 4.8).
2. Zeigen Sie, dass M_n in diesem Fall in der Maximum Domain of Attraction der Weibull-Verteilung liegt, d.h. bestimmen Sie Folgen (c_n) und (d_n), so dass (4.18) mit einem $\xi < 0$ gilt.

Kapitel 5. Konfidenzintervalle und Hypothesentests

Dieses Kapitel stellt zunächst Konfidenzintervalle im ein- und mehrdimensionalen Fall vor und behandelt danach Hypothesentests nach dem Ansatz von Neyman und Pearson. Abschließend wird die Dualität zwischen den beiden Begriffen erläutert.

5.1 Konfidenzintervalle

Schätzt man einen Parameter aus Daten, so erhält man als Ergebnis eines Schätzverfahrens einen Schätzwert. Es ist allerdings unerläßlich, neben einem Schätzwert stets eine Angabe über seine Qualität oder seine Präzision zu machen. So kann man beispielsweise mit einigen wenigen Beobachtungen einen Schätzwert ausrechnen und diesen angeben, dieser hat aufgrund seiner großen Varianz eine geringe Aussagekraft. Erst durch eine ausreichend hohe Stichprobenzahl kann eine hinreichende Präzision garantiert werden. Natürlich hängt die Präzision immer mit dem gewählten Modell und der Aufgabenstellung zusammen, so dass allein die Anzahl der Stichproben auch kein zuverlässiges Qualitätsmerkmal darstellt. Ein zuverläßliches und allgemeines Merkmal für die Qualtität eines Schätzers ist ein *Konfidenzintervall.* Dies ist ein zufälliges Intervall, welches mit festgelegter Wahrscheinlichkeit (das Konfidenzniveau, beispielsweise 95%) den wahren Parameter überdeckt. Als Ergebnis einer Schätzung sollte stets Schätzwert und Konfidenzintervall mit zugehörigem Konfidenzniveau angegeben werden.

Zunächst werden eindimensionale, danach mehrdimensionale Konfidenzintervalle behandelt und schließlich Bayesianische Intervallschätzer betrachtet.

C. Czado, T. Schmidt, *Mathematische Statistik*, Statistik und ihre Anwendungen, DOI 10.1007/978-3-642-17261-8_5,

5.1.1 Der eindimensionale Fall

Sei $T(\boldsymbol{X})$ ein Schätzer von $q(\theta) \in \mathbb{R}$. Für eine vernünftige Schätzung ist es essenziell, neben dem Schätzwert auch ein Maß für die Präzision des Schätzverfahrens anzugeben. Ziel dieses Abschnittes ist, die Präzision oder den Fehler von T zu bestimmen. Dabei gehen wir folgendem Ansatz nach: Wir suchen zufällige Grenzen $\underline{T}(\boldsymbol{X}) \leq q(\theta) \leq \overline{T}(\boldsymbol{X})$, so dass die Wahrscheinlichkeit, dass $q(\theta)$ von $[\underline{T}(\boldsymbol{X}), \overline{T}(\boldsymbol{X})]$ überdeckt wird, ausreichend hoch ist. Ein solches zufälliges Intervall nennen wir Zufallsintervall. Fixiert man ein kleines Toleranzniveau α, so interessiert man sich für Statistiken $\underline{T}$ und $\overline{T}$ mit der folgenden Eigenschaft.

Definition 5.1. Ein durch $\underline{T}(\boldsymbol{X}) \leq \overline{T}(\boldsymbol{X})$ gegebenes Zufallsintervall $[\underline{T}(\boldsymbol{X}), \overline{T}(\boldsymbol{X})]$ für welches für alle $\theta \in \Theta$ gilt, dass

$$\mathbb{P}_\theta\left(q(\theta) \in [\underline{T}(\boldsymbol{X}), \overline{T}(\boldsymbol{X})]\right) \geq 1 - \alpha, \tag{5.1}$$

heißt $(1-\alpha)$-*Konfidenzintervall* für $q(\theta)$ zum *Konfidenzniveau* $1 - \alpha \in [0, 1]$.

Hierbei verwenden wir folgenden Sprachgebrauch: Ein $(1-\alpha)$-Konfidenzintervall bedeutet ein $(1-\alpha) \cdot 100$ %-Konfidenzintervall; ist etwa $\alpha = 0.05$, so verwenden wir synonym die Bezeichnung 0.95-Konfidenzintervall und 95%-Konfidenzintervall. Für ein gegebenes Konfidenzintervall ist ein Intervall, welches dieses einschließt wieder ein Konfidenzintervall (auch zum gleichen Konfidenzniveau). Allerdings sind wir typischerweise daran interessiert, für ein vorgegebenes Konfidenzniveau das kleinste Intervall zu finden, welches die Überdeckungseigenschaft (5.1) erfüllt. Ist dies der Fall, so erwartet man approximativ, dass in n Beobachtungen $\boldsymbol{x}_1, \dots, \boldsymbol{x}_n$ von i.i.d. Zufallsvariablen mit der gleichen Verteilung wie $\boldsymbol{X}$ in $(1-\alpha)n$ Fällen $[\underline{T}(\boldsymbol{x}_i), \overline{T}(\boldsymbol{x}_i)]$ den wahren Parameter $q(\theta)$ enthält.

Handelt es sich um ein symmetrisches Intervall, so nutzen wir die Schreibweise

$$a \pm b := [a - b, a + b].$$

B 5.1 *Normalverteilung, σ bekannt: Konfidenzintervall*: Seien $X_1, \dots, X_n$ i.i.d. $\sim \mathcal{N}(\theta, \sigma^2)$ und σ^2 sei bekannt. Als Schätzer für θ verwenden wir den UMVUE-Schätzer $\bar{X}$, vergleiche Aufgabe 4.5. Da die $\mathcal{N}(\theta, \sigma^2)$-Verteilung symmetrisch um θ ist, liegt es nahe als Konfidenzintervall ein symmetrisches Intervall um $\bar{X}$ zu betrachten. Für $c > 0$ gilt

$$\mathbb{P}_\theta\left(\bar{X} - c\frac{\sigma}{\sqrt{n}} \leq \theta \leq \bar{X} + c\frac{\sigma}{\sqrt{n}}\right) = \mathbb{P}_\theta\left(\left|\frac{\bar{X} - \theta}{\sigma/\sqrt{n}}\right| \leq c\right).$$

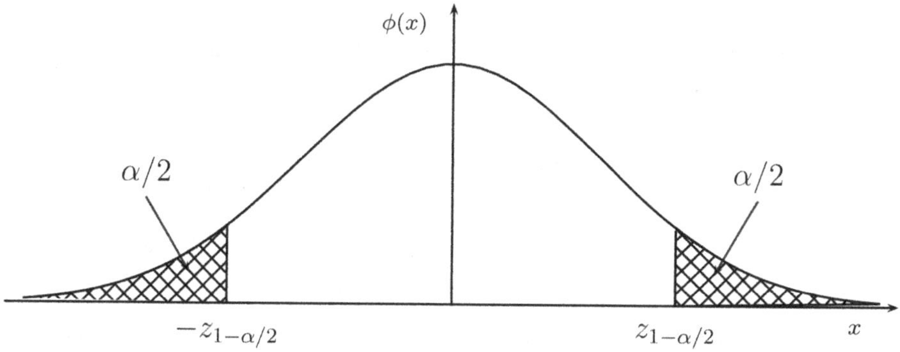

Abb. 5.1 Dichte der Standardnormalverteilung mit den $\alpha/2$ und $1-\alpha/2$-Quantilen.

Da $\frac{\bar{X}-\theta}{\sigma/\sqrt{n}} \sim \mathcal{N}(0,1)$, folgt

$$\mathbb{P}_\theta\left(\left|\frac{\bar{X}-\theta}{\sigma/\sqrt{n}}\right| \leq c\right) = \Phi(c) - \Phi(-c) = 2\Phi(c) - 1.$$

Da wir das kleinste Konfidenzintervall suchen, welches die Überdeckungseigenschaft (5.1) erfüllt, suchen wird ein $c > 0$ so, dass $2\Phi(c) - 1 = 1 - \alpha$ gilt. Mit

$$z_a := \Phi^{-1}(a)$$

sei das *a-Quantil* der Standardnormalverteilung bezeichnet. Dann ist das symmetrische Intervall

$$\bar{X} \pm z_{1-\alpha/2}\frac{\sigma}{\sqrt{n}}$$

ein $(1-\alpha)$-Konfidenzintervall für θ; siehe Abbildung 5.1. Da $z_{0.975} = 1.96$ gilt, ist in einer Stichprobe mit $\bar{x} = 5$, $\sigma = 1$, $n = 100$ das 95%-Konfidenzintervall für θ gegeben durch 5 ± 0.196.

Man ist daran interessiert, dass $\mathbb{E}_\theta\left(\overline{T}(\boldsymbol{X}) - \underline{T}(\boldsymbol{X})\right)$ so klein wie möglich ist. Deshalb betrachtet man den *Konfidenzkoeffizient* für $[\underline{T}(\boldsymbol{X}), \overline{T}(\boldsymbol{X})]$, definiert durch

$$\inf_\theta \mathbb{P}_\theta[\underline{T}(\boldsymbol{X}) \leq q(\theta) \leq \overline{T}(\boldsymbol{X})].$$

Oft ist $\mathbb{P}_\theta\left(\underline{T}(\boldsymbol{X}) \leq q(\theta) \leq \overline{T}(\boldsymbol{X})\right)$ unabhängig von θ (siehe dazu Beispiel 5.1). Diese Methodik stellt ein wichtiges Hilfsmittel zur Bestimmung von Konfidenzintervallen dar.

Definition 5.2. Eine Zufallsvariable, gegeben als Funktion von $\boldsymbol{X}$ und $\boldsymbol{\theta}$, dessen Verteilung unabhängig von $\boldsymbol{\theta}$ ist, heißt *Pivot.*

B 5.2 *Pivot (Fortsetzung von Beispiel 5.1)*: Betrachten wir wie in Beispiel 5.1 $\boldsymbol{X} = (X_1, \ldots, X_n)^\top$ und sind $X_1, \ldots, X_n$ i.i.d.$\sim \mathcal{N}(\theta, \sigma^2)$, so ist die Zufallsvariable

$$G := g(\boldsymbol{X}, \theta) := \frac{\sqrt{n}(\bar{X} - \theta)}{\sigma} \sim \mathcal{N}(0, 1).$$

Damit ist die Verteilung von G unabhängig von θ und somit ist $G = g(\boldsymbol{X}, \theta)$ ein Pivot.

Kleinste Konfidenzintervalle. Natürlich ist man daran interessiert, die kleinstmöglichen Konfidenzintervalle anzugeben. Die Herausforderung besteht im Finden solcher Konfidenzintervalle. Die Situation ist ähnlich wie im vorigen Kapitel über optimale Schätzer: Im Allgemeinen existieren keine kleinsten Konfidenzintervalle. Eine Einschränkung auf *unverzerrte* Konfidenzintervalle ist hierzu notwendig.

Definition 5.3. Ein $(1 - \alpha)$-Konfidenzintervall $[\underline{T}, \overline{T}]$ für $q(\theta)$ heißt *unverzerrt*, falls für alle $\theta, \theta' \in \Theta$ gilt, dass

$$\mathbb{P}_\theta\left(\underline{T} \le q(\theta) \le \overline{T}\right) \ \ge\ \mathbb{P}_\theta\left(\underline{T} \le q(\theta') \le \overline{T}\right).$$

Ein unverzerrtes Konfidenzintervall überdeckt demnach den wahren Wert $q(\theta)$ zumindest ebenso gut wie jeden anderen Wert $q(\theta')$.

B 5.3 *Unverzerrtes Konfidenzintervall (Fortsetzung von Beispiel 5.1)*: Das Konfidenzintervall aus Beispiel 5.1 ist unverzerrt, denn

$$\begin{aligned}
\mathbb{P}_\theta\Big(\theta' \in \bar{X} \pm \frac{\sigma}{\sqrt{n}} z_{1-\alpha/2}\Big) &= \mathbb{P}_\theta\left(\frac{\theta' - \theta}{\sigma/\sqrt{n}} - z_{1-\alpha/2} \le \frac{\bar{X} - \theta}{\sigma/\sqrt{n}} \le \frac{\theta' - \theta}{\sigma/\sqrt{n}} + z_{1-\alpha/2}\right) \\
&= \Phi\left(\frac{\theta' - \theta}{\sigma/\sqrt{n}} + z_{1-\alpha/2}\right) - \Phi\left(\frac{\theta' - \theta}{\sigma/\sqrt{n}} - z_{1-\alpha/2}\right).
\end{aligned}$$

Der letzte Ausdruck ist maximal für $\theta' = \theta$, da die Funktion $f(x) := \Phi(x + c) - \Phi(x - c)$ an der Stelle $x = 0$ maximal ist, falls $c > 0$: In der Tat ist $f'(0) = \phi(c) - \phi(-c) = 0$, da die Dichte ϕ der Standardnormalverteilung symmetrisch um 0 ist und weiterhin $f''(0) = -2c\phi(c) < 0$ da $c > 0$. Das Konfidenzintervall ist somit unverzerrt.

B 5.4 *Normalverteilung, μ und σ unbekannt: Konfidenzintervall*: Die Zufallsvariablen $X_1, \ldots, X_n$ seien i.i.d. mit $X_1 \sim \mathcal{N}(\mu, \sigma^2)$. Gesucht ist ein Konfidenzintervall für den Mittelwert μ, aber auch σ ist unbekannt. Wie bisher bezeichne

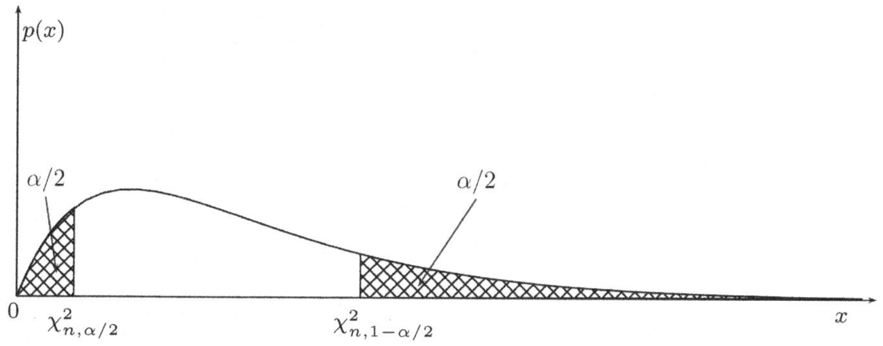

Abb. 5.2 Dichte der χ^2_n-Verteilung mit den $\alpha/2$ und $(1-\alpha/2)$-Quantilen.

$$s_n^2 = s_n^2(\boldsymbol{X}) = \frac{1}{n-1}\sum_{i=1}^{n}\left(X_i - \bar{X}\right)^2$$

die Stichprobenvarianz und weiterhin sei $c := t_{n-1,1-\alpha/2}$ das $(1-\alpha/2)$-Quantil der t-Verteilung mit $n-1$ Freiheitsgraden. Man erhält mit $\boldsymbol{\theta} := (\mu, \sigma^2)^\top$, dass

$$\mathbb{P}_{\boldsymbol{\theta}}\left(\bar{X} - \frac{cs_n}{\sqrt{n}} \le \mu \le \bar{X} + \frac{cs_n}{\sqrt{n}}\right) = \mathbb{P}_{\boldsymbol{\theta}}\left(\left|\frac{\bar{X}-\mu}{s_n/\sqrt{n}}\right| \le c\right).$$

Nach Satz 7.14 folgt, dass $\bar{X}$ von $s_n^2(\boldsymbol{X})$ unabhängig ist und $(n-1)\frac{s_n^2(\boldsymbol{X})}{\sigma^2} \sim \chi^2_{n-1}$. Wir erhalten nach Definition 1.8, dass

$$T_{n-1}(\boldsymbol{X}) := \frac{\sqrt{n}(\bar{X}-\mu)}{s_n(\boldsymbol{X})} = \frac{\frac{\sqrt{n}(\bar{X}-\mu)}{\sigma}}{\sqrt{\frac{1}{n-1}\frac{(n-1)s_n^2(\boldsymbol{X})}{\sigma^2}}}$$

t_{n-1}-verteilt ist. Da diese Verteilung unabhängig von $\boldsymbol{\theta}$ ist, ist T_{n-1} ein Pivot. Somit ergibt sich folgendes Konfidenzintervall für μ:

$$\bar{X} \pm \frac{s_n}{\sqrt{n}} t_{n-1,1-\alpha/2}.$$

B 5.5 *Normalverteilung, μ bekannt: Konfidenzintervall für σ^2:* Seien $X_1, \dots, X_n$ i.i.d. mit $X_1 \sim \mathcal{N}(\mu, \sigma^2)$. Der Mittelwert μ sei nun bekannt. In diesem Fall ist

$$\widetilde{\sigma}^2(\boldsymbol{X}) := \frac{1}{n}\sum_{i=1}^{n}(X_i - \mu)^2$$

der Maximum-Likelihood- und UMVUE-Schätzer für σ^2 (vergleiche Aufgabe 4.5). Ein Pivot ist leicht gefunden, da

$$\frac{n\tilde{\sigma}^2(\boldsymbol{X})}{\sigma^2} = \sum_{i=1}^{n} \left(\frac{X_i - \mu}{\sigma} \right)^2 \sim \chi_n^2.$$

Sei $\chi^2_{n,a}$ das a-Quantil der χ^2_n-Verteilung (siehe Abbildung 5.2 zur Illustration von $\chi^2_{n,\alpha/2}$ und $\chi^2_{n,1-\alpha/2}$). Durch die Beobachtung, dass

$$\mathbb{P}\left(\chi^2_{n,\alpha/2} \le \frac{n\tilde{\sigma}^2(\boldsymbol{X})}{\sigma^2} \le \chi^2_{n,1-\alpha/2} \right) = 1 - \alpha$$

erhält man ein $(1-\alpha)$-Konfidenzintervall für σ^2 gegeben durch

$$\left[\frac{n\tilde{\sigma}^2(\boldsymbol{X})}{\chi^2_{n,1-\alpha/2}}, \frac{n\tilde{\sigma}^2(\boldsymbol{X})}{\chi^2_{n,\alpha/2}} \right].$$

Allerdings handelt es sich hier nicht um ein unverzerrtes Konfidenzintervall. Weiterhin ist es nicht symmetrisch um $\tilde{\sigma}^2(\boldsymbol{X})$.

B 5.6 *Approximative Konfidenzgrenzen für die Erfolgswahrscheinlichkeit in Bernoulli-Experimenten*: Seien $X_1, \ldots, X_n$ i.i.d. Bernoulli(θ)-verteilt. Dann ist $\bar{X}$ Maximum-Likelihood-Schätzer und UMVUE-Schätzer für θ (vergleiche Aufgabe 4.3). Mit $z_a := \Phi^{-1}(a)$ sei wieder das Quantil der Normalverteilung bezeichnet. Nach dem zentralen Grenzwertsatz, Satz 1.31, gilt, dass

$$\sqrt{n} \left(\frac{\bar{X} - \theta}{\sqrt{\theta(1-\theta)}} \right) \xrightarrow[n\to\infty]{\mathscr{L}} \mathcal{N}(0,1),$$

was für ein hinreichend großes n folgende Approximation rechtfertigt:

$$\begin{aligned} 1 - \alpha &\approx \mathbb{P}_\theta \left(\left| \frac{\sqrt{n}(\bar{X} - \theta)}{\sqrt{\theta(1-\theta)}} \right| \le z_{1-\alpha/2} \right) \\ &= \mathbb{P}_\theta \left(n(\bar{X} - \theta)^2 \le z^2_{1-\alpha/2} \cdot \theta(1-\theta) \right) \\ &= \mathbb{P}_\theta \left(n\bar{X}^2 - \theta(2\bar{X}n + z^2_{1-\alpha/2}) + \theta^2(n + z^2_{1-\alpha/2}) \le 0 \right) \\ &= \mathbb{P}_\theta\big(A(\bar{X}, \theta) \le 0\big). \end{aligned}$$

Hierbei ist $A(\bar{X},\theta) := \theta^2(n + z^2_{1-\alpha/2}) - \theta(2\bar{X}n + z^2_{1-\alpha/2}) + n\bar{X}^2$. Da $A(\bar{X},\theta)$ quadratisch in θ ist, findet man Grenzen $\underline{\theta}(\bar{X})$ und $\overline{\theta}(\bar{X})$, so dass

$$\{\theta : A(\bar{X},\theta) \le 0\} = \{\theta \in [\underline{\theta}(\bar{X}), \overline{\theta}(\bar{X})]\}$$

gilt. Damit ist das approximative $(1-\alpha)$-Konfidenzintervall für θ durch $[\underline{\theta}(\bar{X}), \overline{\theta}(\bar{X})]$ gegeben. Als Faustregel[1] sollte

$$n\theta \quad \text{und} \quad n(1-\theta) \geq 5$$

gelten, um diese Approximation sinnvoll zu verwenden. Als Alternative findet man in der Literatur auch folgende Approximation:

$$1-\alpha \approx \mathbb{P}_\theta\left(\left|\frac{\sqrt{n}(\bar{X}-\theta)}{\sqrt{\theta(1-\theta)}}\right| \leq z_{1-\alpha/2}\right) \approx \mathbb{P}_\theta\left(\left|\frac{\sqrt{n}(\bar{X}-\theta)}{\sqrt{\bar{X}(1-\bar{X})}}\right| \leq z_{1-\alpha/2}\right)$$

und somit ist $\bar{X} \pm z_{1-\alpha/2}\sqrt{\frac{\bar{X}(1-\bar{X})}{n}}$ approximatives $(1-\alpha)$-Konfidenzintervall für θ. Diese Approximation ist allerdings weniger gut und sollte nur für großes n verwendet werden.

Bemerkung 5.4 (Faustregel). Die Faustregel geht einher mit einem zu tolerierenden Fehler. Die genaue Fehlerabschätzung findet man bei Georgii (2004), Seite 143; sie wird mit dem Satz von Berry-Esseén bestimmt. Dort wird auch die Approximation durch eine Poisson-Verteilung diskutiert.

5.1.2 Der mehrdimensionale Fall

In diesem Abschnitt betrachten wir den mehrdimensionalen Fall, in welchem ein Konfidenzintervall für die vektorwertige Transformation $\boldsymbol{q}(\boldsymbol{\theta}) = (q_1(\boldsymbol{\theta}), \ldots, q_n(\boldsymbol{\theta}))^\top$ bestimmt werden soll. Analog zum eindimensionalen Fall definieren wir:

Definition 5.5. Das durch $\underline{T_j}(\boldsymbol{X}) \leq \overline{T_j}(\boldsymbol{X}), 1 \leq j \leq n$ gegebene Zufallsrechteck

$$I(\boldsymbol{X}) := \left\{\boldsymbol{x} \in \mathbb{R}^n : \underline{T}_j(\boldsymbol{X}) \leq x_j \leq \overline{T}_j(\boldsymbol{X}), j = 1, \ldots, n\right\}$$

heißt $(1-\alpha)$-*Konfidenzbereich* für $q(\boldsymbol{\theta})$, falls für alle $\boldsymbol{\theta} \in \Theta$

$$\mathbb{P}_{\boldsymbol{\theta}}\big(\boldsymbol{q}(\boldsymbol{\theta}) \in I(\boldsymbol{X})\big) \geq 1-\alpha.$$

Man kann die für den eindimensionalen Fall erhaltenen Konfidenzintervalle unter gewissen Umständen auf den n-dimensionalen Fall übertragen. Allerdings erhält man dann ein anderes, deutlich schlechteres Konfidenzniveau.

[1] Siehe Bemerkung 5.4.

(i) Falls $I_j(\boldsymbol{X}) := [\underline{T}_j(\boldsymbol{X}), \overline{T}_j(\boldsymbol{X})]$ jeweils $(1-\alpha_j)$-Konfidenzintervall für $q_j(\boldsymbol{\theta})$ ist und falls $(\underline{T}_1, \overline{T}_1), \ldots, (\underline{T}_n, \overline{T}_n)$ unabhängig sind, so ist

$$I(\boldsymbol{X}) := I_1(\boldsymbol{X}) \times \cdots \times I_r(\boldsymbol{X})$$

ein $\prod_{j=1}^{n}(1-\alpha_j)$-Konfidenzbereich für $\boldsymbol{q}(\boldsymbol{\theta})$. Mit $\alpha_j = \sqrt[n]{1-\alpha}$ erhält man so einen $(1-\alpha)$-Konfidenzbereich.

(ii) Falls die I_j nicht unabhängig sind, so kann man die *Bonferroni Ungleichung*[2] verwenden, und erhält daraus für jedes Intervall I_j, welches das Konfidenzniveau α_j einhält

$$\mathbb{P}_{\boldsymbol{\theta}}(\boldsymbol{q}(\boldsymbol{\theta}) \in I(\boldsymbol{X})) \geq 1 - \sum_{j=1}^{n} \mathbb{P}_{\theta}(q_j(\boldsymbol{\theta}) \notin I_j(\boldsymbol{X})) \geq 1 - \sum_{j=1}^{n} \alpha_j. \quad (5.2)$$

Dann ist $I(\boldsymbol{X})$ ein $(1-\alpha)$-Konfidenzbereich, falls man $\alpha_j = \alpha/n$ wählt.

B 5.7 *Normalverteilungsfall: Konfidenzbereich für* (μ, σ^2): Wir übertragen die eindimensionalen Konfidenzintervalle aus dem Beispiel 5.4 wobei wir das Konfidenzintervall für σ^2 mit dem Faktor $n-1$ statt n multiplizieren um Unverzerrtheit zu erhalten: Seien $X_1, \ldots, X_n$ i.i.d. mit $X_1 \sim \mathcal{N}(\mu, \sigma^2)$. Dann ist

$$I_1(\boldsymbol{X}) := \bar{X} \pm \frac{s(\boldsymbol{X})}{\sqrt{n}} t_{n-1,1-\alpha/4}$$

ein $(1-\alpha/2)$-Konfidenzintervall für μ, wenn σ^2 unbekannt ist und

$$I_2(\boldsymbol{X}) := \left[\frac{(n-1)s^2(\boldsymbol{X})}{\chi^2_{n-1,1-\alpha/4}}, \frac{(n-1)s^2(\boldsymbol{X})}{\chi^2_{n-1,\alpha/4}}\right]$$

ein $(1-\alpha/2)$-Konfidenzintervall für σ^2, wenn μ unbekannt ist. Nach (5.2) erhält man den *gemeinsamen Konfidenzbereich* für (μ, σ^2) durch $I_1(\boldsymbol{X}) \times I_2(\boldsymbol{X})$ mit Konfidenzniveau $1 - \left(\frac{\alpha}{2} + \frac{\alpha}{2}\right) = 1 - \alpha$.

5.1.3 Bayesianischer Intervallschätzer

Da in einem Bayesianischen Ansatz $\boldsymbol{\theta}$ als zufällig betrachtet wird, basiert die Inferenz für $\boldsymbol{\theta}$ auf der a posteriori-Verteilung $\theta | \boldsymbol{X} = \boldsymbol{x} \sim p(\theta | \boldsymbol{x})$. Damit kann man ein Intervall $[T_1(\boldsymbol{x}), T_2(\boldsymbol{x})]$ finden, so dass θ unter der a posteriori-Verteilung mit Wahrscheinlichkeit $1-\alpha$ in diesem Intervall liegt; ein solches

[2] Die Bonferroni Ungleichung lautet $\mathbb{P}(A \cap B) \geq 1 - (\mathbb{P}(\bar{A}) + \mathbb{P}(\bar{B}))$ für alle $A, B \in \mathcal{A}$.

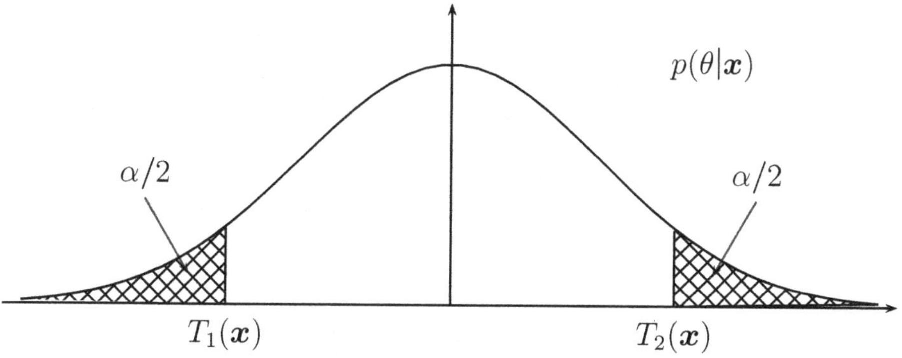

Abb. 5.3 Illustration eines $(1-\alpha)$-credible Intervalls gegeben durch $[T_1(\boldsymbol{x}), T_2(\boldsymbol{x})]$.

Intervall nennt man *Credible Interval* oder Bayesianischen Intervallschätzer und definiert es wie folgt.

Definition 5.6. Ein *Bayesianischer Intervallschätzer* für θ zum Konfidenzniveau $(1-\alpha)$ ist ein zufälliges Intervall $[T_1(\boldsymbol{X}), T_2(\boldsymbol{X})]$ mit

$$\mathbb{P}(\theta \in [T_1(\boldsymbol{X}), T_2(\boldsymbol{X})] \mid \boldsymbol{X} = \boldsymbol{x}) = 1 - \alpha. \tag{5.3}$$

Nun ist θ zufällig und man bestimmt das zufällige Intervall so, dass die a posteriori-Wahrscheinlichkeit, dass θ in diesem Intervall liegt gerade gleich (oder größer) $1-\alpha$ ist. Im klassischen Ansatz eines Konfidenzintervalls hingegen macht (5.3) keinen Sinn, denn bedingt auf $T(\boldsymbol{X}) = \boldsymbol{x}$ ist diese Wahrscheinlichkeit entweder Null oder Eins. Eine ausführliche Behandlung von Bayesianischen Intervallschätzern findet man im Kapitel 9 von Casella und Berger (2002).

5.2 Das Testen von Hypothesen

Bisher haben wir Schätzverfahren betrachtet und entwickelt, welche man beispielsweise nutzen kann, um aus den Daten die Wirksamkeit einer Therapie zu schätzen. Allerdings ist man oft nicht direkt an dem Schätzwert interessiert, sondern man möchte entscheiden, ob diese Therapie hilft oder nicht. Hierfür wird man wegen der Zufälligkeit des Problems keine absolute Entscheidung treffen können, sondern zu jeder Zeit muss man eine gewisse Wahrscheinlichkeit für eine Fehlentscheidung akzeptieren, ähnlich wie bei den Konfidenzintervallen.

Im Folgenden führen wir das Konzept des statistischen Tests zur Überprüfung von Hypothesen auf Basis einer Stichprobe ein. Stets gehen wir von einem statistischen Modell $\{\mathbb{P}_{\boldsymbol{\theta}} : \boldsymbol{\theta} \in \Theta\}$ mit $\boldsymbol{X} \sim \mathbb{P}_{\boldsymbol{\theta}}$ aus. Allerdings zerlegt die betrachtete Fragestellung den Parameterraum disjunkt in die zwei Hypothesen Θ_0 und Θ_1 mit $\Theta = \Theta_0 \oplus \Theta_1$, was gleichbedeutend ist mit $\Theta_0 \cap \Theta_1 = \emptyset$ und $\Theta_0 \cup \Theta_1 = \Theta$. Die beiden Parameterbereiche Θ_0 und Θ_1 stehen für unterschiedliche Hypothesen. Im obigen Beispiel würde man Θ_0 als den Bereich wählen, in welchem die Therapie nicht hilft; in dem Bereich Θ_1 hilft hingegen die Therapie. Wir verwenden die folgenden Bezeichnungen:

$H_0 = \{\boldsymbol{\theta} \in \Theta_0\}$ heißt *Null-Hypothese* und

$H_1 = \{\boldsymbol{\theta} \in \Theta_1\}$ heißt *Alternative.*

Oft schreiben wir hierfür $H_0 : \boldsymbol{\theta} \in \Theta_0$ gegen $H_1 : \boldsymbol{\theta} \in \Theta_1$. Die Bezeichnung Null-Hypothese stammt vom englischen Begriff *to nullify* = entkräften, widerlegen. Wie wir später sehen werden, ist die Hypothese, die widerlegt werden soll, stets als Null-Hypothese zu wählen.

Besteht Θ_0 aus einem einzigen Element, $\Theta_0 = \{\boldsymbol{\theta}_0\}$, so spricht man von einer *einfachen* Hypothese, ansonsten handelt es sich um eine *zusammengesetzte* Hypothese. Ist $\Theta \subset \mathbb{R}$ und die Alternative von der Form $\Theta_1 = \{\theta : \theta \neq \theta_0\}$, so nennt man sie *zweiseitig*; ist sie von der Form $\Theta_1 = \{\theta : \theta > \theta_0\}$, so heißt sie *einseitig.*

Um eine Entscheidung zwischen den beiden Hypothesen H_0 und H_1 treffen zu können, stellt man eine Entscheidungsregel auf, welche wir *Test* nennen.

Definition 5.7. Ein *Test* δ ist eine messbare Funktion der Daten $\boldsymbol{X}$ mit Werten in $[0, 1]$. Dabei bedeutet

- $\delta(\boldsymbol{X}) = 0$: Die Null-Hypothese wird akzeptiert.
- $\delta(\boldsymbol{X}) = 1$: Die Null-Hypothese wird verworfen.

Der Bereich $\{\boldsymbol{x} : \delta(\boldsymbol{x}) = 1\}$ heißt der *kritische Bereich* oder *Verwerfungsbereich* des Tests. Ist $T(\boldsymbol{X})$ eine Statistik und gilt $\delta(\boldsymbol{X}) = \mathbb{1}_{\{T(\boldsymbol{X}) \geq c\}}$, so heißt c *kritischer Wert* des Tests.

Bemerkung 5.8. Dem aufmerksamen Leser ist sicher nicht entgangen, dass ein Test einen beliebigen Wert in dem Intervall $[0, 1]$ annehmen darf, während wir aber nur für die Werte 0 und 1 klare Entscheidungsregeln angeben. Obwohl wir uns auf den Fall $\delta \in \{0, 1\}$ konzentrieren, kann es sinnvoll sein $\delta(X) = p \in (0, 1)$ zuzulassen. Dann trifft man eine Entscheidung wie folgt: Sei $Y \sim \text{Bernoulli}(p)$ unabhängig von $\boldsymbol{X}$. Man entscheidet sich für H_0, falls $Y = 0$, ansonsten für H_1. Dies nennt man einen *randomisierten Test*, da die

Entscheidung nicht nur von den Daten, sondern auch von dem zusätzlichen Bernoulli-Experiment abhängt.

B 5.8 *Test für Bernoulli-Experiment*: Ein neues Medikament soll getestet werden, welches die Gesundungsrate einer Krankheit erhöhen soll. Die *Null-Hypothese* ist, dass das Medikament keine Wirkung hat. Aus Erfahrung weiß man, dass ein Anteil $\theta_0 = 0.2$ von Probanden ohne Behandlung gesundet. Es werden n Patienten getestet und deren Gesundungsrate beobachtet. Als statistisches Modell betrachten wir $X_1, \ldots, X_n$ i.i.d. mit $X_1 \sim \text{Bernoulli}(\theta)$. Interessiert sind wir an der Entscheidung, ob $H_0 : \theta = \theta_0$ oder $H_1 : \theta > \theta_0$ vorliegt. Letztere, einseitige Hypothese verdeutlicht, dass wir nachweisen wollen, dass das Medikament nicht schädlich ist, sondern eine Verbesserung der Gesundungsrate bewirkt. Als Teststatistik verwenden wir den UMVUE-Schätzer $\bar{X}$, siehe Aufgabe 4.3. Ist $\bar{X}$ deutlich größer als θ_0, so spricht dies für H_1 und gegen H_0. Für ein noch zu bestimmendes Niveau wird man sich für H_1 entscheiden, falls $\bar{X}$ über diesem Niveau liegt, und sonst für H_0. Die Verteilung von $n\bar{X} = \sum_{i=1}^n X_i$ lässt sich leichter handhaben als die von $\bar{X}$. Folglich verwenden wir die Tests δ_k mit

$$\delta_k(\boldsymbol{X}) := \begin{cases} 1, & \sum_{i=1}^n X_i \geq k \\ 0, & \text{sonst.} \end{cases} \tag{5.4}$$

Die Wahl eines geeigneten k hängt von einer Fehlerwahrscheinlichkeit ab, die wir im folgenden Abschnitt einführen.

5.2.1 Fehlerwahrscheinlichkeiten und Güte

In unseren statistischen Tests betrachten wir stets zwei Hypothesen. Bei der Entscheidung für eine jede kann man einen Fehler machen. Diese beiden Fehler können eine unterschiedliche Wahrscheinlichkeit haben und aus diesem Grund müssen wir stets beide Fehlerquellen im Auge behalten. Man erhält folgende Fälle: Ist H_0 wahr und ergibt der Test „H_0 wird akzeptiert", so macht man keinen Fehler; ebenso falls H_1 wahr ist und der Test ergibt „H_0 wird verworfen". Ist allerdings H_0 wahr und der Test ergibt „H_0 wird verworfen", so macht man den so genannten *Fehler 1. Art.* Andererseits, ist H_1 wahr, und ergibt der Test „H_0 wird akzeptiert", so macht man den *Fehler 2. Art.* Wir fassen dies in der folgenden Tabelle zusammen.

	H_0 wahr	H_1 wahr
H_0 wird akzeptiert	kein Fehler	Fehler 2.Art
H_0 wird verworfen	Fehler 1. Art	kein Fehler

Man geht wie folgt vor: Die Hypothese H_0 ist so gewählt, dass man sie ablehnen will. Somit ist der Fehler 1. Art für die Fragestellung wichtiger als der Fehler 2. Art. Man gibt sich ein Niveau α vor und wählt den Test so, dass der Fehler 1. Art höchstens α ist. Unterschiedliche Tests werden anhand ihres Fehlers 2. Art (Güte) verglichen.

Definition 5.9. Für einen Test δ ist die *Gütefunktion* $G_\delta : \Theta \to [0,1]$ definiert durch

$$G_\delta(\boldsymbol{\theta}) = \mathbb{E}_{\boldsymbol{\theta}}(\delta(\boldsymbol{X})).$$

Ist $\delta \in \{0,1\}$, so ist die Güte eines Tests für vorgegebenes $\boldsymbol{\theta}$ gerade die Wahrscheinlichkeit, sich für die Alternative H_1 zu entscheiden. Ist $\boldsymbol{\theta} \in \Theta_0$, so ist das gerade die Wahrscheinlichkeit für einen Fehler 1. Art. Damit erhält man folgende Interpretation von $G_\delta(\boldsymbol{\theta})$:

$$\begin{cases} \text{Güte des Tests gegen die Alternative}, & \boldsymbol{\theta} \in \Theta_1 \\ \text{Wahrscheinlichkeit des Fehlers 1. Art für den wahren Wert } \boldsymbol{\theta}, & \boldsymbol{\theta} \in \Theta_0. \end{cases}$$

Gilt für einen Test δ, dass

$$\sup_{\boldsymbol{\theta} \in \Theta_0} G_\delta(\boldsymbol{\theta}) \le \alpha$$

sagt man, der Test hat das *Signifikanzniveau* α. Gilt für δ

$$\sup_{\boldsymbol{\theta} \in \Theta_0} G_\delta(\boldsymbol{\theta}) = \alpha,$$

so nennen wir den Test δ einen *Level-α-Test*. Bei einem Test mit Signifikanzniveau α könnte man möglicherweise auch ein kleineres Niveau α wählen; bei einem Level-α-Test ist das nicht der Fall, siehe Beispiel 5.9.

B 5.9 *Test mit Signifikanzniveau α und Level-α-Test*: Ist $X \sim \mathcal{N}(\mu, 1)$, so ist $\delta(X) = \mathbb{1}_{\{X>c\}}$ ein Test für $H_0 : \mu = 0$ gegen $H_1 : \mu > 0$. Für ein vorgegebenes $\alpha \in (0,1)$ erhält man für jedes $c \ge \Phi^{-1}(1-\alpha)$ einen Fehler 1. Art mit einer Wahrscheinlichkeit kleiner als α. Diese Tests sind somit alle Tests mit Signifikanzniveau α. Aber nur für $c = \Phi^{-1}(1-\alpha)$ erhält man einen Level-α-Test.

B 5.10 *Fortführung von Beispiel 5.8*: Für das Testproblem $H_0 : \theta = \theta_0$ gegen $H_1 : \theta > \theta_0$ sollen die Tests δ_k aus Gleichung (5.4) verwendet werden. Wir setzen $S := n\bar{X} = \sum_{i=1}^n X_i$ und erinnern daran, dass S nach Aufgabe 1.4 gerade $\text{Bin}(n, \theta)$-verteilt ist. Die Wahrscheinlichkeit, einen Fehler 1. Art zu begehen ist demnach

$$\mathbb{P}_{\theta_0}(\delta_k(\boldsymbol{X}) = 1) = \mathbb{P}_{\theta_0}(S \ge k) = \sum_{j=k}^n \binom{n}{j} \theta_0^j (1-\theta_0)^{n-j}.$$

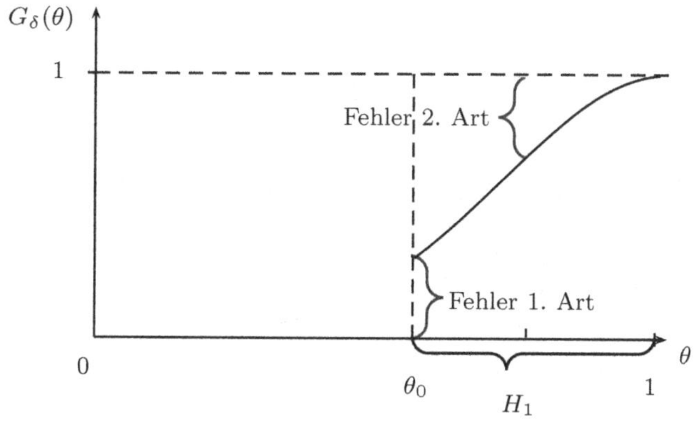

Abb. 5.4 Illustration der Fehlerwahrscheinlichkeiten und der Gütefunktion eines Tests δ für das Testproblem $H_0 : \theta = \theta_0$ gegen $H_1 : \theta > \theta_0$ im Parameterraum $\Theta = \{\theta : 0 \leq \theta_0 \leq \theta \leq 1\}$. Hierbei ist der Fehler 2. Art an einem festen $\theta' \in H_1$ dargestellt.

Die Wahrscheinlichkeit einen Fehler 2. Art zu begehen hingegen hängt von dem *unbekannten* Wert $\theta \in \Theta_1$ ab. Für den Fehler 2. Art gilt $\theta \in \Theta_1$ und wir erhalten folgende Wahrscheinlichkeit für einen Fehler 2. Art:

$$\mathbb{P}_\theta\left(\delta_k(\boldsymbol{X}) = 0\right) = \mathbb{P}_\theta(S < k) = \sum_{j=0}^{k-1} \binom{n}{j} \theta^j (1-\theta)^{n-j}.$$

Schließlich ergibt sich folgende Gütefunktion

$$G_{\delta_k}(\theta) = \mathbb{P}_\theta(S \geq k) = \sum_{j=k}^{n} \binom{n}{j} \theta^j (1-\theta)^{n-j}, \quad \theta \in \Theta.$$

Die zugehörigen Fehlerwahrscheinlichkeiten und die Gütefunktion sind in Abbildung 5.4 illustriert.

B 5.11 *Tests: Anwendungsbeispiele*: Zur Illustration von statistischen Tests stellen wir zwei Beispiele aus der Anwendung vor.

1. Eine Medizinerin möchte die Wirkung eines neuen Medikaments testen. Dabei erwartet sie, dass das neue Medikament wirksam ist. Aus diesem Grund verwendet sie die Hypothesen H_0: Medikament hat keine Wirkung gegen H_1: Medikament hat Wirkung. Ihr Ziel ist es, H_0 abzulehnen; falls H_0 aber nicht abgelehnt werden kann, dann wird sie nichts vermelden und an Verbesserungen arbeiten.
2. Ein Verbraucherberater untersucht Kindersitze für Autos. Er möchte nachweisen, dass die mittlere Kraft μ, welche benötigt wird bis der Kindersitz zerbricht, bei einer bestimmten Marke niedriger ist als die entsprechende Kraft μ_0 für andere Marken. Das heißt, er möchte H_0: $\mu \geq \mu_0$

gegen H_1: $\mu < \mu_0$ testen. Falls H_0 nicht abgelehnt werden kann, dann wird er nichts vermelden, da in diesem Fall eine Warnung vor diesem Typ von Kindersitzen nicht berechtigt wäre.

Generell kann man Folgendes formulieren: Falls die Null-Hypothese H_0 abgelehnt wird, dann wird ein Fehler (Fehler 1. Art) höchstens mit der Wahrscheinlichkeit α gemacht. Falls H_0 jedoch nicht abgelehnt werden kann, dann ist der Fehler (in diesem Fall der Fehler 2. Art) nicht kontrolliert, d.h. die Wahrscheinlichkeit für einen Fehler 2. Art kann in bestimmten Situationen beliebig nahe an 1 sein. Daher sagt man, dass „H_0 nicht verworfen werden kann" oder „es gibt nicht genügend Evidenz für einen signifikanten Effekt".

B 5.12 *Fortsetzung von Beispiel 5.8*: Für das Testproblem $H_0 : \theta = \theta_0$ gegen $H_1 : \theta > \theta_0$ sollen die Tests δ_k aus Gleichung (5.4) verwendet werden. Hierbei ist wieder

$$S = S(\boldsymbol{X}) = \sum_{i=1}^{n} X_i \sim \mathrm{Bin}(n, \theta).$$

Man wählt $k_0 = k(\theta_0, \alpha)$ so, dass die Wahrscheinlichkeit für einen Fehler 1. Art kleiner oder gleich α ist, also

$$\mathbb{P}_{\theta_0}(S \geq k_0) \leq \alpha \tag{5.5}$$

gilt. Ein solches k_0 existiert, da

$$\mathbb{P}_{\theta_0}(S \geq k) = \sum_{j=k}^{n} \binom{n}{j} \theta_0^j (1-\theta_0)^{n-j}$$

monoton fallend in k ist. Für genügend großes n mit $\min(n\theta_0, n(1-\theta_0)) \geq 5$ (siehe Bemerkung 5.4) kann man auch folgende Approximation durch die Normalverteilung verwenden:

$$\mathbb{P}_\theta(S \geq k) \approx \mathbb{P}_\theta\left(\frac{\sqrt{n}(\bar{X}-\theta)}{\sqrt{\theta(1-\theta)}} \geq \frac{k - n\theta - 0.5}{\sqrt{n\theta(1-\theta)}} \right) \approx 1 - \Phi\left(\frac{k - n\theta - 0.5}{\sqrt{n\theta(1-\theta)}} \right).$$

Hierbei ist der Term 0.5 im Zähler die so genannte *Stetigkeitskorrektur*, die die Approximation verbessert. Dann gilt

$$\mathbb{P}_{\theta_0}(S \geq k) \approx 1 - \Phi\left(\frac{k - n\theta_0 - 0.5}{\sqrt{n\theta_0(1-\theta_0)}} \right) \leq \alpha.$$

Demnach ist (5.5) (approximativ) gleichbedeutend mit

$$k_0 \geq x_0 \text{ mit } x_0 = n\theta_0 + 0.5 + z_{1-\alpha}\sqrt{n\theta_0(1-\theta_0)}, \tag{5.6}$$

wobei $z_{1-\alpha}$ das $(1-\alpha)$-Quantil der Standardnormalverteilung ist (siehe

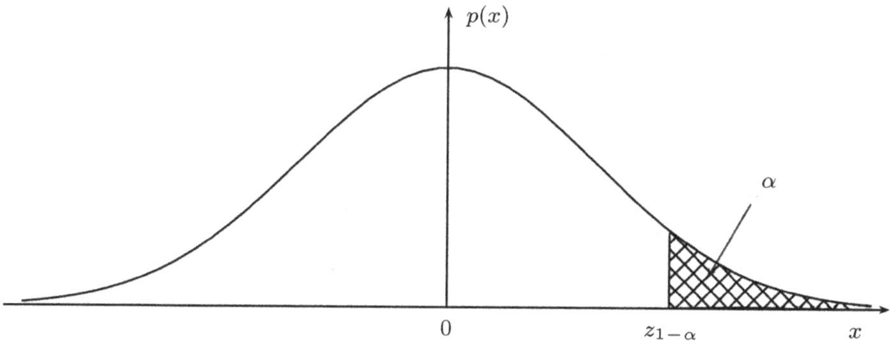

Abb. 5.5 Das $(1-\alpha)$-Quantil der Normalverteilung $z_{1-\alpha}$.

Abbildung 5.5). Somit ist der Test

$$\delta_{k_0}(\boldsymbol{X}) := \mathbb{1}_{\{S(\boldsymbol{X})>k_0\}} = \mathbb{1}_{\{n\bar{X}>k_0\}}$$

ein Test mit (approximativem) Signifikanzniveau α für H_0 gegen H_1, falls (5.6) (und damit (5.5), ebenfalls approximativ) gilt.

B 5.13 *Normalverteilung: Einseitiger Gauß-Test für* μ: In diesem Beispiel wird ein einseitiger Test für den Erwartungswert einer Normalverteilung mit bekannter Varianz vorgestellt. Seien dazu $X_1, \ldots, X_n$ i.i.d. mit $X_1 \sim \mathcal{N}(\mu, \sigma^2)$ und σ^2 sei bekannt. Für das Testproblem $H_0 : \mu \leq 0$ gegen $H_1 : \mu > 0$ verwenden wir den UMVUE-Schätzer $T(X) := \bar{X}$ (siehe Aufgabe 4.5). Ist $\bar{X}$ zu groß, so spricht das für H_1 und gegen H_0. Somit erhalten wir einen sinnvollen Test durch $\delta_c(\boldsymbol{X}) := \mathbb{1}_{\{\bar{X}\geq c\}}$. Dieser Test wird auch als *einseitiger Gauß-Test* bezeichnet. Er hat die Gütefunktion

$$\begin{aligned} G_c(\mu) &= \mathbb{P}_\mu(\delta_c(\boldsymbol{X}) = 1) = \mathbb{P}_\mu\Big(\frac{\bar{X}-\mu}{\sigma/\sqrt{n}} \geq \frac{c-\mu}{\sigma/\sqrt{n}}\Big) \\ &= 1 - \Phi\left(\frac{c-\mu}{\sigma/\sqrt{n}}\right). \end{aligned} \tag{5.7}$$

Demnach ist G_c monoton wachsend in μ. Da

$$\sup_{\mu\in\Theta_0} G_c(\mu) = 1 - \Phi\Big(\frac{c}{\sigma/\sqrt{n}}\Big) \leq \alpha$$

gelten muss, erhält man das kleinste c, welches das Signifikanzniveau α einhält durch $c_\alpha := \sigma/\sqrt{n} \cdot z_{1-\alpha}$. Der Test

$$\delta(\boldsymbol{X}) := \mathbb{1}_{\{\bar{X}\geq \frac{\sigma z_{1-\alpha}}{\sqrt{n}}\}} \tag{5.8}$$

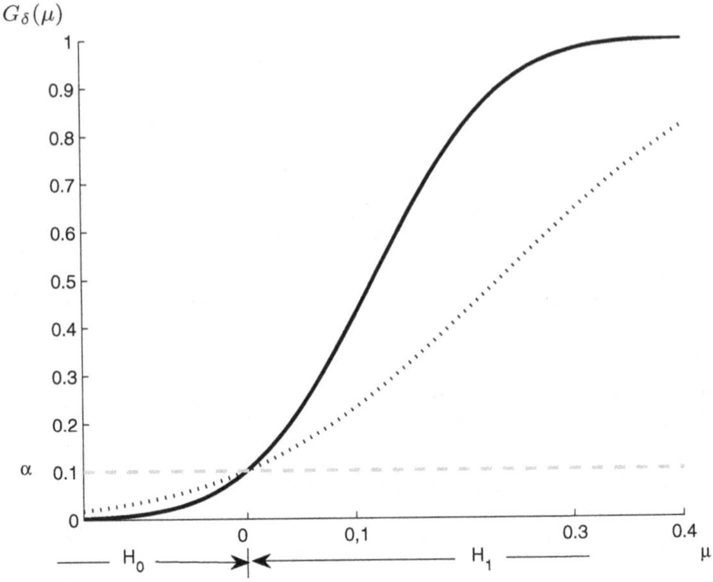

Abb. 5.6 Gütefunktion des Tests $\delta(\boldsymbol{X}) = \mathbb{1}_{\{\bar{X} \geq \sigma z_{1-\alpha}/\sqrt{n}\}}$ für $H_0 : \mu \leq 0$ gegen $H_1 : \mu > 0$. Hierbei ist $\bar{X}$ normalverteilt mit bekannter Varianz σ^2. In der Darstellung wurde $\sigma = 0.5$ (gestrichelt) und $\sigma = 0.1$ (durchgezogene Linie) gewählt.

ist somit der gesuchte Level-α-Test für das betrachtete Testproblem. Die entsprechende Gütefunktion ist in Abbildung 5.6 illustriert.

5.2.2 Der p-Wert: Die Teststatistik als Evidenz

Zur Durchführung eines Tests gehört immer die Wahl eines Signifikanzniveaus α. Diese Wahl hängt jedoch von der Problemstellung ab. Beim Testen eines Präzisionsinstrumentes wird man α sehr klein wählen, während bei statistischen Testproblemen die etwa auf einer Umfrage basieren ein größeres α sinnvoll ist. Um diese problemspezifische Wahl dem Anwender zu überlassen, führt man den p-Wert ein. Für die feste Beobachtung $\{\boldsymbol{X} = \boldsymbol{x}\}$ definiert man den *p-Wert* als kleinstes Signifikanzniveau, an welchem der Test die Null-Hypothese H_0 verwirft. Damit kann man H_0 stets verwerfen, falls man α gleich dem p-Wert wählt. Ein kleiner p-Wert kann als starke Evidenz gegen die Null-Hypothese interpretiert werden.

B 5.14 *Fortsetzung von Beispiel 5.13: p-Wert*: Das kleinste α, an welchem der Test unter der Beobachtung $\{\boldsymbol{X} = \boldsymbol{x}\}$ verwirft, erhält man wie folgt: Zunächst ist $\delta(\boldsymbol{x}) = 1$ nach Gleichung (5.8) äquivalent zu

$$\bar{x} \geq \frac{\sigma}{\sqrt{n}} z_{1-\alpha} = \frac{\sigma}{\sqrt{n}} \Phi^{-1}(1-\alpha).$$

Löst man diese Gleichung nach α auf, so erhält man

$$p\text{-Wert}(\boldsymbol{x}) = 1 - \Phi\Big(\frac{\bar{x}}{\sigma/\sqrt{n}}\Big).$$

Offensichtlich übernimmt hier $\bar{x}$ die Rolle des vorherigen c.

Allgemeiner als in diesem Beispiel gilt falls $\boldsymbol{X}$ eine stetige Zufallsvariable ist:

> Ist der Test von der Form $\delta_c(\boldsymbol{X}) = \mathbb{1}_{\{T(\boldsymbol{X}) \geq c\}}$, so ist
>
> $$\gamma(c) := \sup_{\boldsymbol{\theta} \in \Theta_0} \mathbb{P}_{\boldsymbol{\theta}}\big(T(\boldsymbol{X}) \geq c\big)$$
>
> die Wahrscheinlichkeit für einen Fehler 1. Art. Der größte Wert c, für welchen man H_0 verwerfen kann, wenn $\{\boldsymbol{X} = \boldsymbol{x}\}$ beobachtet wurde, ist $T(\boldsymbol{x})$ und somit
>
> $$p\text{-Wert}(\boldsymbol{x}) = \gamma(T(\boldsymbol{x})).$$

Ist $\boldsymbol{X}$ diskret, so kann man mitunter ein größeres c finden, für welches H_0 verworfen werden kann, siehe Aufgabe 5.9 und Satz 6.6 (ii).

5.2.3 Güte und Stichprobengröße: Indifferenzzonen

In diesem Abschnitt wird vorgestellt, wie gleichzeitig die Fehler 1. und 2. Art kontrolliert werden können. Es wird sich herausstellen, dass dies für bestimmte Bereiche von Parametern nicht möglich ist. Einen solchen Bereich nennt man *Indifferenzzone.*

Die Vorgehensweise soll als Fortsetzung von Beispiel 5.13 illustriert werden. Die Gütefunktion des Tests $\delta(\boldsymbol{X}) = \mathbb{1}_{\{\bar{X} \geq \sigma z_{1-\alpha}/\sqrt{n}\}}$ wurde bereits in Gleichung (5.7) berechnet und hat folgende Gestalt:

$$G_\delta(\mu) = 1 - \Phi\left(z_{1-\alpha} - \frac{\mu\sqrt{n}}{\sigma}\right) = \Phi\left(\frac{\mu\sqrt{n}}{\sigma} - z_{1-\alpha}\right). \qquad (5.9)$$

Für ein kleines σ^2 kann die Fehlerwahrscheinlichkeit 2. Art, $1 - G_\delta(\mu)$, sehr nah an $1-\alpha$ sein, falls $\mu > 0$ in der Nähe von Null ist (siehe Abbildung 5.6). Ist man daran interessiert H_0 zu akzeptieren und H_1 zu verwerfen, so muss man auch den Fehler 2. Art kontrollieren. Gibt man sich ein Fehlerniveau β vor, mit welcher Wahrscheinlichkeit ein Fehler 2. Art höchstens auftreten darf, so erhält man Folgendes: Das kleinste $\mu = \Delta$, für welches die Wahrscheinlichkeit

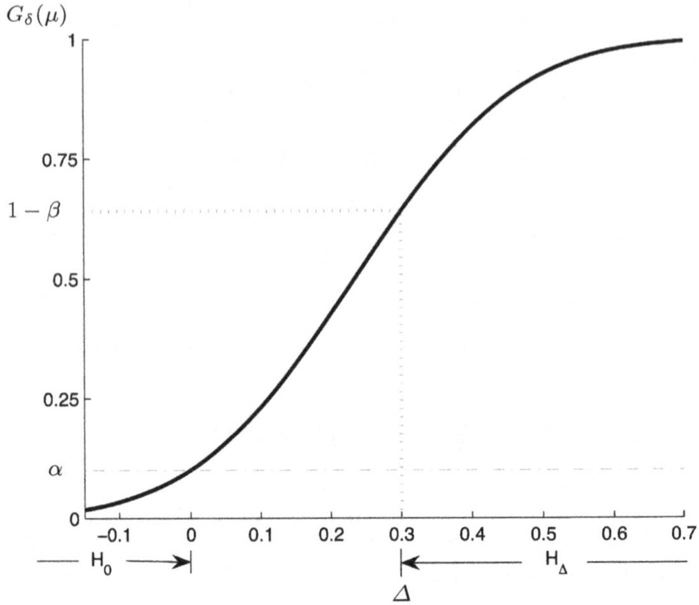

Abb. 5.7 Gütefunktion des Tests $\delta(\boldsymbol{X}) = \mathbb{1}_{\{\bar{X} > z_{1-\alpha}\sigma/\sqrt{n}\}}$ für $H_0 : \mu \leq 0$ gegen $H_\Delta : \mu > \Delta$.

für einen Fehler 2. Art gleich β ist, erfüllt

$$\beta = \Phi\Big(z_{1-\alpha} - \frac{\Delta}{\sigma/\sqrt{n}}\Big).$$

Dies ist gleichbedeutend mit

$$\Delta = \frac{\sigma}{\sqrt{n}}(z_{1-\alpha} - z_\beta).$$

In dem Intervall $(0, \Delta)$ kann man den Fehler 2. Art nicht kontrollieren, d.h. in diesem Bereich muss man eine geringere Güte akzeptieren. Dieser Bereich ist daher eine Indifferenzzone. Man kann aber H_0 gegen $H_\Delta : \mu > \Delta$ testen und hat hier einen Fehler 2. Art kleiner als β. Ausgedrückt über die minimale Güte $G_0(\Delta) := 1 - \beta$ erhält man die in Abbildung 5.7 dargestellte Situation.

Bestimmung des Stichprobenumfangs. Eine typische Fragestellung ist, wie hoch bei vorgegebenem α und β der Stichprobenumfang n zu wählen ist, so dass $G_\delta(\mu) \geq 1 - \beta$ für alle $\mu \geq \Delta$ gilt. Die Antwort darauf erhält man unmittelbar aus der Gestalt der Gütefunktion in (5.9). Denn aus

$$\beta \geq 1 - G_\delta(\mu) = \Phi\left(z_{1-\alpha} - \frac{\mu\sqrt{n}}{\sigma}\right)$$

erhält man durch $\mu \geq \Delta$, dass

$$n \geq \frac{\sigma^2(z_{1-\alpha}+z_{1-\beta})^2}{\Delta^2}. \tag{5.10}$$

5.3 Dualität zwischen Konfidenzintervallen und Tests

Ein Konfidenzintervall ist ein zufälliger Bereich, der mit mindestens einer vorgegebenen Wahrscheinlichkeit den wahren Parameter überdeckt. Bei einem Test hingegen wird überprüft ob ein Wert von Interesse unter Einbezug einer gewissen Fehlerwahrscheinlichkeit mit den Daten in Einklang gebracht werden kann. Liegt etwa der Wert von Interesse in einem Konfidenzintervall, so würde man dies bejahen und man erhält aus einem Konfidenzintervall einen Test. Dies funktioniert auch umgekehrt und führt zu einer nützlichen Dualität zwischen Konfidenzintervallen und Tests, welche wir in Kapitel 6.3.1 nutzen werden. Wir beginnen mit einem Beispiel.

B 5.15 *Normalverteilung: Zweiseitiger Gauß-Test über den Erwartungswert*: Wir betrachten den Fall, dass eine Wissenschaftlerin eine physikalische Theorie untersucht. Bisher wurde angenommen, dass eine physikalische Konstante den Wert θ_0 hat. Die Wissenschaftlerin glaubt, dass diese These falsch ist und möchte sie widerlegen. Dazu untersucht sie das zweiseitige Testproblem $H_0 : \theta = \theta_0$ gegen $H_1 : \theta \neq \theta_0$. Sie macht die (zu überprüfende) Annahme, dass $X_1, \dots, X_n$ i.i.d. sind mit $X_1 \sim \mathcal{N}(\theta, \sigma^2)$. Weiterhin sei σ^2 bekannt. Ein Konfidenzintervall für θ wurde in Beispiel 5.1 bestimmt: $\bar{X} \pm z_{1-\alpha/2}\sigma/\sqrt{n}$. Einen Test mit Signifikanzniveau α erhält man folgendermaßen aus diesem Konfidenzintervall: Die Annahme der Null-Hypothese $\theta = \theta_0$ sei gleichbedeutend damit, dass θ_0 in dem Konfidenzintervall liegt, also

$$\theta_0 \in \left[\bar{X} - z_{1-\alpha/2}\frac{\sigma}{\sqrt{n}}, \bar{X} + z_{1-\alpha/2}\frac{\sigma}{\sqrt{n}}\right]. \tag{5.11}$$

Mit $T(\boldsymbol{X}) := \sqrt{n}(\bar{X}-\theta_0)/\sigma$ ist (5.11) gleichbedeutend mit $|T(\boldsymbol{X})| \geq z_{1-\alpha/2}$, und man erhält folgenden Test für $H_0 : \theta = \theta_0$ gegen $H_1 : \theta \neq \theta_0$:

$$\delta(\boldsymbol{X}, \theta_0) = \mathbb{1}_{\left\{\frac{|\sqrt{n}(\bar{X}-\theta_0)|}{\sigma} \geq z_{1-\alpha/2}\right\}}.$$

Dies ist in der Tat ein Test mit Signifikanzniveau α für jedes $\theta_0 \in \Theta$, denn

$$\mathbb{P}_{\theta_0}(\delta(\boldsymbol{X}) = 1) = 1 - \mathbb{P}_{\theta_0}\left(\bar{X} - z_{1-\alpha/2}\frac{\sigma}{\sqrt{n}} \leq \theta_0 \leq \bar{X} + z_{1-\alpha/2}\frac{\sigma}{\sqrt{n}}\right) = \alpha$$

da (5.11) ein $(1-\alpha)$-Konfidenzintervall war. Der durch δ gegebene Test ist ein *zweiseitiger Test*, weil er sowohl für kleine (und negative) als auch für große (und positive) Werte von T verwirft.

5.3.1 Aus Konfidenzintervallen konstruierte Tests

Motiviert durch das Beispiel 5.15 erhält man folgende allgemeine Vorgehensweise:

> Ist $\left[\underline{\theta}(\boldsymbol{X}), \overline{\theta}(\boldsymbol{X})\right]$ ein $(1-\alpha)$- Konfidenzintervall für θ, so ist
>
> $$\delta(\boldsymbol{X}, \theta_0) := \mathbb{1}_{\{\theta_0 \notin [\underline{\theta}(\boldsymbol{X}), \overline{\theta}(\boldsymbol{X})]\}}$$
>
> ein Test mit Signifikanzniveau α für $H_0 : \theta = \theta_0$ gegen $H_1 : \theta \neq \theta_0$.

Dieser Test hält das Signifikanzniveau α ein, da wie in Beispiel 5.15 gilt, dass

$$\mathbb{P}_{\theta_0}(\delta(\boldsymbol{X}, \theta_0) = 1) = 1 - \mathbb{P}_{\theta_0}\big(\underline{\theta}(\boldsymbol{X}) \leq \theta_0 \leq \overline{\theta}(\boldsymbol{X})\big) \leq \alpha.$$

5.3.2 Aus Tests konstruierte Konfidenzintervalle

Sei $\mathcal{X}$ der Datenraum, d.h. $\boldsymbol{X}(\Omega) \subset \mathcal{X}$ und $\{\delta(\boldsymbol{X}, \theta) : \theta \in \Theta\}$ sei eine Familie von Tests, so dass $\delta(\boldsymbol{X}, \theta_0)$ ein Test mit Signifikanzniveau α für

$$H_0 : \theta = \theta_0 \text{ gegen } H_1 : \theta \neq \theta_0$$

für alle $\theta_0 \in \Theta \subset \mathbb{R}$ ist. Für die Beobachtung $\{\boldsymbol{X} = \boldsymbol{x}\}$ definieren wir den *Annahmebereich* der Testfamilie durch

$$C(\boldsymbol{x}) := \big\{\theta \in \Theta : \delta(\boldsymbol{x}, \theta) = 0\big\}.$$

> Gilt weiterhin, dass
>
> $$C(\boldsymbol{x}) = (a(\boldsymbol{x}), b(\boldsymbol{x})) \cap \Theta \qquad \text{für alle } \boldsymbol{x} \in \mathcal{X},$$
>
> dann ist $[a(\boldsymbol{X}), b(\boldsymbol{X})]$ ein $(1-\alpha)$-Konfidenzintervall für θ.

Das Intervall $[a(\boldsymbol{X}), b(\boldsymbol{X})]$ ist in der Tat ein $(1-\alpha)$-Konfidenzintervall für θ, denn es gilt

$$\mathbb{P}_\theta\big(a(\boldsymbol{X}) \leq \theta \leq b(\boldsymbol{X})\big) = \mathbb{P}_\theta\big(\delta(\boldsymbol{X}, \theta) = 0\big) = 1 - \mathbb{P}_\theta\big(\delta(\boldsymbol{X}, \theta) = 1\big) \geq 1 - \alpha.$$

In Abbildung 5.8 stellen wir das $(1-\alpha)$- Konfidenzintervall $C(\boldsymbol{X}) := \{\theta \in \Theta : \delta(\boldsymbol{X}, \theta) = 0\}$ und den zugehörigen Annahmebereich $A(\theta_0) = \{\boldsymbol{x} \in \mathcal{X} : \delta(\boldsymbol{x}, \theta_0) = 0\}$ des Tests für $H_0 : \theta = \theta_0$ gegen $H_1 : \theta \neq \theta_0$ im Bereich $C := \{(\boldsymbol{x}, \theta) : \delta(\boldsymbol{x}, \theta) = 0\} \subset \mathcal{X} \times \Theta$ dar.

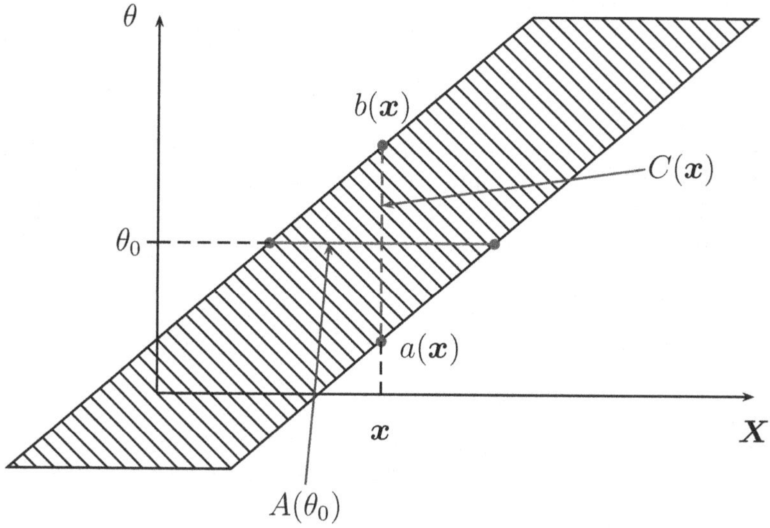

Abb. 5.8 Illustration der Zusammenhänge zwischen Konfidenzintervall und zweiseitigen Tests. Der schraffierte Bereich entspricht $C = \{(\boldsymbol{x}, \theta) : \delta(\boldsymbol{x}, \theta) = 0\}$.

5.4 Aufgaben

Konfidenzintervalle

A 5.1 *Konfidenzintervall für σ^2 bei Normalverteilung*: Seien $X_1, \dots, X_n$ i.i.d. mit $X_1 \sim \mathcal{N}(\mu, \sigma^2)$, wobei sowohl μ als auch σ unbekannt seien. Zeigen Sie, dass

$$\left[\frac{n-1}{\chi^2_{n-1,1-\alpha/2}} s^2(\boldsymbol{X}), \frac{n-1}{\chi^2_{n-1,\alpha/2}} s^2(\boldsymbol{X})\right]$$

ein $(1-\alpha)$-Konfidenzintervall für σ^2 ist, wobei

$$s^2(\boldsymbol{X}) := \frac{1}{n-1} \sum_{i=1}^{n} (X_i - \bar{X})^2,$$

die Stichprobenvarianz mit dem arithmetischen Mittel $\bar{X} := n^{-1} \sum_{i=1}^{n} X_i$ und $\chi^2_{n,a}$ das a-Quantil der χ^2_n-Verteilung ist.

A 5.2 *Konfidenzintervall bei diskreter Gleichverteilung $U(0, \theta)$*: Es seien $X_1, \dots, X_n$ i.i.d. mit $X_1 \sim U(0, \theta)$ mit einem unbekannten $\theta \in \mathbb{N}$. Es bezeichne $X_{(n)} = \max\{X_1, \dots, X_n\}$ das Maximum der Daten. Weisen Sie nach, dass $X_{(n)}/\theta$ ein Pivot für θ ist und verwenden Sie diese Eigenschaft, um zu zeigen, dass

$$\left[\frac{X_{(n)}}{(1-\alpha/2)^{1/n}}, \frac{X_{(n)}}{(\alpha/2)^{1/n}}\right]$$

ein $(1-\alpha)$-Konfidenzintervall für θ ist.

A 5.3 *Exponentialverteilung: Konfidenzintervall*: Seien $X_1, \ldots, X_n$ i.i.d. mit $X_1 \sim \operatorname{Exp}(\theta)$ und θ sei der unbekannte zu schätzende Parameter. Das heißt, X_i hat die Dichte $p_\theta(x) = \theta e^{-\theta x} \mathbb{1}_{\{x>0\}}$. Weiterhin sei $X_{(1)} := \min\{X_1, \ldots, X_n\}$ das Minimum der Daten. Zeigen Sie, dass

$$\left[\frac{-\ln(1-\alpha/2)}{nX_{(1)}}, \frac{-\ln(\alpha/2)}{nX_{(1)}}\right]$$

ein $(1-\alpha)$-Konfidenzintervall für θ ist.

A 5.4 *Lineare Regression: Quadratische Faktoren*: Seien $\epsilon_1, \ldots, \epsilon_n$ i.i.d. und $\epsilon_1 \sim \mathcal{N}(0, \sigma^2)$ mit bekanntem σ^2. Betrachtet werde folgendes lineare Modell

$$Y_i = \frac{\theta}{2} X_i^2 + \epsilon_i, \quad 1 \le i \le n.$$

In Aufgabe 3.21 wurde bereits der Kleinste-Quadrate-Schätzer von θ bestimmt. Berechnen Sie nun ein $(1-\alpha)$-Konfidenzintervall für θ.

Tests

A 5.5 *Mittelwertvergleich unter Normalverteilung*: Seien $X_1, \ldots, X_n, Y_1, \ldots, Y_n$ unabhängig und normalverteilt, mit $X_i \sim \mathcal{N}(\mu_X, \sigma_X^2)$ und $Y_i \sim \mathcal{N}(\mu_Y, \sigma_Y^2)$, $i = 1, \ldots, n$. Dabei seien die Parameter $\sigma_X^2 > 0$ und $\sigma_Y^2 > 0$ bekannt und die Mittelwerte unbekannt.

(i) Zeigen Sie, dass

$$\bar{X} - \bar{Y} \pm \sqrt{\frac{\sigma_X^2 + \sigma_Y^2}{n}}\, z_{1-\alpha/2}$$

ein $(1-\alpha)$-Konfidenzintervall für die Differenz der Mittelwerte $\mu_X - \mu_Y$ ist.

(ii) Konstruieren Sie einen Test zu dem Signifikanzniveau von 95% für die Hypothese $H_0 : \mu_X = \mu_Y$ gegen die Alternative $H_1 : \mu_X \neq \mu_Y$.

(iii) Drücken Sie die Gütefunktion zu dem Test aus Teil (ii) in Abhängigkeit von $\Delta = \mu_X - \mu_Y$ aus und skizzieren Sie die Gütefunktion.

A 5.6 *Varianzvergleich bei Normalverteilung*: Seien $X_1, \ldots, X_n, Y_1, \ldots, Y_n$ unabhängig und normalverteilt, mit $X_i \sim \mathcal{N}(0, \sigma_X^2)$ und $Y_i \sim \mathcal{N}(0, \sigma_Y^2)$, $i = 1, \ldots, n$. Dabei seien die Parameter $\sigma_X^2 > 0$, $\sigma_Y^2 > 0$ unbekannt. Zeigen Sie, dass mit $S_X^2 := \sum_{i=1}^n X_i^2$ und $S_Y^2 := \sum_{i=1}^n Y_i^2$

$$\left[F_{n,n}^{-1}(\alpha/2)\,\frac{S_Y^2}{S_X^2}, F_{n,n}^{-1}(1-\alpha/2)\,\frac{S_Y^2}{S_X^2}\right]$$

ein $(1-\alpha)$-Konfidenzintervall für den Quotienten σ_Y^2/σ_X^2 ist. $F_{n,n}$ bezeichnet hierbei die Verteilungsfunktion der $F_{n,n}$-Verteilung.

A 5.7 *Delta-Methode: Schätzung der Kovarianz*: (Fortsetzung von Aufgabe 4.29) Wir betrachten $(X_1, Y_1), \ldots, (X_n, Y_n)$ i.i.d. Ferner sei $\bar{X} = \frac{1}{n}\sum_{i=1}^n X_i$ und $\bar{Y} = \frac{1}{n}\sum_{i=1}^n Y_i$. Der Momentenschätzer für $\mathrm{Cov}(X_1, Y_1)$ ist gegeben durch

$$T_n = T(\boldsymbol{X}, \boldsymbol{Y}) := \frac{1}{n}\sum_{i=1}^n (X_i - \bar{X})(Y_i - \bar{Y}).$$

In Aufgabe 4.29 wurde gezeigt, dass dass $\sqrt{n}\,(T_n - \mathrm{Cov}(X_1, Y_1))$ asymptotisch $\mathcal{N}(0, \gamma^2)$ normalverteilt ist falls nur $E(X_1^4) < \infty$ und $E(Y_1^4) < \infty$ und ein Ausdruck für die asymptotische Varianz γ^2 durch Momente von (X_1, Y_1) gefunden.

Konstruieren Sie nun ein approximatives asymptotisches 99% Konfidenzintervall für $\mathrm{Cov}(X_1, Y_1)$ mit Hilfe des Momentenschätzers $\hat{\gamma}^2$ von γ^2.

A 5.8 *Exponentialverteilung: Mittelwertvergleich*: Seien X_1 und X_2 unabhängige Zufallsvariablen mit Dichten $p_i(x) := \lambda_i e^{-\lambda_i x}\mathbb{1}_{\{x>0\}}$, $i = 1, 2$. Die Parameter $\lambda_1 > 0$ und $\lambda_2 > 0$ sind unbekannt. Setze $\theta := \lambda_1/\lambda_2$. Zeigen Sie, dass $\theta X_1/X_2$ ein Pivot für θ ist und konstruieren Sie ein $(1-\alpha)$-Konfidenzintervall für θ.

Seien $X_{i1}, \ldots, X_{in}$, $i = 1, 2$ zwei Stichproben von möglicherweise verschiedenen Exponentialverteilungen. Alle Zufallsvariablen seien unabhängig und $X_{i1} \sim p_i$, $i = 1, 2$. Wir schreiben $X_{i\cdot} := \sum_{j=1}^n X_{ij}$ für $i = 1, 2$. Zeigen Sie, dass

$$\left[\frac{\bar{X}_{2\cdot}}{\bar{X}_{1\cdot}} F_{n,n}^{-1}(\alpha/2), \frac{\bar{X}_{2\cdot}}{\bar{X}_{1\cdot}} F_{n,n}^{-1}(1-\alpha/2)\right]$$

ein $(1-\alpha)$-Konfidenzintervall für θ ist und konstruieren Sie damit einen Test mit Signifikanzniveau α für

$$H_0:\ \theta = 1 \quad \text{gegen} \quad H_1:\ \theta \neq 1\,.$$

A 5.9 *Poisson-Verteilung: Test*: Seien $X_1, \ldots, X_n$ i.i.d. Poisson-verteilt mit unbekanntem Parameter $\lambda > 0$.

(i) Verwenden Sie die natürliche suffiziente Statistik, um einen Test mit Signifikanzniveau α für die Hypothese $H_0 : \lambda \leq \lambda_0$ gegen die Alternative $H_1 : \lambda > \lambda_0$ zu finden. Konstruieren Sie dazu zunächst einen Test für die Hypothese $\lambda = \lambda_0$ und zeigen Sie, dass die Gütefunktion streng monoton wachsend in λ ist. Benutzen Sie den zentralen Grenzwertsatz, um eine Approximation für den kritischen Wert zu finden.

(ii) Seien $\alpha = 0{,}05$, $n = 200$, $\sum_{i=1}^{200} X_i = 2085$ und $\lambda_0 = 10$. Klären Sie, ob die Hypothese $H_0 : \lambda \leq \lambda_0$ verworfen wird und bestimmen Sie den p-Wert.

A 5.10 *Mittelwertvergleich bei Normalverteilung: Gütefunktion*: Seien $X_{i1}, \ldots, X_{in_i}$, $i = 1, 2$ zwei Stichproben. Alle Zufallsvariablen seien unabhängig und $X_{ij} \sim \mathcal{N}(\mu_i, \sigma_i^2)$, $i = 1, 2$ und $j = 1, \ldots, n_i$. Weiterhin seien μ_1, μ_2 unbekannt und σ_1^2, σ_2^2 bekannt. Konstruieren Sie einen Test mit Signifikanzniveau α für

$$H_0: \mu_1 = \mu_2 \quad \text{gegen} \quad H_1: \mu_1 \neq \mu_2 .$$

Verwenden Sie dazu ein $(1-\alpha)$-Konfidenzintervall für $\mu_1 - \mu_2$. Ist $z_{1-\alpha/2}$ das $(1 - \alpha/2)$-Quantil der Standardnormalverteilung, so ist die Gütefunktion gegeben durch

$$1 - \Phi\left(z_{1-\alpha/2} - \frac{\Delta}{\sqrt{\frac{\sigma_1^2}{n_1} + \frac{\sigma_2^2}{n_2}}}\right) + 1 - \Phi\left(z_{1-\alpha/2} + \frac{\Delta}{\sqrt{\frac{\sigma_1^2}{n_1} + \frac{\sigma_2^2}{n_2}}}\right),$$

wobei $\Delta = \mu_1 - \mu_2$.

Güte von Tests

A 5.11 *Gütefunktionen bei der Gleichverteilung*: Seien X_1, X_2 i.i.d. mit $X_1 \sim U[\theta, \theta + 1]$. Untersucht werden soll die Hypothese $H_0: \theta = 0$ gegen die Alternative $H_1: \theta > 0$ mit Hilfe der beiden Tests

$$T_1(\boldsymbol{X}) := \mathbb{1}_{\{X_1 > 0.95\}}$$
$$T_2(\boldsymbol{X}) := \mathbb{1}_{\{X_1 + X_2 > c\}}$$

mit $c \in \mathbb{R}$.

(i) Bestimmen Sie die Konstante c so, dass beide Tests Level-α-Tests zu dem gleichen Niveau α sind.
(ii) Berechnen Sie die Gütefunktion der beiden Tests.
(iii) Stellen Sie die Gütefunktionen graphisch dar und erläutern Sie damit, welcher der beiden Tests an welcher Stelle die bessere Güte besitzt.

Bayesianischer Intervallschätzer

A 5.12 *Bayesianischer Intervallschätzer*: Eine Population sei normalverteilt mit Mittelwert μ und Varianz 100. Der Parameter μ wird als Realisation der Zufallsvariablen $M \sim \mathcal{N}(175, 60)$ interpretiert. Eine i.i.d.-Stichprobe der Länge $n = 100$ aus der Population habe das arithmetische Mittel $\bar{x} = 178$. Berechnen Sie die 95%-Intervallschätzer für μ:

(i) Nur unter Benutzung der Verteilung von M (a priori),
(ii) nur unter Benutzung von $\bar{x}$ (klassisch),
(iii) unter Benutzung von M und $\bar{x}$ (a posteriori).

Kapitel 6.
Optimale Tests und Konfidenzintervalle, Likelihood-Quotienten-Tests und verwandte Methoden

In diesem Kapitel studieren wir die Optimalität von Tests. Zu Beginn werden die zentralen Resultate von Neyman und Pearson vorgestellt, welche eine Klasse von optimalen Tests basierend auf Likelihood-Quotienten behandeln. Diese Optimalität gilt zunächst nur unter ganz einfachen Hypothesen $\theta = \theta_0$ gegen $\theta = \theta_1$. Allerdings lassen sich diese Ergebnisse auch auf einseitige Hypothesen übertragen. Schließlich erhält man optimale Tests für den zweiseitigen Fall unter einer weiteren Einschränkung auf symmetrische oder unverzerrte Tests. Abschließend werden als Erweiterung verallgemeinerte Likelihood-Quotienten-Tests behandelt, welche auch für allgemeinere Hypothesen anwendbar sind.

6.1 Das Neyman-Pearson-Lemma

Für einen statistischen Test δ wurde die Gütefunktion G_δ in Definition 5.9 definiert.

Definition 6.1. Ein Test δ^* mit Signifikanzniveau α heißt *uniformly most powerful* (UMP) für das Testproblem $H_0 : \theta \in \Theta_0$ gegen $H_1 : \theta \in \Theta_1$, falls für jeden weiteren Test δ mit Signifikanzniveau α gilt, dass

$$G_\delta(\theta) \leq G_{\delta^*}(\theta) \quad \text{für alle } \theta \in \Theta_1. \tag{6.1}$$

Ein UMP-Test hat somit eine bessere Güte auf der Alternative H_1 als jeder andere Test, welcher das vorgegebene Signifikanzniveau α einhält. Wir werden im Folgenden zeigen, dass die in Kapitel 5.2 vorgestellten Tests UMP-Tests sind. In diesen Beispielen ist die Familie der UMP-Tests zu dem Signifikanzniveau α von einer Statistik $T(\boldsymbol{X})$ erzeugt, d.h. der Verwerfungsbereich hat

C. Czado, T. Schmidt, *Mathematische Statistik*, Statistik und ihre Anwendungen, DOI 10.1007/978-3-642-17261-8_6,

die Form $\{\boldsymbol{x} \in \mathbb{R}^n : T(\boldsymbol{x}) \geq c\}$. Eine Statistik, die einen UMP-Test erzeugt, heißt *optimale Statistik.*

Zunächst lösen wir den einfachsten Fall: $H_0 : \theta = \theta_0$ gegen $H_1 : \theta = \theta_1$. Hat $\boldsymbol{X}$ die Dichte oder Wahrscheinlichkeitsfunktion p, so definiert man die *Likelihood-Quotienten-Statistik* für die Beobachtung $\{\boldsymbol{X} = \boldsymbol{x}\}$ durch

$$L(\boldsymbol{x}, \theta_0, \theta_1) := \frac{p(\boldsymbol{x}, \theta_1)}{p(\boldsymbol{x}, \theta_0)}; \tag{6.2}$$

wobei $L(\boldsymbol{x}, \theta_0, \theta_1) := 0$ gesetzt wird, falls $p(\boldsymbol{x}, \theta_0) = p(\boldsymbol{x}, \theta_1) = 0$. L nimmt Werte in $[0, \infty]$ an. Große Werte von L sprechen hierbei für die Alternative H_1, kleine Werte für die Null-Hypothese H_0. Das Besondere an der Likelihood-Quotienten-Statistik ist, dass sie einen UMP-Test für $H_0 : \theta = \theta_0$ gegen $H_1 : \theta = \theta_1$ erzeugt:

Satz 6.2 (Neyman-Pearson-Lemma). *Betrachte das Testproblem $H_0 : \theta = \theta_0$ gegen $H_1 : \theta = \theta_1$ mit $\theta_0 \neq \theta_1$ und den Test $\delta_k(\boldsymbol{X}) := \mathbb{1}_{\{L(\boldsymbol{X}, \theta_0, \theta_1) \geq k\}}$ mit $k \in \mathbb{R}^+ \cup \{\infty\}$. Ist δ ein weiterer Test und gilt $G_\delta(\theta_0) \leq G_{\delta_k}(\theta_0)$, so folgt*

$$G_\delta(\theta_1) \leq G_{\delta_k}(\theta_1).$$

Beweis. Wir betrachten die n-dimensionale Zufallsvariable $\boldsymbol{X}$ und zeigen allgemeiner folgende Aussage: Sei $\Psi : \mathbb{R}^n \to [0, 1]$ eine messbare Funktion und gelte

$$\mathbb{E}_{\theta_0}\big(\Psi(\boldsymbol{X})\big) \leq \mathbb{E}_{\theta_0}\big(\delta_k(\boldsymbol{X})\big), \tag{6.3}$$

so folgt

$$\mathbb{E}_{\theta_1}\big(\Psi(\boldsymbol{X})\big) \leq \mathbb{E}_{\theta_1}\big(\delta_k(\boldsymbol{X})\big). \tag{6.4}$$

Wir nehmen zunächst an, dass $k < \infty$. Dann ist $\delta_k(\boldsymbol{X}) = \mathbb{1}_{\{p(\boldsymbol{X}, \theta_1) - kp(\boldsymbol{X}, \theta_0) \geq 0\}}$. Der Schlüssel zu dem Beweis ist folgende Beobachtung:

$$\Psi(\boldsymbol{x})[p(\boldsymbol{x}, \theta_1) - kp(\boldsymbol{x}, \theta_0)] \leq \delta_k(\boldsymbol{x})[p(\boldsymbol{x}, \theta_1) - kp(\boldsymbol{x}, \theta_0)]. \tag{6.5}$$

In der Tat, auf $A := \{p(\boldsymbol{x}, \theta_1) - kp(\boldsymbol{x}, \theta_0) \geq 0\}$ folgt (6.5) aus $\Psi(\boldsymbol{x}) \leq 1$; auf $\overline{A}$ gilt dies wegen $\Psi(\boldsymbol{x})[p(\boldsymbol{x}, \theta_1) - kp(\boldsymbol{x}, \theta_0)] \leq 0$. Hat $\boldsymbol{X}$ eine Dichte, so erhält man die Aussage (6.4) durch Integrieren von (6.5): Aus (6.5) folgt

$$\int_{\mathbb{R}^n} \Psi(\boldsymbol{x})[p(\boldsymbol{x}, \theta_1) - kp(\boldsymbol{x}, \theta_0)]d\boldsymbol{x} \leq \int_{\mathbb{R}^n} \delta_k(\boldsymbol{x})[p(\boldsymbol{x}, \theta_1) - kp(\boldsymbol{x}, \theta_0)]d\boldsymbol{x}$$

und damit

$$\mathbb{E}_{\theta_1}(\Psi(\boldsymbol{X})) - \mathbb{E}_{\theta_1}(\delta_k(\boldsymbol{X})) \leq k\Big(\mathbb{E}_{\theta_0}(\Psi(\boldsymbol{X})) - \mathbb{E}_{\theta_0}(\delta_k(\boldsymbol{X}))\Big).$$

Dies folgt analog auch, falls $\boldsymbol{X}$ diskret ist. Nach Voraussetzung (6.3) ist die rechte Seite kleiner oder gleich Null und somit folgt Behauptung (6.4).

Da weiterhin $\mathbb{E}_{\theta_i}(\delta_k(\boldsymbol{X})) = G_{\delta_k}(\theta_i)$ für $i = 0, 1$ gilt, folgt das Neyman-Pearson-Lemma. Der Fall $k = \infty$ wird in Aufgabe 6.1 gelöst. □

B 6.1 *Likelihood-Quotienten-Tests*: In diesem Beispiel klassifizieren wir alle möglichen Likelihood-Quotienten-Tests in einem einfachen Fall. Sei X eine diskrete Zufallsvariable mit Werten in der Menge $\{0, 1, 2\}$. Die Verteilung von X ist in der folgenden Tabelle 6.1 spezifiziert.

x	$p(x,\theta)$		$L(x,0,1)$
	$\theta = 0$	$\theta = 1$	
0	0.9	0	0
1	0	0.9	∞
2	0.1	0.1	1

Tabelle 6.1 Die Verteilung der Zufallsvariablen X aus Beispiel 6.1: So ist beispielsweise $\mathbb{P}_\theta(X = 0)$ gerade 0.9 für $\theta = 0$ und 0 für $\theta = 1$. In der rechten Spalte ist die Likelihood-Quotienten-Statistik aus Gleichung (6.2) dargestellt.

Es soll $H_0 : \theta = 0$ gegen $H_1 : \theta = 1$ getestet werden. Dann existieren nur zwei Tests zum Signifikanzniveau $\alpha < 1$: Der erste Test verwirft H_0 genau dann, wenn der Likelihood-Quotient ∞ ist, er ist gegeben durch

$$\delta_1(X) = \mathbb{1}_{\{L(X,0,1)=\infty\}} = \mathbb{1}_{\{X=1\}}$$

zu dem Signifikanzniveau

$$\alpha = \mathbb{P}_{\theta=0}(\delta_1(X) = 1) = \mathbb{P}_{\theta=0}(L(X,0,1) = \infty) = \mathbb{P}_{\theta=0}(X = 1) = 0.$$

Der zweite Test verwirft H_0 genau dann, wenn der Likelihood-Quotienten größer oder gleich eins ist. Er ist

$$\delta_2(X) = \mathbb{1}_{\{L(X,0,1)\geq 1\}} = \mathbb{1}_{\{X\in\{1,2\}\}}.$$

Damit ist δ_2 ein Test mit Signifikanzniveau

$$\alpha = \mathbb{P}_{\theta=0}(\delta_2(X) = 1) = \mathbb{P}_{\theta=0}(L(X,0,1) \geq 1) = \mathbb{P}_{\theta=0}(X \geq 1) = 0{+}0.1 = 0.1\,.$$

Beide Tests sind UMP-Tests bezüglich ihres Signifikanzniveaus α: Für δ_1 ist die Gütefunktion auf H_1 gegeben durch

$$\begin{aligned} G_{\delta_1}(1) &= \mathbb{P}_{\theta=1}(\delta_1(X) = 1) = \mathbb{P}_{\theta=1}(L(X,0,1) = \infty) \\ &= \mathbb{P}_{\theta=1}(X = 1) = 0.9. \end{aligned}$$

δ_1 ist UMP-Test, denn für einen beliebigen Test δ mit Signifikanzniveau 0 ist $\mathbb{P}_{\theta=0}(\delta(X) = 1) = 0$. Dies ist unter $\theta = 0$ nur für $X = 1$ möglich und somit ist $\{\delta(X) = 1\} = \{X = 1\}$ und damit $\delta = \delta_1$. Somit ist δ_1 UMP-Test für $H_0 : \theta = 0$ gegen $H_1 : \theta = 1$ zum Signifikanzniveau 0.

Für δ_2 ist die Gütefunktion auf H_1 gerade

$$\begin{aligned} G_{\delta_2}(1) &= \mathbb{P}_{\theta=1}(\delta_2(X) = 1) = \mathbb{P}_{\theta=1}(L(X,0.1) \geq 1) \\ &= \mathbb{P}_{\theta=1}(X = 1) + \mathbb{P}_{\theta=1}(X = 2) = 0.9 + 0.1 = 1\,. \end{aligned}$$

δ_2 ist ein UMP-Test für $H_0 : \theta = 0$ gegen $H_1 : \theta = 1$ zum Signifikanzniveau 0.1. Dies folgt, da der einzige Test mit dem Signifikanzniveau 0.1 gerade $\{\delta(X) = 1\} = \{X = 2\}$ ist; dieser hat jedoch die Güte $G_\delta = 0.9$. Die erfolgten Betrachtungen zeigen darüber hinaus, dass der Likelihood-Quotient L eine optimale Statistik ist.

B 6.2 *Normalverteilungstest für $H_0 : \mu = 0$ gegen $H_1 : \mu = \nu$:* Um einen Satelliten zu überprüfen wird ein starkes Signal von der Erde ausgesandt. Der Satellit antwortet durch die Sendung eines Signals von der Intensität $\nu > 0$ für n Sekunden, falls er funktioniert. Falls er nicht funktioniert, wird nichts gesendet. Die auf der Erde empfangenen Signale variieren zufällig durch zusätzliche Störungen des Signals. Die Durchschnittsspannung des Signals X_i in der i-ten Sekunde werde für die Dauer von n Sekunden gemessen. Es wird angenommen, dass $X_1, \ldots, X_n$ i.i.d. sind mit $X_1 \sim \mathcal{N}(\mu, \sigma^2)$ (eine zu überprüfende Annahme), dabei sei σ bekannt. Getestet werden soll, ob der Satellit noch funktioniert, d.h. es soll $H_0 : \mu = 0$ gegen $H_1 : \mu = \nu$ getestet werden. Die Likelihood-Quotienten-Statistik für $\boldsymbol{X} = (X_1, \ldots, X_n)^\top$ erhält man aus der Gleichung (6.2),

$$\begin{aligned} L(\boldsymbol{X}, 0, \nu) &= \frac{(2\pi\sigma^2)^{-n/2} \exp\left(- \frac{1}{2\sigma^2} \sum_{i=1}^n (X_i - \nu)^2 \right)}{(2\pi\sigma^2)^{-n/2} \exp\left(- \frac{1}{2\sigma^2} \sum_{i=1}^n X_i^2 \right)} \\ &= \exp\left(\frac{\nu}{\sigma^2} \sum_{i=1}^n X_i - \frac{n\nu^2}{2\sigma^2} \right). \end{aligned}$$

Nach dem Neyman-Pearson-Lemma 6.2 ist L eine optimale Statistik. Jede strikt monoton wachsende Funktion einer optimalen Statistik ist wieder optimal, da beide Statistiken denselben Verwerfungsbereich erzeugen. Da

$$T(\boldsymbol{X}) := \sqrt{n}\,\frac{\bar{X}}{\sigma} = \frac{\sigma}{\nu\sqrt{n}} \left(\ln L(\boldsymbol{X}, 0, \nu) + \frac{n\nu^2}{2\sigma^2} \right)$$

gilt, ist $T(\boldsymbol{X})$ eine optimale Statistik. Weiterhin ist unter H_0 die Statistik $T(\boldsymbol{X})$ standardnormalverteilt. Somit folgt, dass der Test

$$\delta(\boldsymbol{X}) = \mathbb{1}_{\{T(\boldsymbol{X}) \geq z_{1-\alpha}\}} = \mathbb{1}_{\{\bar{X} \geq \frac{\sigma}{\sqrt{n}} z_{1-\alpha}\}}$$

ein UMP-Test mit Signifikanzniveau α ist, denn die Wahrscheinlichkeit für den Fehler 1. Art ist gerade $\mathbb{P}_{\mu=0}(T(\boldsymbol{X}) \geq z_{1-\alpha}) = 1 - \Phi(z_{1-\alpha}) = \alpha$. Die Wahrscheinlichkeit für den Fehler 2. Art errechnet sich zu

$$\mathbb{P}_{\mu=\nu}(T(\boldsymbol{X}) < z_{1-\alpha}) = \mathbb{P}_{\mu=\nu}\left(\frac{\sqrt{n}(\bar{X} - \nu)}{\sigma} \leq z_{1-\alpha} - \frac{\sqrt{n}\nu}{\sigma}\right) = \Phi\left(z_{1-\alpha} - \frac{\sqrt{n}\nu}{\sigma}\right).$$

Nach dem Neyman-Pearson-Lemma ist dies die kleinste Fehlerwahrscheinlichkeit 2. Art. Um die Wahrscheinlichkeit für die Fehler 1. und 2. Art gleichzeitig unterhalb des Niveaus α zu erhalten, muss folgende Bedingung erfüllt sein:

$$\mathbb{P}_{\mu=0}(T(\boldsymbol{X}) \geq z_{1-\alpha}) \leq \alpha \quad \text{und} \quad \mathbb{P}_{\mu=\nu}(T(\boldsymbol{X}) \leq z_{1-\alpha}) \leq \alpha.$$

Analog zur Gleichung (5.10) erhält man, dass man hierfür mindestens einen Stichprobenumfang n von

$$n \geq \frac{\sigma^2}{\nu^2}\big(z_{1-\alpha} + z_{1-\alpha}\big)^2 = \frac{4\sigma^2 z_{1-\alpha}^2}{\nu^2}$$

benötigt.

Nach diesen einführenden Beispielen kehren wir zur Analyse des Neyman-Pearson-Lemmas zurück. Als Schlüsselstelle erweist sich Gleichung (6.5):

$$\Psi(\boldsymbol{x})[p(\boldsymbol{x}, \theta_1) - kp(\boldsymbol{x}, \theta_0)] \leq \delta_k(\boldsymbol{x})[p(\boldsymbol{x}, \theta_1) - kp(\boldsymbol{x}, \theta_0)].$$

Wir hatten lediglich genutzt, dass $\Psi \in [0, 1]$ und $\delta_k = 1$ auf $\{\boldsymbol{x} : L(\boldsymbol{x}, \theta_0, \theta_1) \geq k\} = \{p(\boldsymbol{x}, \theta_1) - kp(\boldsymbol{x}, \theta_0) \geq 0\}$ und sonst 0 ist. Allerdings ist dies auf $\{\boldsymbol{x} : L(\boldsymbol{x}, \theta_0, \theta_1) = k\}$ nicht nötig. Dort kann δ_k sogar einen beliebigen Wert annehmen und bleibt nach wie vor optimal. Dies motiviert folgende Definition und den darauffolgenden Satz:

Definition 6.3. Ein Test δ_k^* mit $k \in \mathbb{R}^+ \cup \{\infty\}$ für $H_0 : \theta = \theta_0$ gegen $H_1 : \theta = \theta_1$ heißt *Neyman-Pearson-Test*, falls

$$\delta_k^*(\boldsymbol{x}) = \mathbb{1}_{\{L(\boldsymbol{x}, \theta_0, \theta_1) \geq k\}} \tag{6.6}$$

für alle $\boldsymbol{x}$ in $\{\boldsymbol{x} \in \mathbb{R}^n : L(\boldsymbol{x}, \theta_0, \theta_1) \neq k\}$.

Wir nennen einen Neyman-Pearson-Test auch kurz NP-Test. Sei δ_k der Test aus Satz 6.2. Man beachte, dass (6.6) gerade $\delta_k^* = \delta_k$ auf der Menge $\{\boldsymbol{x} :$

$L(\boldsymbol{x}, \theta_0, \theta_1) \neq k\}$ fordert. Auf der Menge $\{\boldsymbol{x} : L(\boldsymbol{x}, \theta_0, \theta_1) = k\}$ hingegen kann der Neyman-Pearson-Test δ_k^* beliebig gewählt werden.

Satz 6.4. *Sei $0 \leq k < \infty$ und sei δ_k^* ein Neyman-Pearson-Test für $H_0 : \theta = \theta_0$ gegen $H_1 : \theta = \theta_1$. Dann ist δ_k^* UMP-Test für H_0 gegen H_1 mit Signifikanzniveau*

$$\mathbb{P}_{\theta_0}(\delta_k^*(\boldsymbol{X}) = 1).$$

Beweis. Der Beweis erfolgt wie in Satz 6.2, da für $\{\boldsymbol{x} : L(\boldsymbol{x}, \theta_0, \theta_1) = k\}$ die Gleichung (6.5) äquivalent ist zu $0 \leq 0$. □

Die für einen Neyman-Pearson-Test zusätzlich gewonnene Freiheit, den Test auf der Menge $\{\boldsymbol{x} \in \mathbb{R}^n : L(\boldsymbol{x}, \theta_0, \theta_1) = k\}$ beliebig variieren zu können, kann mitunter sehr nützlich sein, wie folgendes Beispiel belegt.

B 6.3 *Diskrete Gleichverteilung: NP-Test*: Seien $X_1, \dots, X_n$ i.i.d. und diskret gleichverteilt mit Werten in $\{1, \dots, \theta\}$ und $0 < \theta \in \mathbb{N}$, d.h die Wahrscheinlichkeitsfunktion von X_1 ist

$$p(x, \theta) = \frac{1}{\theta} \mathbb{1}_{\{x \in \{1, \dots, \theta\}\}}.$$

Wir verwenden die Ordnungsgröße $x_{(n)} := \max\{x_1, \dots, x_n\}$. Die Likelihood-Quotienten-Statistik für den Test $H_0 : \theta = \theta_0$ gegen $H_1 : \theta = \theta_1$ mit ganzzahligem $\theta_1 > \theta_0$ ist

$$L(\boldsymbol{x}, \theta_1, \theta_0) = \prod_{i=1}^{n} \frac{p(x_i, \theta_1)}{p(x_i, \theta_0)} = \begin{cases} \left(\frac{\theta_0}{\theta_1}\right)^n & 1 \leq x_{(n)} \leq \theta_0 \\ \infty & \theta_0 < x_{(n)} \leq \theta_1 \end{cases}.$$

Wählt man nun

$$\delta_k(\boldsymbol{X}) := \mathbb{1}_{\{L(\boldsymbol{X}, \theta_0, \theta_1) \geq k\}}, \tag{6.7}$$

so erhält man für $k = \infty$ oder $k > \left(\theta_0/\theta_1\right)^n$, dass

$$\mathbb{P}_{\theta_0}(\delta_k(\boldsymbol{X}) = 1) = \mathbb{P}_{\theta_0}(\theta_0 < X_{(n)} \leq \theta_1) = 0$$

und $\delta_k(\boldsymbol{X})$ ist ein Test zum Signifikanzniveau 0. Andererseits gilt für $k \leq \left(\theta_0/\theta_1\right)^n$, dass

$$\mathbb{P}_{\theta_0}(\delta_k(\boldsymbol{X}) = 1) = \mathbb{P}_{\theta_0}(1 \leq X_{(n)} \leq \theta_0) = 1.$$

Nun verwirft der Test permanent und man macht mit Wahrscheinlichkeit 1 einen Fehler 1. Art. Das Neyman-Pearson-Konzept ist somit in diesem Szenario nicht direkt anwendbar. Ein natürlicher Test wäre, anhand des Maximums der Daten direkt für H_0 oder H_1 zu entscheiden. Mit der neu gewonnenen Freiheit durch Satz 6.4 ist gerade dies möglich.

Wir zeigen nun, dass der Test $\delta_j^*(\boldsymbol{X}) := \mathbb{1}_{\{X_{(n)} \geq j\}}$, welcher H_0 verwirft, falls das Maximum $X_{(n)}$ der Beobachtungen größer oder gleich j ist, ein NP-

Test ist, falls nur $j \leq \theta_0$. Dazu wählen wir $k = \left(\theta_0/\theta_1\right)^n$ in dem Test δ_k aus Gleichung (6.7). Auf der Menge

$$A_k := \{\boldsymbol{x} \in \mathbb{R}^n : L(\boldsymbol{x}, \theta_0, \theta_1) = k\}$$

können wir den Test frei wählen und setzen für $\boldsymbol{x} \in A_k$

$$\delta_j^*(\boldsymbol{x}) := \mathbb{1}_{\{j \leq x_{(n)} \leq \theta_0\}}$$

und für $\boldsymbol{x} \notin A_k$ gerade $\delta_j^*(\boldsymbol{x}) = \delta_k(\boldsymbol{x})$. Nach Satz 6.4 ist δ_j^* ein UMP-Test mit dem Signifikanzniveau

$$\begin{aligned}
\mathbb{P}_{\theta_0}(\delta_j^*(\boldsymbol{X}) = 1) &= \mathbb{P}_{\theta_0}(X_{(n)} \geq j) \\
&= 1 - \mathbb{P}_{\theta_0}(X_{(n)} \leq j - 1) \\
&= 1 - \mathbb{P}_{\theta_0}(X_1 \leq j - 1, \ldots, X_n \leq j - 1) \\
&= 1 - \left(\frac{j-1}{\theta_0}\right)^n.
\end{aligned}$$

Wenn j von 1 bis θ_0 variiert, erhält man θ_0 verschiedene Signifikanzniveaus.

Der Neyman-Pearson-Test für $H_0 : \theta = \theta_0$ gegen $H_1 : \theta = \theta_1$ ist im folgendem Sinn auf der Menge $\{\boldsymbol{x} : L(\boldsymbol{x}, \theta_0, \theta_1) \neq k\}$ eindeutig.

Satz 6.5. *Sei $0 < k < \infty$ und δ ein Test für $H_0 : \theta = \theta_0$ gegen $H_1 : \theta = \theta_1$. Die Wahrscheinlichkeiten für einen Fehler 1. und 2. Art unter δ seien nicht größer als die von $\delta_k(\boldsymbol{x}) = \mathbb{1}_{\{L(\boldsymbol{x},\theta_0,\theta_1) \geq k\}}$. Dann ist δ ein Neyman-Pearson-Test mit $\delta = \delta_k$ auf der Menge $\{\boldsymbol{x} \in \mathbb{R}^n : L(\boldsymbol{x}, \theta_0, \theta_1) \neq k\}$.*

Der Beweis dieses Resultats ist Gegenstand der Aufgabe 6.2. In den beiden vorherigen Beispielen ist die Teststatistik optimal gegen jedes Mitglied einer Klasse von einfachen Alternativen. Normalerweise hängen Neyman-Pearson-Tests stark von der Alternative ab, wie das folgende Beispiel zeigt.

B 6.4 *Multinomialverteilung: NP-Test*: Sei $\boldsymbol{N} = (N_1, \ldots, N_k)^\top \sim M(n, \boldsymbol{\theta})$ mit $\boldsymbol{\theta} = (\theta_1, \ldots, \theta_k)^\top \in \Theta = \{\boldsymbol{\theta} \in \mathbb{R}_+^k : \sum_{i=1}^k \theta_i = 1\}$, d.h. $\boldsymbol{N}$ hat die Wahrscheinlichkeitsfunktion an der Stelle $\boldsymbol{n} = (n_1, \ldots, n_k)^\top$ für $\boldsymbol{\theta} \in \Theta$

$$p(\boldsymbol{n}, \boldsymbol{\theta}) = \frac{n!}{n_1!, \ldots, n_k!} \theta_1^{n_1} \cdots \theta_k^{n_k} \, \mathbb{1}_{\{n_i \in \mathbb{N}_0, \sum_{i=1}^k n_i = n\}};$$

hierbei ist $\mathbb{N}_0 = \{0, 1, 2, \ldots\}$. Betrachtet werde ein Test für $H_0 : \boldsymbol{\theta} = \boldsymbol{\theta}_0$ gegen $H_1 : \boldsymbol{\theta} = \boldsymbol{\theta}_1$. Für $\boldsymbol{\theta}_j \in \Theta$ schreiben wir $\boldsymbol{\theta}_j = (\theta_{1,j}, \ldots, \theta_{k,j})$, $j \in \{0, 1\}$. Dann ist die Likelihood-Quotienten-Statistik

$$L(\boldsymbol{N},\boldsymbol{\theta}_0,\boldsymbol{\theta}_1) = \frac{p(\boldsymbol{N},\boldsymbol{\theta}_1)}{p(\boldsymbol{N},\boldsymbol{\theta}_0)} = \prod_{i=1}^k \left(\frac{\theta_{i,1}}{\theta_{i,0}}\right)^{N_i};$$

falls $\boldsymbol{N} \in \mathbb{N}_0^k$ mit $\sum_{i=1}^k N_i = n$ und 0 sonst. Die Verteilung von L ist im Allgemeinen für großes n nicht mehr berechenbar. Spezialfälle sind einfacher: Sei $\theta_{j,0} > 0$ für alle $1 \le j \le k$. Wähle $0 < \epsilon < 1$ und für l ganzzahlig fest mit $1 \le l \le k$ und definiere die Alternative $\boldsymbol{\theta}_1$ wie folgt:

$$\theta_{l,1} := \epsilon \cdot \theta_{l,0}$$

$$\theta_{j,1} = \rho \cdot \theta_{j,0} \quad \text{für alle } j \neq l \quad \text{mit } \rho := \frac{1-\epsilon\theta_{l,0}}{1-\theta_{l,0}}.$$

Unter dieser Alternative ist Typ l weniger häufig als unter H_0 und die bedingten Wahrscheinlichkeiten der anderen Typen gegeben, dass Typ l nicht aufgetreten ist, sind unter H_0 und H_1 gleich. Für diese Wahl der Alternative gilt, dass

$$L(\boldsymbol{N},\boldsymbol{\theta}_0,\boldsymbol{\theta}_1) = \prod_{i=1}^k \left(\frac{\theta_{i1}}{\theta_{i0}}\right)^{N_i} = \rho^{n-N_l} \cdot \epsilon^{N_l} = \rho^n \left(\frac{\epsilon}{\rho}\right)^{N_l}.$$

Der Neyman-Pearson-Test für $H_0 : \boldsymbol{\theta} = \boldsymbol{\theta}_0$ gegen $H_1 : \boldsymbol{\theta} = \boldsymbol{\theta}_1$ verwirft H_0 genau dann, wenn

$$\rho^n \left(\frac{\epsilon}{\rho}\right)^{N_l} \ge k.$$

Dies ist wegen ${}^{\epsilon}/_{\rho} < 1$ äquivalent zu

$$N_l \le \frac{\ln(k) - \ln(\rho^n)}{\ln(\epsilon) - \ln(\rho)} =: c_{\boldsymbol{\theta}_1}.$$

Sei $k(\alpha,\theta,n)$ das in Beispiel 5.12 bestimmte $(1-\alpha)$-Quantil der Binomialverteilung $\text{Bin}(n,\theta)$. Da $N_l \sim \text{Bin}(n,\theta_{l,0})$ unter der Null-Hypothese H_0 ist, erhält man durch den Test

$$\delta_l(\boldsymbol{N}) = \mathbb{1}_{\{N_l \le k(\alpha,\theta_{l,0},n)\}}$$

ein Neyman-Pearson-Test mit Signifikanzniveau α, da $\mathbb{P}_{\theta_{l,0}}(N_l \le k(\alpha,\theta_{l,0},n)) \le \alpha$. Da l beliebig gewählt wurde, erhält man unterschiedliche Neyman-Pearson-Tests.

6.2 Uniformly Most Powerful Tests

Im Allgemeinen ist man neben dem einfachen Fall $H_0 : \theta = \theta_0$ gegen $H_1 : \theta = \theta_1$ nur für $H_0 : \theta \leq \theta_0$ gegen $H_1 : \theta > \theta_0$ in der Lage UMP-Tests anzugeben. Man geht hierbei in drei Schritten vor. Zunächst betrachtet man nur $H_0 : \theta = 0$. Man kennt dann die Neyman-Pearson-Tests für jede Alternative $H_\nu : \theta = \theta_\nu$, $\theta_\nu > 0$ und kann mit dem Neyman-Pearson-Lemma (Satz 6.2) auf Optimalität gegen $H_1 : \theta > 0$ schließen. Es folgt, dass diese Tests das Signifikanzniveau auch für $H_0 : \theta \leq 0$ einhalten. Schließlich erhält man durch Translation den allgemeinen Fall. Wir beginnen mit einem Beispiel, welches diese Schritte illustriert.

B 6.5 *Normalverteilung: UMP-Test für $\mu \leq \mu_0$ gegen $\mu > \mu_0$:* Wie bereits erwähnt, gehen wir in drei Schritten vor. Seien $X_1, \ldots, X_n$ i.i.d. mit $X_1 \sim \mathcal{N}(\mu, \sigma^2)$ und $\mu \geq 0$. Die Varianz σ^2 sei bekannt. Wir betrachten zunächst einen Test für

$$H_0 : \mu = 0 \text{ gegen } H_1 : \mu > 0 \tag{6.8}$$

und zeigen, dass $T(\boldsymbol{X}) = \sqrt{n}\bar{X}/\sigma$ hierfür die optimale Teststatistik ist. Nach dem Neyman-Pearson-Lemma (Satz 6.2) ist $T(\boldsymbol{X})$ die optimale Teststatistik für

$$H_0 : \mu = 0 \text{ gegen } H_\nu : \mu = \nu \tag{6.9}$$

für jedes feste $\nu > 0$. Mit dem Neyman-Pearson-Lemma und Satz 6.5 folgt: Ein Test δ mit Signifikanzniveau α ist UMP-Test für das Testproblem (6.8) genau dann, wenn die folgenden beiden Bedingungen gelten:

(i) $\mathbb{P}_{\mu=0}\big(\delta(\boldsymbol{X}) = 1\big) = \alpha$
(ii) δ ist NP-Test für $H_0 : \mu = 0$ gegen $H_\nu : \mu = \nu$ für alle $\nu > 0$.

Der Test $\delta^*(\boldsymbol{X}) = \mathbb{1}_{\{T(\boldsymbol{X}) \geq z_{1-\alpha}\}}$ erfüllt die Bedingungen (i) und (ii), denn der kritische Wert $z_{1-\alpha}$ ist unabhängig von ν.

Für den zweiten Schritt betrachten wir

$$H_\leq : \mu \leq 0 \text{ gegen } H_> : \mu > 0. \tag{6.10}$$

Der Test δ^* ist immer noch UMP-Test für dieses Problem, da $-\sqrt{n}\mu/\sigma \geq 0$ für alle $\mu \leq 0$ gilt und damit

$$\mathbb{P}_\mu(\delta^*(\boldsymbol{X}) = 1) = \mathbb{P}_\mu\big(T(\boldsymbol{X}) \geq z_{1-\alpha}\big) = 1 - \Phi\bigg(z_{1-\alpha} - \frac{\mu\sqrt{n}}{\sigma}\bigg) \leq \alpha.$$

Also ist δ^* auch ein Test mit Signifikanzniveau α für das Testproblem (6.10). Weiterhin gilt für jeden Test δ mit Signifikanzniveau α für (6.10), dass $G_\delta(0) \leq \alpha$. Damit muss $G_\delta(\mu) \leq G_{\delta^*}(\mu)$ gelten, da δ^* ein UMP-Test für $H_0 : \mu = 0$ gegen $H_1 : \mu > 0$ ist. Schließlich folgt, dass der Test

$$\tilde{\delta}(\boldsymbol{X}) = \mathbb{1}_{\left\{\frac{\sqrt{n}(\bar{X}-\mu_0)}{\sigma} \geq z_{1-\alpha}\right\}}$$

ein UMP-Test für das Testproblem $H_0 : \mu \leq \mu_0$ gegen $H_1 : \mu > \mu_0$ mit Signifikanzniveau α ist.

6.2.1 Exponentielle Familien

Für einparametrige exponentielle Familien erhält man folgendes Resultat.

Satz 6.6. *Sei $\Theta = \mathbb{R}$ und $\{p(\cdot, \theta) : \theta \in \Theta\}$ eine einparametrige exponentielle Familie mit der Dichte oder Wahrscheinlichkeitsfunktion*

$$p(\boldsymbol{x}, \theta) = \mathbb{1}_{\{\boldsymbol{x} \in A\}} \cdot \exp\Big(c(\theta) \cdot T(\boldsymbol{x}) + d(\theta) + S(\boldsymbol{x})\Big).$$

c sei streng monoton wachsend und $\boldsymbol{X} \sim p(\cdot, \theta)$. Dann gilt für jedes $\theta_0 \in \Theta$:

(i) *$T(\boldsymbol{X})$ ist eine optimale Teststatistik für $H_0 : \theta \leq \theta_0$ gegen $H_1 : \theta > \theta_0$.*

(ii) *Der NP-Test hat die Form $\mathbb{1}_{\{T(\boldsymbol{X}) \geq c\}}$. Der kritische Wert c ist gegeben durch $F_{\theta_0}^{-1}(1-\alpha)$, falls $F_{\theta_0}(t) := \mathbb{P}_{\theta_0}(T(\boldsymbol{X}) \leq t)$ stetig ist. Andernfalls ist*

$$c \in \{t : \mathbb{P}_{\theta_0}(T(\boldsymbol{X}) \geq t) = \alpha\}. \tag{6.11}$$

Ist die Menge in (6.11) leer, so existiert kein UMP-Test mit Signifikanzniveau α für H_0 gegen H_1.

(iii) *Die Gütefunktion des UMP-Tests mit Signifikanzniveau α ist monoton wachsend in θ.*

Beweis. Wir geben den Beweis nur für stetiges F_{θ_0}. Zunächst zeigen wir, dass unter den folgenden beiden Bedingungen die Aussage des Satzes gilt:

(a) Für alle $t \in \mathbb{R}$ und jedes $\theta_1 > \theta_0$ ist der Test $\delta_t^*(\boldsymbol{X}) := \mathbb{1}_{\{T(\boldsymbol{x}) \geq t\}}$ ein NP-Test für $H_0 : \theta = \theta_0$ gegen $H_1 : \theta = \theta_1$.
(b) Die Gütefunktion von δ_t^* ist monoton wachsend in θ.

Nehmen wir an, dass (a) gilt. Sei t so gewählt, dass $\mathbb{P}_{\theta_0}(T(\boldsymbol{X}) \geq t) = \alpha$ gilt (wie in (ii) verlangt). Dann gilt nach (b), dass

$$G_{\delta_t^*}(\theta) \leq G_{\delta_t^*}(\theta_0) = \mathbb{P}_{\theta_0}(T(\boldsymbol{X}) \geq t) = \alpha$$

für alle $\theta \leq \theta_0$. Nach dem Neyman-Pearson-Lemma, Satz 6.2, ist δ_t^* ein UMP-Test mit Signifikanzniveau α für $H_{\leq} : \theta \ \leq \theta_0$ gegen $H_1 : \theta = \theta_1$. Damit ist

δ_t^* auch ein Test zu dem Signifikanzniveau α für $H_\leq$ gegen $H_* : \theta = \theta^*$ für alle $\theta^* > \theta_0$. Wie in Beispiel 6.5 folgt nun, dass δ_t^* ein UMP-Test mit Signifikanzniveau α für $H_\leq : \theta \leq \theta_0$ gegen $H_> : \theta > \theta_0$ ist.

Da die Bedingung (iii) gleichbedeutend mit (b) ist, erhalten wir, dass die beiden Bedingungen (a) und (b) äquivalent sind zu den Bedingungen (i)-(iii) des Satzes. Es bleibt folglich noch die Gültigkeit der Bedingungen (a) und (b) zu zeigen. Zunächst betrachten wir (a). Sei $\boldsymbol{x} \in A$ und $\theta_0 < \theta_1$. Dann ist die Likelihood-Quotienten-Statistik in der exponentiellen Familie gegeben durch

$$L(\boldsymbol{x}, \theta_0, \theta_1) := \frac{p(\boldsymbol{x}, \theta_1)}{p(\boldsymbol{x}, \theta_0)} = \exp\Big(\big(c(\theta_1) - c(\theta_0)\big) \cdot T(\boldsymbol{x}) + d(\theta_1) - d(\theta_0)\Big).$$

Nach Voraussetzung ist c monoton wachsend, d.h. $c(\theta_1) - c(\theta_0) > 0$ und somit ist L streng monoton wachsend bezüglich $T(\boldsymbol{x})$. Daher erzeugt $T(\boldsymbol{X})$ die gleiche Familie von Verwerfungsbereichen wie $L(\boldsymbol{X}, \theta_0, \theta_1)$. Nach dem Neyman-Pearson-Lemma (Satz 6.2) ist $T(\boldsymbol{X})$ eine optimale Teststatistik für $H_0 : \theta = \theta_0$ gegen $H_1 : \theta = \theta_1$, falls nur $\theta_1 > \theta_0$. Damit gilt also (a). Der Beweis von (b) wird in Aufgabe 6.3 geführt. □

Bemerkung 6.7. Die Folgerungen des Satzes gelten auch für die Klasse der monotonen Likelihood-Quotienten-Familien, siehe auch Aufgabe 6.15.

B 6.6 *Normalverteilung: UMP-Test für $H_0 : \mu \leq \mu_0$ gegen $H_1 : \mu > \mu_0$:* In diesem Beispiel konstruieren wir den UMP-Test aus Beispiel 6.5 direkt aus Satz 6.6. Wir betrachten dazu das Testproblem $H_0 : \mu \leq \mu_0$ gegen $H_1 : \mu > \mu_0$. Seien $X_1, \ldots, X_n$ i.i.d. mit $X_1 \sim \mathcal{N}(\mu, \sigma^2)$. Die Varianz σ^2 sei bekannt. Dies ist eine exponentielle Familie nach Beispiel 2.11 und Bemerkung 2.10. Wir leiten allerdings eine für unsere Zwecke günstigere Darstellung als diejenige in Bemerkung 2.10 her. Sei $T(\boldsymbol{x}) := \bar{x}\sqrt{n}/\sigma$. Dann gilt

$$\begin{aligned}
\ln p(\boldsymbol{x}, \mu) &= -\frac{1}{2\sigma^2}\sum_{i=1}^n (x_i - \mu)^2 - \frac{n}{2}\ln(2\pi\sigma^2) \\
&= -\frac{1}{2\sigma^2}\sum_{i=1}^n x_i^2 + \frac{n\bar{x}\mu}{\sigma^2} - \frac{n\mu^2}{2\sigma^2} - \frac{n}{2}\ln(2\pi\sigma^2) \\
&= \frac{\sqrt{n}\mu}{\sigma} \cdot T(\boldsymbol{x}) - \frac{n}{2}\Big(\frac{\mu^2}{\sigma^2} + \ln(2\pi\sigma^2)\Big) - \frac{1}{2\sigma^2}\sum_{i=1}^n x_i^2.
\end{aligned}$$

Demnach ist dies eine exponentielle Familie mit $c(\mu) = \frac{\sqrt{n}\mu}{\sigma}$. Da c monoton wachsend in μ ist, kann man Satz 6.6 anwenden und es folgt, dass $T(\boldsymbol{X})$ eine optimale Teststatistik für $H_0 : \mu \leq \mu_0$ gegen $H_1 : \mu > \mu_0$ ist. Darüber hinaus ist der Test

$$\delta(\boldsymbol{X}) = \mathbb{1}_{\left\{\frac{\sqrt{n}(\bar{X} - \mu_0)}{\sigma} \geq z_{1-\alpha}\right\}}$$

UMP-Test mit Signifikanzniveau α für dieses Testproblem.

B 6.7 *Bernoulli-Zufallsvariablen: UMP-Test für $H_0 : \theta \leq \theta_0$ gegen $H_1 : \theta > \theta_0$:* Seien $X_1, \ldots, X_n$ i.i.d. mit $X_i \sim \text{Bin}(1, \theta)$ mit $\theta \in \Theta = [0,1]$, das heißt X_i ist eine Bernoulli-Zufallsvariable und $\mathbb{P}_\theta(X_i = 1) = \theta$. Nach Bemerkung 2.10 und Beispiel 2.13 ist dies eine exponentielle Familie mit $T(\boldsymbol{x}) = \sum_{i=1}^n x_i$ und $c(\theta) = \ln(\frac{\theta}{1-\theta})$. c ist monoton wachsend in θ und somit ist Satz 6.6 anwendbar. Demzufolge ist $T(\boldsymbol{X})$ eine optimale Statistik für das Testproblem $H_0 : \theta \leq \theta_0$ gegen $H_1 : \theta > \theta_0$. Nach Aufgabe 1.4 ist $T(\boldsymbol{X})$ binomialverteilt zu den Parametern n und θ. Gilt für ein $k \in \mathbb{N}_0$, dass

$$\alpha = \sum_{j=k}^{n} \binom{n}{j} \theta^j (1-\theta)^{n-j},$$

so ist

$$\delta(\boldsymbol{X}) = \mathbb{1}_{\{T(\boldsymbol{X}) \geq k\}}$$

ein UMP-Test mit Signifikanzniveau α für dieses Testproblem nach Satz 6.6.

B 6.8 *Normalverteilung mit bekanntem Erwartungswert: Beziehung zur Gamma–Verteilung*: Seien $X_1, \ldots, X_n$ i.i.d. mit $X_1 \sim \mathcal{N}(\mu, \sigma^2)$. Der Erwartungswert μ sei bekannt und die Varianz σ^2 unbekannt. Die für σ^2 suffiziente Teststatistik basiert auf $W_i := (X_i - \mu)^2$, $1 \leq i \leq n$ (siehe Beispiel 2.17). Da $W_i/\sigma^2 \sim \chi_1^2$-verteilt ist, folgt nach Aufgabe 1.9 (iii), dass $W_i \sim \text{Gamma}\left(\frac{1}{2}, \frac{1}{2\sigma^2}\right)$. Möchte man

$$H_0 : \sigma^2 \geq \sigma_0^2 \quad \text{gegen} \quad H_1 : \sigma^2 < \sigma_0^2$$

testen, so kann man die Resultate des folgenden Beispiels (Testproblem b) verwenden.

B 6.9 *Tests für den Skalenparameter der Gamma-Verteilung*: Seien $X_1, \ldots, X_n$ i.i.d. mit $X_1 \sim \text{Gamma}\left(p, \frac{1}{\theta}\right)$. Hierbeit sei p bekannt und $\theta > 0$ unbekannt. Es sollen UMP-Tests für die beiden Testprobleme

(a) $H_0 : \theta \leq \theta_0$ gegen $H_1 : \theta > \theta_0$
(b) $H_0 : \theta \geq \theta_0$ gegen $H_1 : \theta < \theta_0$

konstruiert werden. Wieder liegt nach Bemerkung 2.10 eine exponentielle Familie vor, mit $T(\boldsymbol{x}) = \sum_{i=1}^n x_i$. Aus Tabelle 2.1 liest man $c(\theta) = -\frac{1}{\theta}$ ab. Durch die hier getroffene Wahl der Parametrisierung der Gamma-Verteilung ist c streng monoton wachsend in θ und somit Satz 6.6 anwendbar. Demnach ist $T(\boldsymbol{X})$ eine optimale Teststatistik für $H_0 : \theta \leq \theta_0$ gegen $H_1 : \theta > \theta_0$. Der Test $\delta(\boldsymbol{X}) = \mathbb{1}_{\{T(\boldsymbol{X}) \geq c\}}$ mit einem c so, dass

$$\mathbb{P}_{\theta_0}(T(\boldsymbol{X}) \geq c) = \alpha$$

gilt, ist UMP-Test mit Signifikanzniveau α für das Testproblem (a). Da nach Gleichung (1.11) und Aufgabe 1.9 (iii) gilt, dass $\frac{1}{\theta} \sum_{i=1}^n X_i \sim$Gamma$(np, 1)$, ist $c = \theta_0 \cdot g_{np,1,1-\alpha}$ zu wählen, wobei $g_{p,1/\theta,1-\alpha}$ das $(1-\alpha)$-Quantil der

Gamma($p, 1/\theta$)-Verteilung bezeichnet. Die Gütefunktion von δ ist gegeben durch

$$G_\delta(\theta) = \mathbb{P}_\theta\Big(\sum_{i=1}^n X_i \geq c\Big) = \mathbb{P}_\theta\Big(\frac{1}{\theta}\sum_{i=1}^n X_i \geq \frac{c}{\theta}\Big).$$

Nun ist $\frac{1}{\theta}\sum_{i=1}^n X_i$ gerade Gamma(np, 1)-verteilt. Sei $F_{np,1}$ die Verteilungsfunktion der Gamma(np, 1)-Verteilung. Dann ist die Gütefunktion gegeben durch

$$G_\delta(\theta) = 1 - F_{np,1}\Big(\frac{\theta_0\, g_{np,1,1-\alpha}}{\theta}\Big).$$

Sie ist monoton wachsend in θ.

Für das Testproblem (b) betrachten wir $\tilde{T}(\boldsymbol{x}) := -\sum_{i=1}^n x_i$ und setzen $\eta := \frac{1}{\theta}$. Damit erhalten wir eine geeignete Darstellung als exponentielle Familie mit $c(\eta) = \eta$. In dieser Darstellung ist c monoton wachsend in η. Aus Satz 6.6 erhalten wir den UMP-Test

$$\tilde{\delta}(\boldsymbol{X}) = \mathbb{1}_{\{\tilde{T}(\boldsymbol{X}) \geq -d\}} = \mathbb{1}_{\{T(\boldsymbol{X}) \leq d\}}.$$

Wählen wir analog $d = \theta_0 \cdot g_{np,1,\alpha}$, so hält $\tilde{\delta}$ das Signifikanzniveau α ein. Die Gütefunktion von $\tilde{\delta}$ ist gegeben durch

$$G_{\tilde{\delta}}(\theta) = \mathbb{P}_\theta\Big(\sum_{i=1}^n X_i \leq d\Big) = F_{np,1}\Big(\frac{\theta_0\, g_{np,1,\alpha}}{\theta}\Big).$$

Diese ist monoton fallend in θ, aber monoton wachsend in η.

Überraschenderweise ist der zweiseitige Gauß-Test kein UMP-Test, falls man alle Tests zulässt, wie folgendes Beispiel zeigt. Schränkt man sich hingegen auf symmetrische oder unverzerrte Tests ein, so erhält man einen UMP-Test, was auch im folgendem Beispiel gezeigt wird.

B 6.10 *Normalverteilung: zweiseitiger Gauß-TestTest für μ:* Seien $X_1, \ldots, X_n$ i.i.d. mit $X_1 \sim \mathcal{N}(\mu, \sigma^2)$. Hierbei sei die Varianz σ^2 bekannt. Wir interessieren uns für das Testproblem

$$H_0 : \mu = \mu_0 \quad \text{gegen} \quad H_1 : \mu \neq \mu_0. \tag{6.12}$$

Sei $T(\boldsymbol{X}) := \frac{\sqrt{n}(\bar{X}-\mu_0)}{\sigma}$ und $z_a := \Phi^{-1}(a)$. Der zweiseitige Gauß-Test $\delta_\alpha(\boldsymbol{x}) = \mathbb{1}_{\{|T(\boldsymbol{x})| \geq z_{1-\alpha/2}\}}$ ist kein UMP-Test zu dem Signifikanzniveau α für das Testproblem (6.12): Da der Test nicht mit dem Neyman-Pearson-Test für $\mu = \mu_0$ gegen $\mu = \mu_1$ für $\mu_1 > \mu_0$ übereinstimmt, verstieße dies gegen die Eindeutigkeit des NP-Tests aus Satz 6.2.

Man kann den Test jedoch folgendermaßen rechtfertigen: $T(\boldsymbol{X})$ ist suffizient für μ, daher kann man sich auf Tests welche auf $T(\boldsymbol{X})$ basieren beschränken. Mit $\Delta := \frac{\sqrt{n}(\mu-\mu_0)}{\sigma}$ gilt, dass $T(\boldsymbol{X}) \sim \mathcal{N}(\Delta, 1)$. Somit ist das

Testproblem $H_0 : \mu = \mu_0$ gegen $H_1 : \mu \neq \mu_0$ äquivalent zu dem Testproblem $\tilde{H}_0 : \Delta = 0$ gegen $\tilde{H}_1 : \Delta \neq 0$. Da dies ein symmetrisches Testproblem ist und die zugehörige suffiziente Statistik symmetrisch verteilt ist, ist es vernünftig sich auf Tests, die nur von $|T|$ abhängen, zu beschränken. Unter dieser Beschränkung ist δ_α ein UMP-Test mit Signifikanzniveau α, was man wie folgt sieht. Wir bestimmen die Dichte $p(\cdot, \Delta)$ von $|T|$. Sie ist gegeben durch

$$\begin{aligned}
p(z, \Delta) &= \frac{\partial}{\partial z} \mathbb{P}_\Delta\big(|T(\boldsymbol{X})| \leq z\big) \\
&= \frac{\partial}{\partial z}\Big(\mathbb{P}_\Delta\big(-z \leq T(\boldsymbol{X}) \leq z\big)\Big) = \frac{\partial}{\partial z}\Big(\Phi(z-\Delta) - \Phi(-z-\Delta)\Big) \\
&= \phi(z-\Delta) + \phi(-z-\Delta) \\
&= \frac{1}{\sqrt{2\pi}}\Big(e^{-\frac{(z-\Delta)^2}{2}} + e^{-\frac{(-z-\Delta)^2}{2}}\Big).
\end{aligned}$$

Damit ist der Likelihood-Quotient gegeben durch

$$\frac{p(z, \Delta_1)}{p(z, 0)} = e^{-\frac{\Delta_1^2}{2}} \left(\frac{e^{\Delta_1 z} + e^{-\Delta_1 z}}{2}\right),$$

dieser ist monoton wachsend in z. Wenn man nur $|T(\boldsymbol{X})|$ beobachtet, so ist $\delta_\alpha(\boldsymbol{X})$ ein NP-Test für $\tilde{H}_0 : \Delta = 0$ gegen $\tilde{H}_1 : \Delta = \Delta_1$ für alle $\Delta_1 \neq 0$. Insbesondere gilt, dass δ_α ein UMP-Test mit Signifikanzniveau α für $H_0 : \mu = \mu_0$ gegen $H_1 : \mu \neq \mu_0$ ist, falls man nur $|T(\boldsymbol{X})|$ beobachtet. Diese Argumentation zeigt eine Reduktion durch Symmetrie auf. Darüber hinaus gibt es noch eine weitere Rechtfertigung den Test δ_α anzuwenden: Denn für seine Gütefunktion gilt

$$\begin{aligned}
G_{\delta_\alpha}(\mu) &= 1 - \mathbb{P}_\mu\big(|T(\boldsymbol{X})| \leq z_{1-\alpha/2}\big) = 1 - \mathbb{P}_\mu\big(-z_{1-\alpha/2} \leq T(\boldsymbol{X}) \leq z_{1-\alpha/2}\big) \\
&= 1 - \Big(\Phi(z_{1-\alpha/2} - \Delta) - \Phi(-z_{1-\alpha/2} - \Delta)\Big).
\end{aligned}$$

Damit ist der Verwerfungsbereich am kleinsten, wenn $\Delta = 0$. Dies bedeutet, dass δ_α unverzerrt ist. Es folgt, dass δ_α ein UMP-Test mit Signifikanzniveau α für $H_0 : \mu = \mu_0$ gegen $H_1 : \mu \neq \mu_0$ unter allen unverzerrten Tests ist.

B 6.11 *Cauchy-Verteilung: Nichtexistenz von UMP-Tests*: Seien $\epsilon_1, \ldots, \epsilon_n$ i.i.d. mit ϵ_1 Cauchy-verteilt und $X_i := \Delta + \epsilon_i$ für $1 \leq i \leq n$. Wir interessieren uns für den Test

$$H_0 : \Delta = 0 \quad \text{gegen} \quad H_1 : \Delta > 0.$$

Dann gilt, dass die Dichte von X_i gegeben ist durch

$$p(\boldsymbol{x}, \Delta) = \frac{1}{\pi^n} \prod_{i=1}^n \frac{1}{\big(1 + (x_i - \Delta)^2\big)}$$

und man erhält den Likelihood-Quotienten

$$L(\boldsymbol{x}, 0, \Delta) = \prod_{i=1}^{n} \frac{(1 + x_i^2)}{(1 + (x_i - \Delta)^2)}.$$

Verwerfungsbereiche, die von L erzeugt werden, hängen von Δ ab, denn für $n = 1$ gilt

$$L(x, 0, \Delta) = \frac{(1 + x^2)}{(1 + (x - \Delta)^2)}.$$

Wären Verwerfungsbereiche, welche von $L(x, 0, \Delta_1)$ und $L(x, 0, \Delta_2)$ erzeugt würden, identisch, so müsste $\ln L(x, 0, \Delta_1)$ eine streng monoton wachsende Funktion von $\ln L(x, 0, \Delta_2)$ sein. Aber

$$\frac{d \ln L(x, 0, \Delta_1)}{d \ln L(x, 0, \Delta_2)} = \frac{d \ln L(x, 0, \Delta_1)/dx}{d \ln L(x, 0, \Delta_2)/dx}$$

und

$$\frac{d \ln L(x, 0, \Delta)}{dx} = \frac{2x}{1 + x^2} - \frac{2(x - \Delta)}{1 + (x - \Delta)^2} = \frac{2x\Delta(\Delta - x)}{(1 + x^2)(1 + (x - \Delta)^2)}.$$

Diese Funktion wechselt allerdings das Vorzeichen, wenn x variiert. Die Verwerfungsbereiche hängen folglich von Δ ab, und es kann daher keinen UMP-Test für das Testproblem $H_0 : \Delta = 0$ gegen $H_1 : \Delta > 0$ geben, da NP-Tests für $H_0 : \Delta = 0$ gegen $H_1 : \Delta = \Delta_1$ eindeutig sind.

Bemerkung 6.8. Wir fassen die Beobachtung der letzten Beispiele zusammen:

- Auch für exponentielle Familien gibt es nicht notwendigerweise einen UMP-Test für Parametervektoren, siehe Beispiel 6.4.
- In dem eindimensionalen Fall müssen wir uns auf den einseitigen Fall beschränken.
- Aber auch im einseitigen Fall muss es nicht notwendigerweise einen UMP-Test geben, siehe Beispiel 6.11.

6.3 Likelihood-Quotienten-Tests

Wie im vorigen Abschnitt erläutert wurde, existieren UMP-Tests nicht immer. In diesem Abschnitt wird ein Ausweg hieraus behandelt, indem man die Neyman-Pearson-Statistik $L(\boldsymbol{x}, \theta_0, \theta_1)$ für das Testproblem $H_0 : \theta = \theta_0$ gegen

$H_1 : \theta = \theta_1$ auf beliebige Testprobleme erweitert. Wir führen hierzu den so genannten verallgemeinerten Likelihood-Quotienten-Test ein.

Die Beobachtung werde durch eine n-dimensionale Zufallsvariable $\boldsymbol{X}$ mit Dichte oder Wahrscheinlichkeitsfunktion $p(\cdot, \boldsymbol{\theta})$, $\boldsymbol{\theta} \in \Theta$ beschrieben. Wir nehmen an, dass p stetig in $\boldsymbol{\theta}$ ist. Weiterhin sei $\Theta = \Theta_0 \cup \Theta_1$ mit disjunktem Θ_0 und Θ_1. Wir untersuchen das Testproblem

$$H_0 : \boldsymbol{\theta} \in \Theta_0 \quad \text{gegen} \quad H_1 : \boldsymbol{\theta} \in \Theta_1.$$

Definition 6.9. Sei $\{p(\cdot, \boldsymbol{\theta} \in \Theta\}$ ein reguläres Modell und $\Theta = \Theta_0 + \Theta_1$. Die *verallgemeinerte Likelihood-Quotienten-Statistik* ist

$$L(\boldsymbol{X}) := \frac{\sup_{\theta \in \Theta_1} p(\boldsymbol{X}, \boldsymbol{\theta})}{\sup_{\theta \in \Theta_0} p(\boldsymbol{X}, \boldsymbol{\theta})}$$

und der zugehörige *verallgemeinerten Likelihood-Quotienten-Test*

$$\delta(\boldsymbol{X}) := \mathbb{1}_{\{L(\boldsymbol{X}) \geq c\}}$$

mit $c \in \mathbb{R}^+ \cup \{\infty\}$.

Durch die folgenden Schritte kann man einen solchen Test in der Praxis konstruieren:

(i) Berechne den Maximum-Likelihood-Schätzer $\widehat{\boldsymbol{\theta}}$ von $\boldsymbol{\theta}$ unter $\boldsymbol{\theta} \in \Theta$.

(ii) Berechne den Maximum-Likelihood-Schätzer $\widehat{\boldsymbol{\theta}}_0$ von $\boldsymbol{\theta}$ unter $\boldsymbol{\theta} \in \Theta_0$.

(iii) Bestimme

$$\lambda(\boldsymbol{x}) := \frac{p(\boldsymbol{x}, \widehat{\boldsymbol{\theta}})}{p(\boldsymbol{x}, \widehat{\boldsymbol{\theta}}_0)} = \frac{\sup_{\theta \in \Theta} p(\boldsymbol{x}, \boldsymbol{\theta})}{\sup_{\theta \in \Theta_0} p(\boldsymbol{x}, \boldsymbol{\theta})}. \tag{6.13}$$

(iv) Finde eine Funktion h, die strikt monoton wachsend auf dem Bild von λ ist, so dass $h(\lambda(\boldsymbol{x}))$ eine einfache Form hat und deren Verteilung unter H_0 bekannt und berechenbar ist. Der verallgemeinerte Likelihood-Quotienten-Test ist dann gegeben durch

$$\delta(\boldsymbol{X}) = \mathbb{1}_{\{h(\lambda(\boldsymbol{X})) \geq h_{1-\alpha}\}},$$

wobei $h_{1-\alpha}$ das $(1-\alpha)$-Quantil der Verteilung von $h(\lambda(\boldsymbol{X}))$ unter H_0 ist.

Bei diesem Verfahren stützt man sich auf die Berechnung von λ an Stelle der direkten Berechnung von L, da λ typischerweise leichter zu berechnen ist. Man beachte, dass

$$\lambda(\boldsymbol{x}) = \max\left\{L(\boldsymbol{x}), \frac{\sup_{\theta \in \Theta_0} p(\boldsymbol{x}, \boldsymbol{\theta})}{\sup_{\theta \in \Theta_0} p(\boldsymbol{x}, \boldsymbol{\theta})}\right\} = \max\{L(\boldsymbol{x}), 1\}$$

und folglich monoton wachsend in $L(\boldsymbol{x})$ ist.

6.3.1 Konfidenzintervalle

Konfidenzintervalle oder Konfidenzbereiche basierend auf verallgemeinerten Likelihood-Quotienten kann man mit Hilfe der Dualität zwischen Tests und Konfidenzintervallen bestimmen (siehe Abschnitt 5.3.2). Wir betrachten ein d-dimensionales Problem, $\Theta \subset \mathbb{R}^d$ und das Testproblem

$$H_0 : \boldsymbol{\theta} = \boldsymbol{\theta}_0 \quad \text{gegen} \quad H_1 : \boldsymbol{\theta} \neq \boldsymbol{\theta}_0.$$

Zur Bestimmung des Konfidenzbereichs geht man wie folgt vor: Definiere $c(\boldsymbol{\theta}_0)$ durch

$$\alpha = \mathbb{P}_{\boldsymbol{\theta}_0}\left(\frac{\sup_{\boldsymbol{\theta}\in\Theta} p(\boldsymbol{X}, \boldsymbol{\theta})}{p(\boldsymbol{X}, \boldsymbol{\theta}_0)} \geq c(\boldsymbol{\theta}_0) \right) = \mathbb{P}_{\boldsymbol{\theta}_0}(\lambda(\boldsymbol{X}) \geq c(\boldsymbol{\theta}_0))$$

mit $\lambda(\boldsymbol{x})$ aus der Gleichung 6.13. Der zugehörige Likelihood-Quotienten-Test ist $\delta(\boldsymbol{X}) = \mathbb{1}_{\{\lambda(\boldsymbol{X}) \geq c(\boldsymbol{\theta}_0)\}}$. Mit dem zuvor bestimmten $c(\boldsymbol{\theta}_0)$ hält er das Signifikanzniveau α ein. Der Annahmebereich des Tests ist gegeben durch

$$C(\boldsymbol{x}) := \left\{ \boldsymbol{\theta} \in \Theta : p(\boldsymbol{x}, \boldsymbol{\theta}) > \frac{\sup_{\boldsymbol{\theta}\in\Theta} p(\boldsymbol{x}, \boldsymbol{\theta})}{c(\boldsymbol{\theta}_0)} \right\}.$$

Hat der Annahmebereich für alle $\boldsymbol{x}$ im Werteraum die Gestalt

$$C(\boldsymbol{x}) = \left[\underline{C}_1(\boldsymbol{x}), \overline{C}_1(\boldsymbol{x})\right] \times \cdots \times \left[\underline{C}_d(\boldsymbol{x}), \overline{C}_d(\boldsymbol{x})\right],$$

so ist $C(\boldsymbol{X})$ ein $(1-\alpha)$-Konfidenzbereich für $\boldsymbol{\theta}$.

B 6.12 *Matched Pair Experiments: Zweiseitiger t-Test*: Möchte man den Effekt einer Behandlung bei einer Patientengruppe bestimmen, die sehr inhomogen ist, da sich die Patienten etwa bezüglich des Alters, der Ernährung oder anderen Faktoren unterscheiden, so kann man die Methode der *Matched Pairs* heranziehen. Hierbei versucht man Patienten, die ähnliche Faktoren aufweisen zu Paaren zusammenzufassen. Die Zusammenfassung zu Paaren nennt man „matching". Nach dem Matching wird ein Patient jedes Paares zufällig ausgewählt (mit Wahrscheinlichkeit 1/2) und behandelt, während der andere Patient als Kontrolle dient und ein Placebo erhält. Das Behandlungsergebnis wird bei beiden Patienten gemessen (beispielsweise der Blutdruck nach der Behandlung) und Differenzen gebildet. Wir nehmen an, dass die Differenzen $X_1, \ldots, X_n$ unabhängig und identisch verteilt sind mit $X_1 \sim \mathcal{N}(\mu, \sigma^2)$. Möchte man testen, ob ein systematischer Unterschied zwischen den Patientenpaaren besteht, betrachtet man folgendes Testproblem mit $\mu_0 = 0$:

$$H_0 : \mu = \mu_0 \quad \text{gegen} \quad H_1 : \mu \neq \mu_0. \tag{6.14}$$

In zwei Schritten bestimmen wir den Test und danach die zugehörige Gütefunktion:

(i) Wir verwenden $\Theta_0 = \{(\mu, \sigma^2)^\top \in \mathbb{R} \times \mathbb{R}^+ : \mu = \mu_0\}$ und $\Theta = \mathbb{R} \times \mathbb{R}^+$. Die zugehörige Dichte von $\boldsymbol{X}$ ist

$$p(\boldsymbol{x}, \boldsymbol{\theta}) = \frac{1}{(2\pi\sigma^2)^{n/2}} \exp\left(-\frac{1}{2\sigma^2} \sum_{i=1}^n (X_i - \mu)^2 \right).$$

Als nächstes berechnen wir λ aus (6.13). Aus Beispiel 3.21 erhalten wir, dass

$$\sup_{\boldsymbol{\theta} \in \Theta} p(\boldsymbol{x}, \boldsymbol{\theta}) = p(\boldsymbol{x}, \widehat{\boldsymbol{\theta}}),$$

wobei $\widehat{\boldsymbol{\theta}}$ der Maximum-Likelihood-Schätzer von $\boldsymbol{\theta}$ ist: $\widehat{\boldsymbol{\theta}} = (\bar{X}, \widehat{\sigma}^2)^\top$ mit $\widehat{\sigma}^2 = \widehat{\sigma}^2(\boldsymbol{X}) = \frac{1}{n}\sum_{i=1}^n (X_i - \bar{X})^2$. Für den Nenner von λ benötigt man den Maximum-Likelihood-Schätzer $\widehat{\sigma}_0^2$ von σ^2, wenn der Mittelwert bekannt ist und $\mu = \mu_0$. Dies ist Gegenstand von Aufgabe 3.12(vi), es gilt $\widehat{\sigma}_0^2 = \widehat{\sigma}_0^2(\boldsymbol{X}) = \frac{1}{n}\sum_{i=1}^n (X_i - \mu_0)^2$. In diesem Beispiel ist es günstig den Logarithmus von $\lambda(\boldsymbol{x})$ zu betrachten. Setze $\widehat{\boldsymbol{\theta}}_0 := (\mu_0, \widehat{\sigma}_0^2)^\top$. Dann ist

$$\begin{aligned}
\ln \lambda(\boldsymbol{x}) &= \ln p(\boldsymbol{x}, \widehat{\boldsymbol{\theta}}) - \ln p(\boldsymbol{x}, \widehat{\boldsymbol{\theta}}_0) \\
&= -\frac{1}{2\widehat{\sigma}^2} \sum_{i=1}^n (x_i - \bar{x})^2 - \frac{n}{2} \ln(2\pi\widehat{\sigma}^2) + \frac{1}{2\widehat{\sigma}_0^2} \sum_{i=1}^n (x_i - \mu_0)^2 + \frac{n}{2} \ln(2\pi\widehat{\sigma}_0^2) \\
&= -\frac{n}{2} - \frac{n}{2} \ln(2\pi\widehat{\sigma}^2) + \frac{n}{2} + \frac{n}{2} \ln(2\pi\widehat{\sigma}_0^2) \\
&= \frac{n}{2} \ln\left(\frac{\widehat{\sigma}_0^2}{\widehat{\sigma}^2} \right).
\end{aligned} \tag{6.15}$$

Da der Logarithmus eine monoton wachsende Funktion ist, ist der verallgemeinerte Likelihood-Quotienten-Test gegeben durch

$$\delta(\boldsymbol{X}) = \mathbb{1}_{\left\{ \frac{\widehat{\sigma}_0^2(\boldsymbol{X})}{\widehat{\sigma}^2(\boldsymbol{X})} > c \right\}}$$

für ein geeignet gewähltes c. Zur Bestimmung von c muss man die Verteilung des Quotienten kennen. Wir werden ihn auf bekannte Größen und damit auf eine t-Verteilung zurückführen: Zunächst ist $\widehat{\sigma}_0^2 = \widehat{\sigma}^2 + (\bar{X} - \mu_0)^2$ und damit

$$\frac{\widehat{\sigma}_0^2}{\widehat{\sigma}^2} = 1 + \frac{(\bar{X} - \mu_0)^2}{\widehat{\sigma}^2}.$$

Mit der Stichprobenvarianz

$$s^2(\boldsymbol{X}) = \frac{1}{n-1}\sum_{i=1}^{n}(X_i - \bar{X})^2 = \frac{n}{n-1}\,\widehat{\sigma}^2(\boldsymbol{X})$$

erhält man

$$\frac{\widehat{\sigma}_0^2(\boldsymbol{X})}{\widehat{\sigma}^2(\boldsymbol{X})} = 1 + \frac{(\bar{X}-\mu_0)^2}{s^2(\boldsymbol{X})\,\frac{n-1}{n}}.$$

Mit $T_n(\boldsymbol{X}) := \frac{\sqrt{n}(\bar{X}-\mu_0)}{s(\boldsymbol{X})}$ ist dies eine monoton wachsende Funktion von $|T_n(\boldsymbol{X})|$. Demnach ist der verallgemeinerte Likelihood-Quotienten-Test äquivalent zu

$$\tilde{\delta}(\boldsymbol{X}) = \mathbb{1}_{\{\,|T(\boldsymbol{X})|\,>\tilde{c}\}}$$

mit geeignetem $\tilde{c}$. Nach Bemerkung 7.16 ist T_n unter H_0 t_{n-1}-verteilt. Somit erhalten wir schließlich den Likelihood-Quotienten-Test zum Signifikanzniveau α durch

$$\tilde{\delta}(\boldsymbol{X}) = \mathbb{1}_{\{\,|T_n(\boldsymbol{X})|\,>t_{n-1,1-\alpha/2}\}},$$

wobei $t_{m,a}$ das a-Quantil einer t_m-Verteilung bezeichnet. Dieser Test wird auch als *Studentscher t-Test* bezeichnet.

(ii) Die Gütefunktion des Tests $\tilde{\delta}(\boldsymbol{X})$ ist gegeben durch

$$G_{\tilde{\delta}}(\boldsymbol{\theta}) = \mathbb{P}_{\boldsymbol{\theta}}\big(|T_n(\boldsymbol{X})| > t_{n-1,1-\alpha/2}\big).$$

Um sie zu berechnen, verwendet man, dass für beliebiges $\boldsymbol{\theta} \in \Theta$

$$T_n(\boldsymbol{X}) = \frac{\sqrt{n}(\bar{X}-\mu_0)}{s(\boldsymbol{X})} \sim t_{n-1}(\Delta(\boldsymbol{\theta}))$$

nichtzentral t_{n-1}-verteilt ist (siehe Abschnitt 1.2) mit Nichtzentralitätsparameter

$$\Delta = \Delta(\boldsymbol{\theta}) := \frac{\sqrt{n}(\mu-\mu_0)}{\sigma}.$$

Aus diesem Grund hängt die Gütefunktion von $\boldsymbol{\theta}$ nur durch Δ ab. Weiterhin ist sie symmetrisch um $\Delta = 0$ und monoton wachsend in $|\Delta|$.

(iii) Wir bestimmen einen Konfidenzbereich mit Hilfe der Dualität von Tests und Konfidenzbereichen (siehe Abschnitt 5.3.2). Für das Testproblem $H_0 : \mu = \mu_0$ gegen $H_1 : \mu \neq \mu_0$ hatten wir den Likelihood-Quotienten-Test $\delta(\boldsymbol{X}) = \mathbb{1}_{\{|T_n(\boldsymbol{X})|>t_{n-1,1-\alpha/2}\}}$ erhalten. Für den Annahmebereich erhalten wir

$$\begin{aligned}C(\boldsymbol{x}) &= \left\{\mu \in \mathbb{R} : \left|T_n(\boldsymbol{X})\right| \leq t_{n-1,1-\alpha/2}\right\} \\ &= \left\{\mu \in \mathbb{R} : \left|\sqrt{n}\,\frac{(\bar{X}-\mu)}{s}\right| \leq t_{n-1,1-\alpha/2}\right\} \\ &= \left\{\mu \in \mathbb{R} : -t_{n-1,1-\alpha/2} \leq \sqrt{n}\frac{(\bar{X}-\mu)}{s} \leq t_{n-1,1-\alpha/2}\right\}.\end{aligned}$$

Schließlich erhalten wir als $(1-\alpha)$-Konfidenzintervall für μ

$$\bar{X} \pm \frac{s(\boldsymbol{X})}{\sqrt{n}}\, t_{n-1,1-\alpha/2}.$$

B 6.13 *Matched Pair Experiments: Einseitiger Test*: In Fortsetzung von Beispiel 6.12 betrachten wir nun das einseitige Testproblem

$$H_0 : \mu \leq \mu_0 \quad \text{gegen} \quad H_1 : \mu > \mu_0.$$

Der Likelihood-Quotienten-Test für dieses Testproblem ist

$$\delta(\boldsymbol{X}) = \mathbb{1}_{\{T_n(\boldsymbol{X}) \geq t_{n-1,1-\alpha}\}}.$$

Dieser Test hält das Signifikanzniveau α ein und weiterhin hängt $\mathbb{P}_{\boldsymbol{\theta}}(T_n(\boldsymbol{X}) \geq t_{n-1,1-\alpha})$ von $\boldsymbol{\theta}$ nur durch Δ ab und ist darüber hinaus monoton wachsend in Δ.

B 6.14 *Differenz zweier Normalverteilungen mit homogener Varianz*: Wir betrachten das folgende *Zweistichprobenproblem* (siehe auch Beispiel 7.2): Die Zufallsvariablen $X_1, \ldots, X_{n_1}, Y_1, \ldots, Y_{n_2}$ seien unabhängig und $X_i \sim F := \mathcal{N}(\mu_1, \sigma^2)$, $i = 1, \ldots, n_1$ und $Y_i \sim G := \mathcal{N}(\mu_2, \sigma^2)$, $i = 1, \ldots, n_2$. Dies ist ein Zweistichprobenproblem mit *homogenen Varianzen.* Interessiert sind wir an einem Test für $F = G$, also an dem Testproblem

$$H_0 : \mu_1 = \mu_2 \quad \text{gegen} \quad H_1 : \mu_1 \neq \mu_2. \tag{6.16}$$

Den unbekannten Parameter bezeichnen wir mit $\boldsymbol{\theta} = (\mu_1, \mu_2, \sigma^2)^\top \in \Theta := \mathbb{R}^2 \times \mathbb{R}^+$. Dem Testproblem entsprechend setzen wir $\Theta_0 := \{\boldsymbol{\theta} \in \Theta : \mu_1 = \mu_2\}$, $\Theta_1 := \{\boldsymbol{\theta} \in \Theta : \mu_1 \neq \mu_2\}$ und $n := n_1 + n_2$. Für die Dichte des Experiments gilt:

$$\ln p(\boldsymbol{x}, \boldsymbol{y}, \boldsymbol{\theta}) = -\frac{n}{2}\ln(2\pi\sigma^2) - \frac{1}{2\sigma^2}\left(\sum_{i=1}^{n_1}(x_i-\mu_1)^2 + \sum_{j=1}^{n_2}(y_j-\mu_2)^2\right).$$

Wir schreiben $\boldsymbol{Z} := (\boldsymbol{X}^\top, \boldsymbol{Y}^\top)^\top$ und entsprechend $\boldsymbol{z} \in \mathbb{R}^n$ so dass der Maximum-Likelihood-Schätzer von $\boldsymbol{\theta}$, ähnlich wie in Beispiel 6.12, gegeben ist durch $\widehat{\boldsymbol{\theta}}(\boldsymbol{Z}) = (\bar{X}, \bar{Y}, \widetilde{\sigma}^2)^\top$ mit

$$\widetilde{\sigma}^2(\boldsymbol{Z}) := \frac{1}{n}\Big(\sum_{i=1}^{n_1}(X_i - \bar{X})^2 + \sum_{j=1}^{n_2}(Y_j - \overline{Y})^2\Big).$$

Unter der Null-Hypothese $\mu_1 = \mu_2$ ist der Maximum-Likelihood-Schätzer von $\boldsymbol{\theta}_0 = (\mu_1, \mu_1, \sigma^2)^\top$ gerade $\widehat{\boldsymbol{\theta}}_0(\boldsymbol{Z}) = (\widehat{\mu}, \widehat{\mu}, \widetilde{\sigma}_0^2)^\top$ mit

$$\widehat{\mu} = \widehat{\mu}(\boldsymbol{Z}) := \frac{1}{n}\left(\sum_{i=1}^{n_1} X_i + \sum_{j=1}^{n_2} Y_j\right)$$

und

$$\widetilde{\sigma}_0^2 = \widetilde{\sigma}_0^2(\boldsymbol{Z}) := \frac{1}{n}\left(\sum_{i=1}^{n_1}(X_i - \widehat{\mu})^2 + \sum_{j=1}^{n_2}(Y_j - \widehat{\mu})^2\right).$$

Analog zu Gleichung (6.15) ist

$$\lambda(\boldsymbol{z}) = \frac{p(\boldsymbol{x}, \boldsymbol{y}, \widehat{\boldsymbol{\theta}}(\boldsymbol{z}))}{p(\boldsymbol{x}, \boldsymbol{y}, \widehat{\boldsymbol{\theta}}_0(\boldsymbol{z}))} = \left(\frac{\hat{\sigma}_0(\boldsymbol{z})}{\tilde{\sigma}(\boldsymbol{z})}\right)^{n/2}.$$

Wie man leicht überprüft, gilt

$$\sum_{i=1}^{n_1}(x_i - \widehat{\mu}(\boldsymbol{z}))^2 = \sum_{i=1}^{n_1}(x_i - \bar{x})^2 + n_1(\bar{x} - \widehat{\mu}(\boldsymbol{z}))^2,$$

und ein ähnlicher Ausdruck für y_i, so dass

$$\lambda(\boldsymbol{z})^{2/n} = 1 + \frac{n_1(\bar{x} - \hat{\mu})^2 + n_2(\bar{y} - \hat{\mu})^2}{\sum_{i=1}^{n_1}(x_i - \bar{x})^2 + \sum_{i=1}^{n_2}(y_i - \bar{y})^2}.$$

Folglich ist der Likelihood-Quotienten-Test gegeben durch

$$\delta(\boldsymbol{Z}) = \mathbb{1}_{\{|T(\boldsymbol{Z})| \geq c\}},$$

wobei wir

$$T(\boldsymbol{Z}) := \sqrt{\frac{n_1 \cdot n_2}{n}}\left(\frac{\bar{Y} - \bar{X}}{s_2(\boldsymbol{Z})}\right)$$

und

$$s_2^2(\boldsymbol{Z}) := \frac{n}{n-2}\,\widetilde{\sigma}^2(\boldsymbol{Z}) = \frac{1}{n-2}\left(\sum_{i=1}^{n_1}(X_i - \bar{X})^2 + \sum_{j=1}^{n_2}(Y_j - \bar{Y})^2\right)$$

setzen. Unter $H_0 : \mu_1 = \mu_2$ ist $T(\boldsymbol{Z}) \sim t_{n-2}$, da unter H_0

$$\bar{Y} - \bar{X} \sim \mathcal{N}\left(0, \frac{\sigma^2}{n_1} + \frac{\sigma^2}{n_2}\right)$$

und der hiervon unabhängige Nenner auf eine χ^2-Verteilung zurückzuführen ist:

$$\frac{(n-2)s_2^2(\boldsymbol{Z})}{\sigma^2} \sim \chi^2_{n_1+n_2-2};$$

analog zu Bemerkung 7.16. Aus diesen Überlegungen ergibt sich der verallgemeinerte Likelihood-Quotienten-Test zu dem Testproblem (6.16) und dem Signifikanzniveau α zu:

$$\delta(\boldsymbol{Z}) = \mathbb{1}_{\{\,|T(\boldsymbol{Z})| \geq t_{n-2,1-\alpha/2}\}}.$$

Schließlich bestimmen wir noch die Gütefunktion. Hierzu beachte man, dass $T(\boldsymbol{Z})$ nicht-zentral t-verteilt ist mit $n-2$ Freiheitsgraden und Nichtzentralitätsparameter

$$\Delta = \Delta(\boldsymbol{\theta}) = \sqrt{\frac{n_1 \cdot n_2}{n}} \left(\frac{\mu_2 - \mu_1}{\sigma}\right).$$

Die Gütefunktion ist demnach $G_\delta(\boldsymbol{\theta}) = \mathbb{P}_{\boldsymbol{\theta}}(|T(\boldsymbol{Z})| \geq t_{n-2,1-\alpha/2})$. Erneut hängt sie von $\boldsymbol{\theta}$ nur über Δ ab. Weiterhin ist das $(1-\alpha)$-Konfidenzintervall für $\mu_2 - \mu_1$

$$\bar{Y} - \bar{X} \pm t_{n-2,1-\alpha/2} \cdot s_2(\boldsymbol{Z}) \sqrt{\frac{n}{n_1 \cdot n_2}}.$$

B 6.15 *Zweistichprobenproblem mit ungleicher Varianz: Behrens-Fischer Problem*: Dieses Beispiel behandelt das Zweistichprobenproblem aus Beispiel 6.14, nur mit ungleichen Varianzen. Seien dazu $X_1, \ldots, X_{n_1}, Y_1, \ldots, Y_{n_2}$ unabhängig und $X_i \sim \mathcal{N}(\mu_1, \sigma_1^2)$ für $i = 1, \ldots, n_1$ sowie $Y_i \sim \mathcal{N}(\mu_2, \sigma_2^2)$ für $i = 1, \ldots, n_2$. Wieder bezeichnen wir $\boldsymbol{Z} := (\boldsymbol{X}^\top, \boldsymbol{Y}^\top)^\top$. Die vollständige und suffiziente Statistik für $\boldsymbol{\theta} = (\mu_1, \mu_2, \sigma_1^2, \sigma_2^2)^\top$ ist $(\bar{X}, \bar{Y}, s_1^2, s_2^2)^\top$ mit

$$s_1^2 = s_1^2(\boldsymbol{Z}) = \frac{1}{n_1 - 1} \sum_{i=1}^{n_1} (X_i - \bar{X})^2 \text{ und } s_2^2 = s_2^2(\boldsymbol{Z}) = \frac{1}{n_2 - 1} \sum_{j=1}^{n_2} (Y_j - \overline{Y})^2.$$

Demnach ist der Maximum-Likelihood und UMVUE-Schätzer von $\Delta := \mu_2 - \mu_1$ gerade $\widehat{\Delta}(\boldsymbol{Z}) := \bar{Y} - \bar{X}$. Seine Varianz ist aufgrund der Unabhängigkeit von $\bar{X}$ und $\bar{Y}$

$$\sigma_\Delta^2 := \mathrm{Var}(\widehat{\Delta}) = \mathrm{Var}(\bar{X}) + \mathrm{Var}(\bar{Y}) = \frac{\sigma_1^2}{n_1} + \frac{\sigma_2^2}{n_2}.$$

Weiterhin ist

$$\frac{\widehat{\Delta}(\boldsymbol{Z})}{\sigma_\Delta} \sim \mathcal{N}(0,1).$$

Die unbekannte Varianz σ^2_Δ schätzen wir mit

$$s^2_\Delta(\boldsymbol{Z}) := \frac{s_1^2}{n_1} + \frac{s_2^2}{n_2}.$$

Allerdings hängt die Verteilung des normierten Quotienten $\frac{\widehat{\Delta}(\boldsymbol{Z})-\Delta}{s_\Delta(\boldsymbol{Z})}$ von $\frac{\sigma_1^2}{\sigma_2^2}$ ab und dieser Quotient ist unbekannt. Aus diesem Grund kann man die Verteilung des Quotienten nur schwer explizit bestimmen. Man kann allerdings mit dem zentralen Grenzwertsatz (Satz 1.31) die Verteilung approximieren: Nach dem zentralen Grenzwertsatz gilt mit $n = n_1 + n_2$, dass

$$\frac{\widehat{\Delta}(\boldsymbol{Z}) - \Delta}{s_\Delta(\boldsymbol{Z})} \xrightarrow[n\to\infty]{\mathscr{L}} \mathcal{N}(0,1).$$

Wir erhalten für das Testproblem

$$H_0 : \Delta = 0 \quad \text{gegen} \quad H_1 : \Delta \neq 0$$

folgenden Likelihood-Quotienten-Test, welcher asymptotisch das Signifikanzniveau α einhält:

$$\delta(\boldsymbol{Z}) = \mathbb{1}_{\left\{\frac{|\widehat{\Delta}(\boldsymbol{Z})|}{s_\Delta(\boldsymbol{Z})} > z_{1-\alpha/2}\right\}}.$$

Ist in der Anwendung die Stichprobenzahl nicht groß genug, kann man eine Approximation durch die t-Verteilung verwenden, die *Welch-Approximation*:

$$\frac{\widehat{\Delta}(\boldsymbol{Z}) - \Delta}{s_\Delta(\boldsymbol{Z})} \approx t_k - \text{verteilt},$$

wobei $k = \frac{c^2}{n_1-1} / \frac{(1-c)^2}{n_2-1}$ und $c = \frac{s_1^2}{n s_\Delta^2}$. Wir verweisen auf Welch (1949) für die Approximation und auf Wang (1971) für eine numerische Beurteilung des Approximationsfehlers.

6.4 Aufgaben

Das Neyman-Pearson-Lemma

A 6.1 *Neyman-Pearson-Lemma:* $k = \infty$: Beweisen Sie das Neyman-Pearson-Lemma, Satz (6.2), für den Fall, dass $k = \infty$.

A 6.2 *Eindeutigkeit des Neyman-Pearson-Tests*: Beweisen Sie den Satz 6.5.

A 6.3 *Beweis von Satz 6.6, Teil (b)*: Beweisen Sie, dass unter den Voraussetzungen von Satz 6.6 die Aussage (b) in dessen Beweis folgt.

Optimale Tests

A 6.4 *Exponentialverteilung: Test über Mittelwert*: Seien $X_1, \ldots, X_n$ i.i.d. und exponentialverteilt zum Parameter θ. Der Mittelwert werde mit $\mu = \theta^{-1}$ bezeichnet. Man interessiert sich für den Test $H_0 : \mu \leq \mu_0$ gegen die Alternative $H_1 : \mu > \mu_0$.

(i) Sei $c_{1-\alpha}$ das $(1-\alpha)$-Quantil der χ^2_{2n}-Verteilung. Zeigen Sie, dass ein Test mit Verwerfungsbereich

$$\left\{ \bar{X} \geq \frac{\mu_0 c_{1-\alpha}}{2n} \right\}$$

ein Test mit Signifikanzniveau α ist.

(ii) Bestimmen Sie die Güte des Tests aus (i) an der Stelle μ.

(iii) Zeigen Sie, dass $\Phi\left(\frac{\mu_0 z_\alpha}{\mu} + \sqrt{n}\frac{\mu-\mu_0}{\mu}\right)$ eine Approximation der Güte des Tests aus (i) an der Stelle μ ist, wobei Φ die Verteilungsfunktion und z_α das α-Quantil der Standardnormalverteilung bezeichnen.

(iv) Gegeben sei folgende Stichprobe:

$$3, 150, 40, 34, 32, 37, 34, 2, 31, 6, 5, 14, 150, 27, 4, 6, 27, 10, 30, 37.$$

Berechnen Sie den p-Wert zum Test aus (i) und interpretieren Sie diesen für gegebenes $\mu_0 = 25$.

A 6.5 *Trunkierte Binomialverteilung: Optimale Teststatistik*: Die abgeschnittene Binomialverteilung ist für $\theta \in (0,1)$ durch folgende Wahrscheinlichkeitsfunktion definiert:

$$p_\theta(x) = \frac{\binom{n}{x}\theta^x(1-\theta)^{n-x}}{1-(1-\theta)^n}, \quad x \in \{1, \ldots, n\}.$$

Seien $X_1, \ldots, X_n$ i.i.d. und verteilt nach der abgeschnittenen Binomialverteilung. Finden Sie für festes $\theta_0 \in (0,1)$ eine optimale Teststatistik für

$$H_0 : \theta \leq \theta_0 \quad \text{gegen} \quad H_1 : \theta > \theta_0, \quad \theta \in (0,1).$$

A 6.6 *UMP-Test: Binomialverteilung*: Seien X und Y unabhängige Zufallsvariablen mit $X \sim \text{Bin}(n, p_1)$, $Y \sim \text{Bin}(m, p_2)$. Es soll ein UMP-Test für die Hypothese $H_0 : p_1 \leq p_2$ gegen die Alternative $H_1 : p_1 > p_2$ bestimmt werden.

(i) Zeigen Sie, dass sich die gemeinsame Verteilung von X und Y in folgender Form darstellen lässt:

$$\mathbb{P}(X = x, Y = y) = \exp\Big(\theta_1 T_1(x,y) + \theta_2 T_2(x,y) + d(\theta_1, \theta_2)\Big) k(x,y).$$

Dabeiist H_0 äquivalent zu $\tilde{H}_0 : \theta_1 \leq 0$.

(ii) Sei $\boldsymbol{\theta} := (\theta_1, \theta_2)^\top$. Zeigen Sie, dass die bedingte Verteilung

$$\mathbb{P}_{\boldsymbol{\theta}}(T_1 = k_1 \mid T_2 = k_2)$$

unabhängig von θ_2 ist. Berechnen Sie insbesondere $\mathbb{P}_{(0,\theta_2)}(T_1 = k_1 | T_2 = k_2)$.

(iii) Konstruieren Sie mit (i) und (ii) einen UMP-Test für $H_0 : p_1 \leq p_2$ gegen die Alternative $H_1 : p_1 > p_2$ zum Signifikanzniveau $\alpha = 0.05$.

(iv) Klären Sie, wie der Test entscheiden würde, falls $n = 8$, $X = 7$ und $m = 7$, $Y = 2$ beobachtet wird.

A 6.7 *Rayleigh-Verteilung: UMP-Test*: Seien $X_1, \ldots, X_n$ i.i.d. und Rayleigh-verteilt zum unbekannten Parameter $\theta > 0$, d.h. X_1 hat die Dichte

$$p_\theta(x) = \frac{x}{\theta^2} e^{-\frac{x^2}{2\theta^2}} \mathbb{1}_{\{x>0\}}.$$

(i) Finden Sie eine optimale Teststatistik T_n für

$$H_0 : \theta \leq 1 \quad \text{gegen} \quad H_1 : \theta > 1.$$

(ii) Konstruieren Sie unter Benutzung von T_n einen UMP-Test mit Signifikanzniveau α, wobei der kritische Wert c approximativ mit Hilfe des zentralen Grenzwertsatzes bestimmt werden soll.

A 6.8 *Weibull-Verteilung: UMP-Test*: Seien $X_1, \ldots, X_n$ i.i.d. und Weibull-verteilt. Hierbei sei der Parameter $\beta > 0$ bekannt und der Parameter $\lambda > 0$ unbekannt, d.h. X_1 hat die Dichte

$$p_\lambda(x) = \lambda \beta x^{\beta-1} e^{-\lambda x^\beta} \mathbb{1}_{\{x>0\}}.$$

(i) Zeigen Sie, dass $T(\boldsymbol{X}) := \sum_{i=1}^n X_i^\beta$ eine optimale Teststatistik ist für den Test

$$H_0 : \frac{1}{\lambda} \leq \frac{1}{\lambda_0} \quad \text{gegen} \quad H_1 : \frac{1}{\lambda} > \frac{1}{\lambda_0}.$$

(ii) Sei nun $\beta = 1$ gewählt. Zeigen Sie, dass der kritische Wert c für einen Level-α-Test mit Verwerfungsbereich $\{T(\mathbf{X}) \geq c\}$ gleich $q/2\lambda_0$ ist, wobei q das $(1-\alpha)$-Quantil der χ^2_{2n}-Verteilung ist. Zeigen Sie weiter, dass die Gütefunktion des UMP α-Level Tests gegeben ist durch

$$1 - F_{2n}(\lambda q/\lambda_0),$$

wobei F_{2n} die Verteilungsfunktion der χ^2_{2n}-Verteilung bezeichnet.

(iii) Sei $1/\lambda_0 = 12$. Bestimmen Sie eine Stichprobengröße, so dass der 0.01-Level-Test eine Güte von mindestens 0.95 an der Stelle $1/\lambda_1 = 15$ besitzt. Approximieren Sie die Verwerfungswahrscheinlichkeit mit Hilfe der Normalverteilung.

A 6.9 *Pareto-Verteilung: Optimaler Test*: Eine Zufallsvariable heißt *Pareto*-verteilt zu den Parametern $k, a > 0$, falls sie die Dichte

$$p(x) = ak^a x^{-a-1} \mathbb{1}_{\{x>k\}}$$

besitzt. $\boldsymbol{X} := (X_1, \ldots, X_n)^\top$ seien i.i.d. Pareto(k, a)-verteilt. $k = 1$ sei bekannt. Zeigen Sie, dass $T(\boldsymbol{X}) := \sum_{i=1}^n \ln(X_i)$ eine optimale Teststatistik für

$$H_0 : \frac{1}{a} \leq \frac{1}{a_0} \qquad \text{gegen} \qquad H_1 : \frac{1}{a} > \frac{1}{a_0}$$

ist.

Likelihood-Quotienten

A 6.10 *Exponentialverteilung: Zweiseitiger Test*: Seien $X_1, \ldots, X_n$ i.i.d. und exponentialverteilt zum unbekannten Parameter θ. Man ist an dem Test für $H_0 : \theta = 1$ gegen $H_1 : \theta \neq 1$ interessiert.

(i) Bestimmen Sie den Likelihood-Quotienten und den dazugehörigen Test auf Basis einer Stichprobe $\{\boldsymbol{X} = \boldsymbol{x}\}$.

(ii) Zeigen Sie, dass der Ablehnungsbereich G von H_0 auf Basis des Likelihood-Quotienten die Form

$$G = G_1 \cup G_2, \text{ mit } G_1 = \{\mathbf{x} \in \mathbb{R}_+^n : \bar{x} \leq c_1\}, G_2 = \{\mathbf{x} \in \mathbb{R}_+^n : \bar{x} \geq c_2\}$$

hat. Dabei ist $c_1 < c_2$.

A 6.11 *Likelihood-Quotienten-Statistiken und Suffizienz*: $T(\mathbf{X})$ sei eine suffiziente Statistik für θ. $\lambda^*(T(\mathbf{X}))$ und $\lambda(\mathbf{X})$ seien die Likelihood-Quotienten-Statistiken basierend auf $T(\mathbf{X})$ und $\mathbf{X}$. Dann gilt

$$\lambda^*(T(\boldsymbol{x})) = \lambda(\boldsymbol{x})$$

für alle $\boldsymbol{x}$ aus dem Zustandsraum.

A 6.12 *Likelihood-Quotienten-Test: Exponentialverteilung*: Es seien zwei unabhängige und jeweils i.i.d.-Stichproben $X_1, \ldots, X_n$ und $Y_1, \ldots, Y_m$ gegeben. Weiterhin sei $X_1 \sim \text{Exp}(\theta)$ und $Y_1 \sim \text{Exp}(\mu)$ mit $\theta, \mu > 0$.

(i) Bestimmen Sie die Likelihood-Quotienten-Statistik für

$$H_0 : \theta = \mu \quad \text{gegen} \quad H_1 : \theta \neq \mu.$$

(ii) Zeigen Sie, dass die Teststatistik aus (i) äquivalent ist zu dem Test

$$\frac{\sum_{i=1}^n X_i}{\sum_{i=1}^n X_i + \sum_{i=1}^m Y_i} \geq k^*.$$

A 6.13 *Likelihood-Quotienten-Test: Nichtzentrale Exponentialverteilung*: Die Zufallsvariablen $X_1, \dots, X_n$ seien i.i.d. mit der Dichte

$$p_{a,\beta}(x) = \beta^{-1} e^{-\frac{x-a}{\beta}} \mathbb{1}_{\{x>a\}},$$

wobei der Parameter $\beta > 0$ bekannt und der Parameter a unbekannt sei. Konstruieren Sie einen Likelihood-Quotienten-Test mit Signifikanzniveau α für das Testproblem $H_0 : a \le a_0$ gegen $H_1 : a > a_0$.

A 6.14 *AR(1): Likelihood-Quotienten-Test*: Die Zufallsvariablen $Z_1, \dots, Z_n$ seien i.i.d. mit $Z_1 \sim \mathcal{N}(0, \sigma^2)$ und die Varianz σ^2 sei bekannt. Gegeben sei eine Stichprobe $X_1, \dots, X_n$ eines autoregressiven Prozesses der Ordnung 1 (siehe Aufgabe 3.7), das heißt

$$X_i = \theta X_{i-1} + Z_i$$

für $1 \le i \le n$, $\theta \in (-1, 1)$ und $X_0 = 0$.

(i) Zeigen Sie, dass die Dichte von $\mathbf{X} := (X_1, \dots, X_n)^\top$ gegeben ist durch

$$p_\theta(\boldsymbol{x}) = \frac{1}{\sqrt{(2\pi\sigma^2)^n}} \exp\left(-\frac{\sum_{i=1}^n (x_i - \theta x_{i-1})^2}{2\sigma^2}\right),$$

mit $\boldsymbol{x} \in \mathbb{R}^n$ und $x_0 = 0$.

(ii) Zeigen Sie nun, dass der Likelihood-Quotienten-Test für $H_0 : \theta = 0$ gegen $H_1 : \theta \ne 0$ äquivalent ist zu:

$$\text{Verwerfe } H_0 \quad \Longleftrightarrow \quad \frac{\left(\sum_{i=2}^n X_i X_{i-1}\right)^2}{\sum_{i=1}^{n-1} X_i^2} \ge k^*.$$

A 6.15 *Monotone Likelihood-Quotienten*: Eine Familie von Verteilungen $\{\mathbb{P}_\theta : \theta \in \Theta\}$ mit Dichte oder Wahrscheinlichkeitsfunktion $p_\theta(\boldsymbol{x})$ wird Verteilungsfamilie mit *monotonem Likelihood-Quotienten* bezüglich $T(\boldsymbol{X})$ genannt, falls eine Statistik $T(\boldsymbol{X})$ existiert, so dass für alle $\theta_0 < \theta_1$ $\mathbb{P}_{\theta_0}$ und $\mathbb{P}_{\theta_1}$ verschieden sind und $p_{\theta_1}(\boldsymbol{x})/p_{\theta_0}(\boldsymbol{x})$ eine nicht fallende Funktion von $T(\boldsymbol{x})$ ist.

Beweisen Sie folgende Aussage: Sei $\boldsymbol{X} = (X_1, \dots, X_n)^\top$ eine i.i.d.-Stichprobe aus einer Verteilungsfamilie mit monotonem Likelihood-Quotienten bezüglich $T(\boldsymbol{X})$. Dann gilt für jedes θ_0, dass $T(\boldsymbol{X})$ eine optimale Teststatistik für $H_0 : \theta \le \theta_0$ gegen $H_1 : \theta > \theta_0$ ist (siehe auch Bemerkung 6.7).

Anwendungsbeispiele

A 6.16 *Likelihood-Quotienten-Test: Beispiel*: Auf zwei Maschinen A und B wird Tee abgepackt. Es werde angenommen, dass die Füllgewichte der beiden Maschinen normalverteilt mit gleicher aber unbekannter Varianz σ^2 seien. Eine Stichprobe vom Umfang $n_A = 10$ aus der Produktion der Maschine A liefert ein durchschittliches Füllgewicht von $\bar{X}_A = 140\,\text{g}$ und einer

Stichprobenvarianz $s_A^2 = \frac{1}{n_A-1}\sum_{i=1}^{n_A}(X_{i,A} - \bar{X}_A)^2 = 25\,\mathrm{g}^2$. Eine Stichprobe aus der Produktion der Maschine B vom Umfang $n_B = 8$ ergibt ein durchschittliches Füllgewicht von $\bar{X}_B = 132\,\mathrm{g}$ und einer Stichprobenvarianz $s_B^2 = 20.25\,\mathrm{g}^2$. Testen Sie mit dem Likelihood-Quotienten-Test, ob die Maschine A mit einem größeren durchschnittlichen Füllgewicht arbeitet als die Maschine B. Verwenden Sie hierzu das Signifikanzniveau $\alpha = 0.05$.

A 6.17 *Zweistichproben-Modell: Beispiel*: Folgende Daten beziehen sich auf ein Experiment bezüglich der Auswirkung einer Düngungsmethode auf das Pflanzenwachstum. Die Kontrollgruppe (A) erhielt keine Düngung, wohingegen die Behandlungsgruppe (B) gedüngt wurde. Das Pflanzenwachstum wurde in pounds per acre (1 lb/acre = 112.1 kg/km^2) erhoben und ergab folgende Messwerte:

Gruppe A: $x_i =$	794	1800	576	411	897
Gruppe B: $y_i =$	2012	2477	3498	2092	1808.

Verwenden Sie das Zweistichproben-Modell und nehmen Sie an, dass beide Stichproben normalverteilt mit gleicher Varianz seien; Erwartungswerte als auch Varianz sind unbekannt.

(i) Finden Sie ein 95%-Konfidenzintervall für $\mu_1 - \mu_2$.

(ii) Es soll zum Signifikanzniveau $\alpha = 0.05$ getestet werden, ob die Düngungsmethode den Ertrag tatsächlich verbessert. Geben Sie den Likelihood-Quotienten-Test und die zugehörige Entscheidung für das Signifikanzniveau $\alpha = 0.05$ an.

Kapitel 7. Lineare Modelle - Regression und Varianzanalyse (ANOVA)

7.1 Einführung

Ziel von linearen Modellen ist es, Abhängigkeiten zwischen einer *Zielvariablen* und beobachteten Einflussgrößen zu studieren. Die Zielvariable Y wird auch als *abhängige* oder *endogene* Variable bezeichnet, im Englischen wird der Begriff *Response* verwendet. Die bekannten Einflussgrößen $x_1, \ldots, x_k$ werden als *Kovariablen, unabhängige* oder *exogene* Variablen bezeichnet. In den linearen Modellen wird die Zielvariable Y nicht nur einmal, sondern n-mal, etwa an verschiedenen Patienten mit jeweils unterschiedlichen Kovariablen beobachtet. Wir nehmen an, dass die n Zielvariablen $Y_1, \ldots, Y_n$ unabhängig sind und bezeichnen ihre beobachteten Werte mit $y_1, \ldots, y_n$. Für jede Beobachtungseinheit Y_i können die Kovariablen unterschiedlich sein, und wir ordnen die Werte $x_{i1}, \ldots, x_{ik}$ der Beobachtungseinheit Y_i zu. Diese Modellierung wird zunächst durch einige Beispiele illustriert.

B 7.1 *Einfache lineare Regression*: In einem Unternehmen werden verschiedene Produkte hergestellt. Es soll der Einfluss der Ausgaben für Werbung auf den Jahresumsatz eines jeden Produktes analysiert werden. Mit Y_i sei der Jahresumsatz von Produkt i bezeichnet und durch x_i die Ausgaben pro Jahr, $i = 1, \ldots, n$. Den Zusammenhang zwischen Y_i und x_i modelliert man in einer *einfachen linearen Regression* wie folgt:

$$Y_i = \beta_0 + \beta_1 x_i + \epsilon_i,$$

für $i = 1, \ldots, n$. Die zufälligen Fehler $\epsilon_1, \ldots, \epsilon_n$ seien i.i.d. und $\epsilon_1 \sim \mathcal{N}(0, \sigma^2)$. Die Fehlervarianz $\sigma^2 > 0$ und die Regressionsparameter β_0, $\beta_1 \in \mathbb{R}$ sind unbekannt und die Aufgabe der statistischen Analyse wird es sein, diese zu schätzen.

B 7.2 *Zweistichprobenproblem*: Oft hat man verschiedene Gruppen, deren Eigenschaften verglichen werden sollen. In diesem Beispiel zeigen wir, wie dieses Zweistichprobenproblem als einfache lineare Regression dargestellt werden

C. Czado, T. Schmidt, *Mathematische Statistik*, Statistik und ihre Anwendungen, DOI 10.1007/978-3-642-17261-8_7,

kann. Beginnend mit dem Beispiel 7.1 wurde Produkt 1 im Gegensatz zu Produkt 2 nicht beworben und man möchte die Steigerung des Jahresumsatzes durch die Werbung untersuchen. Hierfür sollen die Umsätze verschiedener Händler herangezogen werden. Beobachtet werden $Y_{11}, \dots, Y_{1n_1}$ Umsätze des Produktes 1 und $Y_{21}, \dots, Y_{2n_2}$ Umsätze des Produktes 2. Im *Zweistichprobenproblem* nimmt man an, dass die Darstellung

$$\begin{aligned} Y_{1i} &= \mu_1 + \epsilon_{1i}, \qquad i = 1, \dots, n_1 \\ Y_{2i} &= \mu_2 + \epsilon_{2i}, \qquad i = 1, \dots, n_2 \end{aligned} \tag{7.1}$$

mit $\epsilon_{11}, \dots, \epsilon_{1n_1}, \epsilon_{21}, \dots, \epsilon_{2n_2}$ i.i.d. und $\epsilon_{11} \sim \mathcal{N}(0, \sigma^2)$ gilt. Es liegen demnach normalverteilte Fehler mit *homogenen* Varianzen vor, d.h. die Varianz in der ersten Gruppe ist gleich der Varianz in der zweiten Gruppe (siehe dazu Beispiel 6.15). Man kann das Modell aus (7.1) auch noch anders darstellen: Definiere

$$Y_i := \begin{cases} Y_{1i}, & \text{falls } i = 1, \dots, n_1 \\ Y_{2(i-n_1)}, & \text{falls } i = n_1 + 1, \dots, n_1 + n_2. \end{cases}$$

Nun führen wir eine Indikatorvariable (eine so genannte Dummy-Variable) als *qualitative Kovariable* ein: $x_i := \mathbb{1}_{\{1 \le i \le n_1\}}$ für $i = 1, \dots, n_1 + n_2$. Damit kann das Modell (7.1) als einfache lineare Regression dargestellt werden:

$$Y_i = \beta_0 + \beta_1 x_i + \epsilon_i, \tag{7.2}$$

mit $\beta_0 := \mu_2$ und $\beta_1 := \mu_1 - \mu_2$ und den entsprechend nummerierten $\epsilon_1, \dots, \epsilon_{n_1+n_2}$.

B 7.3 *Bivariate Regression*: Möchte man zwei Einflussfaktoren wie beispielsweise Werbekosten (x_{1i}) und Preis (x_{2i}) in die Analyse einschließen, so kann man folgendes lineares Modell verwenden:

$$Y_i = \beta_0 + \beta_1 x_{1i} + \beta_2 x_{2i} + \epsilon_i, \quad i = 1, \dots, n.$$

B 7.4 *Einstichprobenproblem*: Die Beobachtung von i.i.d. und normalverteilten Daten fällt ebenfalls in diese Modellklasse: Durch

$$Y_i = \mu + \epsilon_i, \quad i = 1, \dots, n$$

mit $\epsilon_1, \dots, \epsilon_n$ i.i.d. und $\epsilon_1 \sim \mathcal{N}(0, \sigma^2)$ erhalten wir eine einfache lineare Regression wie in Gleichung (7.2) mit $\beta_0 = \mu$, $\beta_1 = 1$ und $x_1 = \dots = x_n = 0$.

7.1.1 Das allgemeine lineare Modell

Motiviert durch die oben dargestellten Beispiele stellen wir nun das allgemeine lineare Modell vor. Der Zusammenhang zwischen der Zielvariablen Y und den Kovariablen $x_{i1}, \dots, x_{ik}$ wird wie folgt modelliert.

Definition 7.1. Ein Modell heißt *allgemeines lineares Modell*, falls:

(i) Für $i = 1, \dots, n$ gilt, dass

$$Y_i = \beta_0 + \beta_1 x_{i1} + \cdots + \beta_k x_{ik} + \epsilon_i. \tag{7.3}$$

(ii) Die Fehler $\epsilon_1, \dots, \epsilon_n$ sind i.i.d. mit $\epsilon_1 \sim \mathcal{N}(0, \sigma^2)$ und $\sigma > 0$.

Hierbei nennen wir $\boldsymbol{\beta} := (\beta_0, \dots, \beta_k)^\top$ die *Regressionsparameter*. Der Parameter β_0 wird als *Interzeptparameter* bezeichnet, er legt ein mittleres Niveau fest. Es können aber auch Modelle mit festem $\beta_0 = 0$ betrachtet werden. $\boldsymbol{\beta}$ und σ sind die unbekannten und zu schätzenden Parameter des Modells.

Lineare Modelle lassen sich auch ohne die Normalverteilungsannahme in (ii) untersuchen. Die in diesem Kapitel vorgestellten Optimalitätsaussagen und die darüber hinaus gewonnenen Verteilungsaussagen und damit konstruierten Tests gelten allerdings in dieser Form nur unter (ii). Auch die Varianzhomogenität lässt sich abschwächen (siehe Bemerkung 7.2(ii)). Falls für den Fehlervektor $\boldsymbol{\epsilon} := (\epsilon_1, \dots, \epsilon_n)^\top$ die Bedingung (ii) gilt, schreiben wir kurz

$$\boldsymbol{\epsilon} \sim \mathcal{N}_n(\mathbf{0}, \sigma^2 I_n),$$

wobei $I_n \in \mathbb{R}^{n \times n}$ die Einheitsmatrix ist.

Sind die Kovariablen $x_{i1}, \dots, x_{ik}$ quantitativer Natur, so spricht man von *multipler Regression*. Sind die Kovariablen alle qualitativer Natur (wie zum Beispiel blau/schwarz), so bezeichnet man das entsprechende lineare Modell als ein Model zugehörig zur *Varianzanalyse* (siehe dazu Kapitel 7.4). Dafür wird auch der Begriff *Analysis of Variance* oder kurz *ANOVA* verwendet. Beobachtet man sowohl qualitative als auch quantitative Kovariablen, so spricht man von *Kovarianzanalyse*.

B 7.5 *p-Stichprobenproblem*: Als Beispiel eines p-Stichprobenproblems sollen $p \geq 2$ Behandlungsmethoden verglichen werden. Dafür erhalten n_k Patienten die Behandlung k für $k = 1, \dots, p$. Sei $n := n_1 + \cdots + n_p$ der Gesamtstichprobenumfang und bezeichne Y_{kl} das Behandlungsergebnis des l-ten Patienten in der Gruppe mit Behandlungsmethode k. Im *p-Stichprobenproblem* wird folgendes Modell untersucht:

$$Y_{kl} = \beta_k + \epsilon_{kl}, \quad k = 1, \dots, p, \ l = 1, \dots, n_k.$$

Man kann dieses Modell als allgemeines lineares Modell mit qualitativen Kovariablen ohne Interzept aufschreiben:

$$\boldsymbol{Y} = \begin{pmatrix} Y_{11} \\ \vdots \\ Y_{1n_1} \\ Y_{21} \\ \vdots \\ Y_{2n_2} \\ Y_{31} \\ \vdots \\ Y_{(p-1)n_{p-1}} \\ Y_{p1} \\ \vdots \\ Y_{pn_p} \end{pmatrix} = \begin{pmatrix} 1 \\ \vdots \\ 1 \\ 0 \\ \vdots \\ 0 \\ 0 \\ \vdots \\ 0 \\ 0 \\ \vdots \\ 0 \end{pmatrix} \cdot \beta_1 + \begin{pmatrix} 0 \\ \vdots \\ 0 \\ 1 \\ \vdots \\ 1 \\ 0 \\ \vdots \\ 0 \\ 0 \\ \vdots \\ 0 \end{pmatrix} \cdot \beta_2 + \cdots + \begin{pmatrix} 0 \\ \vdots \\ 0 \\ 0 \\ \vdots \\ 0 \\ 0 \\ \vdots \\ 0 \\ 1 \\ \vdots \\ 1 \end{pmatrix} \cdot \beta_p + \begin{pmatrix} \epsilon_{11} \\ \vdots \\ \epsilon_{1n_1} \\ \epsilon_{21} \\ \vdots \\ \epsilon_{2n_2} \\ \epsilon_{31} \\ \vdots \\ \epsilon_{(p-1)n_{p-1}} \\ \epsilon_{p1} \\ \vdots \\ \epsilon_{pn_p} \end{pmatrix}.$$

Das p-Stichprobenproblem wird auch als *One-Way-Layout* bezeichnet.

Bemerkung 7.2. Zu der Definition des linearen Modells (Definition 7.1) ist Folgendes zu bemerken:

(i) Das Modell (7.3) wird als lineares Modell bezeichnet, da es linear in den Parametern $\beta_0, \beta_1, \ldots, \beta_k$ ist. Man beachte, dass das Modell

$$Y_i = \beta_0 + \beta_1 x_i + \beta_2 x_i^2 + \epsilon_i$$

ebenso linear in β_0 und β_1 ist. Man kann lineare Modelle leicht auf die Form

$$Y_i = \beta_0 + \beta_1 g_1(x_{i1}, \ldots, x_{ik}) + \cdots + \beta_p g_p(x_{i1}, \ldots, x_{ik}) + \epsilon_i$$

erweitern, wobei $g_1, \ldots, g_p$ bekannte, deterministische Funktionen sind. Im Gegensatz dazu ist

$$Y_i = e^{\beta_0 + \beta_1 x_i} + \epsilon_i$$

nicht linear in β_0 und β_1. Derartige nicht-lineare Fragestellungen findet man oft in der Anwendung. Wir stellen exemplarisch ein Experiment aus der Chemie in Aufgabe 7.5 vor. Eine detaillierte Behandlung von nichtlinearen Regressionsmodellen findet man in Seber und Wild (2003).

(ii) Im Punkt (ii) der Definition 7.1 haben wir für die Fehlervariablen ϵ_i angenommen, dass sie i.i.d. und normalverteilt mit Varianz σ^2 sind. Dies impliziert die Varianzhomogenität der Fehler, $\mathrm{Var}(\epsilon_i) = \sigma^2$. Für die Schätzung von $\boldsymbol{\beta}$ und σ^2 genügt allerdings die Annahme von unkorrelierten Fehlern völlig, und zwar: $\mathbb{E}(\epsilon_i) = 0$, $\mathrm{Var}(\epsilon_i) = \sigma^2$ und $\mathrm{Cov}(\epsilon_i, \epsilon_j) = 0$ für alle $1 \leq i \neq j \leq n$. Diese Annahme ist allerdings unzureichend, wenn man statistische Hypothesentests durchführen und Konfidenzaussagen treffen will.

7.1.2 Die Matrixformulierung des linearen Modells

In diesem Abschnitt entwickeln wir eine kompakte Schreibweise für lineare Modelle. Setze

$$\xi_i := \beta_0 + \beta_1 x_{i1} + \cdots + \beta_k x_{ik}$$

für $i = 1, \ldots, n$. Mit der Zielvariable $\boldsymbol{Y} = (Y_1, \ldots, Y_n)^\top$ und dem Erwartungswertvektor $\boldsymbol{\xi} := (\xi_1, \ldots, \xi_n)^\top$ kann man das lineare Modell (7.3) als

$$\boldsymbol{Y} = \boldsymbol{\xi} + \boldsymbol{\epsilon} \tag{7.4}$$

mit $\boldsymbol{\epsilon} \sim \mathcal{N}_n(\mathbf{0}, \sigma^2 I_n)$ schreiben. Bezeichnet weiterhin

$$X := \begin{pmatrix} 1 & x_{11} & \cdots & x_{1k} \\ \vdots & \vdots & \ddots & \vdots \\ 1 & x_{n1} & \cdots & x_{nk} \end{pmatrix}$$

die *Designmatrix*, so ist $\boldsymbol{\xi} = X\boldsymbol{\beta}$. Die Zeilen von X seien mit $\boldsymbol{x}_i := (1, x_{i1}, \ldots, x_{ik})^\top \in \mathbb{R}^p$, $p := k + 1$ bezeichnet. Dann gilt

$$\xi_i = \boldsymbol{x}_i^\top \boldsymbol{\beta}$$

für $i = 1, \ldots, n$. Für die Spalten der Designmatrix X verwenden wir die Notation $\boldsymbol{x}^j = (x_{1j}, \ldots, x_{nj})^\top \in \mathbb{R}^n$ für $j = 1, \ldots, k$. Dann ist

$$\boldsymbol{\xi} = \beta_0 \mathbf{1}_n + \beta_1 \boldsymbol{x}^1 + \cdots + \beta_k \boldsymbol{x}^k$$

mit $\mathbf{1}_n := (1, \ldots, 1)^\top \in \mathbb{R}^n$. Sei $r \le p$ der Rang der Matrix X. Der r-dimensionale, lineare Unterraum

$$W_X := \left\{ a_0 \mathbf{1}_n + a_1 \boldsymbol{x}^1 + \cdots + a_k \boldsymbol{x}^k : a_1, \ldots, a_k \in \mathbb{R} \right\} \tag{7.5}$$

wird von den Spalten der Designmatrix X aufgespannt.

> Wir nennen
>
> $$\boldsymbol{Y} = X\boldsymbol{\beta} + \boldsymbol{\epsilon} \tag{7.6}$$
>
> die *koordinatengebundene Darstellung* von (7.3).

In der koordinatengebundenen Darstellung gilt $\boldsymbol{\xi} = X\boldsymbol{\beta}$ und $\boldsymbol{\xi} \in W_X$ und die Parameter $(\boldsymbol{\beta}, \sigma^2)^\top \in \Theta := \mathbb{R}^p \times \mathbb{R}^+$ sind zu schätzen. Die folgende, koordinatenfreie Darstellung erlaubt eine einfachere Formulierung in vielen Fällen. Hierbei geht man von Gleichung (7.4) aus, ohne direkten Bezug zu X.

Sei W ein beliebiger, linearer, r-dimensionaler Unterraum von $\mathbb{R}^n$. Dann heißt

$$\boldsymbol{Y} = \boldsymbol{\zeta} + \boldsymbol{\epsilon} \tag{7.7}$$

mit $\boldsymbol{\zeta} \in W$ die *koordinatenfreie Darstellung* des linearen Modells.

In dieser Darstellung ist $(\boldsymbol{\zeta}, \sigma^2) \in \Theta := W \times \mathbb{R}^+$ zu schätzen. Aus Gleichung (7.6) erhält man stets eine koordinatenfreie Darstellung durch $W := W_X$, wobei $r = \text{Rang}(X)$. Hat X vollen Rang, so gelingt auch der Rückweg (siehe Satz 7.8). In beiden Fällen gilt nach Definition 7.1 die Normalverteilung der Fehler, $\boldsymbol{\epsilon} \sim \mathcal{N}_n(\mathbf{0}, \sigma^2 I_n)$.

B 7.6 *Beispiele für die Matrixformulierung des linearen Modells*: Wir stellen eine Reihe von Beispielen vor, welche die obige Notation illustrieren.

(i) Das Einstichprobenproblem $Y_i = \mu + \epsilon_i$ wird mit

$$X = \begin{pmatrix} 1 \\ \vdots \\ 1 \end{pmatrix}$$

und $p = 1 = r$ dargestellt, d.h. $k = 0$ und $\beta_0 = \mu$.

(ii) Die einfache lineare Regression aus Beispiel 7.1, $Y_i = \beta_0 + \beta_1 x_i + \epsilon_i$, lässt sich darstellen durch

$$X = \begin{pmatrix} 1 & x_1 \\ \vdots & \vdots \\ 1 & x_n \end{pmatrix}, \tag{7.8}$$

falls nicht alle x_i gleich sind, mit $p = r = 2$.

(iii) Das p-Stichprobenproblem

$$Y_{kl} = \beta_k + \epsilon_{kl} \tag{7.9}$$

mit $k = 1, \ldots, p$, $l = 1, \ldots, n_k$ kann durch

$$X = \begin{pmatrix} \mathbf{1}_{n_1} & \mathbf{0} & \cdots & \mathbf{0} \\ \mathbf{0} & \mathbf{1}_{n_2} & & \vdots \\ \vdots & & \ddots & \vdots \\ \mathbf{0} & \mathbf{0} & \mathbf{0} & \mathbf{1}_{n_p} \end{pmatrix}, \tag{7.10}$$

mit $n = \sum_{j=1}^{p} n_j$ dargestellt werden. X hat vollen Rang p. Wir stellen noch eine alternative Parametrisierung des p-Stichprobenproblems dar, welche sich besser interpretieren lässt: Definiere den *Gesamtmittelwert* (auch Overall Mean genannt) durch

$$\mu := \frac{1}{p}\sum_{j=1}^{p}\beta_j$$

und die Abweichung der j-ten Gruppe von μ durch

$$\alpha_j := \beta_j - \mu, \quad \text{für } j = 1, \ldots, p.$$

Dann gilt $\beta_j = \alpha_j + \mu$ für alle $j = 1, \ldots, p$ und $\sum_{j=1}^{p} \alpha_j = 0$. Damit lässt sich (7.9) in Matrixform darstellen als

$$\boldsymbol{Y} = X^*\boldsymbol{\beta}^* + \boldsymbol{\epsilon}$$

mit

$$\boldsymbol{\beta}^* = \begin{pmatrix} \mu \\ \alpha_1 \\ \vdots \\ \alpha_p \end{pmatrix} \in \mathbb{R}^{p+1}$$

und

$$X^* = \begin{pmatrix} \mathbf{1}_{n_1} & \mathbf{1}_{n_1} & \mathbf{0} & \cdots & \mathbf{0} \\ \vdots & \mathbf{0} & \mathbf{1}_{n_2} & & \vdots \\ \vdots & \vdots & & \ddots & \vdots \\ \mathbf{1}_{n_p} & \mathbf{0} & \mathbf{0} & \mathbf{0} & \mathbf{1}_{n_p} \end{pmatrix} = \begin{pmatrix} \mathbf{1}_n & X \end{pmatrix} \in \mathbb{R}^{n \times (p+1)}.$$

Somit gilt $\text{Rang}(X^*) = p \neq$ Anzahl der Spalten von X^*. Man erhält eine Parametrisierung, welche keinen vollen Rang hat, allerdings lassen sich die Parameter besser interpretieren.

7.2 Schätzung in linearen Modellen

In diesem Abschnitt sollen die Parameter in linearen Modellen geschätzt werden, d.h. im linearen Modell mit koordinatengebundener Darstellung (7.6) die Parameter $(\boldsymbol{\beta}, \sigma^2)$ und im linearen Modell in koordinatenfreier Darstellung (7.7) die Parameter $(\boldsymbol{\zeta}, \sigma^2)$. Wie wir im p-Stichprobenmodell in Beispiel 7.6 (iii) gesehen haben, ist es mitunter sinnvoll $\beta_i - \beta_j$ zu schätzen. Demnach müssen in manchen Fällen auch Funktionen von $\boldsymbol{\beta}$ geschätzt werden. Das

Ziel ist es, hierfür UMVUE-Schätzer zu bestimmen. Wir beginnen mit einer geeigneten Darstellung.

7.2.1 Die kanonische Form

Um UMVUE-Schätzer für $\boldsymbol{\zeta}$ in dem koordinatenfreien linearen Modell aus (7.7) zu erhalten, beginnen wir mit einer geeigneten Parametrisierung des r-dimensionalen linearen Unterraums W, mit $r \leq n$. Dazu nutzen wir eine Transformation welche zu unabhängigen Zufallsvariablen führt. Mit dem Gram-Schmidt-Verfahren (siehe Fischer (1978) auf Seite 193) findet man eine orthonormale Basis von $\mathbb{R}^n$ gegeben durch $\boldsymbol{v}_1, \ldots, \boldsymbol{v}_n \in \mathbb{R}^n$, so dass die ersten r Vektoren $\boldsymbol{v}_1, \ldots, \boldsymbol{v}_r$ den linearen Unterraum W aufspannen. Mit $\langle \boldsymbol{u}, \boldsymbol{v} \rangle := \sum_{i=1}^n u_i v_i$ sei das Skalarprodukt und mit $\|\boldsymbol{u}\| := \sqrt{\langle \boldsymbol{u}, \boldsymbol{u} \rangle}$ die zugehörige Norm bezeichnet. Die Orthonormalität der Vektoren $\boldsymbol{v}_1, \ldots, \boldsymbol{v}_n$ ist gleichbedeutend mit

$$\langle \boldsymbol{v}_i, \boldsymbol{v}_j \rangle = \begin{cases} 1 \text{ für } i = j, \\ 0 \text{ sonst} \end{cases} \quad \text{und} \quad \| \boldsymbol{v}_i \|^2 = 1, \tag{7.11}$$

für alle $1 \leq i, j \leq n$. Da $\{\boldsymbol{v}_1, \ldots, \boldsymbol{v}_n\}$ eine Basis des $\mathbb{R}^n$ bildet, lässt sich jeder Vektor $\boldsymbol{t} \in \mathbb{R}^n$ darstellen als

$$\boldsymbol{t} = \sum_{i=1}^n \langle \boldsymbol{t}, \boldsymbol{v}_i \rangle \, \boldsymbol{v}_i. \tag{7.12}$$

Aufgrund der Orthonormalität (7.11) erhält man für die Norm

$$\| \boldsymbol{t} \|^2 = \sum_{i=1}^n t_i^2 = \sum_{i=1}^n \langle \boldsymbol{t}, \boldsymbol{v}_i \rangle^2.$$

Gilt $\boldsymbol{t}_W \in W$, so erhält man die Darstellung durch die ersten r Basiselemente:

$$\boldsymbol{t}_W = \sum_{i=1}^r \langle \boldsymbol{t}_W, \boldsymbol{v}_i \rangle \, \boldsymbol{v}_i, \tag{7.13}$$

da $\langle \boldsymbol{t}_W, \boldsymbol{v}_i \rangle = 0$ für $i > r$. Die Koordinaten des Vektors $\boldsymbol{v}_i$ seien mit $v_{1i}, \ldots, v_{ni}$ bezeichnet. Definiere

$$Z_i := \langle \boldsymbol{Y}, \boldsymbol{v}_i \rangle \quad \text{und} \quad \eta_i := \langle \boldsymbol{\zeta}, \boldsymbol{v}_i \rangle. \tag{7.14}$$

Mit der linearen Transformation gegeben durch

$$A := \big(\boldsymbol{v}_1, \ldots, \boldsymbol{v}_n\big)^\top \in \mathbb{R}^{n \times n} \tag{7.15}$$

erhalten wir die Darstellung

$$\boldsymbol{Z} = A\boldsymbol{Y} \quad \text{und} \quad \boldsymbol{\eta} = A\boldsymbol{\zeta}. \tag{7.16}$$

Aus (7.12) folgt, dass

$$\boldsymbol{Y} = \sum_{i=1}^{n} \langle \boldsymbol{Y}, \boldsymbol{v}_i \rangle \, \boldsymbol{v}_i = \sum_{i=1}^{n} Z_i \boldsymbol{v}_i \tag{7.17}$$

nach Definition von Z_i aus Gleichung (7.14). Für ein $\boldsymbol{\zeta} \in W$ gilt nach Gleichung (7.13) die Darstellung

$$\boldsymbol{\zeta} = \sum_{i=1}^{r} \langle \boldsymbol{\zeta}, \boldsymbol{v}_i \rangle \, \boldsymbol{v}_i = \sum_{i=1}^{r} \eta_i \boldsymbol{v}_i \tag{7.18}$$

und darüber hinaus

$$\eta_i = \langle \boldsymbol{\zeta}, \boldsymbol{v}_i \rangle = 0 \qquad \text{für } i > r. \tag{7.19}$$

Die Transformation von $\boldsymbol{Y} = \boldsymbol{\zeta} + \boldsymbol{\epsilon}$ auf $\boldsymbol{Z} = A\boldsymbol{Y} = \boldsymbol{\eta} + A\boldsymbol{\epsilon}$ führt zu unabhängigen Komponenten von $\boldsymbol{Z}$, wie folgender Satz zeigt.

Satz 7.3. *Sei in einem allgemeinen linearen Modell* $\boldsymbol{Z} = (Z_1, \ldots, Z_n)^\top := A\boldsymbol{Y}$. *Dann gilt:*

(i) Die Zufallsvariablen $Z_1, \ldots, Z_n$ *sind unabhängig.*
(ii) $Z_i \sim \mathcal{N}(\eta_i, \sigma^2)$ *für* $i = 1, \ldots, n$.

Beweis. Wir verwenden die obige orthonormale Basis $\{\boldsymbol{v}_1, \ldots, \boldsymbol{v}_n\}$ von $\mathbb{R}^n$, deren ersten r Vektoren den linearen Unterraum W aufspannen, und die koordinatenfreie Darstellung aus (7.7). Die Aussage des Satzes gilt unabhängig von der Darstellung. Nach (7.7) und Lemma 1.20 ist $\boldsymbol{Y} \sim \mathcal{N}_n(\boldsymbol{\zeta}, \sigma^2 I_n)$, wobei I_n die n-dimensionale Einheitsmatrix ist. Mit Gleichung (7.16) folgt ebenso, dass

$$\boldsymbol{Z} = A\,\boldsymbol{Y} \sim \mathcal{N}(A\,\boldsymbol{\zeta}, \sigma^2 A\, I_n\, A^\top) = \mathcal{N}(\boldsymbol{\eta}, \sigma^2\, AA^\top).$$

Wegen der Orthonormalität der $\boldsymbol{v}_i$ (siehe Gleichung (7.11)) folgt, dass

$$AA^\top = \begin{pmatrix} \boldsymbol{v}_1^\top \\ \vdots \\ \boldsymbol{v}_n^\top \end{pmatrix} \cdot (\boldsymbol{v}_1, \ldots, \boldsymbol{v}_n) = \begin{pmatrix} \langle \boldsymbol{v}_1, \boldsymbol{v}_1 \rangle & \langle \boldsymbol{v}_1, \boldsymbol{v}_2 \rangle & \cdots & \cdots \\ \langle \boldsymbol{v}_2, \boldsymbol{v}_1 \rangle & \langle \boldsymbol{v}_2, \boldsymbol{v}_2 \rangle & & \\ \vdots & & \ddots & \\ \langle \boldsymbol{v}_n, \boldsymbol{v}_1 \rangle & & & \langle \boldsymbol{v}_n, \boldsymbol{v}_n \rangle \end{pmatrix} = I_n.$$

Somit erhält man, dass $\boldsymbol{Z} \sim \mathcal{N}_n(\boldsymbol{\eta}, \sigma^2 I_n)$ und $Z_i \sim \mathcal{N}(\eta_i, \sigma^2)$ für $i = 1, \dots, n$. Die Kovarianz $\text{Cov}(Z_i, Z_j) = 0$ verschwindet und deswegen sind $Z_1, \dots, Z_n$ unabhängig nach Aufgabe 1.39. □

Für $\boldsymbol{Y} = \boldsymbol{\zeta} + \boldsymbol{\epsilon}$ folgt durch Multiplikation mit A auf beiden Seiten, dass

$$\boldsymbol{Z} = A\boldsymbol{Y} = A\boldsymbol{\zeta} + A\boldsymbol{\epsilon} = \boldsymbol{\eta} + \boldsymbol{\epsilon}^*,$$

wobei wir $\boldsymbol{\epsilon}^* := A\boldsymbol{\epsilon}$ setzen. Durch diese Darstellung bezüglich der Basis $\{\boldsymbol{v}_1, \dots, \boldsymbol{v}_n\}$ werden wir die geometrischen Eigenschaften des linearen Modells nutzen können.

Bemerkung 7.4. Wie in (7.19) gezeigt, verschwinden die Koordinaten $\eta_{r+1}, \dots, \eta_n$ von $\boldsymbol{\eta}$ und es folgt

$$\boldsymbol{\eta} = (\eta_1, \dots, \eta_r, 0, \dots, 0)^\top.$$

Demnach sind $Z_1, \dots, Z_n$ unabhängig und $Z_i \sim \mathcal{N}(\eta_i, \sigma^2)$ nach Satz 7.3, also $Z_{r+1}, \dots, Z_n$ i.i.d. $\sim \mathcal{N}(0, \sigma^2)$.

Definition 7.5. Sei $\{\boldsymbol{v}_1, \dots, \boldsymbol{v}_n\}$ eine orthonormale Basis von $\mathbb{R}^n$ so, dass $\boldsymbol{v}_1, \dots, \boldsymbol{v}_r$ den linearen Unterraum W aufspannen und $A := \big(\boldsymbol{v}_1, \dots, \boldsymbol{v}_n\big)^\top$. Dann heißt

$$\boldsymbol{Z} := A\boldsymbol{Y} = \boldsymbol{\eta} + \boldsymbol{\epsilon}^* \tag{7.20}$$

die *kanonische Form* des allgemeinen linearen Modells.

Gilt die koordinatengebundene Darstellung (7.6), so hat man in der kanonischen Form $\boldsymbol{\eta} = X\boldsymbol{\beta}$ und es gilt den Parametervektor $\boldsymbol{\theta} := (\boldsymbol{\eta}^\top, \sigma^2)^\top$ zu schätzen. Während hierbei $\boldsymbol{\zeta} \in W$ variiert, erhalten wir nach Bemerkung 7.4 $\eta_{r+1}, \dots, \eta_n = 0$. Der zu $(\boldsymbol{\zeta}^\top, \sigma^2)^\top$ gehörige Parameterraum $W \times \mathbb{R}^+$ führt demzufolge zu dem zu $(\boldsymbol{\eta}^\top, \sigma^2)^\top$ gehörigen Parameterraum $\mathbb{R}^r \times \mathbb{R}^+$.

7.2.2 UMVUE-Schätzer

Die Dichte von $\boldsymbol{Z}$ im kanonischen Modell mit Parameter $\boldsymbol{\theta} = (\boldsymbol{\eta}^\top, \sigma^2)^\top \in \Theta := \mathbb{R}^r \times \mathbb{R}^+$ ist nach Satz 7.3 gegeben durch

$$\begin{aligned} p_{\boldsymbol{Z}}(\boldsymbol{z}, \boldsymbol{\theta}) &= \exp\Bigg(-\frac{1}{2\sigma^2} \sum_{i=1}^n (z_i - \eta_i)^2 - \frac{n}{2} \ln(2\pi\sigma^2) \Bigg) \\ &= \exp\Bigg(-\frac{1}{2\sigma^2} \sum_{i=1}^n z_i^2 + \frac{1}{\sigma^2} \sum_{i=1}^r z_i \eta_i - \sum_{i=1}^r \frac{\eta_i^2}{2\sigma^2} - \frac{n}{2} \ln(2\pi\sigma^2) \Bigg), \end{aligned}$$

für $\boldsymbol{z} \in \mathbb{R}^n$. So ist $\{p_{\boldsymbol{Z}}(\cdot, \boldsymbol{\theta}) : \boldsymbol{\theta} \in \Theta\}$ eine $(r+1)$-dimensionale exponentielle Familie mit natürlicher suffizienter Statistik $T(\boldsymbol{Z}) := \left(Z_1, \ldots, Z_r, \sum_{i=1}^n Z_i^2\right)^\top$. Diese ist vollständig und man kann den Satz von Lehman-Scheffé (Satz 4.7) verwenden, um UMVUE-Schätzer zu finden. Dies basiert im Wesentlichen auf der Normalverteilungsannahme von $\boldsymbol{\epsilon}$. Im Satz von Gauß und Markov (Satz 7.12) wird gezeigt, dass man die Normalverteilungsannahme für die Parameterschätzung unter zusätzlichen Annahmen fallen lassen kann.

Satz 7.6. *In einem allgemeinen linearen Modell in kanonischer Form* $\boldsymbol{Z} = \boldsymbol{\eta} + \boldsymbol{\epsilon}^*$ *ist*

$$\widehat{\boldsymbol{\zeta}}(\boldsymbol{Y}) := \sum_{i=1}^r Z_i \, \boldsymbol{v}_i \tag{7.21}$$

ein UMVUE-Schätzer für $\boldsymbol{\zeta}$ *aus der koordinatenfreien Darstellung* $\boldsymbol{Y} = \boldsymbol{\zeta} + \boldsymbol{\epsilon}$.

Der wesentliche Grund hierfür ist die Darstellung aus Gleichung (7.18), $\boldsymbol{\zeta} = \sum_{i=1}^r \eta_i \boldsymbol{v}_i$.

Beweis. Nach Satz 7.3 gilt, dass $\mathbb{E}(Z_i) = \eta_i$ für $i = 1, \ldots, r$. Damit ist $\boldsymbol{Z}_r := (Z_1, \ldots, Z_r)^\top$ ein unverzerrter Schätzer für $\boldsymbol{\eta}_r = (\eta_1, \ldots, \eta_r)^\top$. Nach Satz 4.7 und Satz 4.9 ist $\boldsymbol{Z}_r$ ein UMVUE-Schätzer für $\boldsymbol{\eta}_r$. Ferner folgt auch, dass $\sum_{i=1}^r d_i Z_i$ ein UMVUE-Schätzer für $\sum_{i=1}^r d_i \eta_i$ ist, wobei $d_1, \ldots, d_r$ beliebig gewählt sein können. Verwendet man dies komponentenweise, so folgt, dass $\widehat{\boldsymbol{\zeta}}$ ein UMVUE-Schätzer für $\boldsymbol{\zeta} = \sum_{i=1}^r \eta_i \boldsymbol{v}_i \in W$ ist. □

In Aufgabe 7.1 wird gezeigt, dass $\widehat{\zeta}_j$ Maximum-Likelihood-Schätzer für ζ_j ist. Ziel des nächsten Abschnittes ist es, Schätzer auf der Basis der Beobachtungen $\boldsymbol{Y}$ zu bestimmen. Des Weiteren sollen UMVUE-Schätzer für $\boldsymbol{\beta}$ hergeleitet werden.

7.2.3 Projektionen im linearen Modell

Im Folgenden gehen wir von der Beobachtung $\{\boldsymbol{Y} = \boldsymbol{y}\}$ aus. Kleinste-Quadrate-Schätzer minimieren den Abstand zur Zielvariable (siehe Definition 3.3). Im koordinatengebundenen Modell minimieren wir

$$\| \boldsymbol{y} - X\boldsymbol{\beta} \|^2$$

über alle $\boldsymbol{\beta} \in \mathbb{R}^p$, während im koordinatenfreien Modell

$$\| \boldsymbol{y} - \boldsymbol{\zeta} \|^2$$

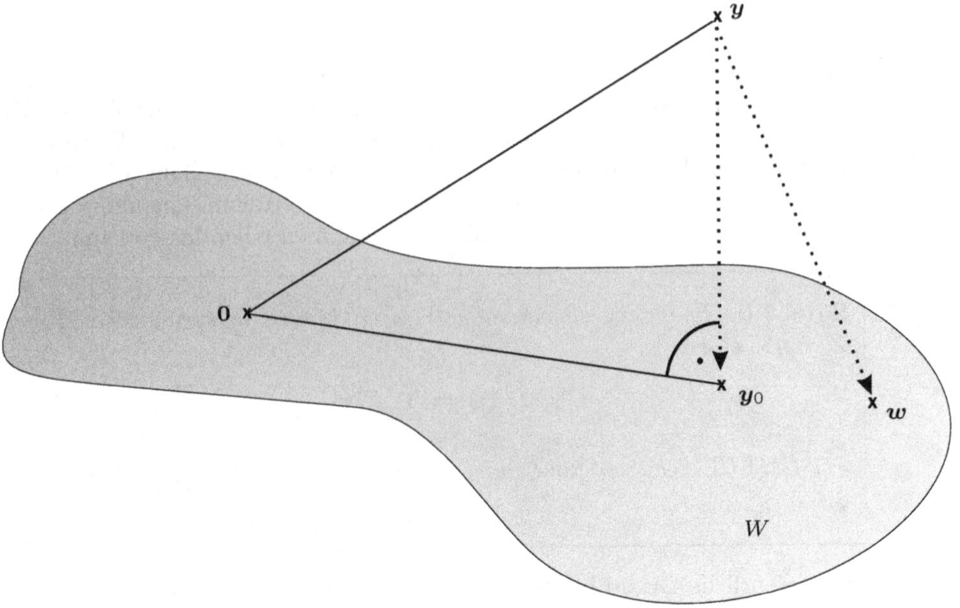

Abb. 7.1 Projektionen im linearen Modell. $\boldsymbol{y}$ ist der Vektor der beobachteten Daten und W der durch X aufgespannte lineare Unterraum. $\boldsymbol{y}_0$ ist die Projektion von $\boldsymbol{y}$ auf W. Jeder andere Vektor $\boldsymbol{w} \in W$ hat einen größeren Abstand zu $\boldsymbol{y}$.

über alle $\boldsymbol{\zeta} \in W$ minimiert wird. Wie bereits erwähnt, erhalten wir aus einem Modell in koordinatengebundener Darstellung durch $W := W_X$ die koordinatenfreie Darstellung, von welcher wir zunächst ausgehen. Wir bezeichnen mit $P_W \boldsymbol{y}$ die Projektion von $\boldsymbol{y}$ auf W, d.h. $P_W \boldsymbol{y}$ ist das $\boldsymbol{y}_0 \in \mathbb{R}^n$ für welches

$$\| \boldsymbol{y} - \boldsymbol{y}_0 \|^2 = \min_{\boldsymbol{w} \in W} \| \boldsymbol{y} - \boldsymbol{w} \|^2$$

gilt. Hinreichend und notwendig für Minimalität ist die Orthogonalität

$$\boldsymbol{y} - \boldsymbol{y}_0 \quad \perp \quad W, \tag{7.22}$$

d. h. $\langle \boldsymbol{y} - \boldsymbol{y}_0, \boldsymbol{w} \rangle = 0$ für alle $\boldsymbol{w} \in W$. In der Tat, wäre $\langle \boldsymbol{y} - \boldsymbol{y}_0, \boldsymbol{w} \rangle = \delta \neq 0$ mit (ohne Beschränkung der Allgemeinheit) einem $\boldsymbol{w}$ so, dass $\| \boldsymbol{w} \| = 1$, so wäre durch $\tilde{\boldsymbol{y}} := \boldsymbol{y}_0 + \delta \boldsymbol{w}$ ein besserer Vektor gefunden:

$$\| \boldsymbol{y} - \tilde{\boldsymbol{y}} \|^2 = \| \boldsymbol{y} - \boldsymbol{y}_0 \|^2 + \delta^2 - 2\langle \boldsymbol{y} - \boldsymbol{y}_0, \delta \boldsymbol{w} \rangle < \| \boldsymbol{y} - \boldsymbol{y}_0 \|^2 .$$

Dieser Sachverhalt wird in Abbildung 7.1 illustriert.

Definition 7.7. In einem allgemeinen linearen Modell gelte für eine meßbare Funktion $\widehat{\beta} : \mathbb{R}^n \mapsto \mathbb{R}^p$, dass

$$\| \boldsymbol{y} - X\widehat{\boldsymbol{\beta}}(\boldsymbol{y}) \|^2 = \min_{\boldsymbol{\beta}\in\mathbb{R}^p} \| \boldsymbol{y} - X\boldsymbol{\beta} \|^2$$

für alle $\boldsymbol{y} \in \mathbb{R}^n$. Dann heißt $\hat{\boldsymbol{\beta}}(\boldsymbol{Y})$ *Kleinste-Quadrate-Schätzer* (KQS) von $\boldsymbol{\beta}$ im allgemeinen linearen Modell.

Für die Definition eines Kleinste-Quadrate Schätzers benötigt man nur die Forderung (i) aus der Definition 7.1 eines allgemeinen linearen Modells. Für die Fehler werden typischerweise die (WN)-Bedingungen (siehe Seite 78) gefordert. Sie bedeuten, dass die Fehler $\epsilon_1, \ldots, \epsilon_n$ zentriert und unkorreliert sind. Sind die Varianzen der Fehler nicht homogen, so verwendet man gewichtete Kleinste-Quadrate-Schätzer (siehe Abschnitt 3.2.3). Für die im Folgenden gezeigte Optimalität des KQS benötigt man hingegen Eigenschaft (ii) aus Definition 7.1.

Der folgende Satz illustriert, dass der UMVUE-Schätzer $\widehat{\boldsymbol{\zeta}}$ aus Satz 7.6 in einem engen Zusammenhang zu dem Kleinste-Quadrate-Schätzer $\widehat{\boldsymbol{\beta}} = \widehat{\boldsymbol{\beta}}(Y)$ von $\boldsymbol{\beta}$ steht.

Satz 7.8. *Sei $\widehat{\boldsymbol{\beta}}$ ein Kleinste-Quadrate-Schätzer von $\boldsymbol{\beta}$ und $\widehat{\boldsymbol{\zeta}}$ der UMVUE-Schätzer aus (7.21) im koordinatenfreien Modell mit $W = W_X$.*

(i) Dann gilt $\widehat{\boldsymbol{\zeta}} = P_W\boldsymbol{Y}$ und $\widehat{\boldsymbol{\zeta}} = X\widehat{\boldsymbol{\beta}}$.
(ii) Ist Rang$(X) = p$, *dann ist der Kleinste-Quadrate-Schätzer von $\boldsymbol{\beta}$ eindeutig und es gilt*

$$\widehat{\boldsymbol{\beta}} = \left(X^\top X\right)^{-1} X^\top \boldsymbol{Y}. \tag{7.23}$$

Weiterhin ist $\widehat{\boldsymbol{\beta}} = \left(X^\top X\right)^{-1} X^\top \widehat{\boldsymbol{\zeta}}$.

Beweis. Zunächst ist $\widehat{\boldsymbol{\zeta}} = \widehat{\boldsymbol{\zeta}}(\boldsymbol{Y}) = \sum_{i=1}^r Z_i \boldsymbol{v}_i \in W$ nach (7.21) mit $\boldsymbol{Z} = \boldsymbol{Z}(\boldsymbol{Y}) := A\boldsymbol{Y}$. Nach (7.17) gilt $\boldsymbol{Y} = \sum_{i=1}^n Z_i \boldsymbol{v}_i$. Wir setzen $\boldsymbol{z} := \boldsymbol{Z}(\boldsymbol{y})$ und erhalten

$$\boldsymbol{y} - \widehat{\boldsymbol{\zeta}}(\boldsymbol{y}) = \sum_{i=r+1}^{n} z_i \boldsymbol{v}_i.$$

Dieser Vektor ist orthogonal zu W, denn W wird per Definition von $\{\boldsymbol{v}_1, \ldots, \boldsymbol{v}_r\}$ aufgespannt. Daraus folgt, dass $P_W \boldsymbol{y} = \widehat{\boldsymbol{\zeta}}(\boldsymbol{y})$ (vergleiche (7.22)). Nach Definition des Kleinste-Quadrate-Schätzers $\widehat{\boldsymbol{\beta}} = \widehat{\boldsymbol{\beta}}(\boldsymbol{Y})$ gilt

$$\| \boldsymbol{y} - X\widehat{\boldsymbol{\beta}}(\boldsymbol{y}) \|^2 = \min_{\boldsymbol{\beta}\in\mathbb{R}^p} \| \boldsymbol{y} - X\boldsymbol{\beta} \|^2 = \min_{\boldsymbol{\zeta}\in W_X} \| \boldsymbol{y} - \boldsymbol{\zeta} \|^2 = \| \boldsymbol{y} - \widehat{\zeta}(\boldsymbol{y}) \|^2$$

für alle $\boldsymbol{y} \in \mathbb{R}^n$. Da $X\widehat{\boldsymbol{\beta}}(\boldsymbol{y}) \in W$, gilt $X\widehat{\boldsymbol{\beta}}(\boldsymbol{y}) = P_W\boldsymbol{y} = \widehat{\boldsymbol{\zeta}}(\boldsymbol{y})$ und Aussage (i) folgt.

Zum Beweis von (ii) sei $\dim(W) = \text{Rang}(X) = p$. Dann ist $X^\top X$ invertierbar: Wäre umgekehrt der Kern von $X^\top X$ verschieden von $\mathbf{0}$, dann existiert $\mathbf{0} \neq \boldsymbol{c} \in \mathbb{R}^p$, so dass $X^\top X\boldsymbol{c} = \mathbf{0}$. Damit wäre auch $\boldsymbol{c}^\top X^\top X\boldsymbol{c} = \| X\boldsymbol{c} \|^2$ und somit $X\boldsymbol{c} = \mathbf{0}$. Dies ist aber ein Widerspruch zu $\text{Rang}(X) = p$.

Als Nächstes definieren wir die Funktion $\widehat{\boldsymbol{\beta}} : \mathbb{R}^n \mapsto \mathbb{R}^p$ durch $\widehat{\boldsymbol{\beta}}(\boldsymbol{y}) := (X^\top X)^{-1}X^\top\boldsymbol{y}$ und zeigen, dass $P_W\boldsymbol{y} = X\widehat{\boldsymbol{\beta}}(\boldsymbol{y})$ für alle $\boldsymbol{y} \in \mathbb{R}^n$ gilt: Sei $\boldsymbol{y} \in \mathbb{R}^n$ beliebig. Sicher ist $X\widehat{\boldsymbol{\beta}}(\boldsymbol{y}) \in W$. Es reicht also $\boldsymbol{y} - X\widehat{\boldsymbol{\beta}}(\boldsymbol{y}) \perp W$ zu zeigen. Zunächst ist

$$X^\top(\boldsymbol{y} - X\widehat{\boldsymbol{\beta}}(\boldsymbol{y})) = X^\top\boldsymbol{y} - X^\top X(X^\top X)^{-1}X^\top\boldsymbol{y} = 0. \tag{7.24}$$

Nach Definition von W gibt es zu jedem $\boldsymbol{w} \in W$ ein $\boldsymbol{b} \in \mathbb{R}^p$, so dass $\boldsymbol{w} = X\boldsymbol{b}$. Damit ist

$$(\boldsymbol{y} - X\widehat{\boldsymbol{\beta}}(\boldsymbol{y}))^\top\boldsymbol{w} = \boldsymbol{b}^\top X^\top(\boldsymbol{y} - X\widehat{\boldsymbol{\beta}}(\boldsymbol{y})) = 0$$

nach (7.24). Damit ist durch $\widehat{\boldsymbol{\beta}}(\boldsymbol{Y})$ ein Kleinste-Quadrate-Schätzer gegeben. Nach (i) muss jeder KQS $\tilde{\boldsymbol{\beta}}(\boldsymbol{Y})$ die Projektionseigenschaft $\tilde{\boldsymbol{\beta}}(\boldsymbol{y}) = P_W\boldsymbol{y}$ für alle $\boldsymbol{y} \in \mathbb{R}^n$ erfüllen und somit ist $\tilde{\boldsymbol{\beta}}(\boldsymbol{y}) = \widehat{\boldsymbol{\beta}}(\boldsymbol{y})$ und der KQS ist eindeutig. Schließlich gilt nach (i), dass $\widehat{\boldsymbol{\zeta}} = X\widehat{\boldsymbol{\beta}}(\boldsymbol{Y})$, und somit auch

$$\left(X^\top X\right)^{-1}X^\top\widehat{\boldsymbol{\zeta}} = \widehat{\boldsymbol{\beta}}(\boldsymbol{Y}).$$

□

Hat X vollen Rang ($\text{Rang}(X) = p$), so ist der Schätzwert des Kleinste-Quadrate-Schätzers für eine Beobachtung $\boldsymbol{Y} = \boldsymbol{y}$ gegeben durch $\widehat{\boldsymbol{\beta}}(\boldsymbol{y}) := (X^\top X)^{-1}X\boldsymbol{y}$. Wir bezeichnen $\widehat{\boldsymbol{\zeta}}(\boldsymbol{y}) := X\widehat{\boldsymbol{\beta}}(\boldsymbol{y})$ als *geschätzten Erwartungswertvektor*; im Englischen "fitted values" und $\boldsymbol{y} - \widehat{\boldsymbol{\zeta}}(\boldsymbol{y})$ als *Residuenvektor* (vergleiche Abbildung 7.2).

Bemerkung 7.9 (Projektionen). Nach Satz 7.8 ist die Projektion von $\boldsymbol{y}$ auf W, bezeichnet durch $P_W\,\boldsymbol{y}$, gerade $\widehat{\boldsymbol{\zeta}}(\boldsymbol{y})$ mit der Funktion $\widehat{\boldsymbol{\zeta}}$ aus (7.21). Ist $\text{Rang}(X) = p$, so gilt darüber hinaus

$$\widehat{\boldsymbol{\zeta}}(\boldsymbol{y}) = P_W\,\boldsymbol{y} = X\widehat{\boldsymbol{\beta}}(\boldsymbol{y}) = X(X^\top X)^{-1}X^\top\boldsymbol{y}. \tag{7.25}$$

Insbesondere ist $P_W = X(X^\top X)^{-1}X^\top$. Da P_W eine Projektion ist, gilt $P_W\,P_W = P_W$. Eine solche Abbildung heißt *idempotent.* Aus $\boldsymbol{Y} \sim \mathcal{N}_n(\boldsymbol{\zeta}, \sigma^2 I_n)$ folgt

$$\widehat{\boldsymbol{\zeta}}(\boldsymbol{Y}) \sim \mathcal{N}_n(\boldsymbol{\zeta}, \sigma^2 P_W).$$

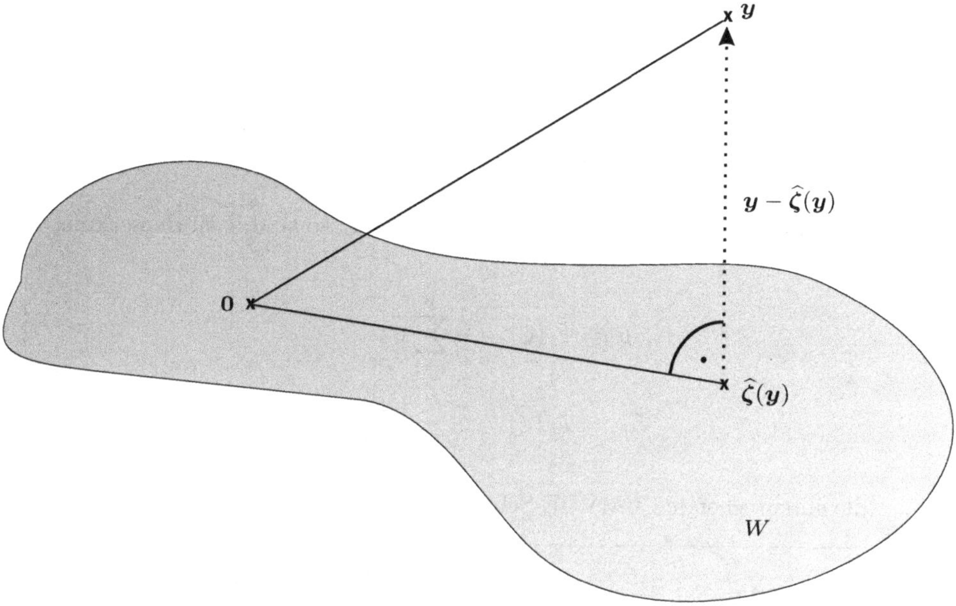

Abb. 7.2 Geometrie des linearen Modells. Hierbei ist $\boldsymbol{y}$ der Vektor der beobachteten Daten und W der durch X aufgespannte lineare Unterraum. Der Schätzer $\widehat{\boldsymbol{\zeta}}(\boldsymbol{y})$ ist die Projektion von $\boldsymbol{y}$ auf W. Der gestrichelte Pfeil stellt den Residuenvektor $\boldsymbol{y} - \widehat{\boldsymbol{\zeta}}(\boldsymbol{y})$ dar.

Wie zu Beginn des Kapitels motiviert, sind oft lineare Funktionen der Parameter zu schätzen. Wir erhalten aus dem Satz 7.8 unmittelbar die UMVUE-Schätzer für diesen Fall:

Bemerkung 7.10 (UMVUE-Schätzer für lineare Funktionale)**.** Lineare Funktionen von $\widehat{\boldsymbol{\zeta}}$ erben Optimalitätseigenschaften von $\widehat{\boldsymbol{\zeta}}$: Sei $\Psi(\boldsymbol{\zeta})$ eine lineare reellwertige Funktion von $\boldsymbol{\zeta}$, d.h.

$$\Psi(\boldsymbol{\zeta}) = \sum_{j=1}^{n} w_j \cdot \zeta_j,$$

dann ist $\Psi(\widehat{\boldsymbol{\zeta}}) = \sum_{j=1}^{n} w_j \cdot \widehat{\zeta}_j$ ein unverzerrter Schätzer für $\Psi(\boldsymbol{\zeta})$. Da $\widehat{\zeta}_j = \sum_{i=1}^{r} v_{ji} \cdot Z_i$ hängt $\Psi(\widehat{\boldsymbol{\zeta}})$ nur von $Z_1, \ldots, Z_r$ ab. Daher ist $\Psi(\widehat{\boldsymbol{\zeta}})$ UMVUE-Schätzer von $\Psi(\boldsymbol{\zeta})$ nach dem Satz von Lehmann-Scheffé (Satz 4.7).

B 7.7 *Fortsetzung von Beispiel 7.5: UMVUE-Schätzer im p-Stichprobenproblem*: Betrachte das p-Stichprobenproblem mit $Y_{ij} = \zeta_i + \epsilon_{ij}$, $i = 1, \ldots, p$, $j = 1, \ldots, n_i$ und $n := \sum_{i=1}^{p} n_i$. Wir setzen

$$\mu := \frac{1}{p}\sum_{i=1}^{p}\zeta_i =: \Psi_1(\boldsymbol{\zeta}),$$

$$\alpha_k := \zeta_k - \mu = \zeta_k - \frac{1}{p}\sum_{i=1}^{p}\zeta_i =: \Psi_k(\boldsymbol{\zeta}).$$

Ist $\widehat{\boldsymbol{\zeta}}$ aus Satz 7.6 der UMVUE-Schätzer von $\boldsymbol{\zeta}$, so sind nach Bemerkung 7.10 die Schätzer

$$\widehat{\mu} := \Psi_1(\widehat{\boldsymbol{\zeta}}) = \frac{1}{p}\sum_{i=1}^{p}\widehat{\zeta}_i,$$

$$\widehat{\alpha}_k := \Psi_k(\widehat{\boldsymbol{\zeta}}) = \widehat{\zeta}_k - \frac{1}{p}\sum_{i=1}^{p}\widehat{\zeta}_i = \widehat{\zeta}_k - \widehat{\mu}$$

die entsprechenden UMVUE-Schätzer für μ und α_k, $k = 1, \ldots, p$.

Satz 7.11. *Sei $\widehat{\boldsymbol{\beta}} = (\widehat{\beta}_1, \ldots, \widehat{\beta}_p)^\top$ der Kleinste-Quadrate-Schätzer im allgemeinen linearen Modell und Rang$(X) = p$. Dann gilt:*

(i) $\widehat{\beta}_1, \ldots, \widehat{\beta}_p$ sind UMVUE-Schätzer für $\beta_1, \ldots, \beta_p$.
(ii) Für jedes $\boldsymbol{\alpha} \in \mathbb{R}^p$ ist $\sum_{j=1}^{p}\alpha_j\widehat{\beta}_j$ UMVUE-Schätzer für $\sum_{j=1}^{p}\alpha_j\beta_j$.

Beweis. Durch die Wahl von $\boldsymbol{\zeta} := X\boldsymbol{\beta}$ erhalten wir eine koordinatenfreie Darstellung. Dann ist $\boldsymbol{\beta} = \left(X^\top X\right)^{-1}X^\top\boldsymbol{\zeta}$ und somit die j-te Koordinate von $\boldsymbol{\beta}$, β_j, eine lineare Funktion von $\boldsymbol{\zeta}$ gegeben durch

$$\left((X^\top X)^{-1}X^\top\boldsymbol{\zeta}\right)_j.$$

Nach Bemerkung 7.10 ist

$$\widehat{\beta}_j(\boldsymbol{Y}) := \beta_j(\widehat{\boldsymbol{\zeta}}) = \left((X^\top X)^{-1}X^\top\widehat{\boldsymbol{\zeta}}\right)_j = \widehat{\beta}_j$$

UMVUE-Schätzer von β_j. Die Aussage (ii) folgt mit (i) erneut aus Bemerkung 7.10. □

Wir haben nun zwei Methoden um UMVUE-Schätzer für $\boldsymbol{\beta}$ zu berechnen, welche in den folgenden beiden Beispielen illustriert werden sollen. Zum einen kann man die in Kapitel 3.2 vorgestellten Normalengleichungen (3.3) lösen, zum anderen auch die hier vorgestellten Projektionsargumente nutzen.

B 7.8 *Einfache lineare Regression: UMVUE-Schätzer (1)*: In diesem Beispiel leiten wir die Schätzer für die einfache lineare Regression aus Beispiel 7.1 über die Normalengleichungen (3.3) her. In der einfachen linearen Regression ist

$Y_i = \beta_0 + \beta_1 x_i + \epsilon_i$ für $i = 1, \ldots, n$ und $\boldsymbol{\epsilon} \sim \mathcal{N}_n(0, \sigma^2 I_n)$. Nach Aufgabe 7.2 sind

$$\widehat{\beta}_1(\boldsymbol{y}) := \frac{\sum_{i=1}^n (x_i - \bar{x})\, y_i}{\sum_{i=1}^n (x_i - \bar{x})^2} \quad \text{und} \quad \widehat{\beta}_0(\boldsymbol{y}) := \bar{y} - \widehat{\beta}_1(\boldsymbol{y})\bar{x} \tag{7.26}$$

die Lösungen der Normalengleichungen (3.3) und somit sind dann $\widehat{\beta}_1(\boldsymbol{Y})$ und $\widehat{\beta}_2(\boldsymbol{Y})$ Kleinste-Quadrate-Schätzer von β_1 und β_2. Falls nicht alle x_i gleich sind, gilt $\text{Rang}(X) = p = r = 2$. Nach Satz 7.11 sind dann $\widehat{\beta_0}$ und $\widehat{\beta_1}$ UMVUE-Schätzer von β_0 und β_1. Weiterhin ist $\widehat{\zeta}_i := \widehat{\beta}_0 + \widehat{\beta}_1 x_i$ UMVUE-Schätzer für $\zeta_i = \beta_0 + \beta_1 x_i = \mathbb{E}(Y_i | X_i = x_i)$.

B 7.9 *Einfache lineare Regression: UMVUE-Schätzer (2)*: Dieses Beispiel nutzt die Darstellung über das kanonische Modell, um die Kleinste-Quadrate-Schätzer zu bestimmen. In der einfachen linearen Regression aus Beispiel 7.1 ist $Y_i = \beta_0 + \beta_1 x_i + \epsilon_i$ für $i = 1, \ldots, n$ und $\boldsymbol{\epsilon} \sim \mathcal{N}_n(0, \sigma^2 I_n)$. Wir suchen eine orthonormale Basis für $W = W_X$. Dabei wird W von den beiden Vektoren $\mathbf{1}$ und $\boldsymbol{x} = (x_1, \ldots, x_n)^\top$ aufgespannt und wir nehmen an, dass nicht alle x_i gleich sind. Somit bilden $\{\boldsymbol{v}_1, \boldsymbol{v}_2\}$ mit

$$\boldsymbol{v}_1 := \frac{1}{\sqrt{n}} \cdot \mathbf{1}_n$$

und $\boldsymbol{v}_2$ gegeben durch seine Komponenten

$$\boldsymbol{v}_{i2} := \frac{x_i - \bar{x}}{\sqrt{\sum_{j=1}^n (x_j - \bar{x})^2}}, \quad j = 1, \ldots, n$$

die gesuchte orthonormale Basis von W, d.h. $\langle \boldsymbol{v}_1, \boldsymbol{v}_2 \rangle = 0$ und $\|\boldsymbol{v}_1\| = \|\boldsymbol{v}_2\| = 1$ sowie

$$W = \big\{\beta_0 \mathbf{1}_n + \beta_1 \boldsymbol{x} : \beta_0, \beta_1 \in \mathbb{R}\big\} = \big\{\beta_0 \mathbf{1}_n + \beta_1(\boldsymbol{x} - \mathbf{1}_n\, \bar{x}) : \beta_0, \beta_1 \in \mathbb{R}\big\}. \tag{7.27}$$

Seien $\boldsymbol{v}_3, \ldots, \boldsymbol{v}_n$ so gewählt, dass $\{\boldsymbol{v}_1, \ldots, \boldsymbol{v}_n\}$ eine orthonormale Basis für $\mathbb{R}^n$ bildet. Nach Definition in Gleichung (7.14) ist

$$Z_1 = \langle \boldsymbol{Y}, \boldsymbol{v}_1 \rangle = \frac{1}{\sqrt{n}} \sum_{i=1}^n Y_i,$$

$$Z_2 = \langle \boldsymbol{Y}, \boldsymbol{v}_2 \rangle = \frac{1}{\sqrt{\sum_{i=1}^n (x_i - \bar{x})^2}} \sum_{i=1}^n (x_i - \bar{x})\, Y_i.$$

Damit folgt, dass

$$\begin{aligned}\widehat{\boldsymbol{\zeta}} &= Z_1\boldsymbol{v}_1 + Z_2\boldsymbol{v}_2\\ &= \frac{1}{\sqrt{n}}\sum_{i=1}^n Y_i\frac{1}{\sqrt{n}}\cdot\mathbf{1}_n + \frac{\mathbf{1}}{\sqrt{\sum_{i=1}^n(x_i-\bar{x})^2}}\cdot\sum_{i=1}^n(x_i-\bar{x})\,Y_i\cdot\boldsymbol{v}_2\end{aligned}$$

und insbesondere

$$\widehat{\zeta}_k = \bar{Y} + \frac{\sum_{i=1}^n(x_i-\bar{x})\,Y_i}{\sqrt{\sum_{i=1}^n(x_i-\bar{x})^2}}\cdot\frac{(x_k-\bar{x})}{\sqrt{\sum_{i=1}^n(x_i-\bar{x})^2}}$$

für $k=1,\dots,n$. Die Schätzer $\widehat{\beta}_0$ und $\widehat{\beta}_1$ können nun über $\widehat{\boldsymbol{\zeta}}$ berechnet werden: Aus $\zeta_1=\beta_0+\beta_1x_1$ und $\zeta_2=\beta_0+\beta_1x_2$ folgt unmittelbar, dass

$$\beta_1 = \frac{(\zeta_2-\zeta_1)}{(x_2-x_1)},\qquad \beta_0=\zeta_1-\beta_1x_1.$$

Nach Bemerkung 7.10 gilt

$$\begin{aligned}\widehat{\beta}_1 &= \frac{(\widehat{\zeta}_2-\widehat{\zeta}_1)}{(x_2-x_1)} = \frac{\sum_{i=1}^n(x_i-\bar{x})Y_i}{\sum_{i=1}^n(x_i-\bar{x})^2}\cdot\frac{(x_2-\bar{x})-(x_1-\bar{x})}{(x_2-x_1)}\\ &= \frac{\sum_{i=1}^n(x_i-\bar{x})Y_i}{\sum_{i=1}^n(x_i-\bar{x})^2}\end{aligned}$$

und $\widehat{\beta}_0=\widehat{\zeta}_1-\widehat{\beta}_1x_1=\bar{Y}-\widehat{\beta}_1\bar{x}$.

B 7.10 *p-Stichprobenproblem: UMVUE-Schätzer*: Das in Beispiel 7.5 vorgestellte p-Stichprobenproblem hat folgende Darstellung: $Y_{kl}=\beta_k+\epsilon_{kl}$ mit $\epsilon_{kl}\sim\mathcal{N}(0,\sigma^2)$, $k=1,\dots,p$, $l=1,\dots,n_k$ i.i.d. Die zugehörige Log-Likelihood-Funktion ist bis auf additive Konstanten (unabhängig von $\boldsymbol{\beta}$) gegeben durch:

$$l(\boldsymbol{\beta},\boldsymbol{y}) := -\frac{1}{2\sigma^2}\sum_{k=1}^p\sum_{l=1}^{n_k}\big(y_{kl}-\beta_k\big)^2.$$

Das Maximum erfüllt die folgenden Normalengleichungen:

$$\frac{\partial}{\partial\beta_i}l(\boldsymbol{\beta},\boldsymbol{y}) = \sum_{l=1}^{n_i}\frac{y_{il}-\beta_i}{\sigma^2}=0,\qquad i=1,\dots,p.$$

Man erhält $\sum_{l=1}^{n_i}Y_{il}=n_i\cdot\widehat{\beta}_i(\boldsymbol{Y})$ und somit

$$\widehat{\beta}_i(\boldsymbol{Y}) = \frac{1}{n_i}\sum_{l=1}^{n_i}Y_{il} =: Y_{i\bullet}$$

für alle $i=1,\dots,p$. Die zweite Ableitung ist negativ und so ist dies in der Tat ein Maximum. Definiere $n:=\sum_{k=1}^p n_k$ und

$$Y_{\bullet\bullet} := \frac{1}{n}\sum_{k=1}^{p}\sum_{l=1}^{n_k} Y_{kl}.$$

Dann ist $\mu := \beta_\bullet = \frac{1}{p}\sum_{k=1}^{p}\beta_k$ ein lineares Funktional von $\boldsymbol{\beta}$ und somit ist nach Bemerkung 7.10

$$\widehat{\mu}(\boldsymbol{Y}) := \frac{1}{p}\sum_{k=1}^{p}\widehat{\beta}_k(\boldsymbol{Y})$$

ein UMVUE-Schätzer von μ. Dabei ist $\widehat{\mu}(\boldsymbol{Y}) \neq Y_{\bullet\bullet}$. Weiterhin ist ebenso $\widehat{\alpha}_k(\boldsymbol{Y}) := Y_{k\bullet} - \widehat{\mu}(\boldsymbol{Y})$ ein UMVUE-Schätzer für $\alpha_k = \beta_k - \mu$.

7.2.4 Der Satz von Gauß-Markov

Unter einem linearen Schätzer verstehen wir einen Schätzer $T(\boldsymbol{Y}) \in \mathbb{R}$, welcher linear in $\boldsymbol{Y}$ ist, d.h. es existiert ein $\boldsymbol{b} \in \mathbb{R}^n$, so dass

$$T(\boldsymbol{Y}) = \langle \boldsymbol{b}, \boldsymbol{Y} \rangle.$$

Satz 7.12 (Gauß-Markov). *Sei W ein linearer Unterraum von $\mathbb{R}^n$ mit* $\dim(W) = r$. *Es gelte, dass* $\boldsymbol{Y} = \boldsymbol{\zeta} + \boldsymbol{\epsilon}$ *mit* $\boldsymbol{\zeta} \in W$ *und weiterhin* $\mathrm{Var}(\epsilon_i) = \sigma^2$, $\mathrm{Cov}(\epsilon_i, \epsilon_j) = 0$ *für alle* $1 \leq i \neq j \leq n$. *Für beliebiges* $\boldsymbol{a} \in \mathbb{R}^n$ *sei*

$$\Psi_{\boldsymbol{a}}(\boldsymbol{\zeta}) := \langle \boldsymbol{a}, \boldsymbol{\zeta} \rangle.$$

Dann ist $\Psi_{\boldsymbol{a}}(\widehat{\boldsymbol{\zeta}})$ *unverzerrt und hat gleichmässig kleinste Varianz unter allen linearen, unverzerrten Schätzern von* $\Psi_{\boldsymbol{a}}(\boldsymbol{\zeta})$.

Man nennt einen solchen Schätzer auch BLUE (best linear unbiased estimate).

Beweis. Sei $T(\boldsymbol{Y}) = \langle \boldsymbol{b}, \boldsymbol{Y} \rangle = \sum_{i=1}^{n} b_i Y_i$ ein beliebiger linearer Schätzer für $\Psi_{\boldsymbol{a}}(\boldsymbol{\zeta})$, so gilt

$$\mathbb{E}(T(\boldsymbol{Y})) = \boldsymbol{b}^\top \mathbb{E}(\boldsymbol{Y}) = \langle \boldsymbol{b}, \boldsymbol{\zeta} \rangle,$$

$$\mathrm{Var}(T(\boldsymbol{Y})) = \sum_{i=1}^{n} b_i^2 \,\mathrm{Var}(Y_i) + 2\sum_{0 \leq i < j \leq n} b_i b_j \mathrm{Cov}(Y_i, Y_j) = \sigma^2 \sum_{i=1}^{n} b_i^2.$$

Falls $T(\boldsymbol{Y})$ ein unverzerrter Schätzer von $\Psi_{\boldsymbol{a}}(\boldsymbol{\zeta})$ im Modell $\boldsymbol{Y} = \boldsymbol{\zeta} + \boldsymbol{\epsilon}$ mit $\mathbb{E}(\epsilon_i) = 0$, $\mathrm{Var}(\epsilon_i) = \sigma^2$ und $\mathrm{Cov}(\epsilon_i, \epsilon_j) = 0 \ \forall\ i \neq j$ sein soll, dann ist $T(\boldsymbol{Y})$ auch ein unverzerrter Schätzer, wenn $\epsilon_i \sim \mathcal{N}(0, \sigma^2)$ i.i.d.; denn Erwartungswert und Varianz sind in beiden Modellen gleich.

Wir schließen mit folgender Beobachtung: Der Schätzer $\Psi_{\boldsymbol{a}}(\widehat{\boldsymbol{\zeta}})$ ist ein linearer Schätzer von $\Psi_{\boldsymbol{a}}(\boldsymbol{\zeta})$, und hat die kleinste Varianz unter allen unverzerrten, linearen Schätzern von $\Psi_{\boldsymbol{a}}(\boldsymbol{\zeta})$ nach Bemerkung 7.10, wenn $\boldsymbol{\epsilon} \sim \mathcal{N}_n(\mathbf{0}, \sigma^2 I_n)$ gilt. Dann muss $\Psi_{\boldsymbol{a}}(\widehat{\boldsymbol{\zeta}})$ auch die kleinste Varianz unter allen unverzerrten, linearen Schätzern unter der schwächeren Voraussetzung $\mathbb{E}(\epsilon_i) = 0$, $\mathrm{Var}(\epsilon_i) = \sigma^2$ und $\mathrm{Cov}(\epsilon_i, \epsilon_j) = 0 \ \forall\ i \neq j$ haben. □

7.2.5 Schätzung der Fehlervarianz

In diesem Abschnitt soll die Varianz σ^2 der Fehler geschätzt werden. Hat man eine Darstellung des linearen Modells in der kanonischen Form mit $\boldsymbol{Z}$ wie in Gleichung (7.16), so nutzt man zur Schätzung der Fehlervarianz folgenden Schätzer:

$$s^2 = s^2(\boldsymbol{Y}) := \frac{1}{n-r} \sum_{i=r+1}^{n} Z_i^2.$$

Dieser Schätzer ist erwartungstreu, da $\mathbb{E}(Z_i^2) = \sigma^2$. $Z_{r+1}, \dots, Z_n$ unabhängig nach Satz 7.3 sind. Ferner ist

$$\sum_{i=r+1}^{n} Z_i^2 = \sum_{i=1}^{n} Z_i^2 - \sum_{i=1}^{r} Z_i^2.$$

Aus diesem Grund ist s^2 eine Funktion der vollständigen, suffizienten Statistik $\left(Z_1, \dots, Z_r, \sum_{i=1}^{n} Z_i^2\right)^\top$ im kanonischen Modell. Nach dem Satz von Lehmann-Scheffé (Satz 4.7) ist s^2 ein UMVUE-Schätzer für σ^2. Üblicherweise stellt man s^2 bezüglich $\boldsymbol{Y}$ dar. Da

$$\boldsymbol{Y} - \widehat{\boldsymbol{\zeta}} = \sum_{i=1}^{n} Z_i \boldsymbol{v}_i - \sum_{i=1}^{r} Z_i \boldsymbol{v}_i = \sum_{i=r+1}^{n} Z_i \boldsymbol{v}_i \tag{7.28}$$

ist, gilt

$$\| \boldsymbol{Y} - \widehat{\boldsymbol{\zeta}} \|^2 = \sum_{i=r+1}^{n} Z_i^2$$

und somit hat s^2 folgende Darstellung

$$s^2 = \frac{1}{n-r} \| \boldsymbol{Y} - \widehat{\boldsymbol{\zeta}} \|^2 . \tag{7.29}$$

Den Ausdruck

$$\| \boldsymbol{Y} - \widehat{\boldsymbol{\zeta}} \|^2 = \sum_{i=1}^{n} (Y_i - \widehat{\zeta}_i)^2$$

nennt man *Residuenquadratsumme* oder *Residual sum of squares* (RSS).

7.2.6 Verteilungstheorie und Konfidenzintervalle

In diesem Abschnitt leiten wir die Verteilungen der verwendeten Schätzer und entsprechende Konfidenzintervalle her. Dafür werden einige Verteilungen wichtiger Größen bestimmt. Zentral hierfür ist die Normalverteilungsannahme aus Definition 7.1 (ii) an $\boldsymbol{\epsilon}$. Für die Verteilung von $\widehat{\boldsymbol{\beta}}(\boldsymbol{Y})$ gilt folgender Satz:

Satz 7.13. *Im allgemeinen linearen Modell gilt*

$$\widehat{\boldsymbol{\beta}}(\boldsymbol{Y}) \sim \mathcal{N}_p(\boldsymbol{\beta}, \sigma^2 (X^\top X)^{-1}). \tag{7.30}$$

Beweis. Nach Definition 7.1(ii) ist $\boldsymbol{\epsilon} \sim \mathcal{N}_n(\boldsymbol{0}, \sigma^2 I_n)$. Mit $\boldsymbol{Y} = X\boldsymbol{\beta} + \boldsymbol{\epsilon}$ folgt hieraus $\boldsymbol{Y} \sim \mathcal{N}_n(X\boldsymbol{\beta}, \sigma^2 I_n)$. Weiterhin ist $\widehat{\boldsymbol{\beta}}(\boldsymbol{Y}) = (X^\top X)^{-1} X^\top \boldsymbol{Y}$ und damit eine lineare Funktion von $\boldsymbol{Y}$. Setze $C := (X^\top X)^{-1} X^\top$. Nach Bemerkung 1.21 (iii) ist

$$\widehat{\boldsymbol{\beta}}(\boldsymbol{Y}) = C\boldsymbol{Y} \sim \mathcal{N}_p(\boldsymbol{\mu}, \Sigma)$$

mit

$$\begin{aligned}
\boldsymbol{\mu} &= CX\boldsymbol{\beta} = (X^\top X)^{-1} X^\top X \boldsymbol{\beta} = \boldsymbol{\beta}, \\
\Sigma &= C\sigma^2 I_n C^\top = \sigma^2 (X^\top X)^{-1} X^\top X (X^\top X)^{-1} = \sigma^2 (X^\top X)^{-1},
\end{aligned}$$

und die Behauptung des Satzes folgt. □

Mit $s^2(\boldsymbol{Y})$ aus der Gleichung (7.29) erhalten wir folgende Aussage.

Satz 7.14. *Sei* $\widehat{\boldsymbol{\zeta}}(\boldsymbol{Y}) := X\widehat{\boldsymbol{\beta}}(\boldsymbol{Y})$ *und* $s^2(\boldsymbol{Y}) := \frac{1}{n-r} \parallel \boldsymbol{Y} - \widehat{\boldsymbol{\zeta}} \parallel^2$. *Dann gilt im allgemeinen linearen Modell:*

(i) $\widehat{\boldsymbol{\zeta}}$ *und* $\boldsymbol{Y} - \widehat{\boldsymbol{\zeta}}$ *sind unabhängig.*

(ii) $(n-r)\dfrac{s^2(\boldsymbol{Y})}{\sigma^2} \sim \chi^2_{n-r}$ *und ist unabhängig von* $\widehat{\boldsymbol{\zeta}}$.

Beweis. Zunächst ist nach Definition (7.21) $\widehat{\boldsymbol{\zeta}} = \sum_{i=1}^r Z_i \boldsymbol{v}_i$. Mit (7.28) folgt, dass

$$\boldsymbol{Y} - \widehat{\boldsymbol{\zeta}} = \sum_{i=r+1}^{n} Z_i \boldsymbol{v}_i.$$

Da $Z_1, \dots, Z_n$ nach Satz 7.3 unabhängig sind folgt Behauptung (i).

Somit ist auch $(n-r)s^2 = \sum_{i=r+1}^n Z_i^2$ unabhängig von $\widehat{\boldsymbol{\zeta}}$. Die Zufallsvariablen $Z_{r+1}, \dots, Z_n$ sind i.i.d. mit $Z_i \sim \mathcal{N}(0, \sigma^2)$ für $i = r+1, \dots, n$ nach Bemerkung 7.4 und somit gilt, dass

$$\frac{(n-r)s^2}{\sigma^2} = \sum_{i=r+1}^{n} \left(\frac{Z_i}{\sigma}\right)^2 \sim \chi^2_{n-r}.$$

□

Korollar 7.15. *Ist $p = r$, so sind $\widehat{\boldsymbol{\beta}}(\boldsymbol{Y})$ und $s^2(\boldsymbol{Y})$ unabhängig.*

Beweis. Nach Satz 7.8 (ii) ist $\widehat{\boldsymbol{\beta}} = \left(X^\top X\right)^{-1} X^\top \widehat{\boldsymbol{\zeta}}$. Nach Satz 7.14 sind $\widehat{\boldsymbol{\zeta}}$ und s^2 unabhängig und die Behauptung folgt. □

Konfidenzintervalle In diesem Abschnitt bestimmen wir ein Konfidenzintervall für eine lineare Transformation $\Psi(\boldsymbol{\zeta}) = \langle \boldsymbol{b}, \boldsymbol{\zeta} \rangle$ von $\boldsymbol{\zeta}$. In Bemerkung 7.9 hatten wir gesehen, dass $\widehat{\boldsymbol{\zeta}} = P_W \boldsymbol{Y}$ und $\widehat{\boldsymbol{\zeta}} \sim \mathcal{N}_n(\boldsymbol{\zeta}, \sigma^2 P_W)$. Es folgt, dass

$$\Psi\big(\widehat{\boldsymbol{\zeta}}\big) \sim \mathcal{N}\big(\boldsymbol{b}^\top \boldsymbol{\zeta}, \sigma^2 \boldsymbol{b}^\top P_W \boldsymbol{b}\big)$$

und durch Standardisierung

$$\frac{\Psi(\widehat{\boldsymbol{\zeta}}) - \Psi(\boldsymbol{\zeta})}{\sigma\sqrt{\boldsymbol{b}^\top P_W \boldsymbol{b}}} \sim \mathcal{N}(0,1).$$

Weiterhin sind $\widehat{\boldsymbol{\zeta}}$ und s^2 unabhängig nach Satz 7.14 und $\frac{(n-r)s^2(\boldsymbol{Y})}{\sigma^2} \sim \chi^2_{n-r}$. Damit erhalten wir

$$\frac{\Psi(\widehat{\boldsymbol{\zeta}}) - \Psi(\boldsymbol{\zeta})}{s(\boldsymbol{Y})\sqrt{\boldsymbol{b}^\top P_W \boldsymbol{b}}} = \frac{\frac{\Psi(\widehat{\boldsymbol{\zeta}}) - \Psi(\boldsymbol{\zeta})}{\sigma\sqrt{\boldsymbol{b}^\top P_W \boldsymbol{b}}}}{\sqrt{\frac{(n-r)s^2(\boldsymbol{Y})}{\sigma^2}/(n-r)}} \sim t_{n-r}.$$

Aus diesen Überlegungen ergibt sich folgendes Konfidenzintervall, wobei wir wieder $\widehat{\boldsymbol{\zeta}} := X\widehat{\boldsymbol{\beta}}(\boldsymbol{Y})$ und $s^2(\boldsymbol{Y}) := \frac{1}{n-r} \parallel \boldsymbol{Y} - \widehat{\boldsymbol{\zeta}} \parallel^2$ verwenden. $t_{m,a}$ bezeichnet das a-Quantil der t_m-Verteilung.

Das zufällige Intervall

$$\Psi\big(\widehat{\boldsymbol{\zeta}}\big) \pm t_{n-r,1-\alpha/2}\, s(\boldsymbol{Y})\sqrt{\boldsymbol{b}^\top P_W \boldsymbol{b}} \tag{7.31}$$

ist ein $(1-\alpha)$-Konfidenzintervall für $\Psi(\boldsymbol{\zeta}) = \langle \boldsymbol{b}, \boldsymbol{\zeta} \rangle$.

Bemerkung 7.16 (t-Statistik). Angewendet auf das Einstichprobenproblem aus Beispiel 7.4 erhalten wir Folgendes: Sind $Y_1, \ldots, Y_n$ i.i.d. mit $Y_1 \sim \mathcal{N}(\mu, \sigma^2)$, so folgt aus Beispiel 7.10, dass $\bar{Y}$ ein UMVUE-Schätzer für μ ist. Aus Gleichung 7.29 berechnet man den Schätzer $s^2(\boldsymbol{Y})$ für die Fehlervarianz und erhält $s^2(\boldsymbol{Y}) = \frac{1}{n-1}\sum_{i=1}^n (Y_i - \bar{Y})^2$, die Stichprobenvarianz (siehe Beispiel 4.1). Mit Korollar 7.15 und Satz 7.14 (ii) erhält man, dass

$$\frac{\sqrt{n}(\bar{Y} - \mu)}{\sqrt{s^2(\mathbf{Y})}} \sim t_{n-1}.$$

7.3 Hypothesentests

In diesem Kapitel werden Tests in linearen Modellen behandelt. Zunächst werden die theoretischen Konzepte vorgestellt und optimale Tests basierend auf Likelihood-Quotienten abgeleitet. Daran schließt sich der wichtige Spezialfall eines p-Stichprobenmodells an, in welchem die erhaltenen Tests Varianzanalyse oder ANOVA heißen. Die Testverfahren werden jeweils mit verschiedenen Anwendungen und Beispielen illustriert.

Wir gehen von einem allgemeinen linearen Modell in koordinatenfreier Darstellung wie in (7.7) aus. Weiterhin betrachten wir eine Null-Hypothese, die als linearer Unterraum W_0 von W gegeben ist. Zunächst soll ein optimaler Test für das Testproblem

$$H_0 : \boldsymbol{\zeta} \in W_0 \qquad \text{gegen} \qquad H_1 : \boldsymbol{\zeta} \in W \backslash W_0 \tag{7.32}$$

gefunden werden. Dabei ist $W \backslash W_0 = W \cap W_0^{\perp}$, wobei $W_0^{\perp} := \{\boldsymbol{w} \in W : \boldsymbol{w}^{\top}\boldsymbol{w}_0 = 0 \ \forall \ \boldsymbol{w}_0 \in W_0\}$ das orthogonale Komplement von W_0 ist. Wir setzen $q := \dim(W_0)$. Die folgenden Beispiele zeigen, dass sich typische Null-Hypothesen tatsächlich durch einen linearen Unterraum W_0 darstellen.

B 7.11 *Einfache lineare Regression:* W_0: Seien wie in Beispiel 7.1 vorgestellt $Y_i = \beta_0 + \beta_1 x_i + \epsilon_i$ für $i = 1, \ldots, n$ und $\boldsymbol{\epsilon} \sim \mathcal{N}_n(\mathbf{0}, \sigma^2 I_n)$. Um nachzuweisen, dass die Kovariable x einen linearen Einfluss auf die Zielvariable hat, untersucht man das Testproblem

$$H_0 : \beta_1 = 0 \quad \text{gegen} \quad H_1 : \beta_1 \neq 0.$$

Verwirft man die Null-Hypothese, so hat man den linearen Einfluss zu dem gegebenen Signifikanzniveau nachweisen können. Für diesen Test betrachten wir den unter der Null-Hypothese von X aufgespannten linearen Unterraum

$$W_0 := \{\beta_0 \mathbf{1}_n : \beta_0 \in \mathbb{R}^n\} = \{\boldsymbol{\zeta} \in \mathbb{R}^n : \zeta_1 = \cdots = \zeta_n\}$$

von $W = \{\beta_0 \mathbf{1}_n + \beta_1 \boldsymbol{x} : \beta_0, \beta_1 \in \mathbb{R}\}$ aus Gleichung (7.27). Für ein $\zeta \in W_0$ ist $\zeta_1 = \cdots = \zeta_n = \beta_0$.

Möchte man dagegen den Interzeptparameter betrachten, so untersucht man das Testproblem

$$H_0 : \beta_0 = 0 \quad \text{gegen} \quad H_1 : \beta_0 \neq 0.$$

Hierfür verwendet man

$$\tilde{W}_0 = \big\{\boldsymbol{\zeta} \in \mathbb{R}^n : \zeta_1 = \beta_1 x_1, \ldots, \zeta_n = \beta_1 x_n,\ \beta_1 \in \mathbb{R}\big\}.$$

Für ein $\zeta \in \tilde{W}_0$ gilt, dass ein $\beta_1 \in \mathbb{R}$ existiert, so dass $\zeta_i = \beta_1 x_i$ für alle $1 \leq i \leq n$.

B 7.12 *p-Stichprobenproblem:* W_0: In dem p-Stichprobenproblem aus Beispiel 7.5 ist

$$Y_{kl} = \beta_k + \epsilon_{kl}$$

mit i.i.d. $\epsilon_{kl} \sim \mathcal{N}(0, \sigma^2)$, $k = 1, \ldots, p$, $l = 1, \ldots, n_k$. Möchte man das Testproblem

$H_0 : \beta_1 = \cdots = \beta_p$ gegen H_1 : zumindest ein β_i ist nicht gleich einem anderen

untersuchen, so verwendet man hierfür den linearen Unterraum

$$W_0 := \big\{\boldsymbol{\zeta} \in \mathbb{R}^n : \zeta_1 = \cdots = \zeta_n\big\},$$

von W mit $n := \sum_{k=1}^p n_k$.

7.3.1 Likelihood-Quotienten-Test

Als ersten Schritt bestimmen wir den verallgemeinerten Likelihood-Quotienten-Test für das Testproblem $H_0 : \boldsymbol{\zeta} \in W_0$ gegen $H_1 : \boldsymbol{\zeta} \in W \backslash W_0$ in einem koordinatenfreien linearen Modell. Unter der Normalverteilungsannahme (ii) in der Definition 7.1 ist $\boldsymbol{Y} \sim \mathcal{N}_n(\boldsymbol{\zeta}, \sigma^2 I_n)$ und die Dichte von $\boldsymbol{Y}$ ist mit $\boldsymbol{\theta} = (\boldsymbol{\zeta}, \sigma^2)^\top$

$$\begin{aligned} p(\boldsymbol{y}, \boldsymbol{\theta}) &:= \frac{1}{(2\pi\sigma^2)^{n/2}} \exp\Big(- \frac{1}{2\sigma^2} \sum_{i=1}^n \big(y_i - \zeta_i\big)^2 \Big) \\ &= \frac{1}{(2\pi\sigma^2)^{n/2}} \exp\Big(- \frac{1}{2\sigma^2} \parallel \boldsymbol{y} - \boldsymbol{\zeta} \parallel^2 \Big), \quad \boldsymbol{y} \in \mathbb{R}^n. \end{aligned}$$

Unter allen $\boldsymbol{\zeta} \in W_0$ ist das Maximum in der Likelihood-Funktion durch das $\widehat{\boldsymbol{\zeta}}_0(\boldsymbol{y})$ erreicht, welches den geringsten Abstand von $\boldsymbol{y}$ hat. Da W_0 ein linearer Unterraum ist, erhalten wir $\widehat{\boldsymbol{\zeta}}_0(\boldsymbol{y})$ durch die Projektion $\widehat{\boldsymbol{\zeta}}_0(\boldsymbol{y}) = P_{W_0}\boldsymbol{y}$ und so gilt

$$\max_{\sigma^2>0} \max_{\boldsymbol{\zeta} \in W_0} p(\boldsymbol{y}, \boldsymbol{\theta}) = \max_{\sigma^2>0} \frac{1}{(2\pi\sigma^2)^{n/2}} \exp\Big(- \frac{1}{2\sigma^2} \parallel \boldsymbol{y} - \widehat{\boldsymbol{\zeta}}_0(\boldsymbol{y}) \parallel^2 \Big)$$

für alle $\boldsymbol{y} \in \mathbb{R}^n$. Wir bestimmen das Maximum dieser Funktion bezüglich σ^2. Notwendig hierfür ist, dass die erste Ableitung verschwindet. Man erhält, dass der Maximum-Likelihood-Schätzer für $\boldsymbol{\theta} = (\boldsymbol{\zeta}, \sigma^2)^\top$ unter $H_0 : \boldsymbol{\zeta} \in W_0$ mit

$$\widehat{\sigma}_0^2(\boldsymbol{y}) := \frac{1}{n} \parallel \boldsymbol{y} - \widehat{\zeta}_0 \parallel^2$$

durch

$$\widehat{\boldsymbol{\theta}}_0(\boldsymbol{Y}) := (\widehat{\zeta}_0(\boldsymbol{Y}), \widehat{\sigma}_0^2(\boldsymbol{Y}))^\top$$

gegeben ist. Analog gilt, dass $\widehat{\boldsymbol{\theta}}(\boldsymbol{Y}) := (\widehat{\boldsymbol{\zeta}}(\boldsymbol{Y}), \widehat{\sigma}^2(\boldsymbol{Y}))^\top$ mit

$$\widehat{\sigma}^2(\boldsymbol{y}) := \frac{1}{n} \parallel \boldsymbol{y} - \widehat{\boldsymbol{\zeta}}(\boldsymbol{y}) \parallel^2$$

der Maximum-Likelihood-Schätzer von $\boldsymbol{\theta}$ (unter $\boldsymbol{\zeta} \in W$) ist. Folglich ist

$$n = \frac{\parallel \boldsymbol{y} - \widehat{\zeta}_0(\boldsymbol{y}) \parallel^2}{\widehat{\sigma}_0^2(\boldsymbol{y})} = \frac{\parallel \boldsymbol{y} - \widehat{\boldsymbol{\zeta}}(\boldsymbol{y}) \parallel^2}{\widehat{\sigma}^2(\boldsymbol{y})}.$$

Nach Abschnitt 6.3 wird der verallgemeinerte Likelihood-Quotienten-Test bestimmt mit Hilfe von $\lambda(\boldsymbol{y})$ aus Gleichung 6.13:

$$\lambda(\boldsymbol{y}) = \frac{p(\boldsymbol{y}, \widehat{\boldsymbol{\theta}})}{p(\boldsymbol{y}, \widehat{\boldsymbol{\theta}_0})} = \left(\frac{\widehat{\sigma}_0^2(\boldsymbol{y})}{\widehat{\sigma}^2(\boldsymbol{y})}\right)^{n/2} = \left(\frac{\parallel \boldsymbol{y} - \widehat{\zeta}_0(\boldsymbol{y}) \parallel^2}{\parallel \boldsymbol{y} - \widehat{\boldsymbol{\zeta}}(\boldsymbol{y}) \parallel^2}\right)^{n/2}, \quad \boldsymbol{y} \in \mathbb{R}^n. \tag{7.33}$$

Der Likelihood-Quotienten-Test verwirft die Null-Hypothese $H_0 : \boldsymbol{\zeta} \in W_0$, falls $\lambda(\boldsymbol{y})$ groß ist. Aus der Darstellung (7.33) liest man ab, dass λ groß ist, falls die Anpassung an die Daten unter H_0, gemessen durch $\parallel \boldsymbol{y} - \widehat{\zeta}_0 \parallel^2$, schlechter ist als die Anpassung an die Daten unter $\boldsymbol{\zeta} \in W$ (dies ist gerade $\parallel \boldsymbol{y} - \widehat{\boldsymbol{\zeta}} \parallel^2$). Zur Bestimmung der kritischen Werte wird es einfacher sein, an Stelle von $\lambda(\boldsymbol{y})$ mit

$$V_n(\boldsymbol{y}) := \frac{n-r}{r-q} \frac{\parallel \boldsymbol{y} - \widehat{\zeta}_0(\boldsymbol{y}) \parallel^2 - \parallel \boldsymbol{y} - \widehat{\boldsymbol{\zeta}}(\boldsymbol{y}) \parallel}{\parallel \boldsymbol{y} - \widehat{\boldsymbol{\zeta}}(\boldsymbol{y}) \parallel^2} = \frac{n-r}{r-q} \frac{\parallel \widehat{\zeta}_0(\boldsymbol{y}) - \widehat{\boldsymbol{\zeta}}(\boldsymbol{y}) \parallel^2}{\parallel \boldsymbol{y} - \widehat{\boldsymbol{\zeta}}(\boldsymbol{y}) \parallel^2}, \tag{7.34}$$

wobei die zweite Gleichheit in (7.37) gezeigt wird, zu arbeiten. Da

$$V_n(\boldsymbol{y}) = \frac{n-r}{r-q}\Big(\big(\lambda(\boldsymbol{y})\big)^{2/n} - 1\Big),$$

ist $V_n(\boldsymbol{Y})$ eine monotone Transformation von $\lambda(\boldsymbol{Y})$. Somit ist der auf $V_n(\boldsymbol{Y})$ basierende Test äquivalent zu dem auf $\lambda(\boldsymbol{Y})$ basierenden Test und folglich

$$\delta(\boldsymbol{Y}) := \mathbb{1}_{\{V_n(\boldsymbol{Y}) > c\}}$$

der gesuchte Likelihood-Quotienten-Test.

Für die Bestimmung des kritischen Niveaus c verwenden wir folgenden Satz. Wir benötigen nichtzentrale χ^2- und F-Verteilungen, welche bereits auf Seite 15 vorgestellt wurden und betrachten das Testproblem aus 7.32, worin die Null-Hypothese durch den linearen Unterraum $W_0 \subset W$ gegeben ist.

Satz 7.17. *Sei* $\zeta_0 := P_{W_0}\zeta$, $r := \dim(W)$ *und* $q := \dim(W_0)$ *mit* $r > q$. *Dann ist in einem koordinatenfreien linearen Modell* $V_n(\boldsymbol{Y})$ *aus* (7.34) *nichtzentral* $F_{r-q,n-r}(\delta^2)$*-verteilt mit*

$$\delta^2 := \frac{\|\zeta - \zeta_0\|^2}{\sigma^2}.$$

Insbesondere gilt unter $H_0 : \zeta \in W_0$, *dass* $V_n \sim F_{r-q,n-r}$.

Die wesentliche Bedeutung dieses Satzes liegt in seiner Anwendung im folgenden Test mit der Teststatistik $V_n(\boldsymbol{Y})$ aus (7.34). Mit $F_{1-\alpha,r-q,n-r}$ bezeichnen wir das $(1-\alpha)$-Quantil der $F_{r-q,n-r}$-Verteilung.

Nach Satz 7.17 ist

$$\delta(\boldsymbol{Y}) := \mathbb{1}_{\{V_n(\boldsymbol{Y}) \geq F_{1-\alpha,r-q,n-r}\}} \tag{7.35}$$

ein Level-α-Test für $H_0 : \zeta \in W_0$ gegen $H_1 : \zeta \notin W_0$. Dieser Test heißt *F-Test.*

Beweis. Sei $\boldsymbol{v}_1, \ldots, \boldsymbol{v}_n$ eine orthonormale Basis für $\mathbb{R}^n$, welche so geordnet ist, dass die Menge $\{\boldsymbol{v}_1, \ldots, \boldsymbol{v}_q\}$ eine Basis für W_0 ist, und $\{\boldsymbol{v}_1, \ldots, \boldsymbol{v}_q, \boldsymbol{v}_{q+1}, \ldots, \boldsymbol{v}_r\}$ eine Basis für W. Sei $A^\top = (\boldsymbol{v}_1, \ldots, \boldsymbol{v}_n)$. Dann ist $AA^\top = I_n$ und wir erhalten durch A die Darstellung als kanonisches Modell über $\boldsymbol{Z} = A\boldsymbol{Y}$.

Ist $\zeta \in W$, so gilt $\eta_i = 0$ für alle $i = r+1, \ldots, n$. Ist $\zeta \in W_0$, so gilt darüber hinaus, dass $\eta_i = 0$ für $i = q+1, \ldots, r$. Aus Satz 7.6 folgt, dass

$$\widehat{\zeta}_0 = \widehat{\zeta}_0(\boldsymbol{Y}) := \sum_{i=1}^{q} Z_i \boldsymbol{v}_i \tag{7.36}$$

ein UMVUE-Schätzer für ζ unter $H_0 : \zeta \in W_0$ ist. Nach (7.17) ist $\boldsymbol{Y} = \sum_{i=1}^n Z_i \boldsymbol{v}_i$ und wir erhalten

$$\|\boldsymbol{Y} - \widehat{\zeta}_0(\boldsymbol{Y})\|^2 = \sum_{i=q+1}^{n} Z_i^2.$$

Mit $\widehat{\zeta} := \sum_{i=1}^r Z_i \boldsymbol{v}_i$ erhalten wir die Darstellung

$$V_n(\boldsymbol{Y}) = \frac{(n-r)}{(r-q)} \frac{\|\boldsymbol{Y} - \widehat{\zeta}_0\|^2 - \|\boldsymbol{Y} - \widehat{\zeta}\|^2}{\|\boldsymbol{Y} - \widehat{\zeta}\|^2} = \frac{(n-r) \cdot \sum_{i=q+1}^r Z_i^2/\sigma^2}{(r-q) \cdot \sum_{i=r+1}^n Z_i^2/\sigma^2}.$$

Dabei ist $\sum_{i=q+1}^{r} Z_i^2/\sigma^2$ nichtzentral $\chi^2_{r-q}(\delta^2)$-verteilt und $\sum_{i=r+1}^{n} Z_i^2/\sigma^2$ analog χ^2_{n-r}-verteilt. Ferner sind sie unabhängig. Für den Nichtzentralitätsparameter δ gilt, dass

$$\delta^2 = \frac{1}{\sigma^2} \sum_{i=q+1}^{r} \mathbb{E}(Z_i)^2 = \sum_{i=q+1}^{r} \frac{\eta_i^2}{\sigma^2},$$

und

$$\| \boldsymbol{\zeta} - \boldsymbol{\zeta}_0 \|^2 = \left\| \sum_{i=1}^{r} \eta_i \boldsymbol{v}_i - \sum_{i=1}^{q} \eta_i \boldsymbol{v}_i \right\|^2 = \left\| \sum_{i=q+1}^{r} \eta_i \boldsymbol{v}_i \right\|^2 = \sum_{i=q+1}^{r} \eta_i^2.$$

Somit ist V_n ein Quotient aus unabhängigen χ^2-verteilten Zufallsvariablen und damit F-verteilt mit den entsprechenden Freiheitsgraden. Ist $\boldsymbol{\zeta} \in W_0$, so ist $\eta_i = 0$ für $i > q$ und $\delta^2 = 0$, woraus die Verteilungsaussagen folgen. □

Aus dem Beweis ergibt sich für dieses Modell folgende geometrische Interpretation: Mit $\widehat{\boldsymbol{\zeta}}_0(\boldsymbol{Y})$ aus (7.36) ist

$$\| \widehat{\boldsymbol{\zeta}} - \widehat{\boldsymbol{\zeta}}_0 \|^2 = \sum_{i=q+1}^{r} Z_i^2$$

$$\| \boldsymbol{Y} - \widehat{\boldsymbol{\zeta}}_0 \|^2 = \sum_{i=q+1}^{n} Z_i^2$$

$$\| \boldsymbol{Y} - \widehat{\boldsymbol{\zeta}} \|^2 = \sum_{i=r+1}^{n} Z_i^2$$

und wir erhalten folgende, orthogonale Zerlegung:

$$\| \boldsymbol{Y} - \widehat{\boldsymbol{\zeta}}_0 \|^2 = \| \widehat{\boldsymbol{\zeta}} - \widehat{\boldsymbol{\zeta}}_0 \|^2 + \| \boldsymbol{Y} - \widehat{\boldsymbol{\zeta}} \|^2, \tag{7.37}$$

welche in Abbildung 7.3 illustriert wird.

Schließlich bestimmen wir noch den Zusammenhang mit dem Schätzer für $\boldsymbol{\beta}$ unter H_0. Da W_0 ein linearer Unterraum ist, gilt $\boldsymbol{\zeta} \in W_0 \Leftrightarrow \boldsymbol{\zeta} = X_0 \boldsymbol{\beta}_0^*$ für $X_0 \in \mathbb{R}^{n \times q}$; mit $\text{Rang}(X_0) = q$ und $\boldsymbol{\beta}_0^* \in \mathbb{R}^q$. Damit folgt, dass $\widehat{\boldsymbol{\zeta}}_0 = X_0 \widehat{\boldsymbol{\beta}}_0^*$, wobei $\widehat{\boldsymbol{\beta}}_0^*$ der Kleinste-Quadrate-Schätzer in dem Modell $\boldsymbol{Y} = X_0 \boldsymbol{\beta}_0^* + \boldsymbol{\epsilon}$ ist, also

$$\widehat{\boldsymbol{\beta}}_0^* = \left(X_0^\top X_0\right)^{-1} X_0^\top \boldsymbol{Y}.$$

B 7.13 *Einfache lineare Regression: t- und F-Test*: In diesem Beispiel werden die t- und F-Tests in der einfachen linearen Regression aus den allgemeinen Betrachtungen abgeleitet. Seien wie in Beispiel 7.1 $Y_i = \beta_0 + \beta_1 x_i + \epsilon_i$ für $i = 1, \ldots, n$ und $\boldsymbol{\epsilon} \sim \mathcal{N}_n(\boldsymbol{0}, \sigma^2 I_n)$. Mit obiger Notation ist $r = \dim(W) = 2$ und W wird von $\{\boldsymbol{1}_n, \boldsymbol{x}\}$ aufgespannt. Es soll das Testproblem

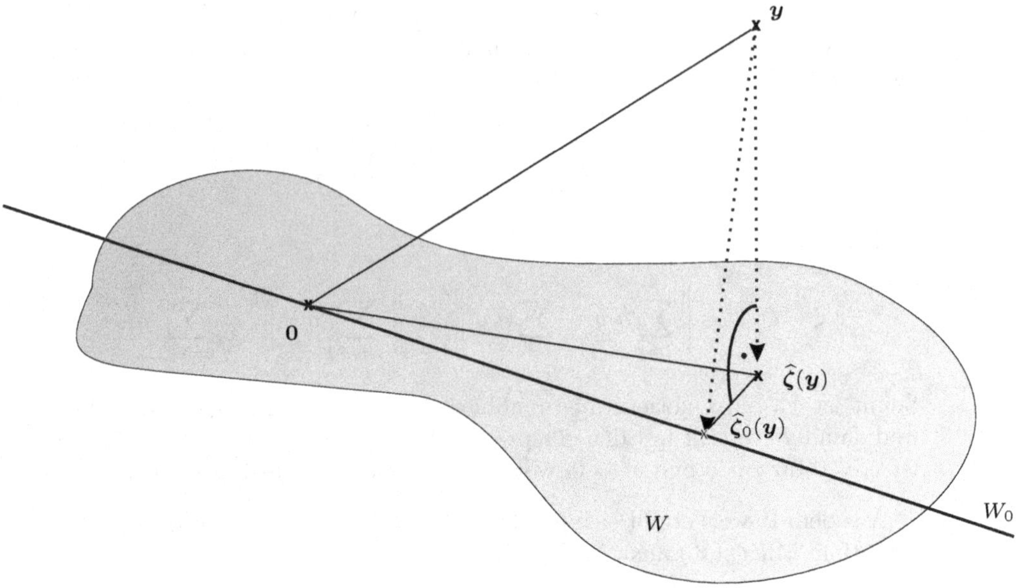

Abb. 7.3 Geometrische Illustration der Gleichung (7.37). Nach dem Satz von Pythagoras gilt $\| \boldsymbol{y} - \widehat{\boldsymbol{\zeta}}_0(\boldsymbol{y}) \|^2 = \| \widehat{\boldsymbol{\zeta}}(\boldsymbol{y}) - \widehat{\boldsymbol{\zeta}}_0(\boldsymbol{y}) \|^2 + \| \boldsymbol{y} - \widehat{\boldsymbol{\zeta}}(\boldsymbol{y}) \|^2$.

$$H_0 : \beta_1 = 0 \qquad \text{gegen} \qquad H_1 : \beta_1 \neq 0 \tag{7.38}$$

untersucht werden. Demnach ist der von H_0 generierte lineare Unterraum W_0 von $\mathbf{1}_n$ erzeugt und hat die Dimension $q = 1$. Zunächst erhält man durch einfaches Ausrechnen, dass

$$X = \begin{pmatrix} 1 & x_1 \\ \vdots & \vdots \\ 1 & x_n \end{pmatrix}, \qquad X^\top X = \begin{pmatrix} n & n\bar{x} \\ n\bar{x} & \sum\limits_{i=1}^n x_i^2 \end{pmatrix},$$

und

$$(X^\top X)^{-1} = \frac{1}{\sum\limits_{i=1}^n (x_i - \bar{x})^2} \begin{pmatrix} \frac{1}{n} \sum\limits_{i=1}^n x_i^2 & -\bar{x} \\ -\bar{x} & 1 \end{pmatrix}.$$

Die gesuchten Schätzer sind:

$$\hat{\beta}_0 = \bar{Y} - \hat{\beta}_1 \bar{x}$$

$$\hat{\beta}_1 = \frac{\sum\limits_{i=1}^n (Y_i - \bar{Y})(x_i - \bar{x})}{\sum\limits_{i=1}^n (x_i - \bar{x})^2} = \frac{\sum\limits_{i=1}^n Y_i (x_i - \bar{x})}{\sum\limits_{i=1}^n (x_i - \bar{x})^2},$$

wie in Beispiel 7.8 bereits über die Normalengleichungen bestimmt. Das Modell unter H_0 ist äquivalent zu folgendem Einstichprobenproblem: $Y_i = \mu + \epsilon_i$, $i = 1, \ldots, n$. Nach Bemerkung 7.16 ist $\widehat{\mu} := \bar{Y}$ ein UMVUE-Schätzer für μ. Wir nutzen (7.34) und erhalten als Teststatistik

$$V_n(\boldsymbol{Y}) := \frac{(n-r)}{(r-q)} \frac{\left|\left|\widehat{\zeta} - \widehat{\zeta}_0\right|\right|^2}{\left|\left|\boldsymbol{Y} - \widehat{\zeta}\right|\right|^2} = \frac{(n-2)}{(2-1)} \frac{\sum_{i=1}^n \left(\widehat{\beta}_0 + \widehat{\beta}_1 x_i - \widehat{\mu}\right)^2}{\sum_{i=1}^n \left(Y_i - \widehat{\beta}_0 - \widehat{\beta}_1 x_i\right)^2}.$$

Nach Satz 7.17 ist $V_n(\boldsymbol{Y}) \sim F_{1,n-2}$. Somit verwirft man $H_0 : \beta_1 = 0$ gegen $\beta_1 \neq 0$, falls $V_n(\boldsymbol{Y}) > F_{1-\alpha,1,n-2}$ und der F-Test in der einfachen linearen Regression ist gegeben durch

$$\delta_F(\boldsymbol{Y}) := \mathbb{1}_{\{V_n(\boldsymbol{Y}) > F_{1-\alpha,1,n-2}\}}$$

Der F-Test hat folgenden Zusammenhang mit dem t-Test: Da nach Satz 7.13

$$\begin{pmatrix} \widehat{\beta}_0 \\ \widehat{\beta}_1 \end{pmatrix} \sim \mathcal{N}\left(\begin{pmatrix} \beta_0 \\ \beta_1 \end{pmatrix}, \sigma^2 (X^\top X)^{-1} \right),$$

folgt

$$\widehat{\beta}_1 \sim \mathcal{N}(\beta_1, \sigma^2 (X^\top X)^{-1}_{22}).$$

Mit $ss_{xx}^{-1} := (X^\top X)^{-1}_{22} = \left(\sum_{i=1}^n (x_i - \bar{x})^2\right)^{-1}$ erhält man den t-Test für das Testproblem (7.38) in der einfachen linearen Regression:

$$\delta_t(\boldsymbol{Y}) := \mathbb{1}_{\{|T_n(\boldsymbol{Y})| \geq t_{n-2,1-\alpha/2}\}}, \tag{7.39}$$

wobei $T_n(\boldsymbol{Y}) := \frac{\widehat{\beta}_1}{s(\boldsymbol{Y})/\sqrt{ss_{xx}}}$,

$$s^2(\boldsymbol{Y}) = \frac{1}{n-2} \parallel \boldsymbol{Y} - \widehat{\zeta} \parallel^2 = \frac{1}{n-2} \sum_{i=1}^n \left(Y_i - \widehat{\beta}_0 - \widehat{\beta}_1 x_i\right)^2$$

und $t_{m,a}$ das a-Quantil der t-Verteilung mit m Freiheitsgraden ist. Wir erhalten, dass

$$T_n(\boldsymbol{Y}) = \frac{\widehat{\beta}_1 \sqrt{ss_{xx}}}{s(\boldsymbol{Y})} = \left(\frac{(n-2)\widehat{\beta}_1^2 \sum_{i=1}^n (x_i - \bar{x})^2}{\sum_{i=1}^n (Y_i - \widehat{\beta}_0 - \widehat{\beta}_1 x_i)^2} \right)^{1/2}$$

und mit

$$\sum_{i=1}^n \left(\widehat{\beta}_0 + \widehat{\beta}_1 x_i - \widehat{\mu}\right)^2 = \sum_{i=1}^n \left(\bar{Y} - \widehat{\beta}_1 \bar{x} + \widehat{\beta}_1 x_i - \bar{Y}\right)^2 = \widehat{\beta}_1^2 \sum_{i=1}^n \left(x_i - \bar{x}\right)^2 = \widehat{\beta}_1 ss_{xx}$$

ergibt sich schließlich $V_n(\boldsymbol{Y}) = T_n^2(\boldsymbol{Y})$.

B 7.14 *Multiple lineare Regression: t-Test*: Für die *multiple lineare Regression*

$$Y_i = \beta_1 x_{1i} + \cdots \beta_p x_{pi} + \epsilon_i,$$

$i = 1, \ldots, n$ und $\epsilon \sim \mathcal{N}_n(0, \sigma^2 I_n)$ sollen folgende Testprobleme untersucht werden:

$$H_0^j : \beta_j = 0 \quad \text{gegen} \quad H_1^j : \beta_j \neq 0, \quad j = 1, \ldots, p.$$

Analog zu dem t-Test aus Gleichung (7.39) erhält man für $j \in \{1, \ldots, p\}$ folgenden t-Test:

$$\text{Verwerfe } H_0^j, \text{ falls } \frac{|\widehat{\beta}_j|}{s(\mathbf{Y})\sqrt{(X^\top X)_{jj}^{-1}}} \geq t_{n-2,1-\alpha/2},$$

da $\text{Var}\left(\widehat{\beta}_j\right) = \sigma^2 \left(X^\top X\right)_{jj}^{-1}$.

7.3.2 Beispiele: Anwendungen

In diesem Abschnitt werden zwei praktische Anwendungen vorgestellt, welche die Anwendungen der linearen Regression in der Praxis illustrieren.

B 7.15 *Einfache lineare Regression: Beispiel*: Eine Anwendung der linearen Regression ist die Erntevorhersage bei Weinernten (Casella und Berger (2002) - S. 540). Im Juli bilden die Weinreben bereits kleine Traubenkluster und zählt man diese, so ist eine Vorhersage der Ernte möglich. Ein gemessener Datensatz ist in Tabelle 7.1 zu finden. Hierbei ist Y in Tonnen pro Morgen (Acre) gemessen und X die Anzahl der kleinen Traubenkluster dividiert durch 100.

Jahr	Ertrag (y)	Traubenkluster/100 (x)
1971	5.6	116.37
1973	3.2	82.77
1974	4.5	110.68
1975	4.2	97.50
1976	5.2	115.88
1977	2.7	80.19
1978	4.8	125.24
1979	4.9	116.15
1980	4.7	117.36
1981	4.1	93.31
1982	4.4	107.46
1983	5.4	122.30

Tabelle 7.1 Der untersuchte Datensatz. Für verschiedene Jahre werden die Erträge am Ende des Jahres (y) im Zusammenhang mit der im Juli gezählten Traubenkluster/100 gestellt (x).

Wir verwenden die einfache lineare Regression (siehe Beispiel 7.8) und erhalten die geschätzte Gleichung

$$\hat{y} = 0.05x - 1.02;$$

die Schätzwerte sind gerade $\widehat{\beta}_0(\boldsymbol{y}) = -1.02$ und $\widehat{\beta}_1(\boldsymbol{y}) = 0.05$. Insbesondere sind dann die Roh-Residuen $e_i := y_i - \widehat{y}_i$ mit $\widehat{y}_i = 0.05x_i - 1.02$. Mit

$$\widehat{\boldsymbol{\beta}} = \begin{pmatrix} \widehat{\beta}_0 \\ \widehat{\beta}_1 \end{pmatrix} \sim \mathcal{N}_2(\boldsymbol{\beta}, \sigma^2(X^\top X)^{-1})$$

folgt, dass

$$\mathrm{Var}(\widehat{Y}_i) = \mathrm{Var}\left(\begin{pmatrix} 1 \\ x_i \end{pmatrix}^\top \widehat{\boldsymbol{\beta}}\right) = \sigma^2 \,(1\ x_i)(X^\top X)^{-1}\begin{pmatrix} 1 \\ x_i \end{pmatrix} =: \sigma^2 h_{ii},$$

wobei $h_{ii} = (1\ x_i)(X^\top X)^{-1}(1\ x_i)^\top$. Da die h_{ii} typischerweise unterschiedlich sind, bedeutet dies, dass die Residuen keine homogene Varianz besitzen. Um die Größe für verschiedene Beobachtungen i zu vergleichen, betrachtet man daher *standardisierte Residuen*

$$r_i := \frac{Y_i - \widehat{Y}_i}{s\sqrt{1 - h_{ii}}}.$$

Wie in Aufgabe 7.4 gezeigt, ist $r_i \sim t_{n-2}$. Somit erhält man punktweise $(1 - \alpha)$-Konfidenzintervalle für r_i durch

$$[-t_{1-\alpha/2,n-2}, t_{1-\alpha/2,n-2}].$$

Die Größen sind in Abbildung 7.4 illustriert. Hiermit ist eine Vorhersage aufgrund der jährlichen Anzahl der Traubenkluster möglich.

B 7.16 *Multiple lineare Regression: Beispiel*: Etwas anspruchsvoller ist natürlich die Bestimmung einer multiplen linearen Regression. Hierzu untersuchen wir einen klinischen Datensatz (aus Rice (1995), Kapitel 4.5). Bei Kindern mit einer bestimmten Herzkrankheit muss ein Katheter ins Herz gelegt werden. Hierzu sticht der Operateur den Katheter eine gewisse Länge in die Hauptvene oder Hauptarterie. Untersucht werden soll nun, ob man die notwendige Einstichtiefe anhand von bestimmten Messgrößen, nämlich Größe und Gewicht des Kindes, gut vorhersagen kann. Dazu misst man den Abstand zwischen Einstich und Katheterende. Die erhaltenen Messwerte findet man in Tabelle 7.2.

Wendet man die multiple lineare Regression an, so erhält man folgende Schätzwerte:

$$\text{Abstand} = 21 + 0.196 \cdot \text{Größe} + 0.191 \cdot \text{Gewicht}.$$

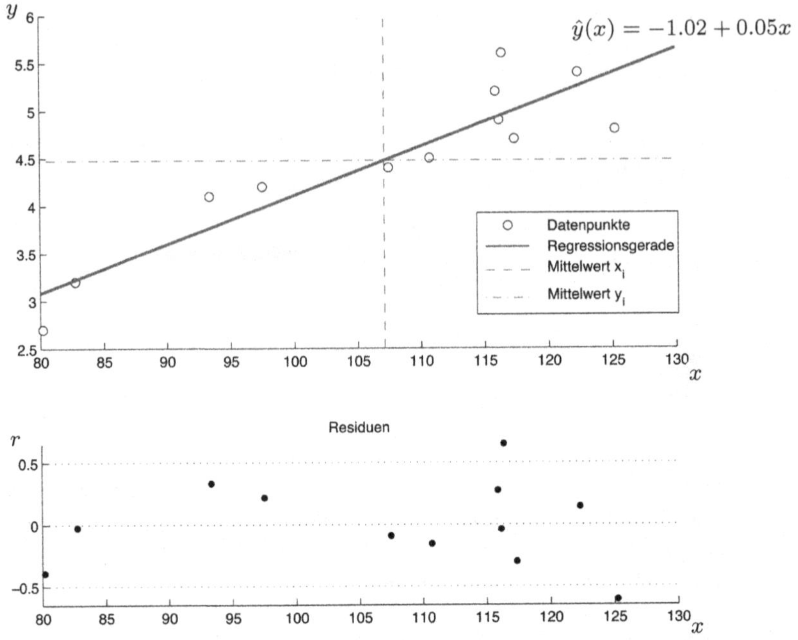

Abb. 7.4 Die einfache lineare Regression zur Schätzung der Traubenernte. Die obere Grafik zeigt die Daten (x_i, y_i) zusammen mit der geschätzten Regressionsgleichung; die untere Grafik die standardisierten Residuen r_i zusammen mit punktweisen 95%-Konfidenzgrenzen.

Die Grafiken in Abbildung 7.5 zeigen Histogramme für die Variablen auf der Diagonale und xy-Plots für alle Variablenpaare. Man sieht, dass der Abstand sowohl mit Größe als auch mit Gewicht linear wächst. Daneben sind die Kovariablen Größe und Gewicht stark korreliert. In einem ersten Ansatz passen wir das Modell

$$\text{Abstand}_i = \beta_0 + \beta_1 \text{ Größe}_i + \beta_2 \text{ Gewicht}_i + \epsilon_i$$

an und erhalten die Schätzwerte $\widehat{\beta}_0 = 21$, $\widehat{\beta}_1 = 0.196$ und $\widehat{\beta}_2 = 0.191$. Der F-Test aus der Gleichung (7.35) des Testproblems

$$H_0 : \beta_1 = \beta_2 = 0 \quad \text{gegen} \quad H_1 : \beta_1 \text{ oder } \beta_2 \neq 0$$

liefert $V_n = 18.62$ und damit einen p-Wert von 0.0006. Dies zeigt, dass beide Variablen einen signifikanten Einfluss auf die Zielvariable ausüben. Da die beiden Variablen Größe und Gewicht aber stark korreliert sind, untersu-

Größe (inch)	Gewicht (lb)	Abstand
42.8	40.0	37.0
63.5	93.5	49.5
37.5	35.5	34.5
39.5	30.0	36.0
45.5	52.0	43.0
38.5	17.0	28.0
43.0	38.5	37.0
22.5	8.5	20.0
37.0	33.0	33.5
23.5	9.5	30.5
33.0	21.0	38.5
58.0	79.0	47.0

Tabelle 7.2 Der betrachtete klinische Datensatz. Der Abstand (Einstichtiefe - y) soll mit Hilfe der Kovariablen Größe und Gewicht (x_1, x_2) vorhergesagt werden.

chen wir nun die beiden einfachen linearen Regression mit jeweils nur einer Kovariablen und erhalten die Ergebnisse, die in Tabelle 7.3 aufgeführt sind. Hierbei ist

$$R^2(\boldsymbol{y}) := 1 - \frac{\| \boldsymbol{y} - X\widehat{\boldsymbol{\beta}}(\boldsymbol{y}) \|^2}{\| \boldsymbol{y} - \mathbf{1}_n \bar{y} \|^2}$$

der Anteil an der totalen Variabilität $\| \boldsymbol{y} - \mathbf{1}_n \bar{y} \|^2$, welche durch das geschätzte Regressionsmodell erklärt wird.

Regressionsgleichung			R^2
Abstand=21.0	+ 0.196 Größe	+ 0.191 Gewicht	0.805
Abstand=12.1	+ 0.597 Größe		0.777
Abstand=25.6		+ 0.277 Gewicht	0.799

Tabelle 7.3 Angepasste Regressionsgleichungen mit zugehörigem R^2 für den klinischen Datensatz.

7.4 Varianzanalyse

Als Erweiterung des Zweistichprobenmodells erhält man das der Varianzanalyse zugrundeliegende Modell. Dieses Modell ist ebenso ein Spezialfall des linearen Modells und wird sehr häufig in Anwendungen benutzt. Die verwendeten Teststatistiken werden wie im vorigen Abschnitt auf den verschiedenen Residuenquadratsummen basieren. Die Varianzanalyse untersucht Mit-

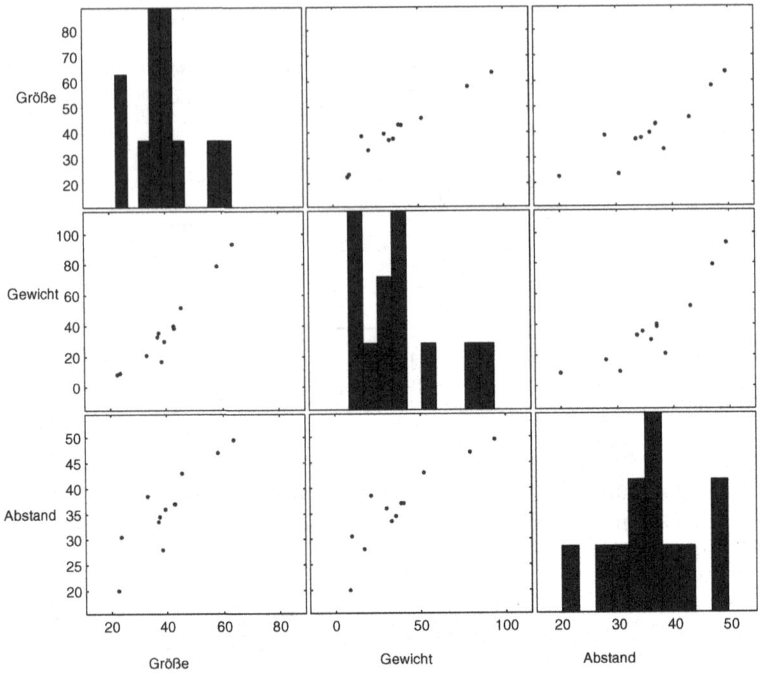

Abb. 7.5 Explorative Datenanalyse des Katheterabstands.

telwertunterschiede in einzelnen Populationen und nutzt dafür die durch das lineare Modell vorgegebene Zerlegung der Varianz, was wir später noch genauer analysieren. Im Allgemeinen ist die Varianzanalyse die Analyse von linearen Modellen, in welchen alle Kovariablen *qualitativ* sind.

7.4.1 ANOVA im Einfaktorenmodell

Dieser Abschnitt behandelt die so genannte einfaktorielle Varianzanalyse. Das könnte beispielsweise die Analyse des Einflusses von Dünger auf den Ertrag sein. Hierzu bringt man verschiedene Düngersorten zur Anwendung und nimmt für jede Düngersorte eine gewisse Anzahl Messungen. Die Messungen, die zu einer Düngersorte gehören, bezeichnen wir im Folgenden als Population.

Zugrunde liegt folgendes Modell: Wir betrachten p Populationen, wobei von jeder einzelnen Population k eine Stichprobe der Länge n_k gezogen wird.

Des Weiteren nehmen wir an, dass alle Messungen unabhängig voneinander und normalverteilt mit gleicher Varianz σ^2 sind. Die Mittelwerte der Population sind allerdings unterschiedlich; Population k habe den Mittelwert β_k, $1 \le k \le p$. Formal gesehen betrachten wir

$$\text{Population } k: \quad Y_{k1}, \dots, Y_{k\,n_k} \sim \mathcal{N}(\beta_k, \sigma^2), \text{ unabhängig } 1 \le k \le p. \tag{7.40}$$

In der Sprache des linearen Modells erhalten wir:

$$\begin{pmatrix} Y_{11} \\ \vdots \\ Y_{1\,n_1} \\ Y_{21} \\ \vdots \\ Y_{2\,n_2} \\ \vdots \\ Y_{p1} \\ \vdots \\ Y_{p\,n_p} \end{pmatrix} = \begin{pmatrix} 1\,0 & \dots & 0 \\ \vdots\,\vdots & & \vdots \\ 1\,0 & \dots & 0 \\ 0\,1\,0 & \dots & 0 \\ \vdots\,\vdots\,\vdots & & \vdots \\ 0\,1\,0 & \dots & 0 \\ \vdots & \ddots & \vdots \\ 0 & \dots & 1 \\ \vdots & & \vdots \\ 0 & \dots & 1 \end{pmatrix} \begin{pmatrix} \beta_1 \\ \vdots \\ \beta_p \end{pmatrix} + \epsilon$$

mit Rang$(\boldsymbol{X}) = p$ und $n = \sum_{k=1}^{p} n_k$. Diese Darstellung zeigt, dass es sich um ein p-Stichprobenproblem nach Beispiel 7.5 handelt. Untersucht werden soll

$$H_0 : \beta_1 = \dots = \beta_p \quad \text{gegen} \quad H_1 : \text{ mindestens ein } \beta_i \neq \beta_j.$$

Unter der Null-Hypothese H_0 gilt, dass $Y_{kj} \sim \mathcal{N}(\beta_1, \sigma^2)$ für alle $k = 1, \dots, p$ und $j = 1, \dots, n_k$. Wir setzen

$$\bar{Y}_{k\bullet} := \frac{1}{n_k} \sum_{l=1}^{n_k} Y_{kl} \qquad \text{und} \qquad \bar{Y}_{\bullet\bullet} := \frac{1}{p} \sum_{l=1}^{p} \bar{Y}_{l\bullet}$$

für $k = 1, \dots, p$. Wir erhalten unmittelbar, dass $\widehat{\beta}_k = \bar{Y}_{k\bullet}$ Kleinste-Quadrate-Schätzer von β_k in Modell (7.40) sind. Der Schätzer von β_1 im Modell der Null-Hypothese ist $\widehat{\beta}_1 = \bar{Y}_{\bullet\bullet}$. Für die Berechnung von V_n beachte man, dass

$$\left|\left|\widehat{\zeta} - \widehat{\zeta}_0\right|\right|^2 = \sum_{k=1}^{p} \sum_{l=1}^{n_k} (\bar{Y}_{k\bullet} - \bar{Y}_{\bullet\bullet})^2 = \sum_{k=1}^{p} n_k \cdot (\bar{Y}_{k\bullet} - \bar{Y}_{\bullet\bullet})^2$$

und somit nach (7.34)

$$V_n = \frac{(n-r)}{(r-q)} \frac{\left|\left|\widehat{\zeta} - \widehat{\zeta}_0\right|\right|^2}{\left|\left|\boldsymbol{Y} - \widehat{\zeta}\right|\right|^2} = \frac{n-p}{p-1} \cdot \frac{\sum_{k=1}^{p} n_k \cdot (\bar{Y}_{k\bullet} - \bar{Y}_{\bullet\bullet})^2}{\sum_{k=1}^{p} \sum_{l=1}^{n_k} (Y_{kl} - \bar{Y}_{k\bullet})^2}$$

gilt. Unter H_0 ist $V_n \sim F_{n-p,p-1}$. Nach Gleichung (7.37) gilt folgende Zerlegung:

$$SS_T = SS_W + SS_B,$$

wobei

$$SS_T := \| \boldsymbol{Y} - \widehat{\zeta}_0 \|^2 = \sum_{k=1}^{p} \sum_{l=1}^{n_k} (\bar{Y}_{kl} - \bar{Y}_{\bullet\bullet})^2$$

$$SS_W := \| \boldsymbol{Y} - \widehat{\zeta} \|^2 = \sum_{k=1}^{p} \sum_{l=1}^{n_k} (Y_{kl} - \bar{Y}_{k\bullet})^2$$

$$SS_B := \| \widehat{\zeta} - \widehat{\zeta}_0 \|^2 = \sum_{k=1}^{p} n_k \cdot (\bar{Y}_{k\bullet} - \bar{Y}_{\bullet\bullet})^2 \ .$$

Hierbei bezeichnet SS_T die Variabilität in der Gesamtstichprobe, SS_W die Variabilität innerhalb der Stichprobe[1] auch "Error Sum of Squares" genannt und SS_B die Variabilität zwischen den p Gruppen, die auch als "(Treatment) Sum of Squares" bezeichnet wird. Diese Größen werden in einer so genannten *ANOVA-Tabelle* wie in Tabelle 7.4 zusammengefasst. Man beachte, dass $V_n = MS_B/MS_W$ (welche in Tabelle 7.4 definiert sind) und

$$\delta(\boldsymbol{Y}) = \mathbb{1}_{\{V_n(\boldsymbol{Y}) > F_{1-\alpha,n-p,p-1}\}}$$

der F-Test von $H_0 : \beta_1 = \cdots = \beta_o$ gegen H_1 : mindestens ein $\beta_i \neq \beta_j$ ist.

Fehlerquelle	***SS***	***df***	**MSE** $= \boldsymbol{SS/df}$	***F***
between samples	SS_B	$p-1$	$MS_B := SS_B/(p-1)$	MS_B/MS_W
within samples	SS_W	$n-p$	$MS_W := SS_W/(n-p)$	
total	SS_T	$n-1$		

Tabelle 7.4 ANOVA-Tabelle für das Einfaktormodell (*df*=degrees of freedom bzw. Freiheitsgrade).

[1] W bezeichnet „within groups" und B steht für „between groups".

7.4.2 ANOVA im Mehrfaktormodell

Im Gegensatz zum Einfaktormodell gibt es im Mehrfaktormodell mehrere Einflussgrößen. In der vorigen Dünger-Ertragsuntersuchung könnte es ebenso von Interesse sein, den Saatzeitpunkt zu berücksichtigen, wie auch mögliche Bodeneigenschaften. Der Einfachheit halber wird im Folgenden nur ein zweifaktorielles Modell mit gleich großen Gruppen betrachtet. Die Erweiterung auf n ungleiche Gruppen folgt analog. Das betrachtete lineare Modell ist nun

$$Y_{ijk} = \mu_{ij} + \epsilon_{ijk}, \qquad 1 \leq i \leq I,\ 1 \leq j \leq J,\ 1 \leq k \leq K, \tag{7.41}$$

mit ϵ_{ijk} i.i.d. $\mathcal{N}(0, \sigma^2)$. In Matrixform erhalten wir wieder $\boldsymbol{Y} = X\boldsymbol{\beta} + \boldsymbol{\epsilon}$ mit entsprechendem $X \in \mathbb{R}^{n \times p}$. Hierbei ist $n = IJK$, $p = IJ$ und $\boldsymbol{\beta} = (\mu_{11}, \ldots, \mu_{IJ})^\top \in \mathbb{R}^{IJ}$.

Im Vergleich zu dem Einfaktormodell entstehen durch die Produktstruktur neue Hypothesen, welche im Folgenden näher betrachtet werden. Man hat nun nicht nur den Einfluss eines Faktors zu untersuchen, sondern neben der Überlagerung der Einflüsse auch mögliche Wechselwirkungen. Um dies zu verdeutlichen, betrachten wir Tabelle 7.5, welche die Effekte der Faktoren (im Mittel) auflistet.

	Faktor B			
Faktor A	μ_{11}	$\cdots$	μ_{1J}	$\mu_{1\bullet}$
	$\vdots$	$\ddots$	$\vdots$	$\vdots$
	μ_{i1}	$\cdots$	μ_{IJ}	$\mu_{J\bullet}$
	$\mu_{\bullet 1}$	$\cdots$	$\mu_{\bullet J}$	

Tabelle 7.5 Tabelle der Mittelwerte im zweifaktoriellen Modell (7.41).

Dafür setzen wir $\mu := \mu_{\bullet\bullet} = {}^1\!/_{IJ} \sum_{i=1}^{I} \sum_{j=1}^{J} \mu_{ij}$ sowie

$$\alpha_i := \mu_{i\bullet} - \mu_{\bullet\bullet} = \frac{1}{J} \sum_{j=1}^{J} \mu_{ij} - \mu_{\bullet\bullet},$$

$$\lambda_j := \mu_{\bullet j} - \mu_{\bullet\bullet} = \frac{1}{I} \sum_{i=1}^{I} \mu_{ij} - \mu_{\bullet\bullet}.$$

Die Größe α_i beschreibt den Zeileneffekt, also den Einfluss des Faktors A, wenn er sich im Zustand i befindet. Die Größe λ_j beschreibt hingegen den Spalteneffekt, den Einfluss des Faktors B, wenn er sich im Zustand j befindet. Darüber hinaus können Faktor A und B auch gegenseitige Wechselwirkungen haben (welche sich von einer simplen additiven Überlagerung der Effekt unterscheiden), was durch die Größe

$$\gamma_{ij} := \mu_{ij} - \mu_{\bullet\bullet} - \alpha_i - \lambda_j = \mu_{ij} - \mu_{i\bullet} - \mu_{\bullet j} + \mu_{\bullet\bullet}$$

beschrieben wird. In der Tat ist dies die Wechselwirkung, welche über die simple additive Überlagerung hinaus geht. Insgesamt entsteht der mittlere Effekt einer Zelle (i, j) aus Überlagerung der einzelnen Effekte:

$$\mu_{ij} = \mu + \alpha_i + \lambda_i + \gamma_{ij}. \tag{7.42}$$

Es ist zu beachten, dass bei der Zerlegung (7.42) folgende Bedingungen gelten müssen:

$$\begin{aligned} &\sum_{i=1}^{I} \alpha_i = 0 = \sum_{j=1}^{J} \lambda_j \\ &\sum_{i=1}^{I} \gamma_{ij} = 0 \qquad \text{für alle } j = 1, \ldots, J \\ &\sum_{j=1}^{J} \gamma_{ij} = 0 \qquad \text{für alle } i = 1, \ldots, I. \end{aligned}$$

Durch die Zerlegung (7.42) sind wir nun in der Lage, neue Hypothesen zu formulieren:

- Kein Einfluss von Faktor A: $H_\alpha : \alpha_1 = \cdots = \alpha_I = 0$ im Modell $\mu_{ij} = \mu + \alpha_i + \lambda_j$.
- Kein Einfluss von Faktor B: $H_\lambda : \lambda_1 = \cdots = \lambda_J = 0$ im Modell $\mu_{ij} = \mu + \alpha_i + \lambda_j$.
- Keine Wechselwirkung zwischen Faktor A und B: $H_\gamma : \gamma_{ij} = 0,\ 1 \le i \le I,\ 1 \le j \le J$ im Modell $\mu_{ij} = \mu + \alpha_i + \lambda_j + \gamma_{ij}$.

Für die Schätzung von $\boldsymbol{\beta}$ im Modell (7.41) erhalten wir analog zum Einfaktormodell, dass

$$\widehat{\mu}_{ij} = Y_{ij\bullet} = \frac{1}{K} \sum_{k=1}^{K} Y_{ijk}$$

für alle $1 \le i \le I$ und $1 \le j \le J$ gilt. Insbesondere folgt, dass

$$RSS := \| \boldsymbol{Y} - X\widehat{\boldsymbol{\beta}} \|^2 = \sum_{i=1}^{I} \sum_{j=1}^{J} \sum_{k=1}^{K} (Y_{ijk} - Y_{ij\bullet})^2.$$

Wir betrachten nun den F-Test zu einer allgemein Hypothese

$$H : \boldsymbol{\zeta}_H = X_H \boldsymbol{\beta}_H \in W_H$$

im Modell $\boldsymbol{Y} = \boldsymbol{\zeta} + \boldsymbol{\epsilon}$ mit $\boldsymbol{\zeta} = X\boldsymbol{\beta} \in W$. Hierbei soll $W_H \subset W$ gelten. Sei $\widehat{\boldsymbol{\beta}}_H$ der ML-Schätzer von $\boldsymbol{\beta}_H$. Wegen $\boldsymbol{Y} - X\widehat{\boldsymbol{\beta}} \perp X\widehat{\boldsymbol{\beta}} - X_H\widehat{\boldsymbol{\beta}}_H$ lässt sich $RSS_H := \| \boldsymbol{Y} - X\widehat{\boldsymbol{\beta}}_H \|^2$ wie folgt darstellen:

$$\begin{aligned} RSS_H &= \| \boldsymbol{Y} - X\widehat{\boldsymbol{\beta}}_H \|^2 \\ &= \| \boldsymbol{Y} - X\widehat{\boldsymbol{\beta}} \|^2 + \| X\widehat{\boldsymbol{\beta}} - X_H\widehat{\boldsymbol{\beta}}_H \|^2 \\ &= RSS + \| X\widehat{\boldsymbol{\beta}} - X_H\widehat{\boldsymbol{\beta}}_H \|^2 . \end{aligned}$$

Damit können wir direkt $RSS_H - RSS$ ausrechnen. Wir wenden dies zunächst auf die Hypothese H_γ an. Hierbei ist $\boldsymbol{\beta}_\gamma := (\mu, \alpha_1, \ldots, \alpha_I, \lambda_1, \ldots, \lambda_J)^\top$ und $\boldsymbol{\zeta}_\gamma = X_\gamma \boldsymbol{\beta}_\gamma$ mit $X_\gamma \in \mathbb{R}^{n\times d}$ und $d := I + J + 1$. Ferner gilt, dass $\text{Rang}(X_\gamma) = d - 2$, da folgende Identifikationsbedingungen gelten:

$$\sum_{i=1}^{I} \alpha_i = 0, \qquad \sum_{j=1}^{J} \lambda_j = 0. \tag{7.43}$$

Mit (7.43) kann man das zugehörige Kleinste-Quadrate-Minimierungsproblem,

$$\text{minimiere} \quad Q(\boldsymbol{\beta}_\gamma) = \sum_{i=1}^{I}\sum_{j=1}^{J}\sum_{k=1}^{K}(y_{ijk} - \mu - \alpha_i - \lambda_j)^2 \tag{7.44}$$

über alle $\boldsymbol{\beta}_\gamma \in \mathbb{R}^d$, eindeutig lösen. Insbesondere gilt für die Schätzer

$$\widehat{\mu} := Y_{\bullet\bullet\bullet}, \quad \widehat{\alpha}_i := Y_{i\bullet\bullet} - Y_{\bullet\bullet\bullet} \quad \text{und} \quad \widehat{\lambda}_j := Y_{\bullet j\bullet} - Y_{\bullet\bullet\bullet},$$

dass die zugehörigen Schätzwerte die Normalengleichungen zum Problem (7.44) erfüllen. Ferner gelten auch die Identifikationsbedingungen (7.43) für die Schätzer $\widehat{\mu}, \widehat{\alpha}_i$ und $\widehat{\lambda}_j$. Damit gilt für

$$\widehat{\boldsymbol{\beta}}_\gamma = (\widehat{\mu}, \widehat{\alpha}_1, \ldots, \widehat{\alpha}_I, \widehat{\gamma}_1, \ldots, \widehat{\gamma}_J)^\top,$$

dass

$$\begin{aligned} \| X\widehat{\boldsymbol{\beta}} - X_\gamma\widehat{\gamma} \|^2 &= \sum_{i=1}^{I}\sum_{j=1}^{J}\sum_{k=1}^{K}(Y_{ij\bullet} - \widehat{\mu} - \widehat{\alpha}_i - \widehat{\lambda}_j)^2 \\ &= K\sum_{i=1}^{I}\sum_{j=1}^{J}(Y_{ij\bullet} - Y_{i\bullet\bullet} - Y_{\bullet j\bullet} + Y_{\bullet\bullet\bullet})^2. \end{aligned}$$

Für die Hypothesen H_α und H_λ ist zu beachten, dass wir hierarchisch vorgehen. Zunächst wird H_γ getestet. Falls H_γ angenommen wird, testet man auf H_α bzw. H_λ. Dies bedeutet, dass man $\gamma_{ij} = 0$ für alle i, j annimmt. Somit erhalten wir analog die Ergebnisse in Tabelle 7.6.

Hypothese H	df_H	$\mathrm{RSS}_H - \mathrm{RSS}$
H_α	$I-1$	$JK\sum_{i=1}^{I}(Y_{i\bullet\bullet} - Y_{\bullet\bullet\bullet})^2$
H_λ	$J-1$	$IK\sum_{j=1}^{J}(Y_{\bullet i\bullet} - Y_{\bullet\bullet\bullet})^2$
H_γ	$(I-1)(J-1)$	$K\sum_{i=1,j=1}^{I,J}(Y_{ij\bullet} - Y_{i\bullet\bullet} - Y_{\bullet j\bullet} + Y_{\bullet\bullet\bullet})^2$

Tabelle 7.6 Verallgemeinerte Varianzanalyse-Tabelle.

Bezeichne df_H die Freiheitsgrade zugehörig zur Hypothese H. Dann gilt insbesondere, dass die Hypothese H verworfen wird, falls

$$V_H := \frac{(RSS_H - RSS)/df_H}{RSS/(n-IJ)} > F_{1-\alpha, df_H, n-IJ}.$$

Im Folgenden diskutieren wir ein weiteres Beispiel (siehe Georgii (2004), Bsp. 12.35).

B 7.17 *Wechselwirkung von Medikamenten und Alkohol*: Eine Untersuchung soll klären, inwiefern ein Medikament in Wechselwirkung mit Alkohol die Reaktionsfähigkeit beeinflusst. Hierzu werden die Reaktionszeiten von 6 Gruppen mit jeweils 4 Personen untersucht ($I = 2$, $J = 3$): Gemäß der Varianzanalyse

	Promille		
Tablette	0.0	0.5	1.0
ohne	23, 21, 20, 19	22, 25, 24, 25	24, 25, 22, 26
mit	22, 19, 18, 20	23, 21, 24, 28	25, 28, 32, 29

Tabelle 7.7 Gemessene Reaktionszeiten (in Hundertelsekunden) der behandelten Patientengruppen.

erstellt man eine Tabelle mit den einzelnen Gruppen-Mittelwerten und den jeweiligen Zeilen- bzw. Spaltenmittelwerten. Diese Tabelle lässt erste Trends erkennen, aber natürlich noch keinen signifikanten Schluss zu. Die Fragestellungen von Interesse sind:

1. Beeinträchtigt die Tabletteneinnahme die Reaktionsfähigkeit?
2. Inwiefern besteht eine Wechselwirkung mit Alkohol, beziehungsweise verändert die zusätzliche Einnahme von Alkohol den Medikamenteneffekt?

Die Zunahme der beobachteten mittleren Reaktionszeit der Personen ohne Tabletteneinnahme im Vergleich zu den Personen mit Tabletteneinnahme

	Promille			
Tablette	0.0	0.5	1.0	$Y_{i\bullet\bullet}$
ohne	20.75	24	24.25	23.0
mit	19.75	24	28.5	24.08
$Y_{\bullet j\bullet}$	20.25	24	26.38	$Y_{\bullet\bullet\bullet} = 23.54$

Tabelle 7.8 Mittelwerte der Tabelle 7.7.

(23.0 – 24.08) scheint darauf hinzudeuten, dass die Tabletteneinnahme die Reaktionszeit verschlechtert. Die schlechteste beobachtete mittlere Reaktionszeit ist in der Gruppe mit dem höchsten Alkoholgehalt und Tabletteneinnahme zu verzeichnen. Vermutlich ist eine Wechselwirkung vorhanden. Welche der Unterschiede sind nun signifikant?

Hierzu stellt man eine verallgemeinerte Varianzanalyse-Tabelle auf. Die Schätzwerte sind in Tabelle 7.9 aufgelistet. Hier ist der Schätzwert für

Hypothese H	df_H	$RSS_H - RSS$	$V_H = \frac{(RSS_H - RSS)/df_H}{RSS/(n-IJ)}$	p-Wert
H_α	1	7.04	1.52	0.233
H_λ	2	152.58	16.50	0.000
H_γ	2	31.08	3.36	0.057

Tabelle 7.9 Die Ergebnisse der verallgemeinerten Varianzanalyse-Tabelle. Zusätzlich errechnet sich RSS=83.25.

RSS=83.25. Der Tabelle entnehmen wir, dass die Wechselwirkung (knapp) nicht signifikant, der Effekt des Alkohols allerdings höchst signifikant im Modell ohne Wechselwirkung ist.

7.4.3 Referenzen

Da lineare Modelle in vielen unterschiedlichen Gebieten angewendet werden, gibt es eine Vielzahl an Literatur für einzelne Anwendungsbereiche. Die Bücher von Myers (1990) und Milton und Myers (1998) sind mathematisch aufgebaut und bieten eine gelungene Einführung in die Thematik. Die Bücher von Weisberg (2005) und Chatterjee (2006) enthalten viele Anwendungen. Moderne Einführungen mit einer Behandlung geeigneter Software sind Ryan

(2008) und Fox (2008). Das Buch von Fahrmeir, Kneib und Lang (2009) behandelt neueste Verfahren im Bereich der Regressionsanalyse.

7.5 Aufgaben

A 7.1 *Der KQS ist auch MLS im Normalverteilungsfall*: Zeigen Sie, dass der Kleinste-Quadrate-Schätzer $\widehat{\boldsymbol{\beta}}$ auch Maximum-Likelihood-Schätzer im allgemeinen linearen Modell ist, falls $\epsilon \sim \mathcal{N}(0, \sigma^2 I_n)$.

A 7.2 *Einfache lineare Regression*: Betrachten Sie die einfache lineare Regression aus Beispiel 7.1. Zeigen Sie, dass

$$\widehat{\beta}_1(\boldsymbol{y}) := \frac{\sum_{i=1}^n (x_i - \bar{x}) y_i}{\sum_{i=1}^n (x_i - \bar{x})^2} \quad \text{und} \quad \widehat{\beta}_0(\boldsymbol{y}) := \bar{y} - \widehat{\beta}_1 \bar{x}$$

die Normalengleichungen (3.3) lösen und somit $\widehat{\beta_0}(\boldsymbol{y})$ und $\widehat{\beta_1}(\boldsymbol{y})$ Kleinste-Quadrate-Schätzer von β_0 und β_1 sind.

A 7.3 *Einfache lineare Regression: Konfidenzintervalle*: Konstruieren Sie $(1-\alpha)$-Konfidenzintervalle für β_0 und β_1 im einfachen linearen Regressionsmodell

$$Y_i = \beta_0 + \beta_1 x_i + \epsilon_i$$

für $i = 1, \ldots, n$ und $\epsilon_1, \ldots, \epsilon_n$ i.i.d. mit $\epsilon_1 \sim \mathcal{N}(0, \sigma^2)$.

A 7.4 *Einfache lineare Regression: Standardisierte Residuen*: Betrachtet werde die einfache lineare Regression aus Beispiel 7.1. Zeigen Sie, dass r_i, $i = 1, \ldots, n$ gegeben durch

$$r_i := \frac{Y_i - \widehat{Y}_i}{s\sqrt{1 - h_{ii}}}$$

mit $h_{ii} = (1\ x_i)(X^\top X)^{-1}(1\ x_i)^\top$ gerade t_{n-2}-verteilt ist.

A 7.5 *Nichtlineare Regression: Arrhenius-Gesetz*: In der Chemie werden häufig so genannte Reaktionsgeschwindigkeitskonstanten K_i, $i = 1, \ldots, n$, bei unterschiedlichen Messtemperaturen T_i gemessen. Die Messungen unterliegen einem multiplikativen Messfehler. Es kann allerdings angenommen werden, dass die K_i unabhängig sind. Bestimmen Sie mit Hilfe des *Arrhenius-Gesetzes*

$$K_i = A \cdot \exp\left(-\frac{E}{R \cdot T_i}\right), \quad i = 1, \ldots, n,$$

ein lineares Regressionsmodell und berechnen Sie damit die Kleinste-Quadrate-Schätzer $\hat{A}$ und $\hat{E}$. Die allgemeine Gaskonstante R kann als gegeben vorausgesetzt werden.

A 7.6 *Einfache lineare Regression: Body-Mass-Index*: In einer Studie zur Untersuchung von Herzkreislauferkrankungen wurde bei sechs Männern der Body-Mass-Index (kurz BMI), welcher den Quotienten aus Gewicht in kg geteilt durch das Quadrat der Körpergröße in m darstellt, erhoben. Zusätzlich wurde deren systolischer Blutdruck gemessen, da vermutet wurde, dass Übergewicht Bluthochdruck hervorruft. Bezeichne X den BMI und Y den Blutdruck. Für eine Stichprobe von sechs Männern erhielt man folgende Werte:

x_i	26	23	27	28	24	25
y_i	179	150	160	175	155	150

(i) Berechnen Sie die Kleinste-Quadrate-Schätzer für β_0 und β_1 der einfachen linearen Regression $Y_i = \beta_0 + \beta_1 x_i + \epsilon_i$.

(ii) Testen Sie $H_0 : \beta_1 = 0$ zum Signifikanzniveau $\alpha = 0.05$. Interpretieren Sie Ihr Ergebnis.

(iii) Veranschaulichen Sie die Daten und die Regressionsgerade graphisch.

Anhang A
Resultate über benutzte Verteilungsfamilien

A1 Liste der verwendeten Verteilungen

C. Czado, T. Schmidt, *Mathematische Statistik*, Statistik und ihre Anwendungen, DOI 10.1007/978-3-642-17261-8,

Verteilungsfamilie	Dichte (Wahrscheinlichkeitsfunktion)		Parameter	Seite
Bernoulli(p)	$\mathbb{P}(X=k)=p^k(1-p)^{1-k}$	$k\in\{0,1\}$	$p\in(0,1)$	10
$\text{Bin}(n,p)$	$\mathbb{P}(X=k)=\binom{n}{k}p^k(1-p)^{n-k}$	$k\in\{0,\dots,n\}$	$p\in(0,1), n\in\mathbb{N}$	10
$M(n,p_1,\dots,p_d)$	$\mathbb{P}(\boldsymbol{X}=\boldsymbol{k})=\frac{n!}{k_1!\cdots k_d!}p_1^{k_1}\cdots p_d^{k_q}$	$\boldsymbol{k}\in\{0,\dots,n\}^d$, $\sum_{i=1}^d k_i=n$	$p_i\in(0,1)$, $\sum_{i=1}^d p_i=1$	10
Geometrische	$\mathbb{P}(X=k)=p\,(1-p)^{k-1}$	$k=1,2,\dots$	$p\in(0,1)$	97
Hypergeo(N,n,θ)	$\mathbb{P}(X=k)=\frac{\binom{N\theta}{k}\binom{N-N\theta}{n-k}}{\binom{N}{n}}$	$k\in\{0,\dots,n\}$	$n\in\{1,\dots,N\}$, $N\theta\in\mathbb{N}$, $\theta\in[0,1]$	11
Poiss(θ)	$\mathbb{P}(X=k)=e^{-\lambda}\frac{\lambda^k}{k!}$	$k=0,1,2,\dots$	$\lambda>0$	10
diskrete Gleichvert.	$\mathbb{P}(X=k)=N^{-1}$	$k=1,\dots,N$	$N\in\mathbb{N}$	77
$U(a,b)$	$(b-a)^{-1}$	$x\in[a,b]$	$a<b\in\mathbb{R}$	12
Exp(λ)	$\lambda e^{-\lambda x}$	$x>0$	$\lambda>0$	12
Gamma(a,λ)	$\frac{\lambda^a}{\Gamma(a)}x^{a-1}e^{-\lambda x}$	$x>0$	$a,\lambda>0$	16
Invers Gamma(a,λ)	$\frac{\lambda^a}{\Gamma(a)}x^{-a-1}e^{-\frac{\lambda}{x}}$	$x>0$	$a,\lambda>0$	67
Beta(a,b)	$\frac{1}{B(a,b)}x^{a-1}(1-x)^{b-1}$	$x\in[0,1]$	$a,b>0$	18
$\mathcal{N}(\mu,\sigma^2)$	$\frac{1}{\sqrt{2\pi\sigma^2}}e^{-\frac{(x-\mu)^2}{2\sigma^2}}$	$x\in\mathbb{R}$	$\mu\in\mathbb{R},\sigma>0$	12
$\mathcal{N}_d(\boldsymbol{\mu},\Sigma)$	$\frac{1}{\sqrt{2\pi\lvert\Sigma\rvert}}e^{-\frac{1}{2}(\boldsymbol{x}-\boldsymbol{\mu})^\top\Sigma^{-1}(\boldsymbol{x}-\boldsymbol{\mu})}$	$\boldsymbol{x}\in\mathbb{R}^d$	$\boldsymbol{\mu}\in\mathbb{R}^d$, $\Sigma\in\mathbb{R}^{d\times d}$ p.d.	18
Rayleigh(θ)	$\frac{x}{\sigma^2}\exp\left(-\frac{x}{2\sigma^2}\right)$	$x>0$	$\sigma>0$	34
χ_n^2	$\frac{1}{2^{n/2}\Gamma(\frac{n}{2})}x^{\frac{n}{2}-1}e^{-\frac{x}{2}}$	$x>0$	$n\in\mathbb{N}$	13
t_n	$\frac{\Gamma(\frac{n+1}{2})}{\Gamma(n/2)\Gamma(1/2)\sqrt{n}}\left(1+\frac{x^2}{n}\right)^{-\frac{n+1}{2}}$	$x\in\mathbb{R}$	$n\in\mathbb{N}$	14
$F_{n,m}$	$\frac{n^{n/2}m^{m/2}}{B(n/2,m/2)}\frac{x^{\frac{n}{2}-1}}{(m+nx)^{n+m/2}}$	$x>0$	$n,m\in\mathbb{N}$	14
Weibull(λ,β)	$\lambda\beta x^{\beta-1}e^{-\lambda x^\beta}$	$x>0$	$\beta,\lambda>0$	187
Pareto(a,b)	ba^bx^{-a-1}	$x>a$	$a,b>0$	66
Dirichlet	$\frac{\Gamma(\sum_{j=1}^r\alpha_j)}{\prod_{j=1}^r\Gamma(\alpha_j)}\prod_{j=1}^r x_j^{\alpha_j-1}$	$\boldsymbol{x}\in(0,1)^r$, $\sum_{j=1}^r x_j=1$	$\alpha_i>0$, $r\in\mathbb{N}$	66
Invers Gauß	$\left(\frac{\lambda}{2\pi}\right)^{1/2}x^{-3/2}e^{\frac{-\lambda(x-\mu)^2}{2\mu^2x}}$	$x>0$	$\mu,\lambda>0$	66

Tabelle A1 Eine Auflistung der verwendeten Verteilungen. $\mathbb{N}=\{1,2,\dots\}$ und p.d. steht für positiv definit, d.h. $\boldsymbol{a}^\top\Sigma\boldsymbol{a}>0$ für alle $\boldsymbol{a}\in\mathbb{R}^d$.

Anhang B
Tabellen

B1 Exponentielle Familien

Wir wiederholen die Tabellen 2.1 (Seite 53) und 2.2 (Seite 56).

Verteilungsfamilie	$c(\theta)$	$T(x)$	A
$\text{Poiss}(\theta)$	$\ln(\theta)$	x	$\{0,1,2,\dots\}$
$\text{Gamma}(a,\lambda)$, a bekannt	$-\lambda$	x	$\mathbb{R}^+$
$\text{Gamma}(a,\lambda)$, λ bekannt	$a-1$	$\ln x$	$\mathbb{R}^+$
Invers Gamma, a bekannt	$-\lambda$	x^{-1}	$\mathbb{R}^+$
Invers Gamma, λ bekannt	$-a-1$	$\ln x$	$\mathbb{R}^+$
$\text{Beta}(r,s)$, r bekannt	$s-1$	$\ln(1-x)$	$[0,1]$
$\text{Beta}(r,s)$, s bekannt	$r-1$	$\ln(x)$	$[0,1]$
$\mathcal{N}(\theta,\sigma^2)$, σ bekannt	θ/σ^2	x	$\mathbb{R}$
$\mathcal{N}(\mu,\theta^2)$, μ bekannt	$-1/2\theta^2$	$(x-\mu)^2$	$\mathbb{R}$
Invers Gauß, λ bekannt	$-\frac{\lambda}{2\mu^2}$	x	$\mathbb{R}^+$
Invers Gauß, μ bekannt	$-\frac{\lambda}{2}$	$\frac{x}{\mu^2}+\frac{1}{x}$	$\mathbb{R}^+$
$\text{Bin}(n,\theta)$, n bekannt	$\ln \theta/1-\theta$	x	$\{0,1,\dots,n\}$
$\text{Rayleigh}(\theta)$	$-1/2\theta^2$	x^2	$\mathbb{R}^+$
χ^2_θ	$\frac{\theta}{2}-1$	$\ln x$	$\mathbb{R}^+$
$\text{Exp}(\theta)$	$-\theta$	x	$\mathbb{R}^+$
$X_1,\dots,X_m$ i.i.d. exp. Familie	$c(\theta)$	$\sum_{i=1}^m T(x_i)$	A^m

Tabelle B1 Einparametrige exponentielle Familien. c, T und A aus Darstellung (2.6) sind in der Tabelle angegeben, d ergibt sich durch Normierung. *Weitere Verteilungen*, welche exponentielle Familien sind: Die Dirichlet-Verteilung (Seite 66) und die Inverse Gauß-Verteilung (Seite 66). Die t_θ-, F_{θ_1,θ_2}- und die Gleichverteilung $U(0,\theta)$ sowie die Hypergeometrische Verteilung lassen sich nicht als exponentielle Familien darstellen.

Verteilungsfamilie	$c(\boldsymbol{\theta})$	$T(x)$	A
$\mathcal{N}(\theta_1, \theta_2^2)$	$c_1(\boldsymbol{\theta}) = \theta_1/\theta_2^2$ $c_2(\boldsymbol{\theta}) = -1/2\theta_2^2$	$T_1(x) = x$ $T_2(x) = x^2$	$\mathbb{R}$
$M(n, \theta_1, \dots, \theta_d)$	$c_i(\boldsymbol{\theta}) = \ln \theta_i$	$T_i(\boldsymbol{x}) = x_i$	$\{\boldsymbol{x} : x_i \in \{0, \dots, n\}$ und $\sum_{i=1}^n x_i = n\}$.

Tabelle B2 Mehrparametrige exponentielle Familien. c, T und A aus Darstellung (2.11) sind in der Tabelle angegeben, d ergibt sich durch Normierung.

Anhang C
Verzeichnisse

Tabellenverzeichnis

2.1 Einparametrige exponentielle Familien 53
2.2 Mehrparametrige exponentielle Familien 56

6.1 Die Verteilung der Zufallsvariablen X aus Beispiel 6.1 165

7.1 Einfache lineare Regression: Anwendungsbeispiel 220
7.2 Multiple Lineare Regression: Anwendungsbeispiel 223
7.3 Regressionsgleichungen zur multiplen linearen Regression 223
7.4 ANOVA-Tabelle 226
7.5 Tabelle der Mittelwerte im zweifaktoriellen Modell (7.41) 227
7.6 Varianzanalyse-Tabelle 230
7.7 Wechselwirkung v. Medikamenten und Alkohol 230
7.8 Mittelwerte der Tabelle 7.7 231
7.9 Varianzanalyse-Tabelle: Datenbeispiel 231

A1 Die verwendeten Verteilungen 236

B1 Einparametrige exponentielle Familien 237
B2 Mehrparametrige exponentielle Familien 238

Abbildungsverzeichnis

1.1 Verteilung der Hypergeometrischen Verteilung 11
1.2 Dichte der Normalverteilung 12
1.3 Dichte der Gamma-Verteilung 17
1.4 Dichte der Beta-Verteilung 18

2.1 Poisson-Prozess 45

3.1 Einfache lineare Regression 79
3.2 Einfache lineare Regression 82
3.3 Konkave Funktionen und Maxima 85
3.4 Likelihood-Funktion für Normalverteilung 87
3.5 Likelihood-Funktion einer diskreten Gleichverteilung 88

4.1 Nichtidentifizierbarkeit eines besten Schätzers 106
4.2 Vergleich von Mittelwertschätzern anhand des MQF 107

5.1 Dichte der Normalverteilung mit Quantilen 141
5.2 Dichte $p(x)$ der χ_n^2-Verteilung mit Quantilen 143
5.3 Illustration eines $(1-\alpha)$-credible Intervalls 147
5.4 Fehlerwahrscheinlichkeiten und Gütefunktion 151
5.5 Das $(1-\alpha)$-Quantil der Normalverteilung, $z_{1-\alpha}$ 153
5.6 Gütefunktion des Tests $\delta(\boldsymbol{X}) = \mathbb{1}_{\{\bar{X} \geq \sigma z_{1-\alpha}/\sqrt{n}\}}$ 154
5.7 Gütefunktion des Tests $\delta(\boldsymbol{X}) = \mathbb{1}_{\{\bar{X} > z_{1-\alpha}\sigma/\sqrt{n}\}}$ 156
5.8 Konfidenzintervalle und Tests 159

7.1 Projektion im linearen Modell 202
7.2 Erwartungswertvektor und Residuenvektor 205
7.3 Geometrische Illustration der Gleichung (7.37) 218
7.4 Einfache lineare Regression: Traubenernte 222
7.5 Explorative Datenanalyse 224

Liste der Beispiele

1.1 Mittelwert und Stichprobenvarianz 5
1.2 Hypergeometrische Verteilung 11
1.3 Bernoulli-Verteilung 21
1.4 Fortsetzung 21
1.5 Suffiziente Statistik in der Bernoulli-Verteilung 21
1.6 Minima und Maxima von gleichverteilten Zufallsvariablen 24
2.1 Qualitätssicherung 37
2.2 Meßmodell 38
2.3 Ein nicht identifizierbares Modell 40
2.4 Meßmodell 41
2.5 Qualitätssicherung, siehe Beispiel 2.1 43
2.6 Qualitätssicherung, siehe Beispiel 2.1 44
2.7 Warteschlange 44
2.8 Warteschlange, Fortsetzung von Beispiel 2.7 48
2.9 Geordnete Population: Schätzen des Maximums 48
2.10 Suffiziente Statistiken für die Normalverteilung 48
2.11 Normalverteilung mit bekanntem σ 50
2.12 Normalverteilung mit bekanntem μ 51
2.13 Binomialverteilung 51
2.14 Die $U(0, \theta)$-Verteilung ist keine exponentielle Familie 51
2.15 i.i.d. Normalverteilung mit bekanntem σ 52
2.16 Momente der Rayleigh-Verteilung 55
2.17 Die Normalverteilung ist eine zweiparametrige exponentielle Familie 56
2.18 i.i.d. Normalverteilung als exponentielle Familie 56
2.19 Lineare Regression 56
2.20 Qualitätssicherung unter Vorinformation 57
2.21 Konjugierte Familie der Bernoulli-Verteilung 59
2.22 Konjugierte Familie der Normalverteilung bei bekannter Varianz 61
3.1 Qualitätssicherung aus Beispiel 2.1 71
3.2 Meßmodell aus Beispiel 2.2 71
3.3 Meßmodell aus Beispiel 3.2 72

3.4	Relative Häufigkeiten	73
3.5	Genotypen	74
3.6	Normalverteilung	76
3.7	Bernoulli-Verteilung	76
3.8	Poisson-Verteilung	76
3.9	Diskrete Gleichverteilung und Momentenschätzer	77
3.10	Meßmodell aus Beispiel 2.2	79
3.11	Einfache lineare Regression	79
3.12	Meßmodell	80
3.13	Einfache lineare Regression	81
3.14	Log-Likelihood-Funktion unter Unabhängigkeit	85
3.15	Normalverteilungsfall, σ bekannt	86
3.16	Gleichverteilung	87
3.17	Genotypen	87
3.18	Warteschlange	89
3.19	Normalverteilungsfall, σ bekannt	90
3.20	Genotypen	91
3.21	MLS für Normalverteilung, μ und σ unbekannt	92
3.22	Diskret beobachtete Überlebenszeiten	93
4.1	MQF für die Normalverteilung	104
4.2	Vergleich von Mittelwertschätzern anhand des MQF	105
4.3	Der perfekte Schätzer	107
4.4	Unverzerrte Schätzer	108
4.5	Vollständigkeit unter Poisson-Verteilung	110
4.6	UMVUE-Schätzer für die Normalverteilung	112
4.7	UMVUE-Schätzer in der Exponentialverteilung	112
4.8	UMVUE-Schätzer für die Gleichverteilung	114
4.9	Fisher-Information unter Normalverteilung	117
4.10	Fisher-Information für die Poisson-Verteilung	117
4.11	Konsistente Schätzung der Multinomialverteilung	120
4.12	Konsistenz der Momentenschätzer	121
4.13	Bernoulli-Verteilung: Asymptotische Normalität	124
4.14	Multinomialverteilung: Asymptotische Normalität	124
4.15	Momentenschätzer: Asymptotische Normalität	125
4.16	Poisson-Verteilung: Effizienz	127
5.1	Normalverteilung, σ bekannt: Konfidenzintervall	140
5.2	Pivot (Fortsetzung von Beispiel 5.1)	142
5.3	Unverzerrtes Konfidenzintervall (Fortsetzung von Beispiel 5.1)	142
5.4	Normalverteilung, μ und σ unbekannt: Konfidenzintervall	142
5.5	Normalverteilung, μ bekannt: Konfidenzintervall für σ^2	143
5.6	Approximative Konfidenzgrenzen für die Erfolgswahrscheinlichkeit in Bernoulli-Experimenten	144
5.7	Normalverteilungsfall: Konfidenzbereich für (μ, σ^2)	146
5.8	Test für Bernoulli-Experiment	149
5.9	Test mit Signifikanzniveau α und Level-α-Test	150

5.10 Fortführung von Beispiel 5.8 150
5.11 Tests: Anwendungsbeispiele 151
5.12 Fortsetzung von Beispiel 5.8 152
5.13 Normalverteilung: Einseitiger Gauß-Test für μ 153
5.14 Fortsetzung von Beispiel 5.13: p-Wert 154
5.15 Normalverteilung: Zweiseitiger Gauß-Test über den Erwartungswert 157
6.1 Likelihood-Quotienten-Tests 165
6.2 Normalverteilungstest für $H_0 : \mu = 0$ gegen $H_1 : \mu = \nu$ 166
6.3 Diskrete Gleichverteilung: NP-Test 168
6.4 Multinomialverteilung: NP-Test 169
6.5 Normalverteilung: UMP-Test für $\mu \leq \mu_0$ gegen $\mu > \mu_0$ 171
6.6 Normalverteilung: UMP-Test für $H_0 : \mu \leq \mu_0$ gegen $H_1 : \mu > \mu_0$ 173
6.7 Bernoulli-Zufallsvariablen: UMP-Test für $H_0 : \theta \leq \theta_0$ gegen $H_1 : \theta > \theta_0$ 174
6.8 Normalverteilung mit bekanntem Erwartungswert: Beziehung zur Gamma-Verteilung 174
6.9 Tests für den Skalenparameter der Gamma-Verteilung 174
6.10 Normalverteilung: zweiseitiger Gauß-TestTest für μ 175
6.11 Cauchy-Verteilung: Nichtexistenz von UMP-Tests 176
6.12 Matched Pair Experiments: Zweiseitiger t-Test 179
6.13 Matched Pair Experiments: Einseitiger Test 182
6.14 Differenz zweier Normalverteilungen mit homogener Varianz . . 182
6.15 Zweistichprobenproblem mit ungleicher Varianz: Behrens-Fischer Problem 184
7.1 Einfache lineare Regression 191
7.2 Zweistichprobenproblem 191
7.3 Bivariate Regression 192
7.4 Einstichprobenproblem 192
7.5 p-Stichprobenproblem 193
7.6 Beispiele für die Matrixformulierung des linearen Modells 196
7.7 Fortsetzung von Beispiel 7.5: UMVUE-Schätzer im p-Stichprobenproblem 205
7.8 Einfache lineare Regression: UMVUE-Schätzer (1) 206
7.9 Einfache lineare Regression: UMVUE-Schätzer (2) 207
7.10 p-Stichprobenproblem: UMVUE-Schätzer 208
7.11 Einfache lineare Regression: W_0 213
7.12 p-Stichprobenproblem: W_0 214
7.13 Einfache lineare Regression: t- und F-Test 217
7.14 Multiple lineare Regression: t-Test 220
7.15 Einfache lineare Regression: Beispiel 220
7.16 Multiple lineare Regression: Beispiel 221
7.17 Wechselwirkung von Medikamenten und Alkohol 230

Liste der Aufgaben

1.1 Die Potenzmenge ist eine σ-Algebra 29
1.2 Unkorreliertheit impliziert nicht Unabhängigkeit 29
1.3 Erwartungstreue der Stichprobenvarianz 29
1.4 Darstellung der Binomialverteilung als Summe von unabhängigen Bernoulli-Zufallsvariablen 29
1.5 Erwartungswert und Varianz der Poisson-Verteilung 29
1.6 Gedächtnislosigkeit der Exponentialverteilung 29
1.7 Gamma-Verteilung: Unabhängigkeit von bestimmten Quotienten 29
1.8 Quotienten von Gamma-verteilten Zufallsvariablen 29
1.9 Transformationen von Gamma-verteilten Zufallsvariablen 30
1.10 Erwartungswert des Betrages einer Normalverteilung 30
1.11 Momente der Normalverteilung 30
1.12 Momentenerzeugende Funktion einer Gamma-Verteilung 30
1.13 Momente der Beta-Verteilung 30
1.14 Zweiseitige Exponentialverteilung 30
1.15 Existenz von Momenten niedrigerer Ordnung 30
1.16 Lévy-Verteilung 31
1.17 Momentenerzeugende Funktion und Momente der Poisson-Verteilung 31
1.18 Die bedingte Verteilung ist ein Wahrscheinlichkeitsmaß 31
1.19 Erwartungswert der bedingten Erwartung 31
1.20 Der bedingte Erwartungswert als beste Vorhersage 31
1.21 Perfekte Vorhersagen 32
1.22 Bedingte Dichte: Beispiele 32
1.23 Poisson-Binomial Mischung 32
1.24 Exponential-Exponential Mischung 32
1.25 Linearität des bedingten Erwartungswertes 32
1.26 Bedingte Varianz 32
1.27 Satz von Bayes 33
1.28 Exponentialverteilung: Diskretisierung 33
1.29 Erwartungswert einer zufälligen Summe 33
1.30 Faltungsformel 33

1.31 Die Summe von normalverteilten Zufallsvariablen ist wieder normalverteilt . . . 33
1.32 Dichte der χ^2-Verteilung . . . 34
1.33 Wohldefiniertheit der nichtzentralen χ^2-Verteilung . . . 34
1.34 Verteilung der Stichprobenvarianz . . . 34
1.35 Mittelwertvergleich bei Gamma-Verteilungen . . . 34
1.36 Rayleigh-Verteilung: Momente und Zusammenhang mit der Normalverteilung . . . 34
1.37 Dichte der multivariaten Normalverteilung . . . 35
1.38 Lineare Transformationen der Normalverteilung . . . 35
1.39 Normalverteilung: $\mathrm{Cov}(X, Y) = 0$ impliziert Unabhängigkeit . . . 35
1.40 Bedingte Verteilungen der multivariaten Normalverteilung . . . 35
2.1 Zwischenankunftszeiten eines Poisson-Prozesses . . . 63
2.2 Stichprobenvarianz: Darstellung . . . 63
2.3 Parametrisierung und Identifizierbarkeit . . . 63
2.4 Identifizierbarkeit im linearen Modell . . . 64
2.5 Verschobene Gleichverteilung: Ineffizienz von $\bar{X}$ . . . 64
2.6 Mehrdimensionale Verteilungen . . . 64
2.7 Exponentielle Familie: Verteilung von T . . . 64
2.8 Exponentielle Familie erzeugt durch suffiziente Statistik . . . 65
2.9 Exponentielle Familie: Gegenbeispiel . . . 65
2.10 Mitglieder der exponentiellen Familie . . . 65
2.11 Inverse Gamma-Verteilung als Exponentielle Familie . . . 65
2.12 Folge von Bernoulli-Experimenten . . . 65
2.13 Dirichlet-Verteilung . . . 66
2.14 Inverse Gauß-Verteilung . . . 66
2.15 Suffizienz: Beispiele . . . 66
2.16 Suffizienz: Beta-Verteilung . . . 66
2.17 Suffizienz: Weibull- und Pareto-Verteilung . . . 66
2.18 Suffizienz: Nichtzentrale Exponentialverteilung . . . 66
2.19 Suffizienz: Poisson-Verteilung . . . 67
2.20 Suffizienz: Rayleigh-Verteilung . . . 67
2.21 Beispiel: Qualitätskontrolle . . . 67
2.22 Suffizienz: Beispiel . . . 67
2.23 Suffizienz: Inverse Gamma-Verteilung . . . 67
2.24 Minimal suffiziente Statistik . . . 67
2.25 Bayesianisches Modell: Gamma-Exponential . . . 68
2.26 Bayesianisches Modell: Normalverteiltes Experiment . . . 68
2.27 Konjugierte Familien: Beispiel . . . 68
2.28 Konjugierte Familie der Bernoulli-Verteilung . . . 69
2.29 Konjugierte Familie der Normalverteilung . . . 69
2.30 Konjugierte Familie der Gamma-Verteilung . . . 69
2.31 Bayesianischer Ansatz: Gleichverteilung . . . 69
2.32 Bayesianisches Wartezeitenmodell . . . 69
2.33 A posteriori-Verteilung für die Exponentialverteilung . . . 70

2.34 Approximation der a posteriori-Verteilung . . . 70
3.1 Absolute und quadratische Abweichung . . . 96
3.2 Qualitätskontrolle: Häufigkeitssubstitution . . . 97
3.3 Momentenschätzer: Beispiele . . . 97
3.4 Momentenschätzer: Beta-Verteilung . . . 98
3.5 Momentenschätzer: Laplace-Verteilung . . . 98
3.6 Momentenschätzer: Weibull-Verteilung . . . 98
3.7 Momentenschätzer: AR(1) . . . 98
3.8 Momentenschätzung hat keinen Zusammenhang zur Suffizienz . 98
3.9 Schätzung der Kovarianz . . . 99
3.10 Maximum-Likelihood-Schätzer einer gemischten Verteilung . . . 99
3.11 Mischung von Gleichverteilungen . . . 99
3.12 Maximum-Likelihood-Schätzer: Beispiele . . . 99
3.13 Exponentialverteilung: MLS und Momentenschätzer . . . 100
3.14 Maximum-Likelihood-Schätzer: Zweidimensionale Exponentialverteilung . . . 100
3.15 Verschobene Gleichverteilung . . . 100
3.16 Maximum-Likelihood-Schätzer: Weibull-Verteilung . . . 100
3.17 Zensierte Daten . . . 100
3.18 Lebensdaueranalyse: Rayleigh-Verteilung . . . 101
3.19 Die Maximum-Likelihood-Methode zur Gewinnung von Schätzern hat einen Zusammenhang zur Suffizienz . . . 101
3.20 Gewichtete einfache lineare Regression . . . 101
3.21 Lineare Regression: Quadratische Faktoren . . . 101
3.22 Gewichteter Kleinste-Quadrate-Schätzer: Normalverteilung . . . 102
3.23 Beweis von Satz 3.10 . . . 102
3.24 Normalverteilung: Schätzung der Varianz . . . 102
3.25 Ausreißer . . . 102
4.1 Die Bedingung (CR) für einparametrige exponentielle Familien . 130
4.2 Minimal suffiziente und vollständige Statistiken . . . 130
4.3 Bernoulli-Verteilung: UMVUE . . . 130
4.4 Vollständigkeit und UMVUE . . . 130
4.5 Normalverteilung: UMVUE-Schätzer für μ . . . 130
4.6 Normalverteilung, μ bekannt: UMVUE für σ^2 . . . 130
4.7 Normalverteilung, μ unbekannt: UMVUE für σ^2 . . . 130
4.8 Normalverteilung, UMVUE für $\mathbb{P}(X > 0)$ . . . 131
4.9 Binomialverteilung: UMVUE . . . 131
4.10 Diskrete Gleichverteilung: UMVUE . . . 131
4.11 UMVUE: Rayleigh-Verteilung (1) . . . 131
4.12 UMVUE: Rayleigh-Verteilung (2) . . . 131
4.13 UMVUE: Trunkierte Erlang-Verteilung . . . 131
4.14 UMVUE: Trunkierte Binomialverteilung . . . 132
4.15 Exponentialverteilung: UMVUE . . . 132
4.16 UMVUE: Gamma-Verteilung . . . 132
4.17 Exponentielle Familien: UMVUE . . . 132

4.18 Ein nicht effizienter Momentenschätzer 132
4.19 Rao-Blackwell 133
4.20 Die Cramér-Rao-Schranke und die Gleichverteilung 133
4.21 Die Cramér-Rao-Schranke ist nicht scharf 133
4.22 UMVUE: Laplace-Verteilung 133
4.23 Marshall-Olkin-Copula 133
4.24 Hinreichende Bedingungen für Konsistenz 134
4.25 Verschobene Gleichverteilung: Konsistenz 134
4.26 Mehrdimensionale Informationsungleichung 134
4.27 Delta-Methode 135
4.28 Delta-Methode: Transformation von $\bar{X}$ 135
4.29 Delta-Methode: Schätzung der Kovarianz 135
4.30 Asymptotik: Log-Normalverteilung 136
4.31 Asymptotische Effizienz: Beispiel 136
4.32 Beispiele 136
4.33 Doppelt-Exponentialverteilung: Asymptotik 136
4.34 Gleichverteilung: Asymptotik des MLS 136
5.1 Konfidenzintervall für σ^2 bei Normalverteilung 159
5.2 Konfidenzintervall bei diskreter Gleichverteilung $U(0, \theta)$ 159
5.3 Exponentialverteilung: Konfidenzintervall 160
5.4 Lineare Regression: Quadratische Faktoren 160
5.5 Mittelwertvergleich unter Normalverteilung 160
5.6 Varianzvergleich bei Normalverteilung 160
5.7 Delta-Methode: Schätzung der Kovarianz 161
5.8 Exponentialverteilung: Mittelwertvergleich 161
5.9 Poisson-Verteilung: Test 161
5.10 Mittelwertvergleich bei Normalverteilung: Gütefunktion 162
5.11 Gütefunktionen bei der Gleichverteilung 162
5.12 Bayesianischer Intervallschätzer 162
6.1 Neyman-Pearson-Lemma: $k = \infty$ 185
6.2 Eindeutigkeit des Neyman-Pearson-Tests 185
6.3 Beweis von Satz 6.6, Teil (b) 185
6.4 Exponentialverteilung: Test über Mittelwert 186
6.5 Trunkierte Binomialverteilung: Optimale Teststatistik 186
6.6 UMP-Test: Binomialverteilung 186
6.7 Rayleigh-Verteilung: UMP-Test 187
6.8 Weibull-Verteilung: UMP-Test 187
6.9 Pareto-Verteilung: Optimaler Test 188
6.10 Exponentialverteilung: Zweiseitiger Test 188
6.11 Likelihood-Quotienten-Statistiken und Suffizienz 188
6.12 Likelihood-Quotienten-Test: Exponentialverteilung 188
6.13 Likelihood-Quotienten-Test: Nichtzentrale Exponentialverteilung 189
6.14 AR(1): Likelihood-Quotienten-Test 189
6.15 Monotone Likelihood-Quotienten 189
6.16 Likelihood-Quotienten-Test: Beispiel 189

6.17 Zweistichproben-Modell: Beispiel 190
7.1 Der KQS ist auch MLS im Normalverteilungsfall 232
7.2 Einfache lineare Regression 232
7.3 Einfache lineare Regression: Konfidenzintervalle 232
7.4 Einfache lineare Regression: Standardisierte Residuen 232
7.5 Nichtlineare Regression: Arrhenius-Gesetz 232
7.6 Einfache lineare Regression: Body-Mass-Index 233

Literaturverzeichnis

Bauer, H. (1990). *Wahrscheinlichkeitstheorie.* Walter de Gruyter, Berlin.

Berger, J. O. (1985). *Statistical Decision Theory and Bayesian Analysis* (2nd ed.). Springer Verlag. Berlin Heidelberg New York.

Bickel, P. J. und K. A. Doksum (2001). *Mathematical Statistics: Basic Ideas and Selected Topics Vol. I* (2nd ed.). Prentice Hall.

Billingsley, P. (1986). *Probability and Measure* (2nd ed.). John Wiley & Sons. New York.

Casella, G. und R. L. Berger (2002). *Statistical Inference* (2nd ed.). Duxbury. Pacific Grove.

Chatterjee, S. (2006). *Regression Analysis by Example* (4th ed.). John Wiley & Sons. New York.

Chung, K. L. (2001). *A Course in Probability Theory.* Academic Press.

Duller, C. (2008). *Einführung in die nichtparametrische Statistik mit SAS und R.* Physica-Verlag Heidelberg.

Fahrmeir, L., T. Kneib und S. Lang (2009). *Regression: Modelle, Methoden und Anwendungen* (2nd ed.). Springer Verlag. Berlin Heidelberg New York.

Ferguson, T. S. (1996). *A Course in Large Sample Theory.* Chapman and Hall.

Fischer, G. (1978). *Lineare Algebra.* Vieweg Mathematik, Hamburg.

Fox, J. (2008). *Applied Regression Analysis and Generalized Linear Models* (2nd ed.). Sage, London.

Gamerman, D. und H. F. Lopes (2006). *Stochastic Simulation for Bayesian Inference* (2nd ed.). Chapman & Hall/ CRC, London.

Gänssler, P. und W. Stute (1977). *Wahrscheinlichkeitstheorie.* Springer Verlag. Berlin Heidelberg New York.

Gauß, C. F. (1809). *Theoria Motus Corporum Coelestium in sectionibus conicis solem ambientium.* Volume 2.

Georgii, H.-O. (2004). *Stochastik* (2nd ed.). Walter de Gruyter. Berlin.

Gibbons, J. D. und S. Chakraborti (2003). *Nonparametric Statistical Inference* (4th ed.). Dekker.

Gut, A. (2005). *Probability: A Graduate Course.* Springer Verlag. Berlin Heidelberg New York.

Irle, A. (2005). *Wahrscheinlichkeitstheorie und Statistik.* B. G. Teubner Verlag.

Johnson, N. L., S. Kotz und N. Balakrishnan (1994a). *Continuous Univariate Distributions* (2nd ed.), Volume 1. John Wiley & Sons. New York.

Johnson, N. L., S. Kotz und N. Balakrishnan (1994b). *Continuous Univariate Distributions* (2nd ed.), Volume 2. John Wiley & Sons. New York.

Johnson, N. L., S. Kotz und A. W. Kemp (1992). *Univariate Discrete Distributions* (2nd ed.). John Wiley & Sons. New York.

Klein, J. P. und M. L. Moeschberger (2003). *Survival Analysis: Techniques for Censored and Truncated Data* (2nd ed.). Springer Verlag. Berlin Heidelberg New York.

Klenke, A. (2008). *Wahrscheinlichkeitstheorie* (2nd ed.). Springer Verlag. Berlin Heidelberg New York.

Lange, K. (2004). *Optimization.* Springer Verlag. Berlin Heidelberg New York.

Lee, P. M. (2004). *Bayesian Statistics: An Introduction* (3rd ed.). Arnold, London.

Lehmann, E. L. (2007). *Nonparametrics: Statistical Methods Based on Ranks.* Springer Verlag. Berlin Heidelberg New York.

Lehmann, E. L. und G. Casella (1998). *Theory of Point Estimation* (2nd ed.). Springer Verlag. Berlin Heidelberg New York.

Lehmann, E. L. und J. P. Romano (2006). *Testing Statistical Hypotheses* (corr. 2nd printing ed.). Springer, New York.

Marin, J.-M. und C. P. Robert (2007). *Bayesian Core: A Practical Approach to Computational Bayesian Statistics.* Springer Verlag. Berlin Heidelberg New York.

Milton, J. S. und R. H. Myers (1998). *Linear Statistical Models* (2nd ed.). Mc Graw Hill. New York.

Myers, R. H. (1990). *Classical and Modern Regression with Applications* (2nd ed.). Duxbury/Thomson Learning, Boston.

Rao, C. R. (1973). *Linear Statistical Inference and its Applications* (2nd ed.). John Wiley & Sons. New York.

Resnick, S. (2003). *A Probability Path* (3rd ed.). Kluwer Academic Publ.

Rice, J. A. (1995). *Mathematical Statistics and Data Analysis* (2nd ed.). Duxbury Press.

Robert, C. P. und G. Casella (2008). A history of Markov chain Monte Carlo – subjective recollections form incomplete data. *Technical Report, University of Florida.*

Rolski, T., H. Schmidli, V. Schmidt und J. Teugels (1999). *Stochastic Processes for Insurance and Finance.* John Wiley & Sons. New York.

Ryan, T. P. (2008). *Modern Regression Methods* (2nd ed.). John Wiley & Sons. New York.

Schervish, M. (1995). *Theory of Statistics.* Springer Verlag. Berlin Heidelberg New York.

Schmidt, T. (2007). Coping with copulas. In J. Rank (Ed.), *Copulas: from theory to applications in finance*, pp. 1 – 31. Risk Books.

Seber, G. A. F. und C. J. Wild (2003). *Nonlinear Regression.* John Wiley & Sons. New York.

Serfling, R. J. (1980). *Approximation Theorems of Mathematical Statistics.* John Wiley & Sons. New York.

Shao, J. (2008). *Mathematical Statistics.* Springer Verlag. Berlin Heidelberg New York.

Sprent, P. und N. C. Smeeton (2000). *Applied Nonparametric Statistical Methods.* Chapman & Hall/CRC, London.

Wald, A. (1949). Note on the consistency of the maximum likelihood estimate. *Annals of Mathematical Statistics 29*, 595 – 601.

Wang, Y. Y. (1971). Probabilities of type I errors of the Welch tests for the Behrens-Fisher problem. *Journal of the American Statistical Association 66*, 605 – 608.

Weisberg, S. (2005). *Applied Linear Regression* (3rd ed.). John Wiley & Sons. New York.

Welch, B. (1949). Further note on Mrs Aspin's tables and on certain approximations to the tabled function. *Biometrika 36*, 293 – 296.

Sachverzeichnis

Symbols

A^m 52
$B(a,b)$ 14
F_n 73
$F_{k,m}(\theta)$ 16
I_n 193, 199
$M(n,p_1,\ldots,p_k)$ 10
$Q(\boldsymbol{\theta})$ 80
$R(\boldsymbol{\theta},T)$ 104
R^2 223
$W_0^\perp$ 213
$X_{(i)}$ 23
$\mathrm{Bin}(n,p)$ 10
$\mathbb{E}(X \mid Y)$ 21
$\mathbb{E}(\boldsymbol{X})$ 7
$\mathbb{E}(\boldsymbol{X} \mid \boldsymbol{Y})$ 22
$\mathbb{E}(\mid \boldsymbol{X} \mid) < \infty$ 7
$\Gamma(a)$ 13
$\mathbb{1}$ 49
$\mathbb{N}$ 236
$\mathbb{N}_0$ 170
$\Phi(x)$ 12
$\mathrm{Poiss}(\lambda)$ 10
$\Psi_X(s)$ 9
$\mathbb{R}^+$ 26
$\mathbb{R}^-$ 92
$\mathrm{Var}(\boldsymbol{X})$ 19
$\bar{A}$ 2
$\bar{X}$ 5, 42
$\mathbf{1}_n$ 195
$\mathcal{N}_k(\boldsymbol{\mu},\Sigma)$ 19
χ^2-Anpassungstest 96
χ^2-Verteilung 13
  nichtzentrale 15
  Quantil 144
$\chi_k^2(\theta)$ 16
χ_n^2 13
$\chi_{n,a}^2$ 144
$\langle \boldsymbol{u},\boldsymbol{v} \rangle$ 198
$|\cdot|$ 7
$\| \boldsymbol{u} \|$ 198
$\phi(x)$ 12
$\propto$ 86
σ-Algebra 2
$\mathrm{Hypergeo}(N,n,\theta)$ 11
$\mathrm{Gamma}(a,\lambda)$ 17
$\widehat{\sigma}^2(\boldsymbol{X})$ 34
$\widehat{p}_k$ 73
$\widehat{\boldsymbol{\theta}}(\boldsymbol{x})$ 72
$\xrightarrow[n\to\infty]{\mathbb{P}}$ 25
$\xrightarrow[n\to\infty]{\mathscr{L}}$ 27
$\xrightarrow[n\to\infty]{f.s.}$ 25
$a \pm b$ 140
$b(\boldsymbol{\theta},T)$ 104
$c(\Theta)$ 89
$p(\cdot,\boldsymbol{\theta})$ 41
$p(x \mid y)$ 20
$p_{\boldsymbol{\theta}}$ 41
$s^2(\boldsymbol{X})$ 5, 29
t-Verteilung
  nichtzentrale 15
t_n 14
$t_n(\theta)$ 15
$t_{n,\alpha}$ 143
z_a 141
$\mathbb{1}_A$ 45
(AR) 128
(CR) 115
(WN) weißes Rauschen 78

A

a posteriori-Verteilung 59
  Exponentialverteilung 70
a priori-Verteilung 59
  nicht wohldefiniert 62
  nicht-informativ 62
abhängige Variable 191
absolute Abweichung 96
Abweichung
  absolute 96
  quadratische 96
allgemeines lineares Modell 193
Alternative 148
  ein-, zweiseitig 148
Analysis of Variance 193, 224
Annahmebereich 158
ANOVA 193, 224
  Tabelle 226
Anpassungstest
  χ^2- 96
  Kolmogorov-Smirnov 96
Approximation
  Welch- 185
AR(1)
  Likelihood-Quotiententest 189
  Momentenschätzer 98
arithmetischer Mittelwert 5
Arrhenius-Gesetz 232
asymptotisch effizient 126
asymptotisch normalverteilt 122
asymptotisch unverzerrt 105
asymptotische Effizienz 127
asymptotische Normalität 122
Asymptotische Verteilung
  MLS 128
Ausreißer 102
autoregressiv 98

B

Bayes-Formel 3
Bayesianische Schätzer 115
Bayesianischer Intervallschätzer 146
Bayesianisches Modell 59
bedingte Dichte von Zufallsvektoren 22
bedingte Varianz 32
bedingte Verteilung 21
bedingte Wahrscheinlichkeit 2
bedingter Erwartungswert 21
  Regeln 31
Bernoulli-Verteilung 10, 21, 124
  suffiziente Statistik 21
  UMVUE 130
Beta-Funktion 14, 34
Beta-Verteilung 18
  MLS 99
  Momentenschätzer 97, 98
  Suffizienz 66
bias (Verzerrung) 104
Bienaymé 9
Bild einer Statistik 46
Binomialverteilung 10
  Beispiel 51
  Momentenschätzer 97
  trunkierte 186
  UMVUE 131
BLUE 209
Bonferroni-Ungleichung 146

C

Cauchy-Schwarz Ungleichung 8
charakteristische Funktion 9
Continuous Mapping Theorem 25
Cramér-Rao
  Regularitätsbedingungen (CR) 115
Cramér-Rao-Schranke 118
Credible Interval 146

D

Darstellung
  koordinatenfreie 196
  koordinatengebundene 195
Delta-Methode 123
Designmatrix 195
Dichte 4
Dirichlet-Verteilung 66
diskrete Zufallsvariable 3
diskreter Wahrscheinlichkeitsraum 2
Dummy Variable 192

E

effizient
  asymptotisch 126
Effizienz 128
  asymptotische 126, 127
einfache lineare Regression 191
  Beispiel 81
Einfluss-Funktion 116
einparametrige exponentielle Familie 49
einseitige Alternative 148
Elementarereignis 2
empirische Verteilungsfunktion 73

empirisches Moment 125
endogene Variable 78, 191
Erlang-Verteilung 17
erwartungstreu 104
Erwartungswert 7
  bedingter 21
  Regeln für den bedingten 31
  Satz vom iterierten 23
Erwartungswertvektor 204
exogene Variable 78, 191
explorative Datenanalyse 224
Exponentialverteilung 11, 48
  a posteriori-Verteilung 70
  Gedächtnislosigkeit 29
  Konfidenzintervall 160
  Mittelwertvergleich 161
  MLS 99, 100
  Momentenschätzer 98, 100
  nichtzentrale 100
  Test 186
  UMVUE-Schätzer 112
  zweidimensionale 100
  zweiseitige 30, 65, 98
  zweiseitiger Test 188
exponentielle Familie 49, 55, 116, 172
  K-parametrige 55
  einparametrige 49
  Gegenbeispiel 51
  i.i.d. Kombination 51
  natürliche 50
  NP-Test 172
  optimale Teststatistik 172
  tabellarische Auflistung 237
  UMP-Test 172
exponentielle Familien
  MLS 89, 92
  Vollständigkeit 112
Extremwertverteilung 136

F

F-Test 216, 219
F-Verteilung 14
  nichtzentral 16
Faktorisierungssatz 46
Faltungsformel 33
Familie
  exponentielle 49, 55, 116
  konjugierte 60
fast sichere Konvergenz 25
Fehler 1. und 2. Art 149
Fischer-Scoring-Methode 94
Fisher-Information 116, 127
Form
  kanonische 200
Fréchet-Verteilung 137
Funktion
  Einfluss- 116
  Indikator- 45, 49
  Likelihood- 84
  Score- 116

G

Gütefunktion 150, 162
  Bernoulli 151
Gamma-Funktion 13
Gamma-Verteilung 16
  inverse 67
  Momentenschätzer 97
  Test für den Skalenparameter λ 174
  UMVUE 132
Gauß
  inverse Gauß-Verteilung 66
Gauß-Test
  einseitiger 153
  zweiseitiger 157, 175
Gedächtnislosigkeit 29
geometrische Verteilung 97
  MLS 99
  Momentenschätzer 97
Gesamtmittelwert 197
geschätzter Erwartungswertvektor 204
Gesetz der großen Zahl 26, 27
GEV
  Generalized Extreme Value Distribution 136
gewichtete Kleinste-Quadrate-Schätzer 83
Gleichungen
  Normalen 80
Gleichverteilung 11, 64, 77
  Asymptotik des MLS 136
  Beispiel 51
  diskrete 77, 99
  Konfidenzintervall 159
  MLS 99
  Momentenschätzer 97
  UMVUE 131
  UMVUE-Schätzer 114
  verschobene 64
Grenzwertsatz
  Zentraler 27
Grundraum 1
Gumbel-Verteilung 137

H

Häufigkeit

relativ 73
Hardy-Weinberg Gleichgewicht 74
Hazard-Rate 101
heteroskedastisch 83
homogene Varianzen 182
homoskedastisch 78
hypergeometrische Verteilung 11, 37
Hypothese
einfache 148
zusammengesetzte 148

I

i.i.d. 7, 51
idempotent 204
Identifizierbarkeit 40
improper non informative prior 62
Indifferenzzone 155, 156
Indikatorfunktion 45, 49
Information
Fisher- 116
Informationsungleichung 117
inhomogene Varianzen 184
integrierbar 7
quadrat- 8
Intervallschätzer
Bayesianischer 146
Interzeptparameter 193
inverse Gamma-Verteilung 67
inverse Gauß-Verteilung 66
iterierter Erwartungswert 23

J

Jensensche Ungleichung 7

K

kanonische Form 200
kanonische Statistik 49
Kleinste-Quadrate-Methode 80
Kleinste-Quadrate-Schätzer 80, 203
gewichtete 83
lineares Modell 203
Kolmogorov-Smirnov-Anpassungstest 96
Konfidenzbereich 145
Konfidenzintervall 140
Konfidenzkoeffizient 141
Konfidenzniveau 140
konjugierte Familie 60
konsistent 120, 121
MLS 121
Konvergenz
fast sichere 25
in Verteilung 27
Monotone 28
stochastische 25
koordinatenfreie Darstellung 196
koordinatengebundene Darstellung 195
Korrelation 8, 29
Kovariable 78, 79, 191
qualitative 192, 224
Kovarianz 8
Kovarianzanalyse 193
KQS (Kleinste-Quadrate-Schätzer) 80, 203
kritischer Bereich 148
kritischer Wert 148
Kurtosis 8

L

Lévy-Verteilung 31
Laplace-Verteilung 65
Momentenschätzer 98
Laplacesche Modelle 10
Least Squares Estimator 80
Lebensdaueranalyse 100, 101
Lehmann-Scheffé 110
Lemma
Neyman-Pearson 164
Level-α-Test 150
Likelihood-Funktion 84
Likelihood-Quotienten
montone 189
Likelihood-Quotienten-Statistik 164
verallgemeinerte 178
Likelihood-Quotiententest
AR(1) 189
Likelihood-Ratio-Statistik 164
Likelihoodfunktion 62
lineare Abhängigkeit 8
lineare Modelle
Einführung 191
lineare Regression 56
einfache 191
multiple 220
lineares Modell 193
koordinatenfreie Darstellung 196
allgemeines 193
Log-Likelihood-Funktion 85
Log-Likelihood-Gleichung 85
Log-Normalverteilung 136
LSE 80

M

marginale Verteilung 59
Markov-Ungleichung 26
Matched Pair Experiments 179
Matrix
  Design- 195
  nicht negativ definit 20
Maxima
  von i.i.d. Stichproben 136
Maximum 24
Maximum Likelihood Methode 84
Maximum-Likelihood-Schätzer 84, 99
  $\mathcal{N}(\mu, \sigma^2)$, μ, σ unbekannt 93
  Asymptotik 128
  Beta-Verteilung 99
  Exponentialverteilung 99
  f. K-dim. exponentielle Familien 92
  f. exponentielle Familien 89
  geometrische Verteilung 99
  Gleichverteilung 99, 136
  Invarianz unter Transformation 86
  Konsistenz 121
  Normalverteilung 99
  Numerische Bestimmung 93
meßbar 3
Meßbarkeit 3
Meßmodell 38, 41, 50, 71, 72, 78
Mean Squared Error 104
Median 96
Methode
  der kleinsten Quadrate 80
  Maximum-Likelihood- 84
minimal suffizient 67
Minimax-Schätzer 115
Minimum 24
Mischung 99
Mittelwert 5, 112
  Gesamt- 197
mittlerer betraglicher Fehler 104
mittlerer quadratischer Fehler 104
MLE (Maximum-Likelihood-Estimate) 84
MLS (Maximum-Likelihood-Schätzer) 84
Modell
  Bayesianisches 59
  Identifizierbarkeit 40
  nichtparametrisches 41
  parametrisches 41
  reguläres 41
  statistisches 1, 39
Moment 7, 8, 75, 125
  empirisches 125
  Stichproben- 75
momentenerzeugende Funktion 9, 30, 54
Momentenmethode 75, 76
Momentenschätzer 97, 121
  AR(1) 98
  Konsistenz 121
Monotone Konvergenz
  Satz von der 28
monotone Likelihood-Quotienten 189
MQF (mittlerer quadratischer Fehler) 104
MSE 104
Multinomialverteilung 10, 94, 169
  Asymptotische Normalität 124
  Konsistenz 120
multiple lineare Regression 220
multiple Regresion 193
multivariate Normalverteilung 18

N

natürliche suffiziente Statistik 49, 56
Newton-Methode 94
Neyman-Pearson-Lemma 164
Neyman-Pearson-Test 167
nicht negativ definit 20
Nichtidentifizierbarkeit 40
nichtlineare Regression 232
nichtparametrische Statistik 96
nichtzentale F-Verteilung 16
nichtzentrale χ^2-Verteilung 15
nichtzentrale t-Verteilung 15
Nichtzentralitätsparameter 16
Normal-Gamma-Verteilung 69
Normalengleichungen 80, 207, 208, 232
Normalität
  asymptotische 122
normalverteilt
  asymptotisch 122
Normalverteilung 12
  $\mathbb{E}(|X|)$ 30
  k-variat 19
  Beispiel 50–52, 56
  Fisher-Information 116
  Konfidenzintervall 142, 159
  Mittelwertvergleich 159, 162
  MLS 99
  MLS, μ, σ unbekannt 93
  Momente 30
  MQF 104
  multivariate 18
  multivariate Dichte 19
  singuläre 19

suffiziente Statistik 48
UMVUE-Schätzer 112, 130
Varianzvergleich 160
zweiparametrige exponentielle Familie 56
Normierungskonstante 50
NP-Test 167
Nuisance Parameter 40
Null-Hypothese 148, 149
Numerische Bestimmung des MLS 93

O

oberhalbstetig 121
One-Way-Layout 194
optimale Statistik 164, 166
Ordnungsgrößen 23
Ordnungsstatistiken 23, 64
Overall Mean 197

P

p-Stichprobenproblem 193, 214
alternative Parametrisierung 197
p-Wert 154
p.d. 236
Parameterraum 39
parametrische Statistik 96
Pareto-Verteilung 187
Suffizienz 66
Pivot 141
Poisson-Prozess 44, 48
Poisson-Verteilung 10, 76
Effizienz 127
Fisher-Information 117
Momente 31
Momentenerzeugende Funktion 31
Vollständigkeit 110
Präzision 69
Projektion 204

Q

quadrat-integrierbar 8
quadratische Abweichung 96
Qualitätssicherung 37, 39, 43, 44, 57
Bayesianisch 57
qualitative Kovariablen 224
Quantil 141
χ^2-Verteilung 144

R

randomisierter Test 148
Rao-Blackwell
Satz von 109
Rayleigh-Verteilung 15, 55
Momente 34
UMVUE 131
Regression 78
einfache, lineare 191
allgemeine 78
lineare 56
multiple 193
multiple lineare 220
nichtlineare 232
Regressionsgerade 82
Regressionsparamter 193
reguläres Modell 41
relative Häufigkeit 73
Residuen
standardisierte 221
Residuenquadratsumme 210
Residuenvektor 204
Response 78, 191
RSS 210

S

Satz
Rao-Blackwell 109
von Bayes 3
Faktorisierungs- 46
Gauß-Markov 209
Gesetz der großen Zahl 26, 27
Lehmann-Scheffé 110
Monotone Konvergenz 28
Neyman-Pearson-Lemma 164
Stetigkeits- 25
Substitutions- 23
vom iterierten Erwartungswert 23
Schätzer 72
asymptotisch effizient 126
Bayesianische 115
erwartungstreu 104
konsistenter 120
Maximum-Likelihood 84
UMVUE 108, 120
unverzerrt 104, 107, 112, 118
unzulässig 106
Schätzwert 72
Schiefe 8
Schranke
Cramér-Rao 118
schwaches Gesetz der großen Zahl 26, 27
Score-Funktion 116
Signifikanzniveau 150

Smirnov-Anpassungstest 96
Störparameter 40
standardisierte Residuen 221
Standardnormalverteilung 12
Statistik
  Definition 43
  kanonische 49
  natürliche suffiziente 49, 56
  nichtparametrische 96
  optimale 164
  suffiziente: Beispiele 48
  vollständige 110
statistisches Modell 39
stetige Zufallsvariable 4
Stetigkeitskorrektur 152
Stetigkkeitssatz 25
Stichprobe 37, 39
Stichprobenmoment 75
Stichprobenproblem
  p- 193
Stichprobenvarianz 5, 29, 34, 63, 105, 108, 112, 142
stochastische Konvergenz 25
Studentscher t-Test 181
Substitutionssatz 23
suffizient 44
suffiziente Statistik
  natürliche 49, 56
Suffizienz
  Beispiele 66
  Beta-Verteilung 66
  minimal suffizient 67
  Pareto-Verteilung 66
  Weibull-Verteilung 66
symmetrisch verteilt 38

T

t-Test 181, 219
  zweiseitiger 179
t-Verteilung 14
Test 148
  Exponentialverteilung 186, 188
  F- 216
  Gauß 153, 157, 175
  Level-α- 150
  randomisiert 148
  t- 179, 181, 219
  UMP- 163
  unverzerrter 176
  verallgemeinerter Likelihood-Quotienten- 178
  zweiseitig 157
totale Ableitung 123
Transformationssatz 5
trunkierte Binomialverteilung 186
Tschebyscheff-Ungleichung 26

U

UMP-Test 163
UMVUE
  Binomialverteilung 131
  Gleichverteilung 131
  Rayleigh-Verteilung 131
UMVUE-Schätzer 108
  ist nicht MLS: Exponentialverteilung 112
unabhängig 6
unabhängige Variable 78, 191
Unabhängigkeit 3
  von Zufallsvariablen 6
Ungleichung
  Bonferroni- 146
  Cauchy-Schwarz 8
  Informations- 117
  Jensen 7
  Markov- 26
  Tschebyscheff- 26
uniformly most powerful 163
unkorreliert 8
unverzerrt 109, 142
  asymptotisch 105
unverzerrter Schätzer 104
unverzerrter Test 176
unzulässiger Schätzer 106

V

Variable
  endogene 78, 191
  exogene 78, 191
  Ko- 78, 191
  unabhängige 78, 191
Variablen
  qualtitative Ko- 224
Varianz 8
  bedingte 32
  homogene 192
Varianz-Kovarianz Matrix 19
Varianzanalyse 193, 224
Varianzanalyse-Tabelle 230
Varianzen
  homogene 182
  inhomogene 184
verallgemeinerte Likelihood-Quotienten-Statistik 178

verallgemeinerter Likelihood-Quotienten-Test 178
Verteilung 4
χ^2 13
k-variate Normal- 19
a posteriori- 59
a priori- 58, 59
bedingte 21
Bernoulli 10, 21, 124
Beta- 18
Binomial- 10
Dirichlet- 66
Erlang- 17
Exponential- 11
Extremwert- 137
F- 14
Fréchet 137
Gamma- 16
geometrische 97
GEV 137
Gleich- 11
Gumbel 137
hypergeometrische 11, 37
inverse Gauß- 66
Konvergenz in 27
Lévy- 31
Laplace 65
Log-Normal- 136
marginale 59
Mischung 99
Multinomial- 10
nichtzentrale χ^2- 15
nichtzentrale F- 16
nichtzentrale t- 15
Normal- 12
Normal-Gamma- 69
Pareto- 66, 187
Poisson- 10
Rayleigh- 15, 34, 55
t- 14
Weibull 137
Weibull- 66
Verteilungsfunktion 4
empirische 73
Verteilungskonvergenz 27
Verwerfungsbereich 148
verzerrt 109
Verzerrung 104
vollständig 110
Vollständigkeit
exponentielle Familien 112

W

Wahrscheinlichkeit
bedingte 2
Wahrscheinlichkeitsfunktion 4
Wahrscheinlichkeitsmaß 2
Wahrscheinlichkeitsraum 1
Wahrseinlichkeitsraum
diskret 2
Waldsche Identität: Gleichung (1.17) 33
Warteschlange 44, 48
weißes Rauschen 78
Weibull-Verteilung 137
MLS 100
Momentenschätzer 98
Suffizienz 66
Welch-Approximation 185
white noise 78

Z

zensierte Daten 100
Zentraler Grenzwertsatz 27
zentriertes Moment 8
Zielvariable 78, 79, 191
Zufallsvariable 3
diskret 3
integrierbar 7
quadrat-integrierbar 8
stetig 4
Zufallsvariablen
unabhängig 6
unkorreliert 8
zweiseitige Alternative 148
zweiseitige Exponentialverteilung 65
zweiseitiger t-Test 179
zweiseitiger Test
Exponentialverteilung 188
Zweistichprobenproblem 182, 190–192
homogene Varianzen 182
ungleiche Varianzen 184